高 等 学 校 教 材

金属组织控制原理

戴起勋　主编
程晓农　主审

化学工业出版社

·北京·

本书是材料类本科专业主干课程的教材。

本书内容分为9章，主要包括金属固态组织演化概述、铁合金奥氏体化与奥氏体、共析分解与珠光体、控轧控冷过程的组织演化、马氏体相变与马氏体、贝氏体相变与贝氏体、钢的回火转变、非铁合金的固溶（淬火）与分解、合金的时效与脱溶等内容。

根据学科专业的内涵，在内容编写上尽可能地凸现材料组织演化规律及其性能特点的课程主线，最小能量原理和自组织理论的课程"思想"，材料组织演化热力学、动力学和结构学的课程核心。

本书既可以作为材料类本科专业的教材，也可以供研究生和从事材料科学与工程技术人员参考。

图书在版编目（CIP）数据

金属组织控制原理/戴起勋主编. —北京：化学工业
出版社，2008.11（2025.8重印）
高等学校教材
ISBN 978-7-122-03646-9

Ⅰ. 金… Ⅱ. 戴… Ⅲ. 金属学-高等学校-教材
Ⅳ. TG11

中国版本图书馆 CIP 数据核字（2008）第 136977 号

责任编辑：彭喜英 杨 菁　　　　　　文字编辑：颜克俭
责任校对：陈 静　　　　　　　　　装帧设计：韩 飞

出版发行：化学工业出版社（北京市东城区青年湖南街13号　邮政编码100011）
印　　装：北京科印技术咨询服务有限公司数码印刷分部
787mm×1092mm　1/16　印张15¼　字数383千字　2025年8月北京第1版第4次印刷

购书咨询：010-64518888　　　　　　售后服务：010-64518899
网　　址：http://www.cip.com.cn
凡购买本书，如有缺损质量问题，本社销售中心负责调换。

定　　价：48.00元

前　言

材料科学与工程类有关专业的名称和内涵有了很大的变化。各高校根据自己的定位和人才培养模式，制订本科专业教学计划，并不断地修订和完善。根据我国工业发展水平和对人才的需求，大部分企业迫切地需要工程创新人才。因此我国大部分设置材料类专业的高校，应着力培养社会急需的工程应用创新型人才。与人才培养目标相应的，在教学计划、课程体系、课程内容和实践性环节等方面都要进行一系列改革。该教材适用于以工程人才为培养目标的高校材料类本科专业的教学。

本教材是金属材料工程等材料类专业的主干课程教材，也是材料成型与控制等材料类其他专业的必修（选）课程教材。现在，金属材料工程等新专业的内涵拓宽了。近20年来，材料学科无论是在理论上还是在工程技术上都取得了很大的成就，得到了长足的发展。因此，课程体系与教材的内容也应相应地改变。现在的教材取名为《金属组织控制原理》。

因为金属材料研究较早，发展最成熟，所以就本科专业的教学而言，无论是体系还是内容都是较经典的。"金属组织控制原理"课程在学科专业知识体系中起着一个承上启下的桥梁作用。在多年的讲稿和教学经验及体会的基础上，我们根据原有一些教材的体系进行新编。本教材编写的主要原则是保持科学的体系，简化繁杂的内容，增加新颖而成熟的理论。由于控轧控冷制备微合金钢无论在理论上还是在应用上都取得了巨大的成功，因此在教材中增加了"控轧控冷过程的组织控制"的内容。随着国民经济的迅速发展，有色金属合金的应用日益增多，因此新增了"非铁合金的固溶与分解"一章。考虑到非铁合金固溶处理后，过饱和固溶体分解有沉淀析出第二相和调幅分解等性质不同的情况，将晶体结构无同素异构转变的调幅分解、有序化等内容在第8章"非铁合金的固溶与分解"中介绍，而时效和沉淀析出的内容作为第9章的内容。其他各章内容根据新发展，结合原有各教材取长补短，进行补充和修改。在内容的取舍上兼顾了前后专业课程的知识衔接，在某些章节的深度方面也考虑了与研究生学位课程"材料固态相变"的分工。

学科专业的素质教育应使学生学会以学术的方式来思考问题，以哲学的观点来理解知识，在知识的基础上培育智慧。材料科学是自然科学中很有"思想"的一门学科，其主要特征是辩证与创新。在教学中抓住组织演化的主线，纲举目张；围绕课程内容的核心，举一反三；明晰矛盾运动的内在"思想"，辩证分析。根据学科专业的内涵，材料各种相变的组织演化过程规律-组织特征是该课程的主线，材料的最小能量原理和自组织理论是该课程的"思想"，材料各过程组织演化的热力学、动力学和结构学是课程的核心。为有助于学生不断熟悉专业英文术语，在介绍和讨论各章内容时，一些关键术语一般都在第一次出现时标出了英文名称。为了有利于学生对课程内容的深入理解和进行自主式学习，在每章结束后从辩证法哲学原理角度精写了小结，并以框图形式概括了本章的内容要点及其相互之间的关系。每章最后都编写或精选了习题与思考题。

根据修订后的教学计划，金属组织控制原理课程的教学一般在45学时左右。在实施教学计划时，教材中各章内容可有所侧重，学时数也可相应地调整。课程教学计划中可设置4～8学时的实验（含综合性或设计性实验），进行1～2次的课堂讨论。各校根据具体情况可灵活安排。

本教材由江苏大学戴起勋教授主编，全书由程晓农教授主审。其中，第 1、2、5、6、7章和全书各章小结及习题与思考题由戴起勋教授编写，第 3 章由邵红红教授编写，第 4 章由王安东博士、戴起勋教授和霍向东博士编写，第 8 章由王树奇教授编写，第 9 章由戴起勋教授和王树奇教授编写，吴晶高级实验师组织提供金相组织照片（除有注明的外）。

本教材为江苏省金属材料工程品牌专业二期建设的项目，是江苏大学金属材料优秀教学团队教学改革与建设的内容之一。江苏大学全面实施的教学质量工程对教学改革和课程建设给予了大力的支持。我们向所有在本教材中引用的参考文献的原作者和有关资料的提供者，也一并表示感谢。

该教材不但是金属材料工程等本科专业学生的教材，而且也可以作为从事材料工作技术人员的参考书。限于编者的水平，书中难免有不当之处，恳请同行和读者批评指正，以利于今后的修改和完善。

戴起勋

2008 年 8 月

目　录

1 金属固态组织演化概述 …………… 1
　1.1 固态组织演化的辩证观与自组织 ……… 1
　　1.1.1 金属材料系统组织演化的复杂性 … 1
　　1.1.2 固态组织演化的辩证观 ………… 3
　　1.1.3 固态组织演化过程的自组织 ……… 5
　1.2 组织演化过程的基本原理 ………… 7
　　1.2.1 演化过程的方向 ……………… 7
　　1.2.2 演化过程的途径 ……………… 7
　　1.2.3 演化过程的结果 ……………… 8
　1.3 固态相变的分类 …………………… 9
　　1.3.1 按结构学分类 ………………… 9
　　1.3.2 按热力学分类 ………………… 9
　　1.3.3 按动力学分类 ……………… 10
　　1.3.4 按相变方式分类 …………… 12
　1.4 固态相变的特点 ………………… 12
　　1.4.1 相界面及界面能 …………… 12
　　1.4.2 位向关系和惯习面 ………… 14
　　1.4.3 应变能 ……………………… 14
　　1.4.4 过渡相 ……………………… 15
　　1.4.5 共格相的稳定性 …………… 16
　1.5 固态相变的形核与长大 ………… 16
　　1.5.1 均匀形核 …………………… 16
　　1.5.2 非均匀形核 ………………… 17
　　1.5.3 晶核的长大 ………………… 19
　　1.5.4 相变宏观动力学 …………… 21
　1.6 第二相颗粒的粗化 ……………… 23
　本章小结 ……………………………… 24
　思考题与习题 ………………………… 25
2 铁合金奥氏体化与奥氏体 ………… 26
　2.1 奥氏体组织与性能 ……………… 26
　2.2 奥氏体形成机理 ………………… 27
　　2.2.1 奥氏体晶核的形成和长大 … 27
　　2.2.2 残留碳化物的溶解与奥氏体
　　　　　均匀化 …………………… 30
　2.3 奥氏体形成动力学 ……………… 30
　　2.3.1 奥氏体等温形成动力学 …… 31
　　2.3.2 连续加热时奥氏体形成特点 … 35
　　2.3.3 非平衡组织加热时奥氏体形成
　　　　　特点 ………………………… 37

　2.4 奥氏体晶粒长大及控制 ………… 40
　　2.4.1 奥氏体晶粒长大现象 ……… 40
　　2.4.2 奥氏体晶粒长大机理 ……… 42
　　2.4.3 第二相颗粒对奥氏体晶粒长大的
　　　　　影响 ………………………… 43
　　2.4.4 消除粗大组织的措施 ……… 45
　本章小结 ……………………………… 46
　思考题与习题 ………………………… 47
3 共析分解与珠光体 ………………… 49
　3.1 珠光体组织形态与性质 ………… 49
　　3.1.1 珠光体组织形态 …………… 49
　　3.1.2 珠光体组织的晶体结构与层间
　　　　　距离 ………………………… 50
　　3.1.3 珠光体组织的力学性能 …… 52
　3.2 珠光体组织形成机制 …………… 54
　　3.2.1 珠光体组织形成热力学 …… 54
　　3.2.2 片状珠光体组织形成机理 … 56
　　3.2.3 粒状珠光体组织形成机理 … 57
　　3.2.4 亚（过）共析钢的珠光体转变 … 59
　3.3 珠光体转变动力学 ……………… 61
　　3.3.1 珠光体形核率和长大速度 … 61
　　3.3.2 珠光体等温转变动力学 …… 62
　　3.3.3 影响珠光体转变动力学的因素 … 63
　3.4 过冷奥氏体转变动力学图 ……… 64
　　3.4.1 过冷奥氏体等温转变动力学图 … 64
　　3.4.2 过冷奥氏体连续转变动力学图 … 65
　　3.4.3 过冷奥氏体 TTT 图与 CCT 图的
　　　　　关系 ………………………… 67
　3.5 非铁合金中的共析分解 ………… 69
　　3.5.1 铜合金中的共析转变 ……… 69
　　3.5.2 锌合金中的共析转变 ……… 70
　　3.5.3 钛合金中的共析转变 ……… 70
　本章小结 ……………………………… 71
　思考题与习题 ………………………… 72
4 控轧控冷过程的组织演化 ………… 74
　4.1 概述 ……………………………… 74
　　4.1.1 控轧控冷工艺的基本过程 … 75
　　4.1.2 微合金元素对强韧化的贡献 … 77
　　4.1.3 获得最佳强韧化的工艺和组织

因素 ······················· 78
4.2 高温形变与奥氏体的回复再结晶 ······· 79
4.2.1 奥氏体状态调节原理 ············ 79
4.2.2 第二相质点阻止再结晶的作用 ····· 80
4.2.3 微合金钢再结晶的机制 ········· 82
4.3 第二相质点在奥氏体中的溶解和析出
规律 ······················ 83
4.3.1 第二相质点的溶解规律 ········· 83
4.3.2 第二相质点阻止奥氏体晶粒长大
的贡献 ················· 84
4.3.3 第二相质点在奥氏体中沉淀析出
规律 ·················· 85
4.3.4 第二相质点在奥氏体中的长大
规律 ·················· 87
4.4 微合金钢 $\gamma \rightarrow \alpha$ 相变的控制 ········· 88
4.4.1 $\gamma \rightarrow \alpha$ 相变细化晶粒 ········· 88
4.4.2 第二相质点在铁素体中的沉淀
析出 ·················· 89
本章小结 ······················· 92
思考题与习题 ····················· 93

5 马氏体相变与马氏体 ············· 94
5.1 马氏体组织形态 ················ 94
5.1.1 钢中马氏体形态 ············ 94
5.1.2 影响马氏体形态及其亚结构的
因素 ················· 100
5.2 马氏体组织的性能特性 ··········· 102
5.2.1 马氏体的强度与硬度 ········· 102
5.2.2 马氏体的韧度 ············· 103
5.2.3 马氏体的相变塑性 ·········· 104
5.2.4 马氏体的物理性能 ·········· 105
5.3 马氏体相变主要特征 ············ 106
5.3.1 马氏体相变的切变共格性 ······ 106
5.3.2 马氏体相变的无扩散性 ······· 107
5.3.3 马氏体相变的非恒温性 ······· 108
5.3.4 马氏体相变的可逆性 ········· 108
5.4 马氏体结构的晶体学 ············ 109
5.4.1 马氏体晶体结构 ··········· 109
5.4.2 位向关系与惯习面 ·········· 111
5.4.3 ε 马氏体相变晶体学 ········· 112
5.5 马氏体相变热力学 ············· 114
5.5.1 马氏体相变热力学条件 ······· 114
5.5.2 马氏体相变临界点 ·········· 116
5.6 马氏体相变动力学 ············· 119
5.6.1 马氏体的降温形成 ·········· 119
5.6.2 马氏体的等温转变 ·········· 119

5.6.3 马氏体的爆发式转变 ········· 120
5.6.4 过冷奥氏体的稳定化 ········· 120
5.7 马氏体转变理论 ··············· 122
5.7.1 马氏体转变的形核理论 ········ 122
5.7.2 马氏体转变的切变模型 ········ 124
5.8 热弹性马氏体与形状记忆效应 ······· 126
5.8.1 有色合金马氏体转变特点 ······ 126
5.8.2 热弹性马氏体相变 ·········· 127
5.8.3 形状记忆效应 ············· 128
5.8.4 应力诱发马氏体与超弹性 ······ 129
5.8.5 形状记忆合金及应用 ········· 130
本章小结 ······················· 131
思考题与习题 ····················· 132

6 贝氏体相变与贝氏体 ············· 133
6.1 贝氏体组织基本特征与性质 ········· 133
6.1.1 贝氏体组织基本特征 ········· 133
6.1.2 贝氏体组织的力学性能 ········ 136
6.2 贝氏体相变热力学与动力学 ········· 139
6.2.1 贝氏体相变热力学 ·········· 139
6.2.2 贝氏体等温转变动力学 ········ 140
6.2.3 贝氏体相变过程的碳扩散 ······ 141
6.2.4 贝氏体转变动力学的影响因素 ··· 143
6.3 贝氏体相变的过渡性与主要特征 ······ 145
6.3.1 贝氏体相变的过渡性 ········· 145
6.3.2 贝氏体相变的主要特征 ········ 147
6.4 贝氏体相变机制 ··············· 150
6.4.1 贝氏体相变的切变机制 ········ 150
6.4.2 贝氏体相变的台阶扩散机制 ····· 153
6.4.3 类平衡切变长大机制 ········· 154
6.5 非铁合金中的贝氏体 ············ 155
6.6 钢中的魏氏体组织 ············· 158
6.6.1 魏氏体组织的形成条件及基本
特征 ················· 158
6.6.2 魏氏体组织的转变机理 ········ 159
6.6.3 魏氏体组织的力学性能 ········ 159
本章小结 ······················· 160
思考题与习题 ····················· 161

7 钢的回火转变 ················· 162
7.1 淬火钢的回火组织 ············· 162
7.2 马氏体的分解 ················ 165
7.2.1 马氏体中碳的偏聚 ·········· 165
7.2.2 马氏体分解 ·············· 166
7.3 残留奥氏体的转变 ············· 168
7.3.1 残留奥氏体回火转变的特点 ····· 168
7.3.2 回火时的二次淬火和稳定化、

　　　催化现象 ················· 169
7.4 碳化物的析出与转变 ········· 170
　　7.4.1 碳素钢马氏体中碳化物的析出 ··· 170
　　7.4.2 合金元素对碳化物析出的影响 ··· 171
　　7.4.3 碳化物的聚集长大 ······ 174
7.5 α相的回复、再结晶及内应力的
　　消除 ··················· 174
　　7.5.1 α相的回复与再结晶 ····· 174
　　7.5.2 内应力的消除 ·········· 175
7.6 淬火钢回火时力学性能的变化 ··· 176
　　7.6.1 淬火钢回火时的力学性能 ·· 176
　　7.6.2 二次硬化现象 ·········· 178
　　7.6.3 钢的回火脆性 ·········· 180
本章小结 ····················· 184
思考题与习题 ·················· 185

8 非铁合金的固溶（淬火）与分解 ······ 187
8.1 非铁合金的均匀化处理 ········ 187
　　8.1.1 铸态合金的组织特征 ····· 187
　　8.1.2 均匀化处理时合金组织的变化 ··· 188
8.2 非铁合金的固溶（淬火）处理 ··· 190
　　8.2.1 无同素异构转变的固溶处理 ·· 190
　　8.2.2 有同素异构转变的固溶淬火及其
　　　　　组织 ·············· 194
8.3 合金的调幅分解 ············ 197
　　8.3.1 调幅分解热力学 ········ 198
　　8.3.2 调幅分解过程 ·········· 199
　　8.3.3 调幅分解组织与性能 ····· 200
8.4 合金的有序化转变 ··········· 201
　　8.4.1 有序化概念 ············ 201

　　8.4.2 有序畴长大动力学 ······· 202
　　8.4.3 无序-有序转变机制 ······· 203
　　8.4.4 无序-有序转变对性能的影响 ······ 205
本章小结 ····················· 206
思考题与习题 ·················· 207

9 合金的时效与脱溶 ··········· 208
9.1 脱溶过程析出物组织特征 ······ 209
　　9.1.1 各种脱溶相结构特征 ····· 209
　　9.1.2 各种脱溶相的形状 ······· 210
　　9.1.3 Al-Cu合金的脱溶相 ······ 211
9.2 脱溶过程中材料性能的变化 ····· 213
　　9.2.1 各类沉淀相的强化机理 ··· 213
　　9.2.2 硬度的变化规律 ········ 215
　　9.2.3 电阻的变化 ············ 216
9.3 脱溶过程热力学和动力学 ······ 217
　　9.3.1 脱溶过程热力学 ········ 217
　　9.3.2 脱溶析出过程动力学 ····· 218
　　9.3.3 影响沉淀析出过程的因素 ··· 220
9.4 脱溶沉淀析出过程 ··········· 221
　　9.4.1 脱溶沉淀过程的一般序列 ··· 221
　　9.4.2 脱溶沉淀析出类型与析出相
　　　　　特征 ·············· 222
9.5 铁基合金的脱溶析出 ········· 227
　　9.5.1 马氏体时效钢的时效强化 ·· 227
　　9.5.2 铁基合金的沉淀析出 ····· 228
　　9.5.3 低碳钢的时效现象 ······· 230
本章小结 ····················· 231
思考题与习题 ·················· 232

参考文献 ····················· 233

1 金属固态组织演化概述

(Introduction to Solid-state Structure Evolution in Alloy)

在一般情况下，金属合金是一种具有晶体结构的材料，它是由各种不同相所组成的系统。金属合金材料在温度、压力等外界环境条件发生改变时，往往会发生晶体结构的转变和组织状态的变化，也就是常说的相变或组织演化。材料的组织演化进行的类型和程度，决定了最终的产物，即组织状态。而材料的性能是取决于组织状态的。为了使材料得到所希望的性能，我们必须在加工、制备等过程中控制材料的宏观与微观组织状态。因此，必须理解和掌握材料在不同环境条件下发生的相变或组织演化过程的规律及其产物特性。

1.1 固态组织演化的辩证观与自组织

1.1.1 金属材料系统组织演化的复杂性

1.1.1.1 一般概念的内涵与外延

（1）系统与要素 材料是一个开放的复杂系统。钱学森从控制论角度，强调了系统的功能："系统是由相互依赖的若干组成部分结合而成的、具有特定功能的有机整体"。特定功能类似于材料的性能，组成部分就是材料的组织结构或组成相。材料系统所具有的主要特性描述如下[1]。

① 目的性 材料是作为某些性能为人类服务的。因此研究材料系统，就是希望能获得一定的性能或功能。

② 结构性 由于材料系统的组元之间是相互联系和相互作用的，因此系统内部是由各组元构成的有机整体。

③ 环境性 材料是开放的系统。在材料的制备、加工和使用等流程中，系统与环境之间都有输入与输出的关系，因此必须重视环境对材料系统的影响，从而达到控制材料组织和性能的目的。

④ 整体性 对于系统的功能，特别是系统的最优化功能，必须从系统的整体来考虑问题和进行研究。有些系统中的每个组元并不是很完善，但由于组织结构较好，可以综合成为具有良好功能的系统。反之，系统中的组元虽然都很好，但因为组织结构欠佳，系统的整体功能仍是不好的。这就是材料组织控制的重要性。

组织控制的最优化目的，就是通过一定的方法与途径，合理安排材料中合金元素的存在形式与分布，获得所期望的组织结构及其状态，使材料的潜力得到充分的发挥。

在一般情况下，材料在制备、加工和使用过程中都会涉及组织演化（evolution）的问题。材料组织演化有四个共性问题：能量、过程、结构和性能。

材料的能量既包括了材料的内能，也包括了材料与环境交换的能量。材料的过程表明材料在给定外界条件下从始态到终态的变化。材料的结构表明材料的组元及其排列和运动的方式。材料的性能是一种参量，用于表征材料在给定外界条件下的行为。

根据能量、过程、结构和性能之间的有机联系，可以得出一些主要的思路：①从外界环境条件引起材料系统内部变化的过程去理解新的组织结构及其性能，演化过程是理解性能和结构的重要环节；②系统的能量控制了组织结构的演化过程及其相变产物；③性能是材料重要的状态参量，组织结构决定了性能；④组织结构特征是深入理解能量变化和性能的依据。

（2）成分与组元　一般用材料中元素的种类及其数量来表示材料的成分，这里也可以称为化学组元，例如，每一种钢都有一定的合金元素及其含量。材料中的几何组元是指晶界、位错、空位等各种晶体缺陷，材料中的几何组元是普遍存在的。合金中的化学组元和几何组元也可以组成不同的相[1]：不同化学组元之间可形成各种相，如钢中的碳化物、氧化物等所谓的第二相；化学组元和几何组元之间可形成广义的相，如钢中的原子偏聚区、柯氏气团等；几何组元之间也可形成广义的相，如合金中的空位片、位错胞等。将组元的概念扩大到几何组元，是近代材料科学的一个重要进展[1]。

（3）组织与结构　在材料科学与工程领域内，人们应用了不同的名词来表示材料内部的组织结构，如化学成分、显微组织、晶体结构、相等。在习惯上，结构是表示原子排列方式的晶体结构，电子排列方式的原子结构。而组织的尺度则比较大，如泛指的显微组织、宏观组织，具体的如珠光体组织、贝氏体组织、马氏体组织等名称。在某种意义上，习惯意义上的结构与组织概念主要是层次上的不同含义，它们都是"structure"的译名。将习惯上的成分、结构和组织一并称为结构，这是广义的结构[1]。但在许多情况下，为讨论问题的方便，仍然可将它们分开，也可称为狭义上的结构。在这里，因为主要是在微观尺度（即传统意义上的组织层次）上讨论问题，因此，采用广义上的组织外延。所以组织演化既包括了有晶体结构转变的各类相变（如马氏体相变、贝氏体相变等），也包含了基体无晶体结构转变的各类组织变化（如晶粒长大、过饱和固溶体的脱溶，淬火组织的回火，调幅分解、有序化、第二相长大等）。这些组织因素都在一定程度上影响了材料的性能。

（4）相与相变　通常，我们把在材料系统内化学组元所形成的各种结合键的晶体称为"相"。许多物质的固态在一定的环境条件作用下也可获得不同的相，因此就有固态相变的问题。相是宏观热力学中引入的概念。相是系统中任一均匀的部分，相内每一个小体积内的成分和结构都是一样的。既然相是系统中的子系统，肯定具有界面。相具有一定的热力学性质。固态相一般都具有一定的晶体结构，习惯上将基体晶体结构发生转变的变化称为相变。在广义上，相是材料系统的子系统，它的成分或结构与系统的其他部分不同。这个定义既包括了各种尺度的平衡相或亚稳相，也包括了化学组元与几何组元、几何组元之间形成的广义的相[1]。显然，根据以上组织的外延意义，组织演化的含义比狭义上的相变概念要广。

在金属合金领域内，相及相变的概念也在不断地发展和变化[2]。从结构变化和组织变化角度来看，相、GP区、脱溶相、短程有序区等不同的名称没有什么实质上的区别，它们的主要区别在于存在形式、尺寸及稳定性。因此，相变也可以是广义上的相变，不仅是指具有基体点阵结构变化的转变，也可以是组织发生的变化，如第二相的脱溶析出与长大、调幅分解、有序化转变、晶粒粗化、晶体缺陷的变化、回火或时效过程中的转变等。在这里，根据不同的场合，我们同时使用组织演化和相变的概念。

这些概念的延伸或内涵的扩展，有利于人们从材料系统思路的角度来理解组织-性能之间的有机联系；而仍然使用狭义上的概念，即能反映其特征的专业术语，则有助于我们分析讨论问题的方便和对问题更确切的理解。组织演化是材料中最基本的过程和现象。因此，每一个材料科学工作者都应理解和掌握有关材料中的一些组织演化规律。

1.1.1.2　组织演化的复杂性

要深入理解和有效地控制材料性能，就必须了解材料内部的组织结构特性及其在外界条件下的演化规律。金属合金是复杂的整合系统，原子、晶体点阵、相、组织等是组成系统的各个层次的要素。这些要素不是混合，而是有机的结合、有序的配合，是一个自组织的有机整体[3]。在组织演化过程中，材料系统各要素之间是相互联系、相互作用和相互制约的，具有自组织功能和非线性作用，这就使其产物具有了复杂的物理实质和规律性。作为复杂系统的金属与合金，根据文献［3］的要点，材料系统组织演化的基本特征描述如下。

（1）组成要素的多体性　金属合金是由具有各自的结构与性能的子系统所组成的有机整体，如珠光体是由体心立方的铁素体和斜方晶格的渗碳体或特殊碳化物所组成。

（2）空间结构的层次性　例如，复杂系统的钢具有明显的层次性。钢中由 Fe、C、Si、Mn、Cr、V 等元素的原子构成了各类晶格；由不同成分和晶格的区域组成了相；由铁素体、碳化物（包括渗碳体）、奥氏体等相组成了各种组织产物，如珠光体、马氏体、贝氏体等转变产物；从显微组织角度来看，不同的钢具有各种不同的组织、具有不同的性能，如结构钢、工具钢、不锈钢等。描述或研究的内容不同，所涉及的层次也不同。

（3）非线性相互作用　金属合金是由许多要素非线性相互作用构成的不可积系统。它是系统复杂性的根源。如在相变过程中，它使金属合金在外界环境条件变化时，将微观的随机起伏（如能量起伏、结构起伏、成分起伏等）予以放大，形成有效晶核并长大，发生相变。各元素、各个相在组织演化过程中的有机配合，其相互作用是非线性的。

（4）组织演化的多样性　不同元素形成的合金，具有不同的相图。从二元到三元，相图就变得很复杂，多元相图的建立则更为困难。而实际的材料系统中，往往又都是多元合金系统。随着温度、应力的变化，合金的组织演化行为表现了多样性和复杂性。例如，在常压下，钢经奥氏体化后，采用不同的冷却条件，过冷奥氏体会发生珠光体分解、贝氏体相变、马氏体相变等一系列复杂的相变过程。各个相变都具有各自的热力学与动力学条件、相变规律和形形色色的相变产物，很是复杂、多样。

金属合金中的固态相变是极为复杂的。在元素周期表中有 12 种纯金属具有晶格点阵的多型性转变，当形成合金和化合物后，晶型则更为复杂。例如，铁具有 α⇔γ⇔δ 多型性转变。当铁中溶入合金元素后，相变就变得非常丰富多彩；钢中存在碳化物等第二相时，与母相相互作用，组织演化过程就变得很复杂。因此，尽管人们已进行了很多的研究，但至今仍然有许多相变过程和机制尚未真正搞清楚。最典型的是贝氏体相变，有切变机制、扩散机制等不同学术观点的理论，但每个理论都还存在不少未解决的问题。淬火马氏体在回火过程中的组织演化也是一个很复杂的过程。从合金元素的偏聚、脱溶过渡相的形成到碳化物的析出、转变等过程，从马氏体分解到回复再结晶的演化，还有二次硬化、二次淬火、回火脆性等现象的产生，都还需要深入地进行研究。

1.1.2　固态组织演化的辩证观

从自然科学辩证法理论来说，系统的结构与性能间的关系是辩证的。结构决定功能，功能以结构为基础[4]。材料结构要素不同，系统的性能也不同；结构要素相同，但结构不同，性能也不同；系统的要素和结构都不同，但有可能有相似的性能；系统结构稳定性是保持性能的必要条件[5]。这些自然科学辩证理论在材料科学中也是表现得非常充分的。

材料的组织结构决定了性能，而材料成分和工艺过程又决定了组织，其基本思想是材料中强韧化矛盾的辩证关系和转化[6]。组织结构的变化是多因素的，组织参数的变化也是相互联系、相互制约、相互转化的[7]。例如，钢中第二相和基体之间的关系，对于一定成分的钢，在淬火加热时碳化物的溶解量决定了基体的含碳量和合金度[7]。第二相溶解越多，

3

固溶体中的合金度愈高。特别是在过共析钢中，碳化物和固溶体之间有着相互联系、相互制约的关系，控制碳化物的溶解量就可以控制基体中的含碳量和其他合金元素。根据具体的性能要求就可设计钢经淬火后最佳的碳化物类型及数量和基体成分，从而来确定钢的总体成分。组织结构演化过程遵循了量变与质变的自然规律，最典型的是各种相变临界点[8]。性能的变化是各组织因素共同作用的结果。材料的演化过程是理解组织和性能的重要环节。

组织结构的秘密，只有从它的形成过程去理解[1]。因此，对于材料科学工作者来说，了解和掌握材料在各种状态下的组织结构演化规律及其影响因素是非常重要的，这是设计与开发新材料的必须，也是对材料通过工艺实施组织控制以达到所需性能要求的基本。金属材料的固态相变与组织控制的主要过程如图1.1所示。

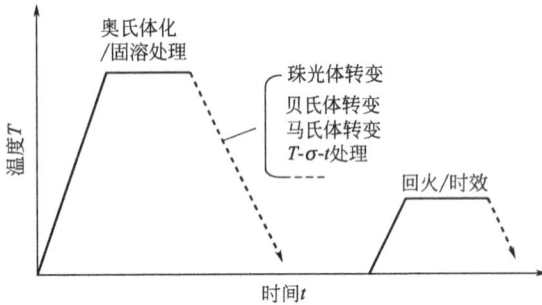

图 1.1　金属材料固态相变与组织控制的主要过程

对高温加热，大部分有色金属合金和少量的合金钢无同素异构转变，所以相对较为简单。具有同素异构转变的合金，其高温奥氏体化就比较复杂。金属合金的高温加热转变直接影响了后续的相变过程及其产物，因此高温加热重点是介绍钢铁材料的奥氏体化过程。

随冷却过程的不同，过冷高温相的转变方式很多。对一般的钢铁材料来说，其组织产物主要有珠光体、贝氏体、马氏体等。但由于演化过程的不同，即使是同类组织，也因其组织的大小、分布、形态和成分等状态的不同，所得到的性能也是有很大的差别。因此，理解了组织演化规律，就可以通过工艺来控制最终组织。

如果在传统的"温度 T-时间 t"二元处理基础上再复合应力 σ，则其组织演化过程就更为复杂。在人们对"$T-\sigma-t$"复合处理组织演化过程研究的基础上，发展了复合相变过程的理论，成功地开发了新的工艺技术和微合金化钢新材料，使材料性能得到了突破性的提高。这在材料科学发展史上是一个新的成就。

第二相的溶解和析出或固溶与分解虽说是逆过程，但绝不是等同的演化过程。在合金中使第二相溶解往往是为了析出，而析出绝不是原第二相的复出。沉淀或析出过程涉及类型、形状、数量、大小和分布等组织参量，这些参量都直接影响了材料的性能。所以，控制回火或时效过程是非常重要的。在一般情况下，回火常常是钢铁材料的最后处理工艺，时效是有色合金强化工艺不可缺少的环节。合金元素在钢中的存在形式主要是形成化合物（主要是碳化物）和固溶于基体中，在组织演化过程中，合金元素在两者间的分配也是严格遵循碳化物形成规律和固溶规律的，这是合金化和工艺设计所必须掌握的知识。就其本质来说，最佳的组织演化过程的控制是在合金化基础上合理地安排合金元素的位置，充分发挥合金元素的作用，从而也充分挖掘了材料的潜力[6]。

物质系统的结构是物质系统整体性的内在依据，物质系统的功能则是物质系统整体性的外在表现。事物的量在度的范围内变化，事物不会发生质变，量变超出度的范围，事物就会发生质变。量变也称为渐变，是一种渐进的、不显著的变化，是在原有度的范围内的变化，它不改变事物的根本性质[4]。渐变和突变是自然界物质系统演化的两种基本形式。量变、质变及其相互转化构成了事物发展的基本过程。在材料科学中，理论上相变临界点就是量变到质变的拐点，如钢中的 A_1、A_3 相变临界点。钢的过冷奥氏体在相变过程中一般都有一个孕育期，孕育期的物理本质是在进行能量起伏、结构起伏和成分起伏的形核准备，一旦时机成熟，即涨落被放大，就发生相变，产生突变[8]。

因为过程演化的最小阻力原理，在新、旧物质演化过程中，系统之间往往存在过渡状态或中介类型。其特点首先反映了新旧系统的相互包含，即原有系统结构已经被破坏，但未完全改变，新的系统结构还处在萌芽状态，又尚未产生。这样，它既包含旧系统的内容，又包含新系统的内容[5]。在材料的组织演化过程中，存在过渡相或过渡状态是比较普遍的，钢的回火过程和铝合金时效过程中的组织结构变化是最典型的例子。

材料组织结构的演化过程遵循最小阻力原理（最小自由能原理）、能量守恒、量变与质变等自然科学的一般原理。材料一般都处于非平衡状态，而且是一个开放的复杂系统，因此也处处表现了自然界中的自组织、自协调现象。

1.1.3 固态组织演化过程的自组织

1.1.3.1 自组织理论的基本概念

自组织（self-organization）是自然界物质系统自行有序化、组织化和系统化的过程。自组织理论是指：一个系统的要素按照彼此的相干性、协同性或某种默契而形成特定结构与功能的过程。开放性、远离平衡态、非线性相互作用和随机涨落，是自然系统演化的自组织机制。自组织过程是系统在一定的外部条件下，依靠自身的某种机制形成系统的有序结构和功能[9]。自组织理论从普里高津（Prigogine）提出的耗散结构理论开始，逐步形成了系统科学的核心理论，包括协同学、突变理论、非线性科学等[10]。

诺贝尔奖获得者普里高津于 1970 年在国际理论物理和生物学会议上正式提出了耗散结构（dissipative structure）理论。所谓的耗散结构是指从环境输入能量或（和）物质，使系统转变为新型的有序状态，即这种形态是依靠不断地耗散能量或（和）物质来维持的。

对于无生命的材料，热力学第二定律的观点认为它们是一个孤立系统，即它们与环境没有能量和物质的交换，通常可以用下列函数关系来表达[11]：

$$P = f(C, S, M) \tag{1.1}$$

式中，P 为材料的服役性能；C 为材料的成分；S 为材料的结构；M 为材料的组织形貌。因此，它们的系统内部就不可能呈现生命的活性。

但如果通过众多的途径，如化学的、物理的以及生物的手段为材料提供物质和能量的输运，就可以用下列函数关系来表达：

$$P = \varphi(C, S, M, \theta) \tag{1.2}$$

式中，θ 为环境变量，它意味着环境向材料提供能量和物质就可使"死"的材料变成"活"的材料。材料的制造及使用过程一般都不是一个孤立系统，应用耗散结构的概念，可以解释许多材料科学中已知的现象，并且能给人以新思路的启示。

自组织过程不是按系统内部或外部指令完成的，而是系统各要素协同运动的结果。自组织不依靠外部命令，不等于说不需要外部条件，没有一定的外部条件，自组织行为也不会发生[9]。外部条件只是提供系统进行自组织的条件，至于系统自身如何进行以及形成怎样的有序结构，决定于系统内部的动力学过程和随机性行为。即使在有外界干预的条件下，系统也会在内因和外因的协调下，发生自组织的组织结构演化过程。自组织理论所描述揭示的耗散结构、协同、循环、突变等过程，从不同侧面科学而深刻地揭示了系统从无序走向有序的条件和机理，以及在远离平衡条件下系统形成有序结构的过程。自然界中系统的演化、物质结构的形成和有序化都是自组织的。金属合金是一个比较复杂的系统，任何系统的出现都是一个组织化和有序化的过程。

生物品种的存在取决于它们的动态能力，这些能力是自培育（新陈代谢）、自修复、自调整、自繁殖等，这些能力的产生是为了适应环境的变化，所以通称为自适应。在材料中也有类似的现象，材料的自组织现象也称为自适应性。这种特性在功能材料科学中被归纳为所谓的"S特性"[11]，即自诊断（self-diagnosis）、自调整（self-tuning）、自适应（self-adaptive）、自恢复（self-recovery）和自修复（self-repairing）等。

1.1.3.2 产生自组织的条件

自组织必须具备一定的环境和条件，主要有：开放系统、远离平衡态、随机性涨落、非线性相互作用[9,10,13]。这四个方面也是相互关联的，是自组织的必要条件和充分条件。体系远离平衡态和体系内存在某种非线性动力学机制是产生自组织的两个必要条件[12]。非线性机制和随机涨落的存在是远离平衡态开放系统失稳和新结构产生的内部依据，而非线性机制的发挥和随机涨落的放大又必须以系统开放和远离平衡态为前提条件[13]。材料的固态相变或组织演化并不例外，也是一个自组织的过程。

（1）开放是系统演化的先决条件 只有开放系统（open system）才有可能实现自组织。开放系统是系统维持有序性或演化的必要条件。决定系统演化及其方向的条件是多方面的，必须考察系统与环境的依存关系对其动态行为的影响[13]，如系统的热力学。系统开放的外界输入和输出要达到一定的阈值，即系统得到的负熵流要大于系统的熵产生，系统才有可能向耗散结构转变。材料是一个典型的开放系统，在将金属材料进行加热、冷却等过程中，其过程一般都是偏离平衡态，与外界发生能量交换或物质交换。在材料实际应用的一般情况下，在有外界一定能量干预的条件下，材料系统往往又都是发生了非平衡转化或呈现了非线性作用关系。

（2）远离平衡态是有序之源 普里高津的耗散理论侧重于阐明非平衡是有序之源。处于热力学平衡状态的系统没有系统演化的驱动力，缺少组织发展的活力，因此就不能自组织。当外界条件的输入达到一定程度时，使材料系统偏离了平衡状态，甚至远离了平衡态时，系统处于非平衡状态（non-equilibrium state），就遵循自然界的普遍规律而产生自组织过程。例如，根据热力学条件，将钢加热或冷却，使系统偏离临界点，具有一定的过热度或过冷度时，系统新旧两相的自由焓差小于零，相变才能自发地进行[3]。

（3）非线性相互作用（non-linear interaction）是系统演化的内在根据 非线性是有序之本。非线性具有相干效应、分岔效应和临界效应，这是系统存在和演化的基本机制，是导致系统失稳、旧结构瓦解、新的有序结构得以产生的内在根据[13]。由于各作用因素是相互关联的，关联使线性叠加失效，使整体不是等于部分之和，这就是相干效应。线性和非线性是数学名词。从数学的观点来看，描述系统演化过程的方程如果是非线性的，一般都有多重解，既有不稳定的解，也有一个或多个稳定的解，即分岔效应。在临界点上，不仅使系统演化面临着多种可能的选择，而且在系统对外界影响和系统内参数变化的响应上特别敏感，参数的微小变化都有可能引起系统状态的突然改变，这就是临界效应，如材料相变的微区涨落和有效晶核的形成。

（4）随机性涨落（random rise and fail）是系统演化的直接诱因 涨落是统计物理学中的术语，是指系统宏观状态量在平均值附近的随机变动[9]，涨落是有序之胚[13]。材料中组织结构微区出现涨落是对系统稳定状态的偏离，例如材料发生系统演化时往往都存在一定范围的浓度起伏、结构起伏、能量起伏等涨落。涨落是随机的，是系统演化的契机或预备。将合金加热或冷却时，超过临界点形成了一定的过热度或过冷度时，合金原有系统已是不稳定的，处于亚平衡状态，但如果没有微区的成分或结构涨落，也不会发生相变[3]。在实际过程中，总是存在着一定程度的涨落或起伏。一旦出现了相对较稳定的涨落微区，这些微区就会被迅速放大，使系统离开原来状态，从而发生所谓的相变，形成新的结构，这就是相变的形核与长大。

自组织理论使系统自身具有选择的机制，竞争是选择实现的保证。系统之间、系统的各要素之间都充满了各种形式的斗争[10]。竞争是协同论的基本概念，是协同的基本前提和条件，是系统演化最活跃的动力[9]。由于系统失稳，各种变量的涨落此起彼伏，彼此之间有竞争。非线性机制规定了系统失稳后有哪些新结构可能出现并能稳定存在，规定了系统演化可能的途径和方向。在材料科学中，就是热力学和动力学的综合作用，如 Fe-C 和 Fe-Fe$_3$C 双重相图、碳的石墨化和形成渗碳体的竞争。竞争的结果使胜者随时间而往往呈指数规律增长，并成为系统演化过程中的支配因素。这在协同论中称为支配原理。

非线性作用可以把微小的涨落迅速放大，使原系统失稳而形成在能量上有利的新系统、新结构。例如，钢中奥氏体形成、珠光体分解、贝氏体与马氏体相变以及回火等过程都是系统自由焓非线性变化的结果，都是一个涨落-形核-长大的自组织相变过程[3]。根据不同的外部条件和内在因素（相对于发生相变区域而言），系统自己"能动"地组织而形成各种各样组织结构形态。如珠光体组织有片状、细片状、粒状、针状等多种形态；马氏体有板条状、片状、蝶状、薄板状、薄片状、凸透镜状等，这些都是材料系统自组织的杰作。

1.2　组织演化过程的基本原理[1,14]

材料的制备或加工过程决定了组织结构。了解材料过程的原理和分析方法，才能正确控制所要得到的组织结构。材料的组织演化过程描述了材料在给定的外界条件下从始态到终态的变化。材料的组织演化过程有三个共性的问题：方向、途径和结果。即过程是沿着什么方向发生的？过程是遵循什么途径进行的？过程进行的结果是什么？

1.2.1　演化过程的方向

热力学（thermodynamics）第一定律和第二定律都是从大量的事实归纳得到的普遍定律。爱因斯坦给它以高度的评价，认为"在它的基本概念适用的范围内，绝不会被推翻"。合并热力学第一定律、热力学第二定律，利用焓（H）、自由焓（G）、自由能（F）和内能（U）的定义，可以得到材料过程自发进行的方向是：

$$(\mathrm{d}U)_{S,V} < 0 \tag{1.3}$$

$$(\mathrm{d}H)_{S,p} < 0 \tag{1.4}$$

$$(\mathrm{d}F)_{T,V} < 0 \tag{1.5}$$

$$(\mathrm{d}G)_{T,p} < 0 \tag{1.6}$$

U、H、F、G 都是能量。因此从热力学定律得到了自发过程（spontaneous process）的第一原理，即材料相变过程进行的方向原理：**"自发过程总是沿着能量降低的方向进行的。"**

应用该原理时，要区分采用什么能量作判据，这就要注意式(1.3)～式(1.6)中的下标。绝热恒容条件下用内能 U，绝热恒压条件下用焓 H，在恒温恒容条件下用自由能 F，恒温恒压条件下用自由焓 G。

1.2.2　演化过程的途径

材料组织演化过程以什么途径进行，就是一个动力学（kinetics）的问题。我们可以用归纳法总结自发过程进行途径的规律。在物理界，可以观察到许多物理变化的过程，都是从能量高的状态趋向于能量低的状态，并且易沿着阻力比较小的途径进行。例如，水总是从高处向低处流，降低了位能，而且是阻力比较小的渠道流量比较大，这是"水向低处流"的自然规律。

利用最小作用原理可以导出物体的运动方程。材料的变形加工、相变等过程也有最小阻力原理或最小自由能原理。

在化学和材料热力学方面，一个重要的问题是化学反应过程的速度和途径。反应速度 V 与温度 T 之间有著名的阿累尼乌斯（Arrhenius）方程：

$$V = A\exp\left(-\frac{Q}{RT}\right) \tag{1.7}$$

式中，Q 为过程激活能（activation energy），是激活态能量与始态能量之差；A 为待定系数。从式（1.7）可知，反应速度随温度的升高而加快。在适当的激活能和温度范围，就可以解释温度升高 10℃ 使反应速度增加 1 倍的经验规律；对于不同的反应途径，如 A 值相差不大，则 Q 越小，V 将会越大，即反应趋向于激活能比较小的途径进行。化学动力学的进展，有可能探明化学反应过程中原子、分子及离子的行为，从而了解确定反应产物和反应产物的各种途径。尽管计算比较复杂，但其基本思路仍然是寻求激活能最小的途径为最可能的反应途径。

研究材料的过程途径时，不管是制备和处理材料的过程，或是材料性能的表现过程，人们都接受了化学动力学的观点，即激活能最小的途径为最可能的反应途径。

材料的变形断裂途径的选择、不均匀形核等，也都是选择阻力最小的途径。从上面的叙述可知，自发过程总是趋向于尽可能快地进行，从而尽可能快地降低能量。因此，它们总是选择阻力最小的途径，阻力最小，则过程进行最快；激活能最小，在一般情况下，也是速度最大，过程进行得最快；速度最快，则所需时间最短，这与光程最短时间原理符合；如能量守恒，又与力学中最小作用原理符合。所以自发过程第二原理，即途径原理为：**"自发过程总是遵循阻力最小的途径进行的"** 或 **"自发过程总是选择速度最大的途径进行的"。**

1.2.3　演化过程的结果

生物的进化过程的规律是物竞天择，适者生存。也就是说：在生物界，这种宇宙过程的最大特点之一就是生存斗争，每一种和其他物种的相互竞争，其结果就是选择。这就是说，那些生存下来的类型，总体来说，都是最适应于某一个时期所存在的环境条件的。因此，在这方面，也仅仅在这方面，它们是最适者。

在合金中，也有不同过程的相互竞争，产生了过程产物适者生存的现象。例如，Al-4%Cu 合金的时效脱溶产物有 GP 区、θ''、θ' 及 θ。曾经有顺序论和阶段论之争，用竞争论可以得到统一。在适当的温度下，各种脱溶产物都可能出现，即能由亚稳相转变为比较稳定的相，如 $\theta' \rightarrow \theta$；而较稳定的相也可以独立形核，如 θ 相在晶界可独立形成。这种竞争论，同样适用于其他环境过程。自然过程总是在特定的条件和空间内进行的。材料科学的进展，使我们对于材料的结构有了逐渐深入的了解，对于过程进行的环境有了逐渐明确的图像。生物学中"适者生存"的观点，在材料科学中也可得到应用。只有那些最适合于环境的过程，才是最容易发生的。不同的过程相应于不同尺度的环境条件，显然不同的过程就会得到不同的产物。因此，自然过程的第三原理是：**"自然过程的结果是适者生存。"**

材料组织演化过程的这三条原理分别对应于材料热力学、动力学和结构学问题。热力学分析过程的可能性；动力学分析过程的速率和途径；结构学分析过程进行的微观环境，提出过程的结果。

以上讨论的材料过程方向、过程途径和过程结果，其原理和规律符合材料的自组织特性，生物界中的自组织现象也同样存在于材料科学和工程的各个过程中。

1.3 固态相变的分类

任何事物的分类都不是绝对的，都是以一定的特性来区分的。材料的相变类型也是如此，可以从不同的角度分类，根据分类可理解各类相变的概念与特征。

1.3.1 按结构学分类

在温度、压力等外界条件改变的情况下，金属及其合金可能发生的传统意义上的固态相变主要包括下列三种基本变化：

① 点阵结构的变化，如金属及其合金的同素异构转变等；

② 化学成分的变化，如固溶体均匀化、调幅分解等；

③ 有序化程度的变化，如合金的有序化。

有的相变只是一种变化，但有时可包含了两种以上的变化，例如脱溶沉淀、共析转变及钢中的其他转变，既有化学成分的变化，又有点阵结构的变化。广义的相变或组织演化还有晶粒长大、第二相长大、晶体缺陷（空位、位错等）的变化等。

1.3.2 按热力学分类

根据相变前后的热力学函数的变化，可分为一级相变（first-order phase transformation）和二级相变（second-order phase transformation）。

1.3.2.1 一级相变

在临界点处新旧两相的自由焓相等，但自由焓的一次偏导不同，即

$$G = U - TS + pV \tag{1.8}$$

$$G^\alpha = G^\beta \tag{1.9}$$

$$\left(\frac{\partial G^\alpha}{\partial T}\right)_p \neq \left(\frac{\partial G^\beta}{\partial T}\right)_p, \left(\frac{\partial G^\alpha}{\partial p}\right)_T \neq \left(\frac{\partial G^\beta}{\partial p}\right)_T \tag{1.10}$$

因为

$$\left(\frac{\partial G}{\partial p}\right)_T = V, \left(\frac{\partial G}{\partial T}\right)_p = -S \tag{1.11}$$

所以

$$S^\alpha \neq S^\beta, V^\alpha \neq V^\beta \tag{1.12}$$

一级相变的特点：熵与体积呈不连续变化，即相变时有相变潜热和体积的突变。如图1.2所示，在 T_1 处 S、V 值是不连续函数；可以有两相平衡共存。在相变点 T_1 处，两相平衡共存，当 $T \neq T_1$ 时，两相非平衡共存。一级相变往往又属于结构重构型相变，在动力学上常出现相变滞后的现象。

大量研究表明，发生于自然界中的相变大部分是属于一级相变，在金属或非金属材料中所涉及的相变也大部分为一级相变。二级相变的存在往往没有一级相变那样普遍，但其丰富的物理内容一直吸引着众多研究工作者的兴趣。

1.3.2.2 二级相变

相变时，自由焓相等，自由焓的一次偏导也相等，但其二次偏导不等。即：

$$G^\alpha = G^\beta \tag{1.13}$$

$$\left(\frac{\partial G^\alpha}{\partial T}\right)_p = \left(\frac{\partial G^\beta}{\partial T}\right)_p, \quad \left(\frac{\partial G^\alpha}{\partial p}\right)_T = \left(\frac{\partial G^\beta}{\partial p}\right)_T \tag{1.14}$$

$$\left(\frac{\partial^2 G^\alpha}{\partial T^2}\right)_p \neq \left(\frac{\partial^2 G^\beta}{\partial T^2}\right)_p, \quad \left(\frac{\partial^2 G^\alpha}{\partial p^2}\right)_T \neq \left(\frac{\partial^2 G^\beta}{\partial p^2}\right)_T, \quad \left(\frac{\partial^2 G^\alpha}{\partial T\, \partial p}\right) \neq \left(\frac{\partial^2 G^\beta}{\partial T\, \partial p}\right) \tag{1.15}$$

因为
$$\left(\frac{\partial^2 G}{\partial T^2}\right)_p = -\left(\frac{\partial S}{\partial T}\right)_p = -\frac{C_p}{T} \tag{1.16}$$

$$\left(\frac{\partial^2 G}{\partial p^2}\right)_T = \left(\frac{\partial V}{\partial p}\right)_T = KV \tag{1.17}$$

$$\left(\frac{\partial^2 G}{\partial T\, \partial p}\right) = \left(\frac{\partial V}{\partial T}\right)_p = \alpha V \tag{1.18}$$

其中 K 为等温压缩系数，$K = \frac{1}{V}\left(\frac{\partial V}{\partial p}\right)_T$；$\alpha$ 为等压膨胀系数，$\alpha = \frac{1}{V}\left(\frac{\partial V}{\partial T}\right)_p$。

所以二级相变的特征也可表示为：

$S^\alpha = S^\beta$，$V^\alpha = V^\beta$，$C_p^\alpha \neq C_p^\beta$，$K^\alpha \neq K^\beta$，$\alpha^\alpha \neq \alpha^\beta$。

二级相变没有热效应和体积突变；在相变时，物理量发生变化。热容、压缩系数、膨胀系数有突变，二级相变不可能有两相平衡共存，如图 1.3 所示。

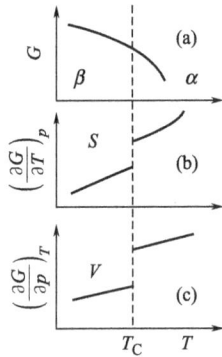

图 1.2　一级相变的特点中有关热力学函数的变化特点　　图 1.3　二级相变中有关热力学函数的变化特点
（a）自由能；（b）熵；（c）比热容　　　　　　　　　（a）自由能；（b）熵；（c）比热容

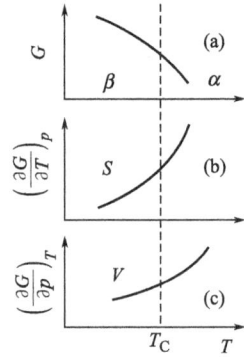

图 1.4　一级相变和二级相变的区别
(a) 一级相变　(b) 二级相变

一级相变和二级相变在相图上的几何规律还有如下区别：在二元系中，一级相变只在极大点或极小点上，两平衡相成分才相同，通常两单相是由两相区隔开的；而二级相变两单相区之间只被一条虚线隔开（图 1.4），在任一平衡温度、平衡浓度下，两平衡相的成分相同。

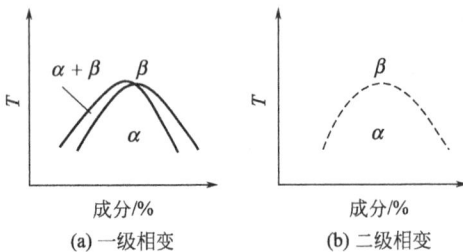

大部分固态相变属于一级相变。只有一部分属于二级相变，例如，某些合金的有序-无序转变、磁性转变、超导态转变。在有些相图中可看到这种图形，如 Fe-C 合金的居里转变，在 Fe-Cr、Fe-V 等合金以及许多有色金属合金的相图都有类似的虚线形状。

1.3.3　按动力学分类

根据相变过程中原子迁移的情况，可分为无扩散型相变及扩散型相变两大类。

无扩散型相变是通过切变方式使相界面迅速推进的。从相变开始到完成，单个原子的移动小于一个原子间距，例如马氏体转变。这种转变因为不需要破坏原子之间的化学键，原子是通过切变位移或整体协调运动的，所以速度快，一旦发生，难以抑制。马氏体转变不仅在金属材料中发生，而且在其他非金属材料中也能发生，如 ZrO_2（四方）$\leftrightarrows$ ZrO_2（单斜）相变、环己烷的同素异构转变、聚乙烯中应力诱发的正交→单斜相变等都属于马氏体转变。

扩散型相变是通过单个原子的热激活扩散来进行的。扩散型相变可分为以下 5 种。

（1）脱溶沉淀　脱溶沉淀一般是从过饱和固溶体 α' 内沉淀析出成分与结构均与母相不同的稳定或亚稳定新相 β 的组织演化过程，使固溶体接近平衡浓度的低饱和固溶体。这有三种情况，如图 1.5 所示：① $\alpha'\rightarrow\beta+\alpha$；② $\beta'\rightarrow\beta+\alpha$；③ $\alpha'\rightarrow\alpha+\beta$。后两种情况与①的主要区别在于析出第二相后，母相的溶质浓度是升高的。

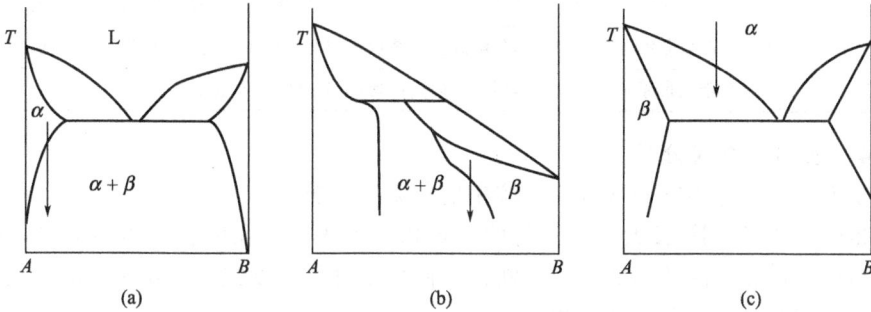

图 1.5　脱溶沉淀

(a) $\alpha'\rightarrow\beta+\alpha$；(b) $\beta'\rightarrow\beta+\alpha$；(c) $\alpha'\rightarrow\alpha+\beta$

（2）共析转变　单相 γ 分解为两相的混合物，即 $\gamma\longrightarrow\alpha+\beta$。两相产物的成分与母相成分有较大的差异；一般情况，这过程需要原子作长程扩散，如钢中的珠光体转变。

（3）有序化转变　α（有序）$\rightarrow\alpha'$（无序），如图 1.6 所示。

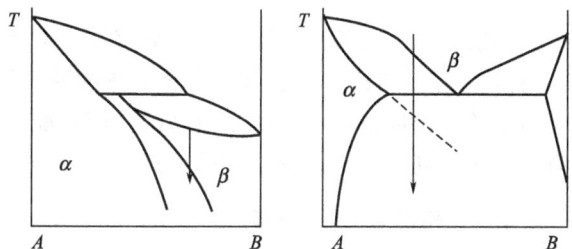

（4）块型转变　母相转变为一种或多种成分相同而晶体结构不同的新相，即 $\beta\rightarrow\alpha$，如图 1.7 所示。

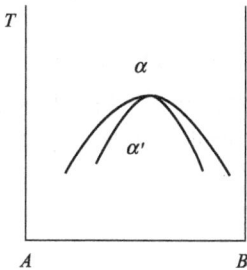

图 1.6　α（有序）$\rightarrow\alpha'$（无序）　　　图 1.7　块型转变 $\beta\rightarrow\alpha$

（5）同素异构转变　这就是常见的多形性转变，如钢中的 $\alpha\rightleftharpoons\gamma\rightleftharpoons\delta$ 转变。

常见的固态相变种类和特征见表 1.1 所列。其他还有一些分类，这里不再介绍。有些相变是比较难以归类的，如贝氏体转变，既有扩散，又具有无扩散相变的特点。实际上，对于相变的分类，无论从热力学、动力学，还是从结构学方面来分类，都有一定的局限性。因为几乎每一类相变都有这三类的问题，并且都是相互联系和相互影响的。但是，根据分类可帮助我们理解相变的共性问题和个性问题，这就是下面要介绍的固态相变的特点。值得注意的是，相的性质和相图是研究的基础。

表 1.1　固态相变的种类和特征

固态相变分类	相变主要特征
同素异构转变	温度或压力改变时，由一种晶体结构转变为另一种晶体结构，是重新形核长大的过程。如纯金属中 α-Fe$\leftrightarrow\gamma$-Fe，α-Co$\leftrightarrow\beta$-Co；Fe-Ni 合金的 $\alpha\leftrightarrow\gamma$；Ti-Zr 合金的 $\beta\leftrightarrow\alpha$
脱溶转变	过饱和固溶体的脱溶分解，析出亚稳定或稳定第二相
共析转变	一相经共析分解成结构不同的两相，共析组织呈层片状。如碳钢中的 $\gamma\to\alpha+Fe_3C$
包析转变	不同结构的两相经包析转变成另一相，转变一般不完全，有 α 相残留
马氏体转变	相变时新旧两相成分不变，原子只作有规则的切变而不扩散；新旧两相间保持严格的位向关系，并呈共格；产生浮凸现象
块状转变	相变时新旧两相成分不变，具有形核和长大特点，生长速度很快，仅进行少量扩散；借非共格界面的迁移而生成不规则块状产物。在纯铁、低碳钢、Cu-Al 等合金中可发生
贝氏体转变	兼具马氏体转变和扩散型转变的特点，产物成分变化。在钢和许多有色合金中都可发生
调幅分解	非形核分解过程。固溶体分解成晶体结构相同而成分在一定范围内连续变化的两相
有序化转变	合金元素原子从无规则排列到有规则排列，但晶体结构不发生变化

1.3.4　按相变方式分类

按相变方式可以将固态相变分为有核相变和无核相变。

有核相变是通过形核-长大方式进行的。新相的晶核可以在旧相中均匀形成，也可以在某些有利的位置形成；晶核形成后，不断长大使相变过程得以完成；新相与旧相之间存在相界面。大部分固态相变均属于此类相变。

无核相变即无形核阶段。无核相变以固溶体中的成分起伏作为开端，通过成分起伏形成了高溶质浓度和低溶质浓度区，但两者之间没有明显的界线，成分由高溶质浓度区连续变化到低溶质浓度区。溶质原子往往发生上坡扩散，以至于使溶质原子浓度差愈来愈大，最后导致一个单相固溶体分解为成分不同而点阵结构相同的以共格界面相联系的两个相。如调幅分解就是这样的无核相变。

1.4　固态相变的特点

大多数金属固态相变（除了调幅分解等少数相变类型）都是通过形核和长大过程来完成的。与液-固相变相比，固态金属合金晶体的原子呈有规则的排列，并存在许多的晶体缺陷，原子活动的自由度也较小，原子活动的范围和能力均较液固相变时小。因此，金属固态相变具有了许多不同于液固相变过程的特点。

1.4.1　相界面及界面能

固态相变时，新相和母相（parent phase）之间存在界面。界面区内的原子位置、原子间结合键性质和数目发生了变化，这些结构的改变，导致了界面能的产生。这种能量影响了材料的各种过程和性能[12]。不同界面有不同的结构及界面能（interfacial energy），主要有以下三种。

（1）完全共格界面（coherent interface）　两相界面上原子排列完全吻合，晶格共同连接，或者说界面上的原子为两相所共有，如图 1.8(a) 所示。只有对称孪晶界是理想的共格界面。但实际上，两相点阵总有一定的差别，或者点阵类型不同，或者点阵参数不同。因此，两相完全共格时，在相界面附近必然会产生弹性应变能。当两相之间的共格关系依靠正应变来维持时，称为第一类共格；而以切应变来维持时，称为第二类共格。如图 1.9 所示，

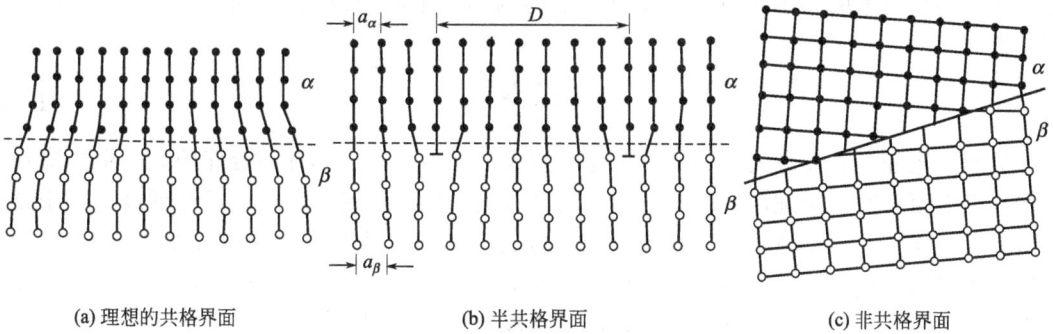

(a) 理想的共格界面　　　　(b) 半共格界面　　　　(c) 非共格界面

图 1.8　固态金属相界面结构示意[15]

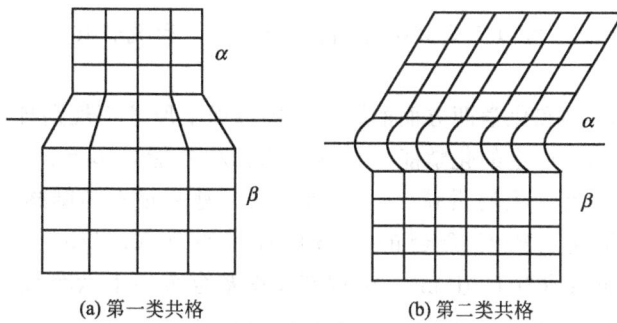

(a) 第一类共格　　　　　　(b) 第二类共格

图 1.9　两种不同共格界面的情况[15]

两者的界面两侧都有一定的晶格畸变，产生一定的应力场。对于第一类共格界面，靠近晶界处一侧受压缩，另一侧面受拉伸；第二类共格界面附近晶面产生了一定的弯曲。

当然，在固体金属晶体中，很大的弹性应变能是不大可能存在的。共格界面必须靠弹性畸变来维持，当新相不断长大到一定程度时，即弹性应变能增大到一定程度时，可能超过了母相的屈服极限则产生塑性变形，以使系统能量降低，共格关系遭到破坏。共格界面由于点阵结构吻合很好，两相之间的界面能比较小。

（2）半共格界面（semicoherent interface）　由于点阵参数差别引起错配度 δ 提高。要保证完全共格，就会使系统弹性应变能提高；但当错配度达到一定程度时，难以维持完全共格，在界面上产生一些刃型位错，来补偿两相原子间差距，变成部分匹配。两相界面上分布有位错，有部分晶格点阵为共格，称为半共格界面，如小角度晶界就属于半共格界面。如图 1.8(b) 所表示的是具有刃型位错的半共格界面。如新相形成时体积胀大，则形成的界面也会产生弹性应变能，但半共格界面的比完全共格界面的要小。对于金属晶体来说，实际情况的共格界面大多是半共格界面，只是半共格的程度有所不同。对于半共格界面，除了位错部分外，其他地方的两相点阵阵点几乎完全匹配。在位错核心部分的结构是严重扭曲的，点阵阵点是不连续的。

（3）非共格界面（incoherent interface）　当两相界面处的原子排列差异很大时，两相界面的共格关系将被彻底破坏，而形成了非共格界面，如图 1.8(c) 所示。两相界面上原子排列完全不吻合，界面上存在许多位错等缺陷，这种界面为非共格界面。非共格界面可以有各种类型的位错或缺陷存在，很复杂，一般也可以称为大角度晶界。这种界面的弹性应变能比前两种要小得多，但是总的界面能为最高。

为了表示界面上共格的程度，可以引入错配度 δ 参数。如以 a_α 和 a_β 分别表示两相沿平

行于界面的晶向上的原子间距,在此方向上的两相原子间距以 $\Delta a = |a_\beta - a_\alpha|$ 表示,则错配度 δ 为:

$$\delta = \frac{|a_\beta - a_\alpha|}{a_\alpha} = \frac{\Delta a}{a_\alpha} \qquad (1.19)$$

显然,错配度 δ 值愈大,弹性应变能就愈大。共格界面上弹性应变能的大小主要决定于两相界面上原子间的错配度 δ 值。当错配度增大到一定程度时,共格关系受到破坏,于是在界面上将产生一些刃型位错,以补偿错配度过大的影响,使系统的弹性应变能降低。此时,界面上两相原子变成部分共格关系。如图 1.8(b) 所示,一维点阵的错配可以在不产生长程应变场的情况下,用一组刃型位错来补偿。这组位错的间距 D 应为:

$$D = \frac{a_\beta}{\delta} \qquad (1.20)$$

一般来说,$\delta < 0.05$,可以完全共格界面;$\delta > 0.25$,形成非共格界面;$0.05 < \delta < 0.25$,形成半共格界面。

界面能主要来自结构和化学两方面的因素,即界面上原子不规则排列引起的能量和两相成分差异或化学键不同所产生的化学能。可描述为:相界能 $\sigma_{相界} = \sigma_C + \sigma_S$[2]。其中 σ_C 为化学项,是原子化学结合键变化的贡献;σ_S 为结构项,是两相不同结构的贡献,可以计算和由实验得到。一般情况,Fe-C 合金的共格界面能约为 $0.1J/m^2$,半共格界面能小于 $0.5J/m^2$,非共格界面能约为 $1.0J/m^2$。由铜基及铁基合金的十六套数据归纳得到:相界界面能 $\sigma_{相界}$ 小于晶界界面能 $\sigma_{晶界}$;$\sigma_{相界} / \sigma_{晶界} = 0.78 \pm 0.11$。

1.4.2 位向关系和惯习面

相变时形成新相界面,就产生了新的界面能。界面能和应变能是相变的阻力,会抵消部分的相变驱动力。如新相为两相组织,则产生的界面能就更多。过程的进行总是力图少消耗能量。为了减小表面能,一般以低指数的原子密排面互相平行,这样在新相与母相之间形成了一定的晶体学位向关系 (crystallography orientation relationship)。实验表明,金属固态相变时,新相的某些低指数晶面与母相的某些低指数晶面平行,新相的某些低指数晶向与母相的某些低指数晶向平行。例如,碳钢中 α 相的 〈110〉 晶面与 γ 相的 〈111〉 晶面平行,α 相的 〈111〉 晶向又常与 γ 相的 〈110〉 晶向平行。这种晶体学位向关系可记为:

$$\langle 110 \rangle_\alpha // \langle 111 \rangle_\gamma; \langle 111 \rangle_\alpha // \langle 110 \rangle_\gamma$$

同时,在相变时新相往往在母相的一定结晶面上形成,这个晶面称为惯习面 (habit-plane)。例如先共析铁素体的惯习面为 $(111)_\gamma$,Fe_3C 析出的惯习面为 $(112)_\alpha$。

位向关系和惯习面是两个完全不同的概念。惯习面是指与新相主平面或主轴平行的旧相晶面,位向关系是指新相、旧相某些低指数晶面、晶向的对应平行关系。

在一般情况下,位向关系与相界面性质之间是有联系的。当新相与母相间为共格界面或半共格界面时,两相间必然存在一定的晶体学取向关系;若两相间无一定取向关系,则其界面必定为非共格界面;但有时早期的新相核心与母相间存在一定的晶体学取向关系,但在生长时共格界面或半共格界面被破坏,所以在后来也未必都具有共格界面或半共格界面。

1.4.3 应变能

根据产生的原因,应变能可分为共格应变能和比容差应变能两类。共格应变能是相界面上原子由于强制性的匹配,以形成共格界面或半共格界面,在界面附近产生弹性畸变所产生的应变能。比容差应变能也就是新旧相点阵参数不同引起的体积应变能,它是由于新相与母相比体积不同，新相形成时体积变化受到周围母相约束而产生的弹性应变能。

（1）两相非共格　两相间因比体积差及弹性畸变而引起的弹性应变能（elastic energy）对形核、长大以及新相的形状都是有影响的。Nabarro 较早地研究了此问题。假定较硬的新相在较软的基体中析出，两相不共格时，基体承担全部的应变，析出相的形状由轴长 a 及 c 来描述。$a=c$ 时为球状；c/a 很大时呈针状；c/a 较小时，呈片状或圆盘状。单位体积应变能为：

$$U_\varepsilon = K(\Delta V)^{2/3} \cdot f(c/a) \tag{1.21}$$

式中，K 为基体相的压缩系数；ΔV 为两相的体积差。

$f(c/a)$ 和 c/a 的关系如图1.10所示。$c/a=0$，则 $f(c/a)=0$；$c/a \to \infty$，则 $f(c/a) \to 3/4$，析出物呈针状；当 $a=c$，$f(c/a)=1$，析出物呈球状；$c/a \ll 1$，$f(c/a)=0.75\pi$ (c/a)，析出物呈片状。由此可知当析出相为片状或针状时，应变能比较小。实际上，析出相的形状除了决定于弹性应变能外，还应考虑表面能。片状的表面能最大，而球状的表面能为最小。当两相间的错配度 δ 很小、弹性应变能较小时，新相往往呈平直界面。

由以上讨论可知，相变阻力主要是界面能和应变能，所以相变需要在比较大的过冷度下发生。一般来说，共格、半共格新相晶核形成时，相变阻力主要是应变能，而非共格界面新相形核的阻力主要是界面能。

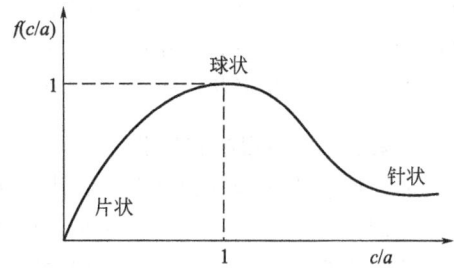

图1.10　$f(c/a)$ 和 c/a 的关系

（2）共格界面　设材料弹性为各向同性，立方晶系适用。同样考虑 c/a 的椭球形共格析出物。因为材料的弹性各向同性，均匀的膨胀或缩小，则应变能与析出物形状无关，单位体积析出物的应变能为：

$$U_\varepsilon = f(\nu)E(\varepsilon_{11}^T)^2 \tag{1.22}$$

式中，ε_{11}^T 为无应力下相变造成的一维方向上的应变。这时体积相对变化为 $\Delta V/V = 3\varepsilon_{11}^T$，所以 ε_{11}^T 可由两相体积差求得；$f(\nu)$ 为泊松比的函数；E 为杨氏模量。在不同条件下，$f(\nu)$ 有不同的表达式。

（3）脱溶物形状　脱溶物形状主要取决于由于脱溶物的存在所产生的应变能 ΔG_ε 和界面能 ΔG_S，当然还有各向异性等因素的影响。脱溶物形状应符合最小自由能原理，即

$$\sum \Delta G_\varepsilon + \Delta G_S = G_{min} \tag{1.23}$$

而应变能和界面能又都与溶质、溶剂的原子半径有关。目前各文献上报道的实验数据有些差异，但是结论是一致的[16]。例如，有色金属 GP 区的形状与原子半径差有关。当原子半径差 $|\Delta r| < 3\%$，以球状析出；当 $|\Delta r| > 5\%$ 时，以圆盘状析出；处于中间值时，有可能以针状析出。实验得到：Al-Zn 合金，$|\Delta r| = 1.9\%$，球状；Al-Cu 合金，$|\Delta r| = 11.8\%$，圆片状；Al-Mg-Si 合金，$|\Delta r| = 2.5\%$，针状。也有实验结果认为：错配度 $\delta < 5\%$，以球状析出；错配度 $\delta > 5\%$，以圆片状析出。当错配度 $\delta < 5\%$ 时，应变能的影响不如界面能大，呈球形，因为在相同体积下球形的表面积最小，总能量为最小；当原子半径比较大时，错配度大，这时应变能占主导地位，呈圆片状。圆片状增加的界面能可由共格应变能的降低来抵偿，总是力图使体系能量为最小。

1.4.4　过渡相

当稳定的新相与母相的晶体结构差异较大时，两者之间只能形成高界面能的非共格界

面。但此时的新相临界尺寸很小，形成非共格界面的界面能较大，因此界面能对形核相变的阻碍作用较大，非共格晶核的形核功较大，相变不容易发生。在这种情况下，母相往往不直接形成热力学上最有利的稳定相，而是先形成晶体结构或成分与母相比较接近、自由能比母相稍低些的亚稳态（metastable state）的过渡相（transitional phase）。亚稳定的过渡相只在一定条件下存在，由于其自由能高于平衡相，所以一旦具备了条件，就会继续转变直至达到平衡态的稳定相为止。因此，固态相变或组织演化发生时，往往是先产生亚稳定的过渡相，然后逐步向稳定相转化。

例如，Al-Cu 合金时效过程为：GP 区 $\to \theta'' \to \theta' \to \theta$。又如钢在回火时，先析出 ε-Fe_xC，惯习面为（100）$_\alpha$，温度升高，ε-Fe_xC 溶解，析出稳定的 Fe_3C。过渡相的出现对合金的性能及工艺过程是有影响的。产生过渡相的原因主要是相变阻力的存在，其过程总是向消耗能量最小的方向、沿着阻力最小的途径进行。当然，过渡相的形状也符合综合因素作用的规律，不同合金的过渡相形状、类型是不同的。

1.4.5 共格相的稳定性

界面能和应变能的相对大小，决定了共格相的稳定性。从界面能来说，非共格界面能最大，相同体积下球状的界面能最小。但从应变能角度考虑，共格界面的应变能最大，而形状是板状的应变能最小。不同析出相究竟以什么界面性质和形状存在，遵循了最小自由能原理。

有些析出相在形核、长大过程中，界面性质是会变化的。设：V_β 为析出相 β 的体积，A 是析出相 β 的表面积，G_ε 是单位体积的应变能，$\sigma_{\alpha\beta}$ 是单位面积的表面能。单从共格丧失条件来分析，理论上应该是：

$$V_\beta G_\varepsilon \geqslant A\sigma_{\alpha\beta} \tag{1.24}$$

1.5 固态相变的形核与长大

事物的秘密只能从它的形成过程去理解，而这些过程都是从某一部位开始，叫做形核。合金的相变也不例外[2]。

1.5.1 均匀形核

形核位置在母相中是随机的、均匀的，称为均匀形核（homogeneous nucleation）。基体中的涨落可形成相变核胚。由核胚变为晶核需要越过临界晶核的位垒，此位垒称为形核功。液态结晶形核在金属学中已经讨论过，固态相变的形核类似于液态结晶，但是两者有较大的差别。要计算临界晶核半径 r^* 和临界形核功（critical nucleation formation energy）ΔG^*，需要对相变驱动力和阻力进行分析。

大部分固态相变的驱动力（driving force）是自由能差 ΔG，其阻力为应变能和界面能。应变能主要是由两相的比体积不同而引起的畸变能。当两相比体积不变时，其大小还与新相的形状有关，盘状最小，针状次之，球状最大。界面能则是由于新相长大时，需要增大相界面，额外需要一定的能量。界面能取决于两相的键结合能和形状。相同体积的新相，其球状的表面积最小，则其界面能也最小。

根据经典形核理论，当形成一个 β 相晶核时，自由焓变化为：

$$\Delta G = -V_\beta \Delta G_V + V_\beta \Delta G_\varepsilon + A_\beta \sigma_{\alpha\beta} \tag{1.25}$$

式中，V_β 为 β 相体积；ΔG_V 为单位体积 β 相的自由焓变化；ΔG_ε 为单位体积的应变能；

A_β 为相界面积；$\sigma_{\alpha\beta}$ 为单位面积的界面能。式（1.25）右边第一项 $V_\beta \Delta G_V$ 为相变驱动力，而应变能 $V_\beta \Delta G_\varepsilon$ 和界面能 $A_\beta \sigma_{\alpha\beta}$ 均为相变阻力。因此，只有 $V_\beta \Delta G_V > V_\beta \Delta G_\varepsilon + A_\beta \sigma_{\alpha\beta}$ 时，ΔG 才为负值，即 $\Delta G < 0$，新相才有可能形核。这只有在一定的过冷度情况下，才能形成大于临界尺寸的新相晶核。

令 $\mathrm{d}\Delta G / \mathrm{d}r = 0$，可得到临界晶核半径 r^* 和临界形核功 ΔG^*：

$$r^* = \frac{2\sigma_{\alpha\beta}}{\Delta G_V - \Delta G_\varepsilon} \tag{1.26}$$

$$\Delta G^* = \frac{16\pi\sigma_{\alpha\beta}^3}{3(\Delta G_V - \Delta G_\varepsilon)^2} \tag{1.27}$$

临界晶核半径和临界形核功都是自由能差的函数，因此它们也将随过冷度（过热度）而变化。显然，过冷度（过热度）增大，临界晶核半径和临界形核功都减小，新相的形核概率增大，新相晶核的数量也增多，即相变容易发生。在经典理论中，形核功 ΔG 和晶核半径 r 的关系曲线有三种情况，其临界晶核半径 r^* 和临界形核功 ΔG^* 的意义如图 1.11 所示。

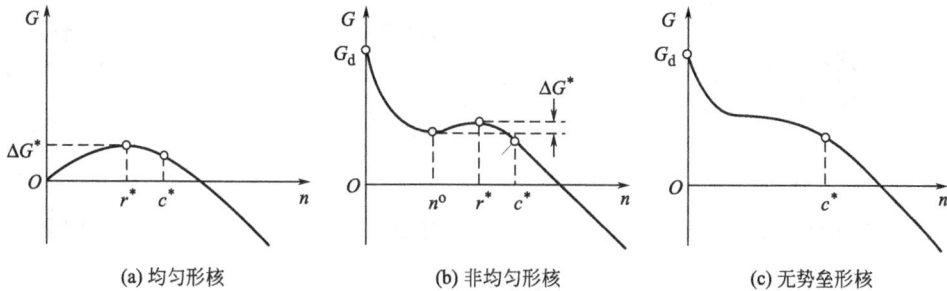

图 1.11 经典理论的相变形核临界晶核半径和临界形核功

1.5.2 非均匀形核

固相中有不少缺陷（defect），如空位（vacancy）、位错（dislocation）、晶界（grain boundary）、相界（interphase boundary）、夹杂物（impurity）等。它们的存在使体系的自由焓升高。如果在这些地方形核，则有的可消除缺陷，松弛能量；有的可减小形核功。过程的规律总是优先在这些地方形核，这就是非均匀形核（heterogeneous nucleation）。实际上，绝大部分是非均匀形核。

非均匀形核时，设 ΔG_d 是缺陷处形核松弛的能量，则系统自由焓变化为：

$$\Delta G = -V_\beta (\Delta G_V - \Delta G_\varepsilon) + A_\beta \sigma_{\alpha\beta} - \Delta G_d \tag{1.28}$$

1.5.2.1 晶界（相界）形核

晶界上形核比较容易发生，特别是非共格形核。因为晶核在晶界上形成时，它的界面只是部分重建，消耗的界面能小；并且晶界上原子排列比较混乱，由成分起伏构成核胚的概率大，所以形核功小。这里，在讨论时忽略界面偏聚所产生的影响。

晶核在晶界的不同部位形成时，其形状也不同，如图 1.12 所示。界面：多晶体中两个相邻晶粒的边界。界棱：多晶体中三个相邻晶粒的共同交界，理论上是一条线。界隅：多晶体中四个相邻晶粒的共同交于一点的位置。可以理解，界面、界棱、界隅实际上都不是几何的面、线、点，均具有一定体积。从所占的体积份额来说，在系统中界面为最大，所以界面成为对形核贡献最大的位置。

定性地说，晶核形状应满足表面与体积比保持最小，同时还要达到表面张力保持力学平衡的要求。在两晶粒交面、三晶粒的棱、四晶粒的隅上形核，其晶核形状显然是不同的。在面上形成的晶核将呈透镜状，这是主要的形核位置。下面讨论在晶粒交面上形核的问题。

设透镜曲面半径为 r，界面张力平衡条件为：$\sigma_{\alpha\alpha} = 2\sigma_{\alpha\beta}\cos\theta$。式中，$\sigma_{\alpha\alpha}$ 为原晶界之间的界面能，$\sigma_{\alpha\beta}$ 为形成的晶核与母相之间的界面能，θ 是相界与晶界的夹角。经计算可得临界形核功 ΔG^*：

$$\Delta G^* = \frac{8}{3}\pi(2 - 3\cos\theta + \cos^3\theta)\frac{\sigma_{\alpha\beta}^3}{(\Delta G_V - \Delta G_\epsilon)^2} \tag{1.29}$$

当 $\theta = 0°$ 时，晶核形状为沿晶条状；当 $\theta = 60°$ 时，晶核形状为球冠状；当 $\theta = 180°$ 时，晶核形状为球状。式中，$(2 - 3\cos\theta + \cos^3\theta)$ 称为晶核形状因子，θ 决定了晶核的形状。晶界形核的临界形核功大约为晶体中形核功的 1/3。

晶界形核经常出现的情况是：晶核与晶界一侧的晶粒形成共格（或半共格）界面，而另一侧是非共格界面，出现了不对称的晶核形状，如图 1.12(d) 和（e）所示。

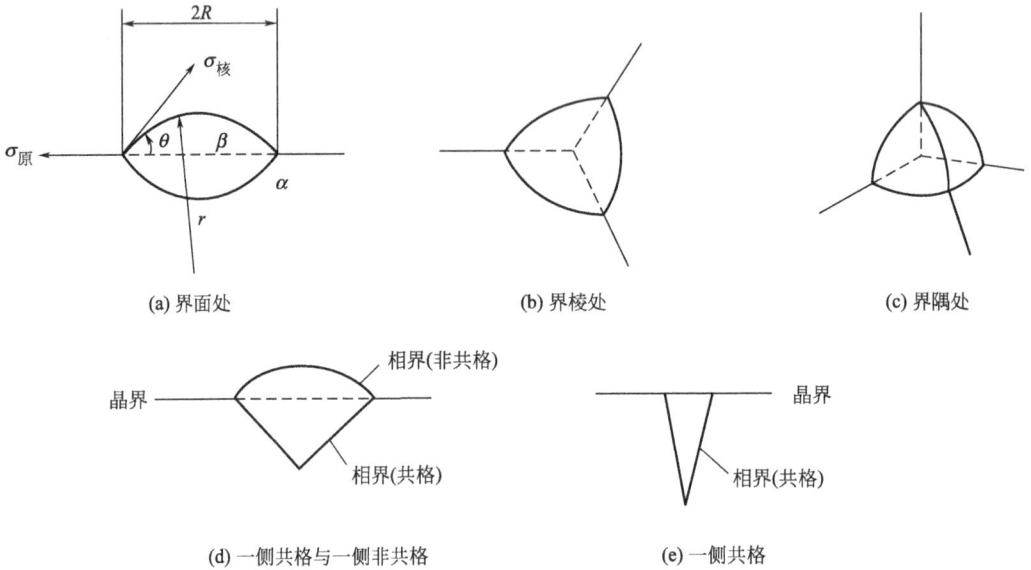

(a) 界面处　　　　　　　　　　(b) 界棱处　　　　　　　　　　(c) 界隅处

(d) 一侧共格与一侧非共格　　　　　　　　　(e) 一侧共格

图 1.12　晶界形核的各种形貌

实验结果证明：晶内的共格形核与晶界上的部分共格形核是平行地进行的。若晶内出现非共格形核，则晶界上的非共格形核或部分共格形核总是优先于晶内产生。亚共析钢的铁素体形成往往是一侧共格，另一侧为非共格，形成了各种形态。

1.5.2.2　位错形核

由于位错（dislocation）的吸附作用和畸变，也具有能量和结构上的有利条件，因此在位错上也容易形核。位错形核与晶界形核的难易程度是不相上下的，在同一个数量级。位错促进形核主要有以下几个方面的因素：

① 在位错处形核，降低了体系的应变能 ΔG_ϵ，也就降低了 ΔG^*；

② 位错处容易富集溶质，增加了过饱和度，提高了 $|\Delta G_V|$，从而提高了驱动力；

③ 位错处是短程扩散的通道，其扩散激活能 Q_d 比较低，这就提高了形核速度。

如果利用形变使晶体中位错大大增加，相对而言是减弱了晶界上的形核，则可使回火时析出相细小而弥散分布，改善了材料的性能。

一般来说，ΔG^* 是按照下列顺序递减的：均匀形核＞空位＞位错＞层错＞晶界、相界＞表面。

另外要提及的是空位的作用。当固溶体从高温快冷下来时，大量的过饱和空位也保留了下来。它们一方面可促进原子扩散，另一方面也作为沉淀析出形核的位置，有利于晶核的形成和长大。在 Al-Cu 合金时效后，观察沉淀相分布时发现，晶界附近存在无析出带，即在晶界附近有一条没有析出物的区域，这是因为这里的空位已经扩散到晶界上去了，所以这区域往往不能发生沉淀析出相的形核。

1.5.3 晶核的长大

1.5.3.1 相界面迁移机制

虽然相变的形核和长大是分别进行讨论的，但实际上新相的生长紧跟在形核之后，是无法严格区分的。如果晶核与母相有一定的晶体学关系，则生长时此关系仍可能保持。新相的生长机制也与晶核界面结构有关。共格、半共格、非共格界面的晶核生长机理各不相同。当然，新相的形状一方面与界面能有关，另一方面与界面处的结构有关，不同位置的晶核生长情况也不同。

（1）半共格界面的迁移　事实上，完全共格的情况是极少的。根据能量关系，半共格界面具有比较低的界面能，往往保持为平界面。这时的生长机制称为台阶式生长。这种生长方式的特点如下所述。

① 半共格界面上存在界面位错，晶核生长时界面作法向迁移，而界面位错随着移动。

② 一般来说，位错的存在是有助于界面迁移的。迁移方式为：位错沿着平台作侧向滑动，平台就因为台阶的侧向滑动而向前推进。属于这类生长机制的有 Al-Ag 合金固溶体的脱溶沉淀，还有人认为贝氏体转变也属于这种情况。

③ 在台阶侧面处，容易接受和输出原子，生长速率往往是界面控制的。

（2）非共格界面的迁移　所谓非共格界面是指具有不规则原子排列的过渡薄层，原子排列的混乱度大。其特点是：

① 在任何位置能接受和输出原子；

② 相变时，母相原子极容易跨越界面到新相中去，界面本身直接作法向迁移；

③ 生长速率往往是母相中的原子扩散所控制的。

（3）协同型转变　大多数固态相变是原子扩散控制的，但是有些相变是全部或部分通过切变来完成的。马氏体相变是最典型的。协同型转变的特点是：

① 参与相变的所有原子的运动是协调一致的；

② 相邻原子的相对位置不变，所以存在一定的晶体学关系。相邻原子的结合键没有被破坏，转变前后相的成分是不变的，有些结构、组织也可能会被继承；

③ 依靠均匀切变进行相变，晶体会发生外形变化，产生浮凸等现象；

④ 界面的迁移极快，其速度接近声速。

当然，有些相变是难以区分其类别，其生长机理也非常复杂，如贝氏体转变是混合型的。

1.5.3.2 界面控制的长大

非协同型转变的新相长大往往受界面过程所控制。界面控制长大（interface process controlled growth）可分连续型长大和台阶型长大两类。

（1）界面控制的连续长大[16]　①新、旧两相成分相同　这种情况是纯金属的同素异构转变。只要母相一侧界面处原子作近程运动越过界面，新相就长大。设旧相为 β，新相为 α，原子由旧相转移到新相及由新相返回旧相的频率分别为：

$$f_{\beta \to \alpha} = \nu \exp\left(-\frac{Q}{kT}\right) \tag{1.30}$$

$$f_{\alpha \to \beta} = \nu \exp\left(-\frac{Q + \Delta G_V}{kT}\right) \tag{1.31}$$

如单原子层的厚度为 δ，则界面迁移速率 v 应为：

$$v = \delta(f_{\beta \to \alpha} - f_{\alpha \to \beta}) = \delta \nu \exp\left(-\frac{Q}{kT}\right)\left[1 - \exp\left(-\frac{\Delta G_V}{kT}\right)\right] \tag{1.32}$$

式中，Q 是原子扩散激活能；ν 为原子振动频率；ΔG_V 是两相自由能差。

当过冷度较大，即 ΔT 较大时，$\Delta G_V \gg kT$，则 $\exp\left(-\frac{\Delta G_V}{kT}\right) \to 0$，可以忽略不计。此时

$$v = \delta \nu \exp\left(-\frac{Q}{kT}\right) \tag{1.33}$$

在过冷度较大的情况下，长大速率将随温度的下降而单调下降。

当过冷度较小时，ΔG_V 很小，$\Delta G_V \ll kT$，这时 $\exp\left(-\frac{\Delta G_V}{kT}\right) \approx 1 - \frac{\Delta G_V}{kT}$，所以有：

$$v = \frac{\delta \nu \Delta G_V}{kT} \exp\left(-\frac{Q}{kT}\right) \tag{1.34}$$

在这种情况下，长大速率与驱动力 ΔG_V 成正比，与温度 T 的关系比较复杂，随温度的下降先增后减。

② 新、旧两相成分不相同　设原子越过界面的驱动力正比于溶质差 $(C_\alpha^{\bar{r}} - C_\alpha^r)$，则：

$$\frac{\mathrm{d}r}{\mathrm{d}t} = K(C_\alpha^{\bar{r}} - C_\alpha^r) \tag{1.35}$$

式中，K 为界面迁移率的比例常数。根据 Gibbs-Thomson 效应：

$$C_\alpha^r = C_\alpha^\infty \left(1 + \frac{2\sigma V_m}{RTr}\right) \tag{1.36}$$

可有

$$\frac{\mathrm{d}r}{\mathrm{d}t} = \frac{2K\sigma V_m C_\alpha^\infty}{RT}\left(\frac{1}{\bar{r}} - \frac{1}{r}\right) \tag{1.37}$$

如近似假设：$\frac{\mathrm{d}\bar{r}}{\mathrm{d}t} \approx \frac{\mathrm{d}r}{\mathrm{d}t}\bigg|_{max}$，将式(1.37)微分后求极值可得：$r = \bar{r}$。代入式(1.37)后积分可得：

$$\overline{r_t^2} - \overline{r_0^2} = \frac{2K\sigma V_m C_\alpha^\infty}{RT} \cdot t \tag{1.38}$$

Wagner 处理的结果为：

$$\overline{r_t^2} - \overline{r_0^2} = \frac{64}{81} \cdot \frac{K\sigma V_m C_\alpha^\infty}{RT} \cdot t \tag{1.39}$$

(2) 界面控制的台阶型长大　如新旧相为共格或半共格界面，并且半共格界面上的位错不能进行垂直于界面方向上的滑移或攀移，所以不能进行连续长大，只能利用界面上台阶进行扩散长大。图 1.13 为共格界面上的台阶示意图。图中的宽面为共格界面，侧面为非共格界面，这样侧面可连续向右边推移，在客观上也就相当于使宽面向上推进。设台阶高度为 h，两个台阶之间的宽面长度为 λ，侧面向前推移的速度为 u，则宽面向上推进的速度 v 可表示为：

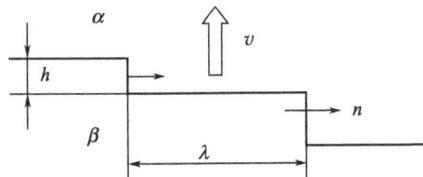

图 1.13　共格界面台阶长大示意

$$v = \frac{uh}{\lambda} \tag{1.40}$$

台阶机制的困难在于台阶的来源。这在第 4 章和第 6 章有关内容中再进行讨论。

1.5.3.3 扩散控制的长大

新相长大需要溶质原子作远程扩散，因此原子的扩散速率是生长的控制因素，这就是扩散控制长大（diffusion-controlled growth）。设扩散系数 D 不随位置、时间、浓度变化，是常数。β 相在 α 相中形核生长，α 相中溶质原子浓度为 C_α。初始条件为：$C(X,0)=C_\alpha$，β 相的浓度为 C_β。建立局部平衡后，相界面处 α 相中溶质原子的浓度为 C_i。边界条件为：$C(l,t)=C_i$，$C(\infty,t)=C_\alpha$，如图 1.14。设 α、β 相的摩尔体积相同。由质量平衡可得：

$$(C_\beta - C_i)A\frac{\mathrm{d}l}{\mathrm{d}t}=AD\left(\frac{\mathrm{d}C}{\mathrm{d}x}\right)_{\beta\alpha} \tag{1.41}$$

所以

$$\frac{\mathrm{d}l}{\mathrm{d}t}=\frac{D}{C_\beta-C_i}\left(\frac{\mathrm{d}C}{\mathrm{d}x}\right)_{\beta\alpha} \tag{1.42}$$

因为非协同型转变是热激活的转变，所以生长速度与温度有很大的关系。界面迁移率主要受 ΔG 和 D 两个因素控制。但是 ΔG 和 D 都是温度 T（或 ΔT）的函数。当 ΔT 增大时，ΔG 提高，而扩散系数 D 是降低的。图 1.15 示意了 ΔG 和 D 随温度的变化规律，即在两者综合作用下界面迁移率与温度的关系。

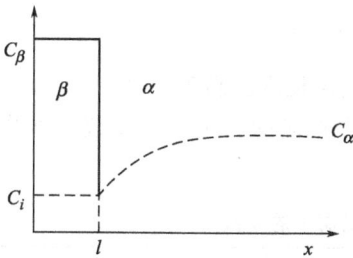

图 1.14　扩散控制相变的局部平衡

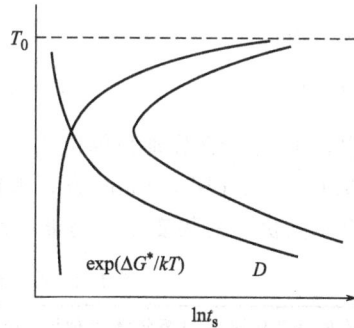

图 1.15　ΔG、D 和界面迁移率与温度的关系

随着 ΔT 的增大，$\mathrm{d}r/\mathrm{d}t$ 先是增大，说明热力学因素 ΔG 起了主要作用。但 ΔT 很大时，由于扩散系数 D 的显著降低，原子扩散非常困难，则动力学因素上升为主导地位，所以界面迁移率将减慢。钢中的等温转变曲线（C 曲线）的形状，其原因也在于此。孕育期的物理意义是原子重新分布，在作相变形核的准备。各温度下完成转变所需要的时间不同，但有一定的规律。在高温范围，ΔG 小，D 虽然大，但 ΔG 的作用占主导地位。两者的综合作用使转变速率变慢；随着温度的下降，ΔG 提高，转变所需的时间不断减少，到鼻子区转变最快；如再降低温度，ΔG 虽然不断增大，但是 D 大为减小了，原子扩散能力减小了，这时动力学因素是主导地位，同样也使转变速率变慢。所以，曲线呈"C"形状。

1.5.4　相变宏观动力学

对于扩散型固态相变，在一定过冷度、恒温条件下的转变动力学（transformation kinetics）可用 Johnson-Mehl 方程来描述。

$$x_t=1-\exp\left(-\frac{1}{3}\pi G^3 \dot{N} t^4\right) \tag{1.43}$$

式(1.43)称为 J-M 方程。式中，x_t 为已转变的体积分数；t 为时间；G 为生长速度；$\dot{N}$ 为形核率，是单位时间内在单位体积中形成的核心数目。只要满足 G、$\dot{N}$ 是常数，无规形核，t' 时间较小等条件，此方程基本上通用于任何形核长大型的相变。

在固态相变时，G 常接近常数，$\dot{N}$ 却随时间而变化，常常是随时间而呈指数关系衰减，因此上述方程往往还不能严格适用，所以常常采用 Avrami 方程。M. Avrami 假设，形核只在体系中某些有利位置产生（如晶界等），这些位置将逐渐被消耗，并假设形核率 $\dot{N}$ 随时间呈指数衰减，那么三维情况下的形核长大规律，其一般表达式为：

$$x_t = 1 - \exp(-K \cdot t^n) \tag{1.44}$$

大多数固态相变，n 在 $3 \sim 4$ 之间。K、n 都是常数，随不同相变类型而不同。式(1.44)也有人称为 J-M-A 动力学方程的一般式。显然，对于 J-M 方程来说，$K = \dfrac{\pi}{3}\dot{N}\dot{G}^3$，$n = 4$。对于二维形核长大，$2 \leqslant n \leqslant 3$；对于一维形核长大，$1 \leqslant n \leqslant 2$。

需要强调的是 Johnson-Mehl 方程和 Avrami 方程仅适用于扩散型相变。

J. W. Cahn 进一步研究了优先形核于晶界、晶棱、晶角情况的 Avrami 方程形式。在晶粒不太小的情况下，晶界、晶棱、晶角上的晶核很快就达到饱和状态，这时新相核心不再形成，转变过程仅由长大来控制，并设长大速率 $\dot{G}$ 为常数，则有以下各式。

晶界形核：
$$x_t = 1 - \exp(-2A\dot{G} \cdot t) \tag{1.45}$$

晶棱形核：
$$x_t = 1 - \exp(-\pi L\dot{G}^2 \cdot t^2) \tag{1.46}$$

晶角形核：
$$x_t = 1 - \exp\left(-\frac{4\pi}{3}C\dot{G}^3 \cdot t^3\right) \tag{1.47}$$

式中，A、L、C 分别为单位体积中的晶界面积、晶棱长度、晶角数量。

J. W. Christian 用 Avrami 方程来描述各种相变过程相应的 n 值，列于表 1.2 中，它对估计具有不同机制的相变速率是很有帮助的。

表 1.2　Avrami 方程在各种相变机制中的 n 值

多型性转变,不连续脱溶,共析分解,其他界面控制型生长		长程扩散控制型生长(初期阶段)	
条　件	n 值	条　件	n 值
形核率随时间递增	>4	从小尺寸开始的各种形状颗粒的生长,形核率随时间递增	>5/2
形核率不随时间改变	4	从小尺寸开始的各种形状颗粒的生长,形核率不随时间改变	5/2
形核率随时间递减	3~4	从小尺寸开始的各种形状颗粒的生长,形核率随时间递减	3/2~5/2
形核率为零(形核位置已饱和)	3	从小尺寸开始的各种形状颗粒的生长,形核率为零	3/2
晶棱形核饱和后	2	初始尺寸较大颗粒的生长	1~3/2
晶界面形核饱和后	1	具有有限尺寸的针状或板状颗粒的生长,其尺寸远比颗粒间距小	1
		长圆柱状颗粒的粗化(由于端部互相碰挤,轴向生长已不能进行)	1
		大的板状沉淀物的增厚(由于边缘互相碰挤,边缘部分已不能延伸)	1/2
		偏析到位错(仅早期)	2/3

对于一些旧相并不完全转变为新相的相变过程，例如第二相颗粒的长大，在应用 Avrami 方程时，就不能把 x_t 定义为整个系统中已相变的体积分数。设 $V_\beta(t)$ 为 t 时刻时 β 相的体积，$V_\beta(\infty)$ 为 β 相在平衡状态下的体积，即转变结束后 β 相体积的最大量，则可定义相

变体积分数 $x_t = V_\beta(t)/V_\beta(\infty)$。

应该指出,上面讨论仅适用于长程扩散控制的相变初期。因为随着新相区的长大,母相中溶质原子的浓度场会逐渐受到不同生长区的干扰,即会发生所谓的"软碰挤"效应。W. A. Johnson、R. F. Mehl 和 M. Avrami 从统计学角度成功地解决了这一相变过程中的几何学问题。对于这种"软碰挤"效应,Zener 首先给出了球形颗粒生长过程中的"软碰挤"的近似处理。对这种相变生长过程,当母相中两个 β 相周围的溶质原子贫化区的体积开始相碰而发生重叠时,这两个(在三维空间可能是数个)β 相区会互相干扰,其结果是相碰后的 β 相长大速率会不断减慢。如考虑"软碰挤"效应,作为近似,Zener 处理法是在长大速率方程中乘上 $(1-x)$,x 为已析出组元的体积分数。最后得到这种生长过程的 Avrami 表达式:

$$x_t = 1 - \exp(-K \cdot t^{\frac{3}{2}}) \tag{1.48}$$

1.6 第二相颗粒的粗化

在第二相析出量基本达到平衡态后,将发生第二相的长大粗化和释放过剩界面能的物理过程,该过程是由小质点具有较高溶解度引起的(图1.16)。小质点的表面积与体积之比是较大的,相对来说是不稳定的,有溶解的趋势,而系统中的大质点则会长大。描述这种过程的是著名的 Gibbs-Thompson 效应,其表达式为:

$$\ln \frac{C_\alpha(r)}{C_\alpha(\infty)} = \frac{2\sigma V_m}{RTr} \tag{1.49}$$

式中,$C_\alpha(r)$ 是第二相粒子半径为 r 的溶解度;$C_\alpha(\infty)$ 是第二相粒子半径为 ∞ 时的溶解度;σ 为单位面积界面能;V_m 为粒子摩尔体积;R 为气体常数;T 为热力学温度。

式(1.49)的物理意义为:当半径为 r 的质点与表面张力平衡时,球形质点内产生压强 $\Delta P = 2\sigma/r$。这样使质点的自由能增加 $V\Delta P$。r 越小,自由能增量也越大。自由能的不同引起了质点表面附近母相浓度的变化,产生了浓度差。因为小质点附近的基体浓度高,而形成了扩散流,导致小质点溶解,如图 1.17 所示。

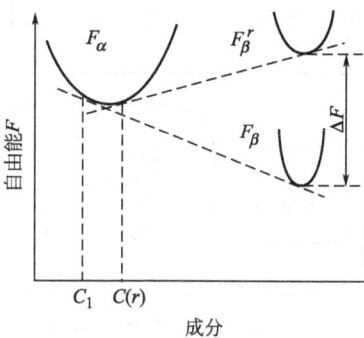

图 1.16　不同界面的表面能变化

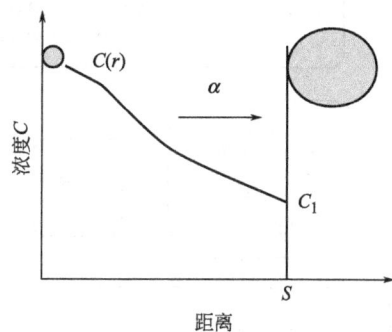

图 1.17　不同质点附近的浓度差引起的扩散流

当母相大致达到平衡浓度后,析出相以界面能为驱动力缓慢长大的过程称为奥斯特瓦德熟化过程(Ostwald ripening process)。在理论和实验上都进行了不少的研究,证明这现象是普遍存在的。该现象是 Gibbs-Thompson 效应的应用。

作为近似,假定该过程中第二相粒子的总体积量是不变的。但在实际情况中,当总体积量接近平衡量时,在局部区域就有 Ostwald 长大现象了。根据 Greenwood 的近似处理方法,得到该过程的动力学表达式：

$$\frac{\mathrm{d}r}{\mathrm{d}t} = \frac{2DV_mC_\alpha(\infty)}{RTr}\left(\frac{1}{\bar{r}} - \frac{1}{r}\right) \tag{1.50}$$

式中，D 为扩散系数；$\bar{r}$ 为粒子平均半径。假定析出物尺寸分布为狭窄的高斯分布，Wagner 经过比较严密的分析得到，为：

$$\bar{r}^3 - \bar{r}_0^3 = \frac{8}{9} \times \frac{D\sigma V_mC_\alpha(\infty)}{RT}t \tag{1.51}$$

以上分析推导时，忽略了析出物体积分数的作用。当析出物体积分数比较大时，上式的计算误差是比较大的，因为粒子间的扩散场产生了重叠，即发生了"软碰挤"效应。所以 Ardell 进行了修正，在式(1.51) 基础上乘上修正系数 K_m，有：

$$\bar{r}^3 - \bar{r}_0^3 = K_m \times \frac{8}{9} \times \frac{D\sigma V_mC_\alpha(\infty)}{RT}t \tag{1.52}$$

本 章 小 结

辩证唯物主义哲学是科学世界观和方法论的统一，它是我们分析研究自然科学奥秘和进行发明的理论武器。因此，需要自觉地运用辩证哲学，科学而系统地去考察和研究材料科学，正确理解材料固态组织演化的复杂过程及其特征。

材料是一个很复杂的系统。材料组织演化过程遵循最小阻力原理（最小自由能原理）、能量守恒与转变、量变与质变等自然科学的一般原理。系统的自组织必须具备一定的环境和条件，主要有：开放系统、远离平衡态、随机性涨落、非线性相互作用。在一定的外界环境条件下，材料系统的组织演化过程遵循了自组织原理。

结构决定功能，功能以结构为基础。组织结构的变化是多因素的，组织参数的变化也是相互联系、相互制约、相互转化的。组织结构的秘密只能从它的形成过程去理解，因此，对于材料科学工作者来说，了解和掌握材料在各种状态下的组织结构演化规律及其影响因素是非常重要的，这是设计与开发新材料的必须，也是对材料通过工艺实施组织控制以达到所需性能要求的根本。图 1.18 归纳了金属合金中固态组织演化过程的基本原理、基本思路、主

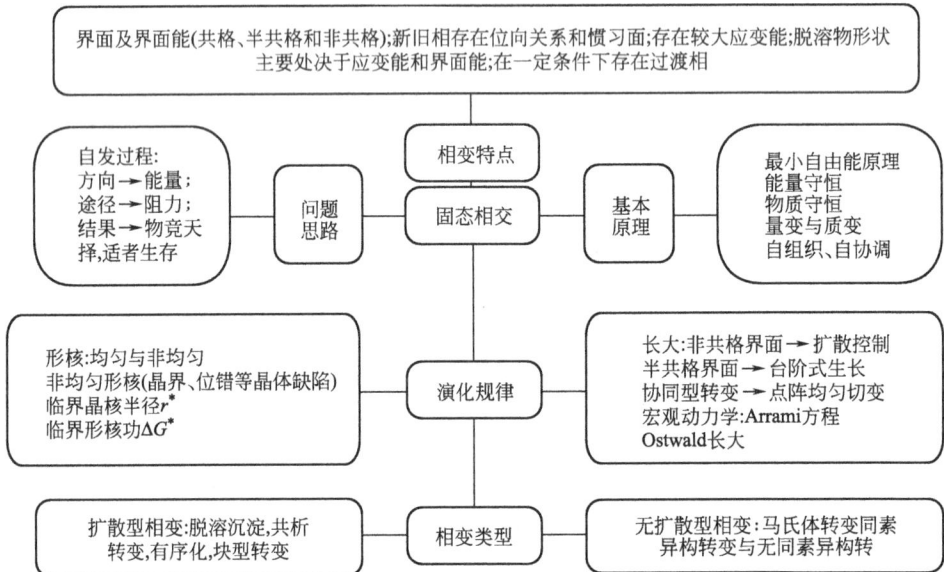

图 1.18　金属固态相变基本原理、思路、特点和演化规律要点

要特点和形核与长大规律的要点。

材料的组织演化过程遵循自然界三条基本原理：自发过程总是朝着能量降低的方向发生，自发过程总是沿着阻力最小的途径进行，自然过程的结果是适者生存。这三条原理分别对应于材料的热力学、动力学和结构学问题。

大多数金属的固态相变（除了调幅分解等少数相变类型）或组织演化都是通过形核和长大过程来完成的。金属固态相变过程的主要特点有：新相和旧相之间存在界面，不同界面有不同的结构及界面能；新相往往在母相的一定结晶面上形成，因此具有一定的位向关系和惯习面；两相间因比体积差及弹性畸变而使体系中产生一定的应变能；由于相变阻力的存在，在一定条件下相变过程往往会产生过渡相；界面能和应变能的相对大小，决定了共格相的稳定性和形状。

在实际相变体系中，往往是以非均匀形核为主导，新相核心总是优先在晶界等缺陷处形成。在一定的条件下，相变的有效晶核存在一个临界晶核半径 r^* 和临界形核功 ΔG^*。大多数组织演化过程是由原子扩散所控制，但是有些相变是全部或部分通过切变来完成的。对于扩散型相变，其宏观动力学可用 Johnson-Mehl 方程和 Avrami 方程来描述。

第二相在材料体系中是普遍存在的。在第二相析出量基本达到平衡态后，在体系界面能驱动力作用下将发生第二相的 Ostwald 长大现象。

思考题与习题

1-1　金属固态相变主要有哪些特征？

1-2　金属固态相变的相变驱动力和相变阻力主要有哪些？

1-3　金属固态相变过程中往往会出现过渡相，为什？

1-4　试述一级相变和二级相变的特征。

1-5　为什么新相形成时往往呈薄片状或针状？

1-6　为什么多数固-固相变都要经过形核阶段？

1-7　说明晶界和晶体缺陷对相变形核的作用。

1-8　分析金属固态相变的新相长大速率和体积转变速率与过冷度的关系。

1-9　为什么原子越过非共格界面的激活能要小于越过半共格界面的激活能？

1-10　分析金属固态相变的新相转变速率与相变过冷度的关系。

1-11　在理论上，共格相丧失共格的基本条件是什么？

1-12　试述 Johnson-Mehl 方程和 Avrami 方程的假设条件及其适用范围。

1-13　什么叫 Gibbs-Thompson 效应？什么是 Ostwald 长大现象？

1-14　什么叫扩散控制长大？什么叫界面控制长大？

1-15　试述材料相变过程的方向、途径和结果。

1-16　固态相变过程中产生应变能的原因是什么？对新相形貌有什么影响？

1-17　固相界面主要有哪几种？对界面能的贡献有什么差别？

1-18　什么叫自组织？自组织必须具备哪些环境和条件？

1-19　根据自组织理论，你对本课程内容的学习和理解有什么启发？试举例分析。

2　铁合金奥氏体化与奥氏体

(Austenite and Austeniting of Iron-base Alloy)

金属的热处理过程一般都由加热、保温和冷却三个阶段组成。钢的热处理种类很多，其中除了淬火后的回火、消除应力退火等少数热处理外，都需将工件加热到钢的临界点 Ac_1（Ac_3）以上，使钢的组织部分或全部转变为奥氏体，然后再以适当的冷却速度冷却，从而使奥氏体再转变为一定组织，以获得所需的性能。

钢在加热过程中，由原始组织（primary structure）转变为奥氏体的过程称为钢的奥氏体形成过程，也叫奥氏体化（austeniting）。由加热转变所得到的奥氏体组织，其奥氏体晶粒大小、形状、亚结构、成分及其均匀性等组织状态将直接影响在随后的冷却过程中所发生的相变及其产物与性能。因此，了解钢的奥氏体化过程，具有很重要的实际生产意义。

2.1　奥氏体组织与性能

铁合金中奥氏体是碳及其他合金元素溶于 γ-Fe 所形成的固溶体。一般情况下，碳原子位于 γ-Fe 八面体中心，即面心立方点阵结构的中心或棱边的中点（图 2.1），形成间隙固溶。如果每一个八面体中心都能容纳一个碳原子，则碳的最大溶解度为 20%（质量分数）。但实际上碳在 γ-Fe 中的最大溶解度仅为 2.11%。其原因是因为 γ-Fe 八面体中心的空隙半径仅为 0.052nm，小于碳原子的半径 0.077nm，碳原子的溶入将使八面体产生膨胀而使周围的八面体中心的空隙减小。因此不是所有的八面体中心都能容纳一个碳原子的。根据奥氏体中最大含碳量的计算，实际上大约 2~3 个 γ-Fe 晶胞才可能有一个碳原子。

在一般情况下，加热转变刚结束时得到的奥氏体组织是多边形颗粒，晶粒尺寸比较细小，晶粒边界呈不规则形状。经过一定时间保温后，奥氏体晶粒将长大，晶粒边界将逐步变得平直，呈等轴多边形。奥氏体钢的晶粒内往往还存在一些孪晶（图 2.2）。

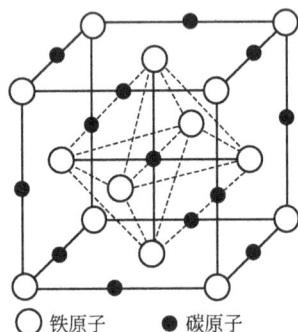

○ 铁原子　● 碳原子

图 2.1　碳原子在 γ-Fe 中可能的位置　　　图 2.2　24Mn13Cr0.44N 钢固溶处理后的组织（200×）

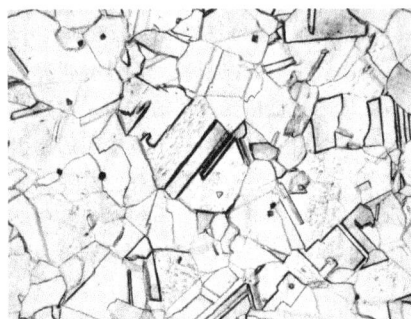

奥氏体的组织形态与原始组织、加热速度和加热转变的程度等因素有关。例如，当非平衡态的低碳钢以适当的速度加热到（$\alpha+\gamma$）两相区时，可能得到针状奥氏体。但一般情况下都为颗粒状奥氏体。

碳原子在奥氏体中的分布是不均匀的。理论计算结果表明，在含碳量0.85%（质量）的奥氏体中可能存在大量比平均浓度高八倍的微区，其浓度相当于渗碳体的含碳量。碳原子的溶入使 γ-Fe 的点阵产生畸变，点阵参数（lattice parameter）增大。溶入的碳原子愈多， γ-Fe 的点阵参数愈大（图2.3）。

Fe-C合金中当加入合金元素时，形成的是合金奥氏体。钢中如加入 Cr、Mn、Si 等合金元素，在 γ-Fe 点阵中置换 Fe 原子而形成置换固溶体，它们的存在也会引起点阵参数在一定程度上的改

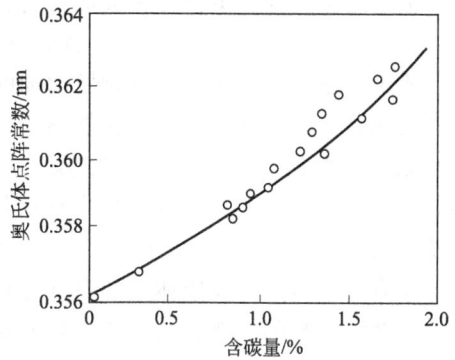

图 2.3   奥氏体点阵参数和含碳量的关系

变。奥氏体点阵常数改变的大小和晶格畸变（lattice distortion）的程度，取决于碳原子的数量、合金元素原子和 Fe 原子半径的差异及它们的含量。

Fe-C合金的奥氏体在室温下是不稳定相。一般情况下，奥氏体是一种高温组织，并不是常温下使用的最终组织。研究奥氏体的形成，不是为了使用奥氏体，主要是研究在温度、应力等外界条件下奥氏体形成过程对随后的相变及其组织的影响。

当 Fe-C 合金中加入足够数量的能扩大 γ 相区的合金元素时，可使合金奥氏体在室温，甚至在低温时也能成为稳定相，就有可能在某些使用状态下也是合金奥氏体组织。因此，奥氏体也可以是钢的一种重要应用组织。以奥氏体组织状态使用的钢称为奥氏体钢，如奥氏体不锈钢、高锰钢、奥氏体热强钢等。在这种状态下，奥氏体组织的性能决定了工件的实际使用性能。当然，合金奥氏体组织的性能与 γ-Fe 有很大的差别。因为奥氏体是顺磁性的，所以奥氏体钢又称为无磁钢。

因为面心立方结构是一种最密排的点阵结构，致密度高，所以在钢的各种组织中，奥氏体的比体积最小，热强性好。但奥氏体的导热性差，线膨胀系数比其他组织要大。

由于奥氏体具有面心立方结构，所以点阵滑移系多，奥氏体的塑性高，屈服强度低，容易通过塑性变形加工成形。

2.2   奥氏体形成机理

2.2.1   奥氏体晶核的形成和长大

我们先讨论平衡态组织转变为奥氏体的过程。平衡态组织一般是指通过缓慢冷却所得到的珠光体及先共析铁素体或渗碳体等组织。根据 Fe-Fe$_3$C 相图，由铁素体加渗碳体两相组成的珠光体被加热到 Ac$_1$ 以上温度时要转变为奥氏体。显然，新形成的奥氏体和原始组织在含碳量及点阵结构方面差别很大。奥氏体形成是一个渗碳体溶解、铁素体转变为奥氏体的点阵重构及碳在奥氏体中扩散的过程。奥氏体形成符合一般相变规律，是通过形核和长大来完成的。钢的整个加热奥氏体化过程由三个基本过程组成，即奥氏体形成、残留碳化物溶解和奥氏体成分均匀化（homogenization）。下面以共析钢为例，讨论奥氏体化过程。

2.2.1.1   奥氏体形成的热力学条件

当温度高于 Ac$_1$ 温度时，奥氏体的自由焓低于珠光体的自由焓，在热力学上转变是可能的，珠光体将转变为奥氏体。转变的驱动力（driving force）为珠光体与奥氏体的自由焓差 ΔG_V，如图2.4所示。

根据相变理论，奥氏体形成晶核时，系统总自由能变化 ΔG 可表示为：

$$\Delta G = -\Delta G_V + \Delta G_s + \Delta G_\varepsilon \qquad (2.1)$$

式中，ΔG_s 为形成奥氏体时所增加的界面能；ΔG_ε 为形成奥氏体时所增加的应变能。因为奥氏体是在高温下形成，应变能很小，一般情况可忽略不计。珠光体与奥氏体的体积自由能变化曲线相交于图 2.4 中的 A_1 点。在 A_1 点以上，奥氏体比珠光体的自由能低，两者之差 ΔG_V 就是在 A_1 点以上珠光体向奥氏体转变的驱动力。显然，在 A_1 点以下时该转变是不能发生的。只有在 A_1 点以上，当 ΔG_V 能够克服因奥氏体形成所增加的表面能等能量时，珠光体才有可能转变为奥氏体，即系统总自由能变化 $\Delta G < 0$ 时，相变才能自发进行。

转变温度与临界点 A_1 之差称为过热度（degree of superheat）。过热度越大，驱动力越大，转变速度也就越快。加热速度很慢时，只要过热度大于零，转变就可进行。但在实际热处理加热情况下，加热速度都是比较快的，因此在较大的过热度下才能明显地观察到转变的开始。表面上看，似乎是临界点被提高了，实际上转变的开始温度是随加热速度的增加而升高的。习惯上将在一定的加热速度下（0.125℃/min）实际测得的临界点用 Ac_1 表示。同样，冷却时所发生的由奥氏体到珠光体的转变，也会因冷却速度的加快而发生滞后现象。习惯上将实测所得的发生冷却转变的温度称为 Ar_1。Ar_1 也随冷却速度的增大而下降。同理，对于 A_3 和 A_{cm} 的加热和冷却临界点用 Ac_3、Ar_3、Ac_{cm}、Ar_{cm} 表示（图 2.5）。

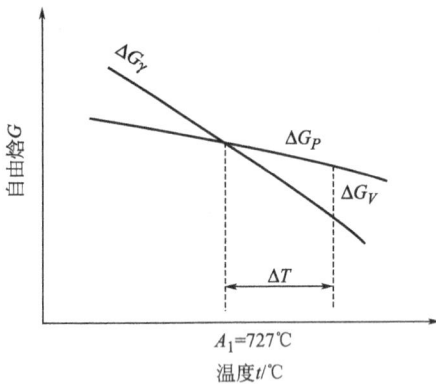

图 2.4　珠光体与奥氏体的
自由能与温度的关系

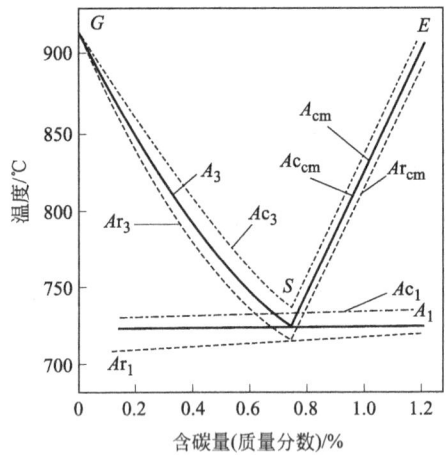

图 2.5　加热或冷却速度为 0.125℃/min 时对
A_1、A_3、A_{cm} 的影响

2.2.1.2　奥氏体晶核的形成

根据相变与扩散理论，奥氏体晶核（crystal nucleus）的形成在系统内必须具备能量起伏、浓度起伏和结构起伏的基本条件。

在钢的微观体积内，由于碳原子的热运动而存在着浓度起伏，所以平均碳浓度较低的铁素体中存在着高碳的微区，其碳浓度有可能达到该温度下奥氏体能稳定存在的成分（由 GS 线决定）。如果这些高碳微区因结构起伏和能量起伏而具有面心立方结构和足够高的能量时，就有可能转变成在该温度下能稳定存在的奥氏体临界晶核。

钢中的晶界、相界和其他缺陷处是优先具备能量起伏、浓度起伏和结构起伏基本条件的地方。对于平衡态珠光体组织，奥氏体晶核在铁素体和渗碳体的相界面处比较容易形成。这是因为以下几点[17]。

① 在铁素体和渗碳体的相界面处，碳原子浓度相差较大，有利于获得形成奥氏体晶核

所需的碳浓度。

② 在铁素体和渗碳体的相界面处，因原子排列不规则，铁原子容易通过短程扩散使旧点阵向新点阵的结构转变，促使奥氏体晶核形成。并且形核时所产生的应变能也容易释放，也就是说在相界或晶界处形核不仅需要的结构起伏较小，而且需要消耗的应变能也较小。

③ 在两相界面处，缺陷较多，在这些地方形核，可以提供形核所需的部分能量，消除部分晶体缺陷，使系统的自由能降低。

由 Fe-Fe$_3$C 相图可知，在 A_1 以上，随温度的提高可以稳定存在的奥氏体含碳量的范围愈宽，而与铁素体相平衡的奥氏体含碳量则愈低。由于可以稳定存在的奥氏体含碳量的降低，使奥氏体更易形成。

2.2.1.3 奥氏体晶核的长大

奥氏体晶核的长大是通过铁素体与奥氏体之间的点阵重构、渗碳体的溶解和碳在奥氏体中的扩散等过程进行的。

图 2.6 为共析钢加热形成奥氏体过程的示意。在珠光体中，当奥氏体晶核在铁素体和渗碳体的相界面处形成后，形成了两个新的相界面，即 γ-α 和 γ-Fe$_3$C 的相界面。在一般情况下，奥氏体晶核的长大是通过渗碳体的溶解、碳原子在奥氏体中的扩散以及奥氏体两侧的相界面向原来的旧相铁素体和渗碳体中推移而进行的。但在转变过程中，奥氏体区的扩大比渗碳体的溶解快，因此在完成 $\alpha \rightarrow \gamma$ 转变后，在钢的奥氏体组织中还存在一定量的渗碳体，如图 2.6(c)。为使其充分溶解于奥氏体，还需要延长一定的保温时间。

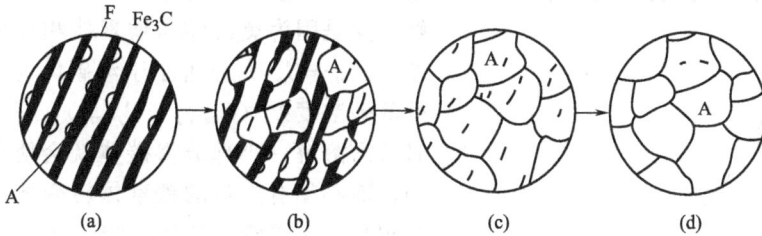

图 2.6 共析钢加热形成奥氏体过程的示意

假设相界面是平直的，如图 2.7 所示，如果在 T_1 温度，在铁素体和渗碳体的相界面处形成了奥氏体晶核。由图 2.7(a) 可知，奥氏体内碳的分布是不均匀的。与铁素体交界处含碳量为 $C_{\gamma\alpha}$，而与渗碳体交界处含碳量为 $C_{\gamma\text{-cem}}$（即 6.67%C）。如果垂直于相界面截取一纵截面，沿纵截面各相的碳浓度分布如图 2.7(b)。

因为 $C_{\gamma\text{-cem}} > C_{\gamma\alpha}$，所以奥氏体内的碳原子将从 γ/cem 相界一侧向 γ/α 相界一侧扩散。扩散的结果破坏了 T_1 温度下相界面处碳的局部平衡，此时奥氏体内碳的分布如图 2.7(b) 中 $C'_{\gamma\text{-cem}} \sim C'_{\gamma\alpha}$ 的虚线所示意。为恢复相界面处的局部平衡 [图 2.7(b) 中 $C_{\gamma\text{-cem}} \sim C_{\gamma\alpha}$ 的实线所示]，低碳的铁素体将转变为奥氏体而使含碳量降为 $C_{\gamma\alpha}$，高碳的 Fe$_3$C 将溶入奥氏体而使含碳量增加到 $C_{\gamma\text{-cem}}$，这样相界面自然地同时向铁素体和渗碳体中推进。这就是奥氏体分别向铁素体与渗碳体不断推移而不断长大的过程。显然，该过程是受碳在奥氏体中的扩散所控制的。

此外，与碳在奥氏体中扩散的同时，由于在铁素体中也存在碳的浓度差（$C_{\alpha\text{-cem}} - C_{\alpha\text{-}\gamma}$），因此在铁素体中也进行着碳原子的扩散。虽然这种碳浓度差很小，但也有促进奥氏体形成的作用。

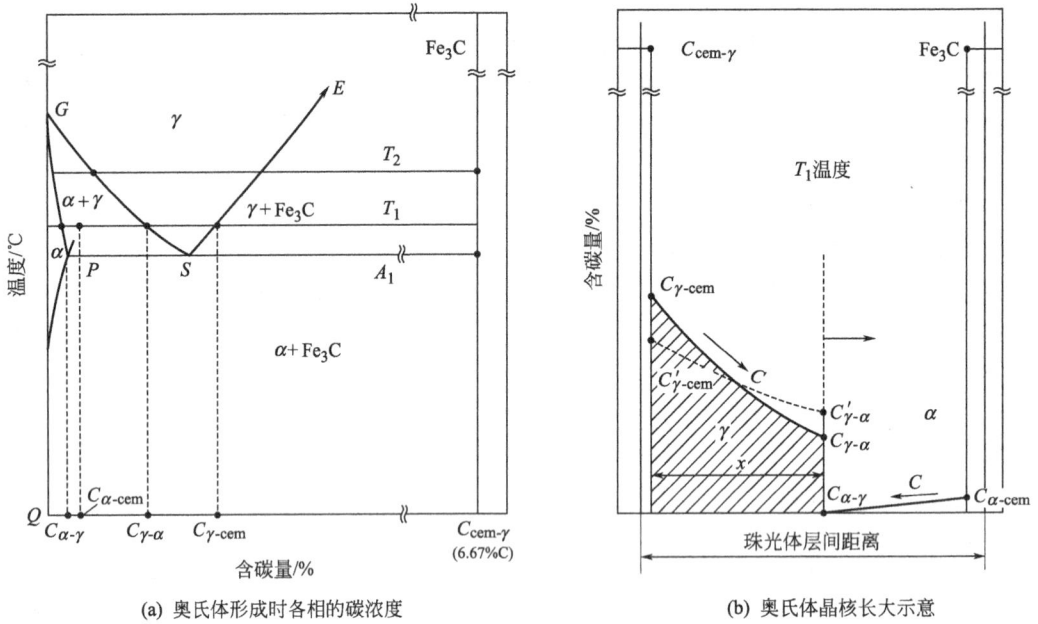

(a) 奥氏体形成时各相的碳浓度　　　　　(b) 奥氏体晶核长大示意

图 2.7　奥氏体晶核的长大

2.2.2　残留碳化物的溶解与奥氏体均匀化

在珠光体转变为奥氏体的过程中，珠光体中的铁素体全部消失时，渗碳体还未完全溶

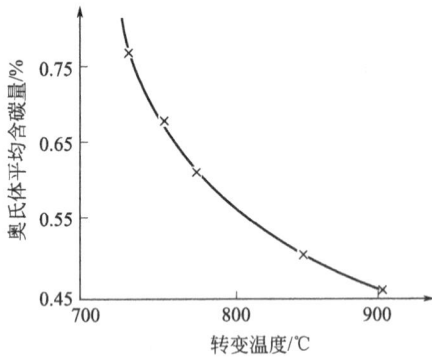

图 2.8　铁素体消失时奥氏体平均
含碳量与转变温度的关系[18]

解。这是因为奥氏体与铁素体相界面处的碳浓度差（$C_{\gamma\text{-}\alpha}-C_{\alpha\text{-}\gamma}$）显著小于渗碳体与奥氏体相界面处的碳浓度差（$C_{\text{cem-}\gamma}-C_{\gamma\text{-cem}}$），所以奥氏体长大时只需溶解一小部分渗碳体就会使奥氏体达到饱和，而必须有大量的铁素体转变才能使奥氏体的含碳量趋于平衡。所以，奥氏体与铁素体交界的相界面推移的速度始终大于渗碳体的溶解速度。

这样的结果导致了在奥氏体化刚结束时，总是有渗碳体残留，奥氏体中的平均含碳量低于共析成分。随着加热温度的提高，刚刚形成的奥氏体平均含碳量降低。如图 2.8 所示，在共析钢中，在 735℃ 加热，刚形成的奥氏体平均含碳量为

0.77％（质量），780℃加热时为 0.61％，900℃加热为 0.46％。所以，实际加热时过热度愈大，钢中可能残留的碳化物数量愈多。只有继续加热或保温时，残留碳化物才能逐渐溶解。

渗碳体刚刚全部溶解时，奥氏体中的成分仍然是不均匀的。奥氏体中原渗碳体部分的含碳量高，原铁素体部分的含碳量低。而且这种碳浓度的不均匀性随加热速度的增大而愈加严重。如继续保温，将通过碳在奥氏体中的扩散而使奥氏体中的碳分布均匀化。

2.3　奥氏体形成动力学

相变过程的动力学即是形成速度或转变快慢的问题，或者说是在一定温度下的相变量和

时间的关系。这里主要讨论奥氏体等温形成动力学、连续加热时奥氏体的形成和非平衡组织加热时奥氏体形成特点以及奥氏体晶粒长大及控制。

2.3.1 奥氏体等温形成动力学

2.3.1.1 奥氏体等温形成动力学曲线

（1）共析碳钢奥氏体等温形成图　一般都用金相方法来研究奥氏体等温形成动力学问题。将厚约 1～2mm 的薄片试样，在盐浴炉中迅速加热到指定温度，保温一定时间后取出淬火，制成金相样品，在室温下用光学显微镜观察其组织。根据所观察到的马氏体量的多少，可以作出在一定温度下等温时奥氏体形成量与等温时间的关系曲线，如图 2.9（a）所示。为方便使用，通常将不同温度下转变相同数量所需的时间，综合成图 2.9（b）的形式，此即为奥氏体等温形成图。

奥氏体化刚结束后，残留碳化物还需要保温一段时间后才完全溶解。而且碳化物溶解后还必须保温一段时间才能使其成分均匀化。如果将残留碳化物的溶解和奥氏体均匀化过程全部表示在共析钢的奥氏体等温形成图中，则如图 2.10 所示。图中右上两根曲线分别表示碳化物完全溶解的曲线和奥氏体均匀化曲线。

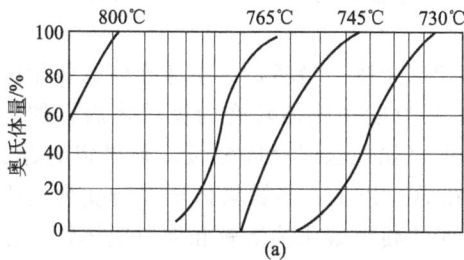

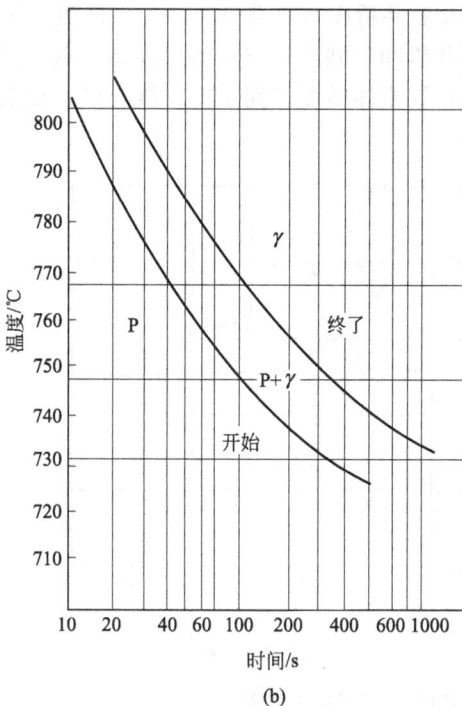

图 2.9　0.86%C 钢的奥氏体形成
动力学曲线（a）和等温形成图（b）

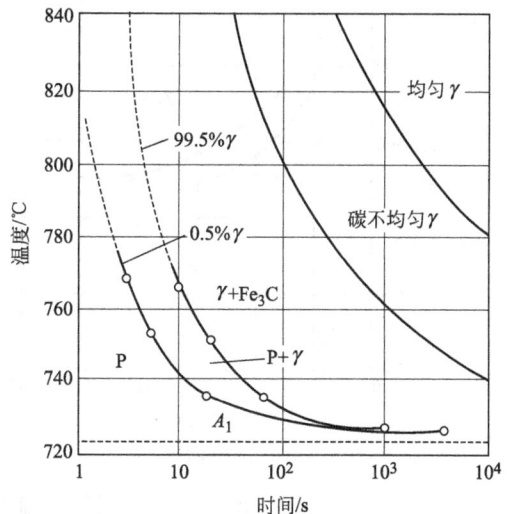

图 2.10　共析碳钢奥氏体形成动力学图

31

由图 2.9 和图 2.10 可知：①在高于 Ac_1 温度保温时，奥氏体并不立即形成，而是需要经过一定孕育期后才开始。温度愈高，孕育期愈短。需要孕育期是扩散型相变的共同特点；②奥氏体形成速度在整个过程中是不同的，开始时形成速度较慢，以后速度逐渐加大，当奥氏体形成量大于 50% 以后，速度又开始减慢；③温度愈高，形成奥氏体所需要的全部时间愈短；④在奥氏体刚刚形成后，还需要一段时间使残留碳化物溶解和奥氏体均匀化。在整个过程中，残留碳化物的溶解，特别是奥氏体均匀化所需的时间最长。

应该指出的是，上述孕育期只是表示在所采用的研究方法中，能首先观察到的某一奥氏体量时所消耗的时间。严格地说，把这个时间作为孕育期不是很恰当的。理论上，孕育期应当是在第一个奥氏体体积形成之前的一段准备时间。显然，它随测试方法的精确度而变化。在实际应用中，通常是将能够观察到形成一定数量（如 0.5% 左右）奥氏体以前的一段等温时间作为孕育期。

（2）过共析与亚共析碳钢奥氏体等温形成图　过共析钢经普通完全退火后的组织为先共析网状渗碳体和珠光体，经球化退火后的组织是铁素体和球状渗碳体。当加热温度在 $Ac_1 \sim Ac_{cm}$ 范围，珠光体刚刚转变为奥氏体时，钢中仍有大部分先共析渗碳体和部分共析渗碳体未溶解。只有在温度超过 Ac_{cm}，并经长时间保温后，渗碳体才能完全溶解。同样，在渗碳体溶解后，需较长时间才能使奥氏体均匀化。

亚共析钢经普通退火后的组织是先共析铁素体和珠光体。当然，其中珠光体的数量随钢的含碳量降低而减少。亚共析钢当加热到 Ac_1 以上某温度珠光体转变为奥氏体后，如果保温时间不太长，仍有部分铁素体和渗碳体被残留下来；如果保温时间较长，则得到的是 $\alpha + \gamma$ 两相平衡态组织。对于含碳量较高的亚共析钢，在 Ac_3 以上，当铁素体全部转变为奥氏体后，有可能仍有部分碳化物残留。再继续保温，才能使残留碳化物溶解和使奥氏体均匀化。

图 2.11 是实测得到的共析碳钢（含 1.2%C）及亚共析碳钢（含 0.45%C）的奥氏体等温形成图。比较图 2.10 和图 2.11 可见，共析、过共析和亚共析三类钢的奥氏体等温形成图基本上是相似的，不同的是亚共析钢多了一条先共析铁素体转变"完了"曲线，过共析钢的碳化物溶解和奥氏体成分均匀化所需时间较长。

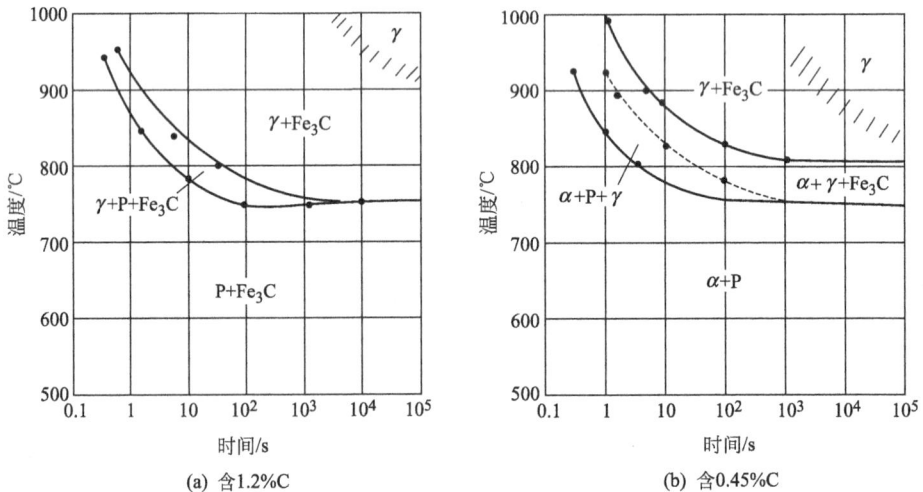

图 2.11　过共析钢及亚共析碳钢的奥氏体等温形成图

2.3.1.2　奥氏体等温形成动力学的分析

表 2.1 是共析碳钢奥氏体形核率和长大速度与加热温度关系的实验结果。由表可知，当

温度从 740℃ 提高到 800℃ 时，形核率 N 增大了 270 多倍，而长大速度 G 增大了 80 余倍。因此，随着奥氏体化温度的升高，奥氏体形成速度迅速增大。

表 2.1　共析碳钢奥氏体形核率 N 与长大速度 G 和加热温度的关系[18]

转变温度/℃	过热度/℃	$N/[1/(\mathrm{mm}^3 \cdot \mathrm{s})]$	$G/(\mathrm{mm/s})$	转变 50% 所需时间/s
740	17	2280	0.0005	100
760	37	11000	0.01	9
780	57	51500	0.026	3
800	77	616000	0.041	1

（1）奥氏体的形核率　在奥氏体均匀形核的条件下，形核率 N 和温度之间的关系可表示为：

$$N = C' \exp\left(-\frac{Q}{kT}\right) \exp\left(-\frac{W}{kT}\right) \tag{2.2}$$

式中，C' 为常数；Q 为扩散激活能；T 为绝对温度；k 为玻耳兹曼常数；W 为临界形核功。由式(2.2)可知，当奥氏体化温度升高时，一方面使形核率 N 以指数关系迅速增加，另一方面因过热度增大，相自由能差增加，而使晶核形核功 W 减小，所以奥氏体形核率更进一步增大。此外，随着温度的升高，原子扩散速度增加，不仅有利于铁素体向奥氏体的点阵改组，也促进了碳化物的溶解，从而也加速了奥氏体的形成。

随温度的升高，各相间的局部平衡碳浓度发生变化，对奥氏体的形成也有影响。从 Fe-Fe₃C 相图 ［图 2.7(a)］可看出，温度提高，与渗碳体接触的铁素体含碳量沿 QP 延长线增加，奥氏体在铁素体中形核所需的碳浓度沿 SG 线而降低，结果减小了奥氏体形核所需的碳浓度起伏，所以促进了奥氏体的形核。

显然，奥氏体化的温度升高，奥氏体形成的速度就加快。随着温度的升高，奥氏体形核率增加的幅度比长大速度更大。在各种奥氏体化影响因素中，温度的作用最为强烈，因此在实际工艺过程中合理地选择奥氏体化温度是十分重要的。

（2）奥氏体晶体的长大速率　对于共析碳钢，假设奥氏体晶核在铁素体与渗碳体的界面上形成，则奥氏体两侧界面将分别向铁素体与渗碳体推进。奥氏体晶体的长大速率 V 包括向两侧推进的速度。显然，推进的速率主要取决于碳原子在奥氏体中的扩散速率，而碳原子的扩散速率又决定于碳在奥氏体中的扩散系数 D_C^γ 及浓度梯度。扩散系数 D_C^γ 随温度升高而增大，浓度梯度则与奥氏体的厚度以及取决于温度的浓度差 $(C_\gamma^{\gamma\text{-Fe}_3\text{C}} - C_\gamma^{\gamma\text{-}\alpha})$ 有关。

如果忽略不计碳在铁素体与渗碳体中的浓度梯度，根据扩散公式可以导出奥氏体向铁素体推进的线长大速率 $V_{\gamma\to\alpha}$ 及奥氏体向渗碳体中推进的线长大速率 $V_{\gamma\to\text{Fe}_3\text{C}}$：

$$V_{\gamma\to\alpha} = -K \frac{D_C^\gamma \cdot \dfrac{\mathrm{d}C}{\mathrm{d}x}}{C_\gamma^{\gamma\text{-}\alpha} - C_\alpha^{\gamma\text{-}\alpha}} \tag{2.3}$$

$$V_{\gamma\to\text{Fe}_3\text{C}} = -K \frac{D_C^\gamma \cdot \dfrac{\mathrm{d}C}{\mathrm{d}x}}{6.67 - C_\gamma^{\gamma\text{-Fe}_3\text{C}}} \tag{2.4}$$

式中，K 为常数；$\mathrm{d}C/\mathrm{d}x$ 为奥氏体中的浓度梯度；$C_\gamma^{\gamma\text{-}\alpha}$ 为奥氏体中在 γ/α 相界面处的浓度；$C_\alpha^{\gamma\text{-}\alpha}$ 为铁素体中在 γ/α 相界面处的浓度；$C_\gamma^{\gamma\text{-Fe}_3\text{C}}$ 为奥氏体中在 $\gamma/\text{Fe}_3\text{C}$ 相界面处的浓度，如图 2.7 所示。

由式(2.3)和式(2.4)可知，温度升高时，扩散系数 D_C^γ 呈指数增大，$(C_\gamma^{\gamma\text{-Fe}_3\text{C}} - C_\gamma^{\gamma\text{-}\alpha})$

差值增加而使浓度梯度增大，并且界面两侧的浓度差 $(C_\gamma^{\gamma-\alpha} - C_a^{\gamma-\alpha})$ 及 $(6.67 - C_\gamma^{\gamma-Fe_3C})$ 均减小，所以 $V_{\gamma \rightarrow \alpha}$ 和 $V_{\gamma \rightarrow Fe_3C}$ 也都随温度的升高而增大，见表 2.1 所列。

2.3.1.3 影响奥氏体形成速度的因素

由于奥氏体的形成是靠形核和长大来完成的，因此所有影响奥氏体形成速度的因素都是通过对形核和长大的影响而起作用的。除了温度外，影响因素主要是原始组织状态和钢中的合金元素。

（1）原始组织的影响 如果钢的成分相同，原始组织中碳化物的分散度愈大，相界面愈多，奥氏体形核率就愈大；珠光体层间距愈小，奥氏体中碳浓度梯度愈大，原子的扩散便愈快。碳化物分散度大，就使碳原子的扩散距离缩短，奥氏体形成速度增加。如在等温温度为 760℃时，珠光体层间距从 $0.5\mu m$ 减至 $0.1\mu m$，则奥氏体的长大速度增加近 7 倍。图 2.12 是不同珠光体片间距 S_0 的奥氏体形成速度 v 与时间 t 的关系。因此，钢的成分相同时，如原始组织为屈氏体，其奥氏体形成速度比原始组织为索氏体和珠光体的都要快。

原始组织中碳化物形状对奥氏体形成速度也有影响。粒状珠光体与片状珠光体相比，由于片状珠光体的相界面较大，渗碳体较薄，容易溶解，所以奥氏体容易形成，如图 2.13 所示。从图中可知，不论在高温还是在较低温，原始组织为片状碳化物的奥氏体形成速度要比粒状的大，在转变温度较低时更为显著。

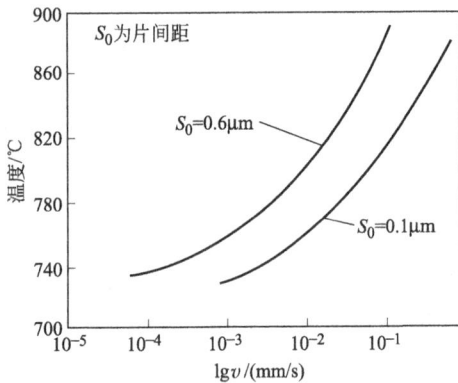

图 2.12 不同片间距 S_0
的 v 与 t 的关系[18]

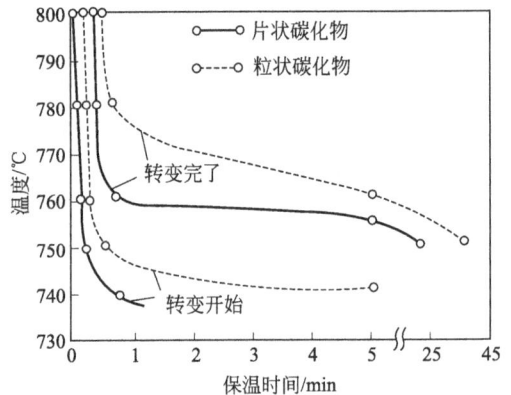

图 2.13 片状和粒状珠光体的奥氏体等温
形成动力学图（0.9％C 钢）[18]

（2）合金元素的影响 钢中含碳量愈高，奥氏体形成速度愈快。因为含碳量高，碳化物数量多，增加了铁素体与碳化物的相界面，也就增加了奥氏体形核位置，提高了奥氏体形核率。并且碳化物数量多，碳原子的扩散距离就减小，增大了奥氏体的长大速度。

在碳钢中加入合金元素，并不改变奥氏体形成机制。但由于合金元素的加入，改变了碳化物的稳定性，影响了碳在钢中的扩散系数，而且改变了相变临界点的位置。因此，合金元素将在不同程度上影响奥氏体形核与长大、碳化物的溶解和奥氏体的均匀化等过程。

Ni、Mn 等合金元素扩大了奥氏体相区，降低了相变临界点 A_1，对一定的转变温度来说，这就增加了过热度，使奥氏体形成速率加快。而 Cr、Mo、W、V 等碳化物形成元素提高了 A_1，则相对地减慢了奥氏体的形成速率。

Cr、Mo、W、V 等碳化物形成元素，如固溶于奥氏体中，降低了碳在奥氏体中的扩散速率，使转变速率变慢。如钢中加入 3％Mo 可使碳在 γ-Fe 中的扩散速率减小一半。Co、Ni 等元素则提高了碳在奥氏体中的扩散系数。

合金元素对奥氏体形成速率的影响，也受到合金碳化物溶解难易程度的牵制。不同的碳化物类型，其稳定性也是不同的。碳化物形成元素含量不同时，所形成的碳化物类型可能也会不同。如含铬量较少（如 2%）时，形成比 Fe_3C 较稳定的合金渗碳体（Fe，Cr)$_3$C；含铬量较高（如 6%）时，可形成相对更稳定的（Cr，Fe)$_7$C$_3$。碳化物愈稳定，愈不易溶解，奥氏体的形成速率愈慢。

由于钢中的合金元素在原始组织各相（铁素体和碳化物）中的分配是不均匀的，所以在奥氏体转变刚结束时，钢中合金元素这种不均匀分布将显著地遗留了下来。在靠近原碳化物附近的含量比靠近原铁素体区的高。因此，合金钢在奥氏体形成后，往往还要进行奥氏体的均匀化。置换型合金元素的扩散要比碳困难得多，在其他条件相同时，置换型合金元素在奥氏体中的扩散速率比碳的扩散速率要小 1000～10000 倍。另外，碳化物形成元素还减小了碳在奥氏体中的扩散速率，也将降低碳的均匀化速率。因此，实际生产中合金钢的奥氏体化保温时间要比碳钢长。

2.3.2　连续加热时奥氏体形成特点

在实际生产中，奥氏体的形成基本上是属于非等温或连续加热的转变，即在温度大于 Ar_1 后温度不断升高过程中，奥氏体不断地形成。奥氏体在连续加热时的形成与等温形成一样，也是通过形核、长大、碳化物的溶解和奥氏体均匀化等过程完成的。因此，影响连续加热奥氏体转变的因素也与等温形成时相同。但因奥氏体的形成是在连续加热条件进行的，所以在相变动力学及相变机理上具有等温转变所没有的特点。

（1）在一定的加热速率范围内，相变临界点随加热速率的增大而提高　图 2.14 示意地表示了含碳量 0.7% 的亚共析钢在连续加热时奥氏体形成动力学曲线，它显示了在不同加热速率下奥氏体的形成数量-温度-时间的关系。这些转变曲线是将一系列不同加热速率下测出的相变开始点及终了点分别联结而成。

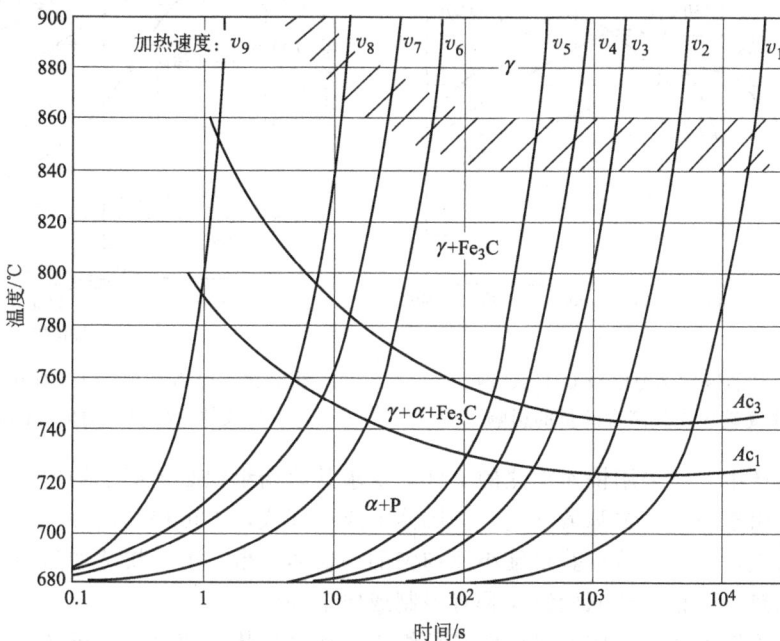

图 2.14　含碳量 0.7% 的亚共析钢连续加热时奥氏体形成动力学曲线[17]

由图可知，奥氏体形成的开始温度与终了温度均随加热速率的增大而升高。相变临界点

（如 Ac_1、Ac_3、Ac_{cm}）在快速加热条件下都向高温移动。加热速率愈大，钢的相变临界点愈高。当然，这也是有一个限度的，当加热速率增加到一定范围时，所有亚共析钢的转变温度都相同。例如，含碳量在 $0.2\%\sim0.9\%$ 的碳钢，当加热速率为 $10^5\sim10^6℃/s$ 时，其转变温度均为 1130℃。

（2）相变是在一个温度范围内完成的　图 2.14 同样说明了，连续加热时奥氏体化是在一个温度范围内完成的。在一般的加热速率范围内，加热速率愈大，奥氏体化温度范围愈宽，但奥氏体化时间缩短。如对于共析钢，当加热速率为 $10^3℃/s$ 时，珠光体开始转变为奥氏体的温度约在 800℃，转变终了温度在 930℃ 左右，其形成温度间隔约 130℃。而当加热速率为 $10^7℃/s$ 时，奥氏体形成的开始温度约为 830℃，转变终了温度为 1070℃ 左右，温度间隔约 240℃。可见，在加热速率很大时，奥氏体形成温度提高很多，形成温度范围也很宽。

（3）快速连续加热时形成的奥氏体成分不均匀性增大　连续加热时，随着加热速率的增大，转变温度相应提高，转变温度范围也增大。由 $Fe\text{-}Fe_3C$ 相图可知，与铁素体相平衡的奥氏体碳浓度（$C_\gamma^{\gamma-\alpha}-C_\alpha^{\gamma-\alpha}$）随奥氏体形成温度升高而减小，而与渗碳体相平衡的奥氏体碳浓度（$6.67-C_\gamma^{\gamma-Fe_3C}$）则随着奥氏体形成温度的升高而增大。如果碳化物来不及完全溶解，碳和合金元素来不及充分扩散，则刚形成的奥氏体中碳及合金元素分布就不均匀，加热速率愈大，这种成分不均匀性就增大。例如，含碳量 0.4% 的碳钢，当以 $130℃/s$ 的速度加热到 900℃ 时，奥氏体中存在碳浓度高达 1.6% 的高碳区域，如图 2.15 所示。同样，在 $0.18\%C$ 钢中也存在这种现象。从图 2.16 可看出，当以 $30℃/s$ 的速率加热到 910℃ 时，原始珠光体区域的奥氏体中含碳量为 0.6% 左右，但原始铁素体区域的奥氏体中含碳量几乎为零。

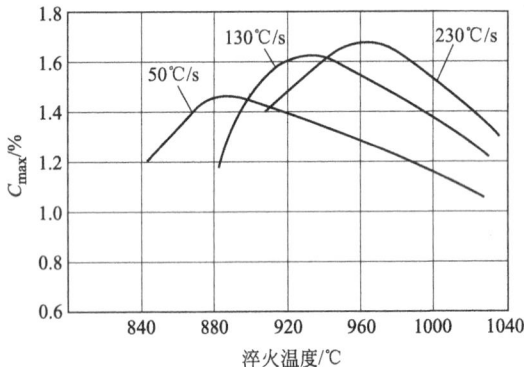

图 2.15　加热速率和温度对 $0.4\%C$ 钢
奥氏体中高碳区内最高含碳量的影响

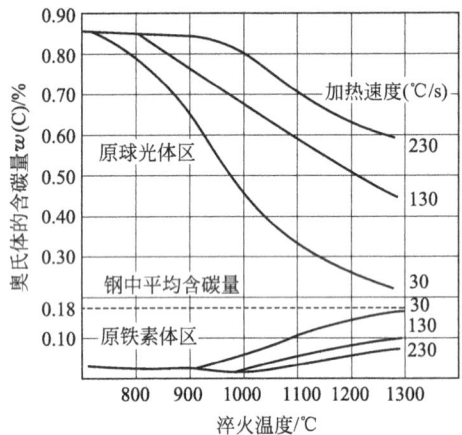

图 2.16　加热速率和温度对 $0.18\%C$ 钢
奥氏体含碳量不均匀性的影响

在实际生产中，对采用快速加热的工件，要求其原始组织必须细小均匀。这样，尽管保温时间短，但由于原始组织弥散度大，奥氏体形成速率快，也可得到成分较为均匀、晶粒细小的奥氏体组织，淬火后就可获得细小而均匀的马氏体。事实上，快速加热的工艺方法，特别是超快速加热，对钢种和原始组织是有限制或要求的。

（4）快速连续加热时形成的奥氏体晶粒细小　连续加热转变时，由于转变温度被推向高温，故转变时的形核率和长大速率均激增，特别是形核率增加得更快（表 2.1），所以可使转变刚结束时的奥氏体晶粒显著细化。在含 $0.96\%C\text{-}0.17\%Mo$ 的钢中实验得到，加热速率从 40℃/s 提高到 200℃/s 时，奥氏体晶粒直径可减小一半。采用更高速度的超高频加热时所形成的奥氏体晶粒，即使放大两万倍也难以分辨。当然，在快速加热奥氏体化所得到的奥氏体晶粒，应立即冷却，否则奥氏体晶粒也将快速长大。

2.3.3 非平衡组织加热时奥氏体形成特点

非平衡组织（non-equilibrium structure）指的是马氏体、贝氏体等淬火组织及回火不充分的回火马氏体等组织。在实际生产中，一般都是以接近平衡状态的珠光体、铁素体等作为常规热处理奥氏体化的原始组织，而不用非平衡组织为热处理奥氏体化的原始组织。其主要原因是：重复加热淬火使钢的氧化、脱碳、变形、开裂等倾向有所增加，特别是过共析的工具钢；非平衡组织重新加热奥氏体化有可能会产生组织遗传的现象，原始组织中粗大晶粒等过热组织难以改正而保留下来，达不到重结晶细化晶粒的目的。

但研究发现，非平衡组织（如低、中碳合金钢的淬火马氏体、回火马氏体及贝氏体等组织）再次加热奥氏体化，只要控制得当，不仅不会出现组织遗传现象及晶粒异常长大等问题，反而有可能更细化晶粒，改善钢的韧度。另外，一些合金钢在生产中往往较难得到理想的平衡组织，所以经常会出现用非平衡组织加热奥氏体化的问题。因此，非平衡组织奥氏体化的问题引起了人们的重视，研究和了解非平衡组织加热奥氏体化的规律是很有必要的。与平衡组织相比，非平衡组织加热奥氏体化的研究还不是很系统，有些机理问题也不是很清楚。这里仅对低、中碳合金钢的非平衡组织加热奥氏体化作简单介绍。

2.3.3.1 影响非平衡组织加热转变的因素

非平衡组织的加热转变比平衡组织的加热转变要复杂。对于平衡组织，不论以什么样的速率加热和无论在什么温度转变，转变开始时的组织状态都是一样的。而对于非平衡组织，不仅与加热前的组织状态有关，而且还与加热过程也相关。这是因为非平衡组织在加热过程中，要发生从非平衡到平衡或准平衡组织状态的转变，而转变的程度又与材料的化学成分以及加热速率等因素有关。另外，在加热转变开始后，由非平衡向平衡或准平衡状态的转变仍在进行。显然，该过程是非常复杂的。主要影响因素有钢的化学成分与原始组织和最终加热时的加热速率。

钢的化学成分不同，非平衡组织在加热过程中所发生的转变也会有所区别。对于碳钢，再次加热时预淬火所得到的非平衡组织马氏体很容易分解，α 基体也极易再结晶。由于合金元素的加入，合金钢的非平衡组织分解及再结晶过程将变慢。这将影响到加热转变开始时的组织状态，从而影响了加热转变过程。钢中碳含量的不同，淬火后得到的马氏体形态不同，也将影响到再次加热时的转变过程。

对于一定成分的钢，由于淬火工艺的不同而得到不同的淬火组织。如高温直接淬火得到的是马氏体及少量残留奥氏体，如等温淬火就得到贝氏体和较稳定的残留奥氏体，如预淬火后进行了一次不充分的回火则得到复杂的回火组织。这些都将影响残留奥氏体量、α 相的成分与状态以及碳化物的类型、大小和分布等。而且，同样的预处理工艺，不同的工艺参数也会使得到的非平衡组织有较大的差别。显然，这些不同的原始非平衡组织会影响再次加热过程中的转变。

最终加热时的加热速率将影响非平衡组织在临界点以下加热所发生的转变过程。同样的非平衡组织状态，如再次加热时的加热速率不同，其效果也是不同的。加热速率慢，加热过程中原非平衡组织的转变愈充分，加热转变开始时的组织愈接近调质状态的组织。加热速率愈快，则转变愈不充分，加热转变开始时的组织的不平衡程度高。由于加热转变开始时的组织状态不同，因此实际发生的转变也就不同。对于非平衡组织的加热转变中，加热速率是一个很重要的因素。

2.3.3.2 针状奥氏体的形成

针状奥氏体是在非平衡组织的加热过程中，奥氏体化初始阶段产生的一种过渡性组织形态。这种组织与原始板条马氏体（或板条铁素体）之间保持着严格的晶体学位向关系，这是非平衡组织加热奥氏体化时发生旧奥氏体晶粒复原的根本原因。

当合金钢中含有延缓再结晶过程的合金元素时，在一定加热条件下会产生这种针状奥氏体。在碳钢中，一般较难发现。从一些实验结果来看，针状奥氏体主要是在低、中碳合金钢在 $Ac_1 \sim Ac_3$ 之间低温区域加热或保温的初期，在原始马氏体板条之间形成的，同时在原奥氏体晶界、马氏体板条群间及其他地方产生球状奥氏体晶粒。

加热速率对针状奥氏体的形成有很大影响。以慢速或快速加热时，容易出现针状奥氏体，但以中等速度加热时，不易产生针状奥氏体。对一般低、中合金钢，其加热时产生奥氏体晶粒形态变化的慢、中、快速度范围大致分别为：$1 \sim 50℃/min$、$100℃/min \sim 100℃/s$、$100 \sim 500℃/s$[17]。当然，合金成分的变化将大为影响这几种速度范围的界限。合金元素含量增大，加热速率界限移向低速度。

当然，在 $Ac_1 \sim Ac_3$ 温度范围内的升温过程中，部分针状奥氏体也可能发生再结晶而变成球状奥氏体晶粒，并且不再具有原始奥氏体晶粒的特性。针状奥氏体发生再结晶的现象，对再结晶温度比较低的合金钢较容易实现；但对再结晶温度比较高的合金钢，则不容易发生再结晶。在长期加热保温时可以由针状奥氏体合并成球状奥氏体晶粒。

如果在 $Ac_1 \sim Ac_3$ 温度范围内的低温区加热保温后，再加热到 Ac_3 温度以上进行奥氏体化时，容易出现针状奥氏体的合并长大。图 2.17 示意了一种针状奥氏体合并长大机理。由图可知，按照该机理新形成的奥氏体晶粒完全或部分的恢复了旧奥氏体晶粒的大小。但新形成的奥氏体晶粒和旧奥氏体晶粒是有不同的。主要表现在：在旧奥氏体晶界上有许多不同位向的细小的等轴状新奥氏体晶粒；在旧奥氏体晶粒内有与周围位向不同的孤立岛状晶粒。这些岛状晶粒可能是在原马氏体群间产生的等轴晶粒，或者是个别已再结晶的针状奥氏体晶粒长大的结果（图 2.18）；粗大奥氏体晶粒不是单晶体，可能是由几个位向不同的奥氏体区域

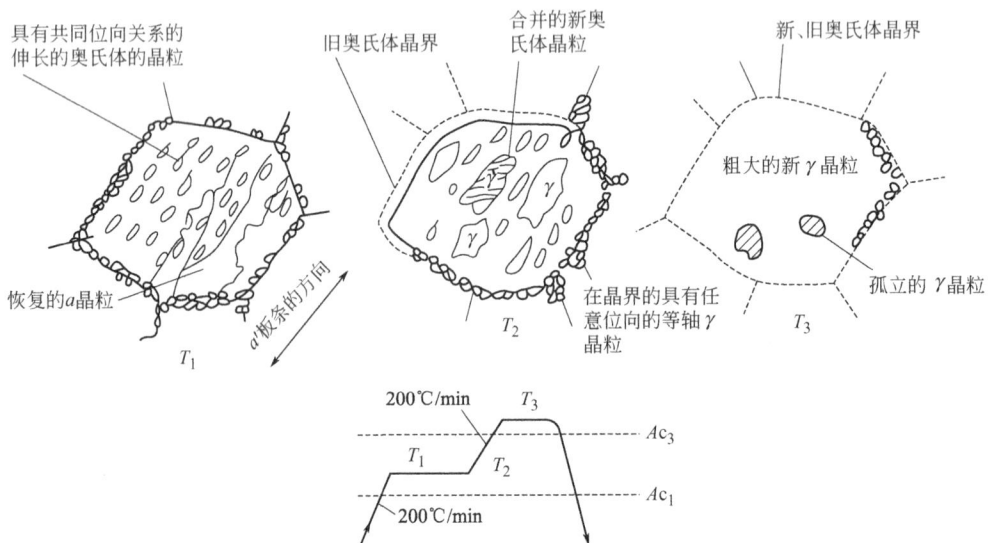

图 2.17　针形奥氏体晶粒合并长大过程示意[17]

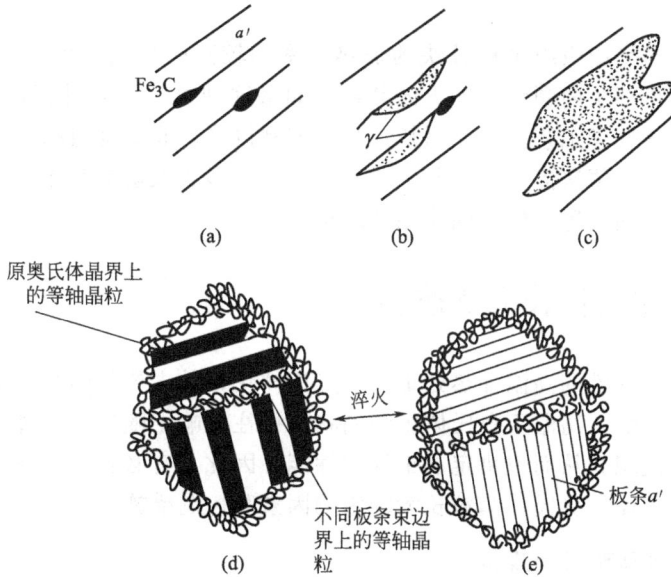

图 2.18 由板条马氏体转变为针形奥氏体时,引起奥氏体晶粒复原过程的示意[17]

(a) 原始组织;(b) 在 $Ac_1 \sim Ac_3$ 之间针形奥氏体在 a'/Fe_3C 界面处形核;(c) 针形奥氏体晶粒长大;
(d) 在 Ac_3 以上奥氏体化得到粗大奥氏体晶粒;(e) 高温粗大奥氏体晶粒淬火得到粗大马氏体板条

构成,它们分别对应于板条马氏体群在加热时恢复了的铁素体区域。图 2.18 还示出了针状奥氏体在原板条马氏体之间渗碳体处成核长大的情况,说明针状奥氏体的形成是与渗碳体的存在有关系。

对于针状奥氏体晶粒的形成机理,有两种不同的学术观点。一种观点认为针状奥氏体晶粒的形成是无扩散的马氏体逆转变。其根据是在低碳合金钢中针状奥氏体成核时,未发现渗碳体的溶解,因此断定针状奥氏体是由马氏体按切变方式形成的。另外一种观点认为,在低碳合金钢中,针状奥氏体形核和长大均属于扩散型相变。其根据是针状奥氏体形成时,未发现表面浮凸现象,而且针状奥氏体中富集了较多的碳和合金元素,使马氏体相变临界点降低,从而在随后冷却时不易发生马氏体转变。

2.3.3.3 颗粒状奥氏体的形成

非平衡组织加热时,也可以形成颗粒状奥氏体。颗粒状奥氏体的形核位置主要有以下几种情况[17]:①原奥氏体晶粒复原,首先形成针状奥氏体,再由针状奥氏体合并成颗粒状奥氏体;②在板条状马氏体(铁素体)界面上形成的针状奥氏体发生再结晶,转变为尺寸较小的颗粒状奥氏体;③在原奥氏体晶界、板条状马氏体群界面上形成的细小颗粒状奥氏体;④在较高温度下,由于颗粒状奥氏体形成前,非平衡组织已再结晶成细小的碳化物和铁素体组织,所以可直接在经再结晶的铁素体和渗碳体界面上形核并长大,而且形核部位多且均匀。因此,这种情况下得到的颗粒状奥氏体晶粒常常是细小而均匀的。

加热速率越快,加热转变越容易被推向高温;加热温度越高,过热度也越大。这些因素都将使颗粒状奥氏体形核率增加,因此得到的奥氏体晶粒也越细小。

非平衡组织加热时所得到的颗粒状奥氏体也是通过扩散机制形成的,其长大速率主要受碳在奥氏体中的扩散所控制。一般情况下,新形成的颗粒状奥氏体核心与母相一侧保持共格或半共格关系以使界面能低,而另一侧与母相为无共格关系。颗粒状奥氏体形核后,同样要依靠碳化物的溶解、碳在 α 相及 γ 相中的扩散不断长大。显然，具有非共格关系的一侧容易向母相推进。

综上所述，对非平衡组织采用较快的加热速率和较高的加热温度，使奥氏体在 Ac_3 附近形成，有可能获得细小的颗粒状奥氏体晶粒。如果这种过程反复进行，可获得超细晶粒，这就是所谓的热循环处理工艺。其原因是：只要控制得当，非平衡组织加热奥氏体化有细化晶粒的作用；另外由于每次淬火获得非平衡组织时，会形成大量的晶体结构缺陷，在重新加热淬火时，增大了形核位置，也有细化晶粒的贡献。

2.4 奥氏体晶粒长大及控制

在一般情况下，钢件的高温加热处理进行奥氏体化，其主要目的是获得成分较均匀、晶粒较细小的奥氏体组织。高温下奥氏体组织的状态往往影响了随后冷却过程中所发生的转变及其转变所得到的组织，从而也决定了钢件的性能。因此，有必要了解高温奥氏体化过程中奥氏体晶粒的长大规律、奥氏体晶粒长大的影响因素和控制措施。

2.4.1 奥氏体晶粒长大现象
2.4.1.1 奥氏体晶粒度概念
根据体视金相学的原理，可以从二维金相截面的点、线、面等参量来表征三维立体的显微组织。晶粒度是表示晶粒大小的一种尺度。奥氏体晶粒大小可用奥氏体晶粒的直径 d、单位面积中的晶粒数 n 等参数来表示晶粒大小。为方便起见，在实际应用中常采用晶粒度来表示晶粒大小。设 n 为放大 100 倍时每 645mm^2 面积内的晶粒数，晶粒度 N 表示晶粒大小的级别，n 和 N 符合下述关系：

$$n = 2^{N-1} \qquad (2.5)$$

晶粒越细，单位面积中的晶粒数 n 越大；根据关系式，晶粒度 N 也就越大。表 2.2 是晶粒度 N 与其他各种晶粒大小表示方法的对照。一般将晶粒度级别 N 小于 4 的晶粒称为粗晶粒，N 在 5～8 的晶粒称为细晶粒，8 级以上的称为超细晶粒。也可粗略地认为 1～5 级晶粒度的钢属粗晶粒类型，而 6～13 级属细晶粒类型[19]。

表 2.2　晶粒度 N 与晶粒平均直径、晶粒平均弦长的对照[18]

晶粒度级别 N	放大 100 倍时每 645mm² 面积内的晶粒数 n	平均每个晶粒所占的面积/mm²	晶粒平均直径 d/mm	晶粒平均弦长/mm
1	1	0.0625	0.250	0.222
2	2	0.0312	0.177	0.157
3	4	0.0156	0.125	0.111
4	8	0.0078	0.088	0.0783
5	16	0.0039	0.062	0.0553
6	32	0.00195	0.044	0.0391
7	64	0.00098	0.031	0.0267
8	128	0.00049	0.022	0.0196
9	256	0.000244	0.0156	0.0138
10	512	0.000122	0.0110	0.0098

实际应用时，在光学显微镜下放大 100 倍测定奥氏体晶粒度，将金相试样上的晶粒大小与标准图（图 2.19）对比。晶粒平均直径和金相磨片上每平方毫米的晶粒数之间存在直线关系（如图 2.20），所以也可用直接测量的方法来确定奥氏体晶粒的大小或级别。

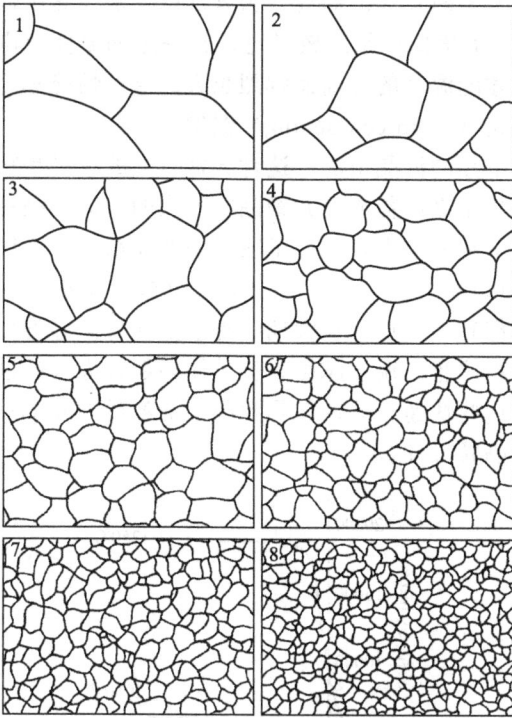

图 2.19　钢标准晶粒度 1～8 级[19]（100×）
（图中数字即为等级）

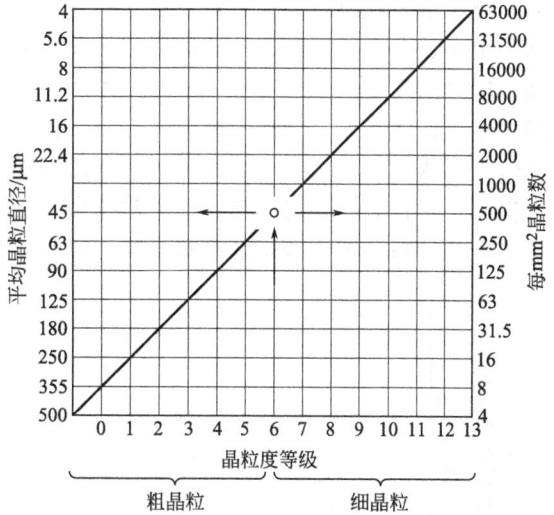

图 2.20　测定晶粒尺寸图[19]

　　为研究和使用的方便，常有起始晶粒度、实际晶粒度和本质晶粒度三种概念。如没有特别注明，一般常用的是实际晶粒度。

　　起始晶粒度是指在转变临界温度以上，奥氏体转变刚完成时的晶粒大小。

　　习惯上把在某一加热条件下奥氏体化结束时的奥氏体晶粒，即冷却开始时的奥氏体晶粒，称为实际晶粒，其大小称为实际晶粒度。实际晶粒度基本上决定了工件实际热处理时的晶粒大小。

　　在生产中规定用本质晶粒度（inherent grain size）来衡量钢的奥氏体晶粒长大倾向，它是钢热处理工艺性的一个重要指标。本质晶粒度是根据标准试验方法，在 930℃±10℃ 保温足够的时间（3～8h）后测定的钢中晶粒的大小。本质晶粒度为 6～8 级的钢为本质细晶粒钢，本质晶粒度 1～4 级的钢为本质粗晶粒钢。本质细晶粒钢在 930～950℃ 以下温度加热时，晶粒长大倾向小，所以淬火温度较宽，生产上容易控制。在一般情况下，本质细晶粒钢经热处理后所获得的实际晶粒大多是细小的。而对于本质粗晶粒钢，则必须严格控制加热温度，以防止过热。

2.4.1.2　奥氏体晶粒长大现象

　　一般情况下，晶粒长大和原子的扩散过程密切相关，所以温度和时间是晶粒长大的重要因素。在高温加热奥氏体化过程中，奥氏体转变结束后，如进一步提高温度或继续保温都将使奥氏体不断长大。

　　晶粒长大方式有正常长大和异常长大。图 2.21 为两类钢在保温一定时间的条件下奥氏体晶粒长大与温度之间的关系。由图可知：曲线 1 为不含 Al 的普通 C-Mn 钢的晶粒长大趋势。显然，随温度的提高，奥氏体晶粒不断长大，一般称为晶粒正常长大。在晶粒正常长大时，在一定温度下延长保温时间，奥氏体晶粒也会不断长大。曲线 2 为含 Nb-N 钢的奥氏体晶粒长大情况。和普通 C-Mn 钢相比，含 Nb-N 钢的奥氏体组织较稳定。在一定的温度范围内奥氏体晶粒基本上不长大，当超过某一温度后才随温度的升高而剧烈长大。这种情况称为晶粒异常长大，该临界温度被称为奥氏体晶粒粗化（grain coarsening）温度。

奥氏体晶粒异常长大过程中也可发生粗晶和细晶的混晶情况。这种异常长大的结果是粗晶粒越长越大，所占体积分数也越长越大，粗晶粒是靠消耗或吞并细晶粒长大的。而细晶粒基本上不长大，并逐渐减少，所以以细晶粒的差别越来越大，产生了明显的混晶组织。当细晶被完全消耗完时，混晶也就消失。图 2.22 为 0.48％C-0.82％Mn（质量分数）钢在不同温度下奥氏体晶粒异常长大过程。在每一温度下都有一个加速长大期，特别是在较高温度加热时，当达到了一定尺寸后，长大过程就减弱并趋停止。温度越高，奥氏体晶粒长大过程进行得越快，长大停止时的奥氏体晶粒也越粗大。这些快速长大期就是粗晶粒消耗或吞并细晶粒长大的过程，图中表示的是粗晶和细晶的平均晶粒尺寸。

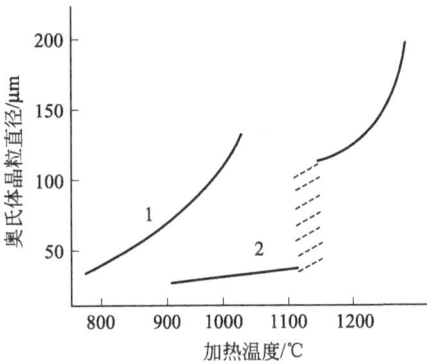

图 2.21　奥氏体晶粒直径与
加热温度的关系[18]
1—不含铝的 C-Mn 钢；2—含 Nb-N 钢

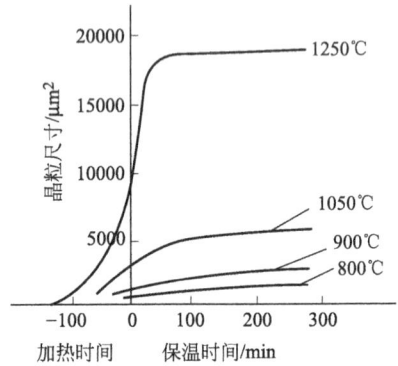

图 2.22　0.48％C-0.82％Mn 钢
奥氏体晶粒长大过程[18]

2.4.2　奥氏体晶粒长大机理

2.4.2.1　奥氏体晶粒长大的驱动力

奥氏体形成时，起始晶粒一般都很细小，而且也不均匀，界面弯曲，晶界面积大，因此体系能量高，处于不稳定状态。根据最小自由能原理，从热力学分析，由于界面能量高，必然要自发地向减小晶界面积、降低界面能的方向发展。在宏观上，就会产生奥氏体晶粒长大，这是一个小晶粒合并成大晶粒、弯曲界面逐渐变成平直界面的自发过程。奥氏体晶粒长大主要是通过晶界的移动来实现的，推动晶界移动的驱动力就是体系中高的界面能。

使晶界发生移动的驱动力一般可有化学力和机械力两类。机械力往往是晶体发生塑性变形的驱动力。在金属材料中，晶界的移动基本上都属于化学力引起的界面运动。界面曲率是产生晶界移动驱动力的因素之一。

设有一球面界面，界面能为 σ'，球面曲率半径为 r。则有一指向曲率中心的驱动力 P 作用于晶界，驱动力 P 与界面能成正比，与曲率半径为反比。P 的表达式为：

$$P = \frac{2\sigma'}{r} \tag{2.6}$$

由此可见，界面能愈大，晶粒尺寸愈小，奥氏体晶粒长大的驱动力愈大，晶界愈容易迁移，因此奥氏体晶粒长大的倾向愈大。显然，如果界面为平直界面，曲率半径为 $r = \infty$，则

驱动力 $P=0$。一般规律是晶界由凸侧移向凹侧，在二维截面上小于六边的小晶粒变小，大于六边的大晶粒长大。

2.4.2.2 奥氏体晶粒的正常长大

在晶界曲率的驱动力作用下，晶粒的长大称为正常晶粒长大（normal grain growth）。对于球形晶粒的长大，设晶界在驱动力 P 的推动下将以等速 v 移动，驱动力 P 越大，v 也越大。其表达式为：

$$v = mP = \frac{2m\sigma'}{r} \tag{2.7}$$

设 $\overline{D}$ 为长大中的平均晶粒直径，且 $\overline{D} = \alpha \bar{r}$，则晶粒平均长大速度 $\bar{v}$ 为：

$$\frac{\mathrm{d}\overline{D}}{\mathrm{d}t} = \bar{v} = \overline{m}\overline{P} = \frac{2\overline{m}\sigma'}{\bar{r}} = \frac{2\overline{m}\sigma'\alpha}{\overline{D}} = \frac{K}{\overline{D}} \tag{2.8}$$

积分后可得平均晶粒直径与时间 t 的关系式：

$$\overline{D}_t^2 - \overline{D}_0^2 = Kt \tag{2.9}$$

如起始晶粒很小，可忽略不计，则有：

$$\overline{D}_t^2 = Kt \quad \text{或} \quad \overline{D} = K'\sqrt{t} \tag{2.10}$$

此即奥氏体晶粒等温长大表达式。由式可知，在驱动力 P 的作用下，随时间的延长，奥氏体晶粒不断长大，且与时间呈抛物线关系。

奥氏体晶界的移动是热激活过程，主要受控于原子的扩散过程。因此，温度愈高，原子的扩散能力愈强，所以奥氏体晶界的迁移速率也愈快，即式（2.7）中的系数 m 及式（2.9）中的系数 K 愈大。K 与温度的关系为：

$$K = K_0 \exp\left(-\frac{Q}{RT}\right) \tag{2.11}$$

式中，Q 为铁原子自扩散激活能；R 为气体常数；T 为热力学温度。

所以，奥氏体晶粒等温长大表达式又可表示为：

$$\overline{D}_t^2 = K_0 \exp\left(-\frac{Q}{RT}\right) t \tag{2.12}$$

由式（2.6）可知，只有曲面晶界，才有驱动力 P。如果晶粒大小均匀一致，且晶界已经达到平衡状态的平直化，在三维状态晶粒已成为正十四面体，在二维平面上晶粒呈蜂窝状的正六边形。这时，每一个晶粒都有 6 个相邻的晶粒，二相邻晶粒的界面为平直界面，三晶粒交会处的面角为 120°（图 2.23）。此时，驱动力 P 接近于零，这种状

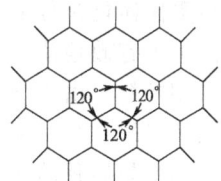

图 2.23　晶粒大小均匀一致时稳定的二维结构

态的晶粒达到了稳定结构。当然，实际情况下是不可能达到这种完全理想的状态的。

2.4.3　第二相颗粒对奥氏体晶粒长大的影响

在实际金属材料的高温加热奥氏体化过程中，许多情况下还存在着细小未溶的第二相质点。例如，用 Al 脱氧的钢与含 Nb、Ti、V 等元素的钢，在奥氏体化过程中可能会存在未溶的第二相质点，其奥氏体晶粒的等温长大或升温长大过程都不能用晶粒正常长大的理论来解释；大部分的工具钢在实际加热奥氏体化时，也往往存在许多未溶的第二相碳化物。前述图 2.21 中含 Nb-N 钢的奥氏体晶粒长大情况就是很好的例子。

当一个运动着的晶界遇到第二相质点时，质点将会对晶界施加一阻力，有将晶界拖住的趋势。质点对晶界的阻力可以通过界面张力的分析得到。如图 2.24 所示，设晶粒 A 和晶粒 B 之间晶界沿着 x 轴的方向移动，与半径为 r 的碳氮化物第二相质点相遇。当晶界移动到颗

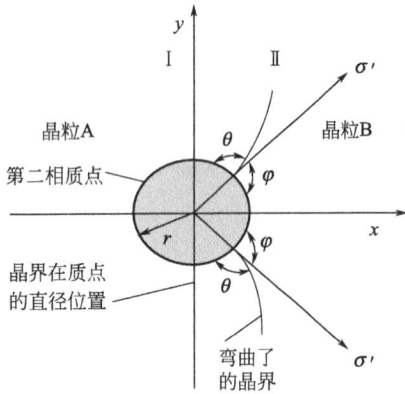

图 2.24　弥散第二相质点阻止
移动晶界的钉扎模型[17]

粒的 y 轴时，即颗粒的直径平面，因颗粒的存在省去了部分界面而降低了界面能。但当晶界在驱动力作用下再往前移动时，不仅界面要增大而提高了界面能，同时因需要保持界面张力的平衡，必须使两侧的角度相等（$\varphi=\theta$），也就是在晶界和颗粒界面相交处存在使其保持垂直的趋势。因此，就引起颗粒不远处的一部分晶界发生弯曲，导致界面积增大。显然，这样一个使系统能量增加的过程是不可能自发进行的。

很容易理解，当沿着晶界移动方向的驱动力和在相反方向上的质点阻力相平衡时，晶界移动就会停止。研究表明，第二相质点对晶界移动的最大阻力反比于质点的半径 r，正比于质点在单位体积金属中的数量 f。设单位体积中有 N 个半径为 r 的质点，所占的体积分数为 f，则可证明，作用于单位晶界的最大阻力 F_{max} 的表达式为：

$$F_{max}=\frac{3f\sigma}{2r} \tag{2.13}$$

式中 σ 为单位奥氏体晶界的界面能（或比界面能）。

由式(2.13)可知，当体积分数一定时，第二相质点尺寸愈小，则阻止晶粒长大的效果就愈大；如单位体积中第二相质点的数量愈多，体积分数 f 愈大，阻止晶粒长大的能力就愈强。实际上，晶界上必须有足够数量的第二相质点，才能有效地阻止晶界的移动。例如，当钢中含有 AlN 质点的密度为 $6\times10^{11}/cm^3$ 时，奥氏体晶粒度约为 8 级，此时每个晶粒界面上的颗粒数目约 5~6 个。如果低于这个水平，奥氏体晶粒就可能长大。因此，钢在高温加热奥氏体化过程中，第二相质点的聚集长大或溶解程度是影响奥氏体晶粒长大的重要因素。为了有效地使晶粒细化（grain refining），一是增加第二相颗粒的体积分数，二是细化第二相颗粒。由于增加体积分数 f 可能会导致钢的脆性增大，所以一般情况下 f 不宜过大。当然最好的办法是细化第二相颗粒，且使其弥散分布。

如果晶界移动的驱动力完全来自晶界能，体系中存在第二相质点，那么当晶界能所提供的驱动力和弥散颗粒对晶界移动的阻力相平衡时，正常晶粒长大就会停止。所以，在一定温度下，奥氏体晶粒的平均极限半径 R_{lim} 就决定于第二相质点的半径 r 及其数量 f，它们之间的关系为：

$$R_{lim}=\frac{4r}{3f} \tag{2.14}$$

这些原理可很好地解释图 2.21 中含 Nb-N 钢在一定温度时奥氏体晶粒突然长大的现象。应当指出，实际情况下第二相质点的大小和分布是不均匀的，所以晶粒长大的阻力并不是都相同的，因此往往有可能在局部地方出现晶粒异常长大（abnormal grain growth），产生了所谓的混晶现象。戚正风等考虑了大小晶粒的界面几何关系，提出了晶粒不均匀情况下的晶粒长大终止时的关系式[18]：

$$R_{lim}=\frac{8r}{3f}\cos\left(\frac{\pi}{3}+\frac{1}{2z}\right) \tag{2.15}$$

式中，z 为晶粒不均匀因子，即大晶粒半径与小晶粒半径之比。研究表明，式(2.15)计算值与试验值比较相近。由式可知，奥氏体晶粒尺寸不仅与 f 及 r 有关，还与不均匀因子

z 有关。z 愈大，R_{lim} 也愈大，即长大终止时，晶粒大小差别愈大，R_{lim} 也愈大。

2.4.4 消除粗大组织的措施

在一定的工艺条件下，一种相变或组织转变时，转变产物继承了原始组织的宏观及微观的某些特征，这就是所谓的遗传（heredity）。钢中的遗传可分为组织遗传和相遗传两类。组织遗传是指相变后晶粒（尺寸和形状）的复原，相遗传是转变相本身的晶体结构缺陷遗留给了新相的现象。一些非平衡组织的加热，出现的原奥氏体晶粒部分或全部复原的现象就属于组织遗传。通常，组织遗传导致晶粒粗大，是有害的现象。导致原奥氏体晶粒遗传的根本原因在于原奥氏体和马氏体之间存在着晶体位向关系。要消除粗大奥氏体晶粒遗传的问题，关键在于切断新旧相的晶体位向关系。

在一般情况下，加热转变结束时奥氏体晶粒都比较细小。但如果加热温度较高，保持时间也较长，则奥氏体晶粒会继续长大。如果是仅仅晶粒长大而在晶界上并未发生晶界弱化的某些变化，在工艺上被称为过热。过热的组织在随后的缓慢冷却过程中所得到的铁素体晶粒、珠光体团以及随后快冷得到的马氏体组织都将很粗大，这种粗大的组织将使钢的强度和韧度变坏。因此，如果出现了过热组织，就必须进行再次热处理来校正。在实际生产中，校正的办法主要有以下几点。

① 对于已经淬火的过热高合金钢，应先进行一次中间退火。淬火过热组织经过一次中间退火后，原奥氏体和非平衡组织之间存在的晶体位向关系就不复存在了。显然，中间退火所得到的接近平衡态组织再重新加热时，就不会发生粗大组织遗传的现象。中间退火可用等温退火，也可采用连续冷却退火，而以等温退火效果最好。对于一般合金钢的过热组织，可采用一次或多次高温回火。高温回火时，淬火马氏体组织会发生分解和再结晶等过程，也基本上得到了近平衡态的回火组织，从而消除了原来的位向关系。

② 对于已发现控温不当引起过热的情况，不宜再直接淬火，应采用较为缓慢的冷却以得到近平衡态组织，再次加热到正常淬火温度即可消除原过热的粗大组织。

③ 控制加热速率，进行高温奥氏体再结晶。将过热的淬火态马氏体组织采用适当的加热速率（如大于 100℃/s）加热到相变临界点以上 100～200℃ 的高温，然后淬火，也可消除原过热组织，得到细小的晶粒。其原因主要是因为快速加热到高温过程中，奥氏体发生了再结晶。这种再结晶是通过在加热过程中已形成的奥氏体中重新形成许多不同位向的奥氏体来完成的，从而改正了原来的过热组织。

对于上述的高温奥氏体再结晶工艺过程，可由图 2.25 来说明。为了进行比较，图中也给出了平衡组织的奥氏体化过程。由图可知，原粗大的奥氏体晶粒（Ⅰ-a），缓慢冷却时得到了几个粗大的珠光体团（Ⅰ-b），而原粗大的奥氏体晶粒（Ⅱ-a）快冷时得到了几个大的具有方向性的马氏体群（Ⅱ-b）。重新加热到临界点稍上的温度时，珠光体可转变为细小的无位向关系的起始奥氏体晶粒（Ⅰ-c），改正了过热组织。进行升温或保温时，这些起始奥氏体晶粒长大。而原始组织为粗大马氏体群在加热到临界点稍上的温度时，也形成了许多细小的起始奥氏体晶粒，但实际上在原来同一马氏体群中的小奥氏体晶粒几乎具有相同的晶体位向（Ⅱ-c）。因此，实际上没有能消除原来的位向关系，从而也没有起到细化晶粒的作用。但是在继续快速加热到高温时，这种奥氏体晶粒发生了再结晶，生成了无严格位向关系的小奥氏体晶粒（Ⅱ-d），消除了过热组织。当然这种工艺是较难控制的。

如果加热温度过高，不仅奥氏体晶粒已明显长大，而且在奥氏体晶界上也已发生了某些使晶界弱化的变化，甚至在晶界上产生了局部熔化的情况（如高速钢），则在工艺上称为过

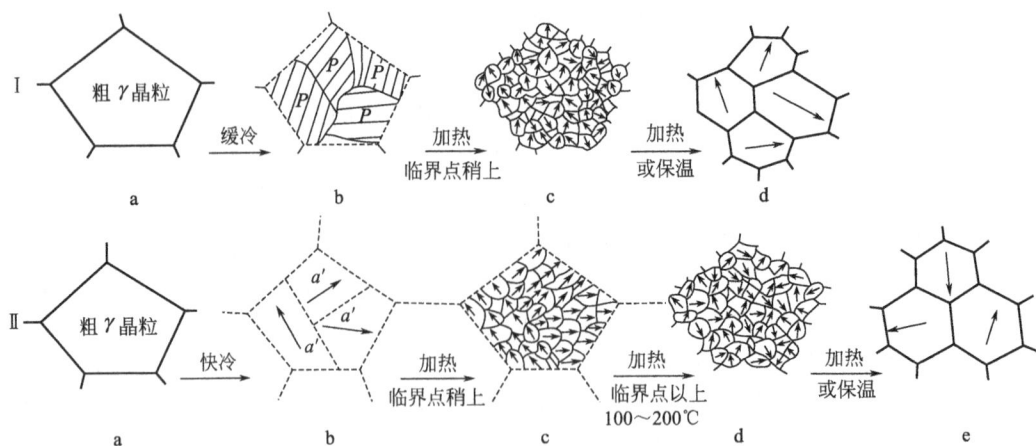

图 2.25 不同原始组织的试样在加热时的重结晶及
奥氏体晶粒再结晶的示意[17]

烧。过烧可以导致断口遗传，即再经适当加热淬火消除了粗大晶粒而得到了细晶粒奥氏体组织，但在冲断时仍然得到了与原粗大奥氏体晶粒相对应的粗晶断口，显然材料的性能是不能符合要求的。过烧组织在晶界上发生了某种使晶界弱化的变化，或形成了铸态组织，这种弱化或铸态组织在再次加热时不能得到消除。晶界上弱化主要是沿晶界析出了某种相或形成了某些杂质的偏聚。如 37CrNi3 钢在过烧情况下沿原奥氏体晶界析出了 MnS 等第二相，大为削弱了晶界的结合强度。对于过烧组织，不易消除。

应当指出，有些情况下，晶粒粗大并非总是有害的，如为了改善切削加工后的表面粗糙度、提高合金的高温蠕变抗力等，在这些情况下具有较大的晶体组织是有利的。

本 章 小 结

对大部分钢铁材料来说，高温奥氏体化是获得最终预期组织所必须进行的前期处理过程。奥氏体晶粒大小、形状、亚结构、成分及其均匀性等组织状态将直接影响冷却过程中所发生的相变及其产物，也影响了后续工艺（如回火）的组织转变与性能变化。

在一定的界限之内，事物的质是不因量的不同而发生变化的。但是，一旦超过这个界限，事物的质就要发生根本的变化，如金属的熔化、碳化物的溶解、材料的相变点等。在理论上，材料的相变临界点就是量变到质变的拐点。钢在高温下的奥氏体形成过程也是如此。在一般情况下，相对于奥氏体组织来说，具有铁素体和碳化物的原始组织是稳定的。但在外界环境条件发生变化时，如在一定的温度下，则会发生逆转变，因为在一定温度条件下奥氏体组织是相对稳定的。图 2.26 描述了本章所介绍的钢奥氏体化过程、转变机理和奥氏体组织的知识要点。

奥氏体形成是一个碳化物溶解、$\alpha \rightarrow \gamma$ 的点阵重构、碳及合金元素扩散的过程。奥氏体化是通过晶体形核和长大来完成的。奥氏体晶核的形成在系统内应具备能量起伏、浓度起伏和结构起伏的基本条件，因此往往优先在晶界、相界等晶体缺陷处形核。从晶体结构上来说，缺陷处原子排列疏松，不规则，溶质原子容易存在；从体系能量变化分析，溶质原子在缺陷处的偏聚，使系统自由能降低，符合自然界最小自由能原理；从热力学角度考察，合金元素偏聚晶界、相界等晶体缺陷处的过程是自发进行的，其驱动力是溶质原子在缺陷处和晶内处的畸变能之差。

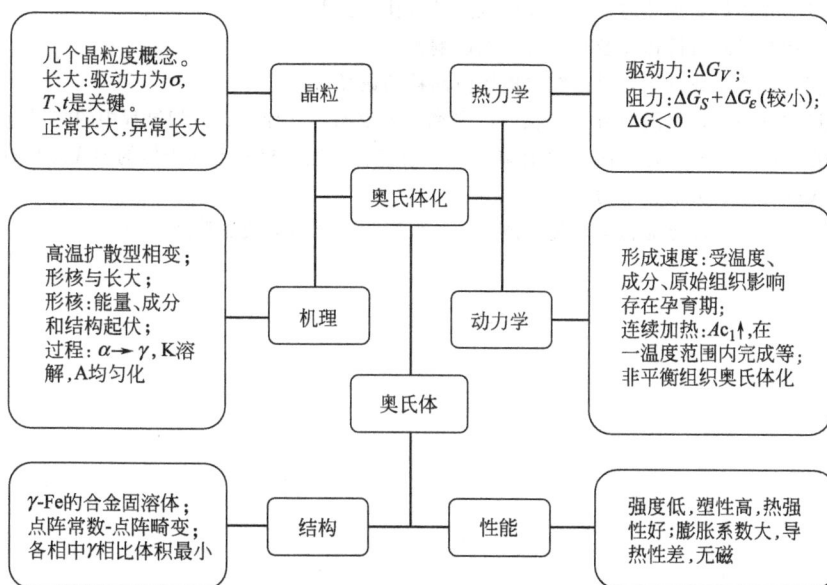

图 2.26 钢奥氏体化过程、机理和奥氏体组织的知识要点

奥氏体在连续加热时的形成与等温形成一样，也是通过奥氏体形核与长大、碳化物的溶解和奥氏体均匀化等过程完成的，但在相变动力学及相变机理上具有等温转变所没有的特点。自然界物质系统的功能表现为系统与外界环境的相互作用。在一定的加热速率范围内，相变临界点随加热速度的增大而提高；相变是在一个温度范围内完成的；快速连续加热使形成的奥氏体成分不均匀性增大；快速连续加热时形成的奥氏体晶粒较细小。

在奥氏体形成后的保温期间，奥氏体晶粒会发生长大。晶粒长大是一种自发过程，它是由大晶粒吞并小晶粒的不均匀长大和大晶粒进一步长大的均匀长大两个阶段组成的。晶粒的长大是靠晶界的移动来实现的，其化学驱动力是界面能。如体系中存在弥散分布的细小第二相颗粒，则对晶界的移动有很大的抑制作用。因此，对于过共析钢，为了细化奥氏体晶粒，必须保证钢中有足够数量和足够细小的第二相颗粒。

思考题与习题

2-1　为什么奥氏体必须在一定的过冷温度下才能形成？

2-2　试述奥氏体的组织、结构和性能特点。

2-3　为什么奥氏体晶核在铁素体、渗碳体的界面上形成？

2-4　为什么共析钢中奥氏体刚转变结束时，会有部分渗碳体残留下来？

2-5　为什么温度升高，奥氏体的形核率 N 增大，奥氏体晶粒的长大速率 G 也增大？

2-6　为什么合金钢要比碳钢的奥氏体化加热温度要高，保温时间要长？

2-7　试述连续加热过程中奥氏体形成的特点。

2-8　影响奥氏体形成速度的因素主要有哪些？

2-9　什么叫组织遗传、相遗传？如何防止？

2-10　以共析钢为例说明奥氏体形成过程。

2-11　在实际生产中，如何防止粗大奥氏体晶粒的遗传？已出现后应如何校正？

2-12　试验测得共析钢试样（0.5mm 厚）在盐浴炉中进行 780℃ 奥氏体化时，在铁素体 α 相刚消失时，奥氏体中的含碳量为 0.61%（质量分数）；如果采用 900℃ 加热奥氏体化，在 α 相刚消失时，奥氏体中的含碳量下降为 0.46%。试分析其产生的原因。

2-13 钢以非平衡组织加热时，奥氏体形成过程有什么特点？

2-14 第二相粒子对奥氏体晶粒长大有什么影响？

2-15 根据奥氏体形成规律，讨论细化奥氏体晶粒的途径。

2-16 试说明 Fe-Fe$_3$C 相图中 A_1、A_3、A_{cm} 平衡临界点与实际加热、冷却过程中的临界点之间的关系。

2-17 钢在连续加热时，珠光体-奥氏体转变有何特点？快速加热对于奥氏体的形成过程有何影响？

2-18 奥氏体晶粒长大的驱动力是什么？

2-19 什么叫奥氏体起始晶粒度、奥氏体实际晶粒度和奥氏体本质晶粒度？

3　共析分解与珠光体

（Eutectoid Decomposition and Pearlite）

　　钢铁件经高温奥氏体化后，过冷奥氏体（overcooling austenite）的转变可分为三大类：置换型原子与碳原子均能充分扩散的高温转变，置换型原子难以扩散而碳原子尚能扩散的中温转变，置换型原子和碳原子均不能扩散的低温转变，也就是珠光体分解、贝氏体转变和马氏体转变三大类。

　　在一般情况下，钢铁件在退火、正火和索氏体化处理时，发生的主要相变是珠光体分解。工业上采用这些热处理工艺，是为了获得比较均匀、稳定的组织，一般都作为预先热处理。预先热处理往往是为了消除锻、轧工艺所产生的应力，有利于后续的冷、热加工工序能顺利进行，同时也为最终热处理工艺作显微组织的准备。当然有些情况下，正火和索氏体化处理也可以作为最终热处理，直接在工业上应用。

　　钢中的珠光体转变是一个比较复杂的过程，它与钢中的碳、铁和其他合金元素原子的扩散以及晶体点阵改变的情况都有密切的关系。因此，研究珠光体转变的机理、转变动力学及其影响因素，不仅是为了正确控制退火、正火和索氏体化处理以获得预期的珠光体转变产物，而且也是为了正确制订淬火、等温淬火等工艺以避免中途产生珠光体转变产物。

3.1　珠光体组织形态与性质

3.1.1　珠光体组织形态

　　共析成分的奥氏体缓慢冷却到 A_1 线以下时，将发生共析分解（eutectoid decomposition），奥氏体共析反应分解为铁素体与渗碳体的混合物，称为珠光体。根据自组织理论，给出了一个新的定义[3]，珠光体是过冷奥氏体共析分解产物铁素体和渗碳体的有机结合的整合组织。珠光体的典型形态是片状或层状组织，如图 3.1 所示为 T8 共析钢中所得到的层片状珠光体组织。所谓的片状珠光体（lamellar pearlite）是由一层铁素体与一层渗碳体交替堆叠而成的。片状珠光体中片层方向大致相同的区域称为珠光体团（pearlite group），在一个奥氏体晶粒中，可以形成几个珠光体团［图 3.2(b)］。一对铁素体和渗碳体片的总厚度称为珠光体片间距（interlamellar spacing），如图 3.2(a) 中的 S_0，这是衡量珠光体组织粗细的重要参数。

　　珠光体片间距的大小主要取决于形成温度。实际生产中得到的珠光体片间距大约在 150～450nm 之间，这也是在一般光学显微镜下能分辨出片层的范围，一般叫做普通片状珠光体。如果由于形成温度比较低，得到的珠光体片间距大约在 80～150nm 之间，在放大倍数不大的光学显微镜下很难分辨铁素体和渗碳体片的形态，这种细片状珠光体常称为索氏体（sorbite）。对于在更低温度下形成的层间距为 30～80nm 之间的极细片状珠光体，在光学显微镜下根本无法辨别其层状特征，常称为屈氏体（troostite）。图 3.3 和图 3.4 分别为 45 钢正火索氏体组织和油淬屈氏体组织。

(a) 400×   (b) 1000×

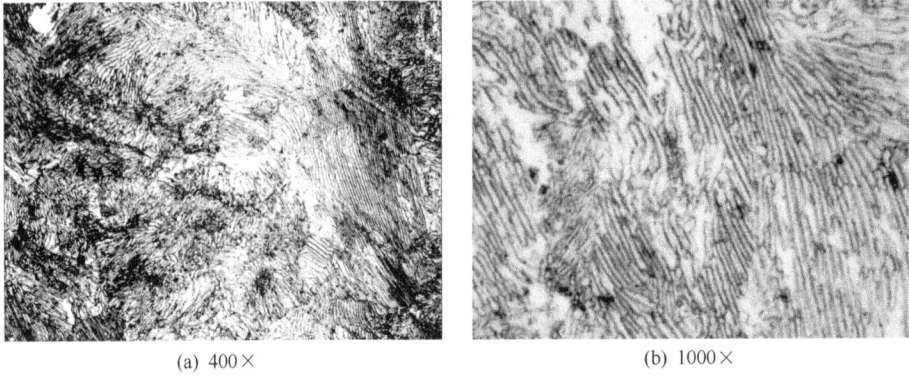

图 3.1 T8 钢中的片状珠光体

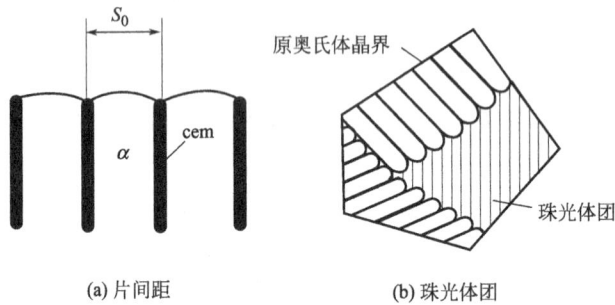

(a) 片间距   (b) 珠光体团

图 3.2 片状珠光体示意图[18]

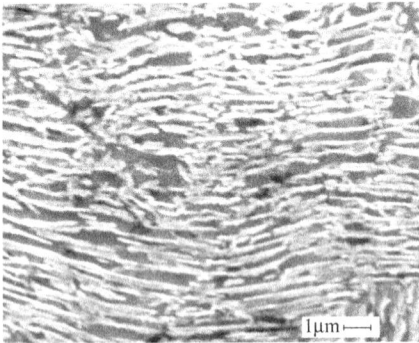

图 3.3 45 钢正火组织索氏体（SEM）   图 3.4 45 钢油淬组织屈氏体（SEM）

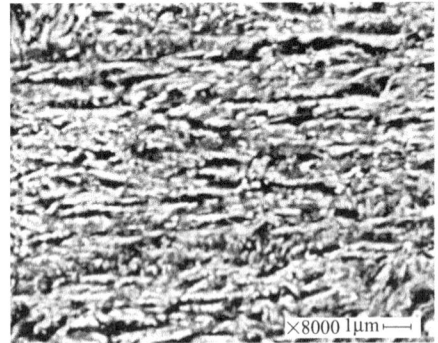

当钢件经过球化退火处理后，可得到渗碳体以颗粒状存在于铁素体基体中的组织，称为粒状珠光体（granular pearlite）或球状珠光体（spheroidal pearlite）。渗碳体颗粒大小、形状与分布均与所进行的热处理工艺有关，当然渗碳体颗粒的体积分数则主要决定于钢中的碳含量。一般过共析钢的预处理都将进行球化退火处理以得到球状珠光体。球状珠光体中渗碳体颗粒大小、形状与分布对最终热处理（淬火、回火）后的组织性能有着很重要的影响。

除了常见的片状珠光体和粒状珠光体外，还有一些特殊形态的珠光体，如碳化物呈纤维状的珠光体及针状珠光体等。

3.1.2 珠光体组织的晶体结构与层间距离

尽管珠光体有多种形态，但其本质仍然是铁素体与渗碳体的机械混合物。片状珠光体中铁素体与渗碳体相界面处常存在较高的位错密度，在同一片状珠光体领域中，往往还存在亚晶界，构成了许多亚晶粒。在片状珠光体中，特别是在索氏体或屈氏体中，铁素体或渗碳体片往往彼此并不绝对平行，而且渗碳体片也不是绝对均匀的。

珠光体团中的铁素体及渗碳体与被长入的奥氏体晶粒之间并不存在晶体学位向关系，形成的是非共格界面，但在另一侧往往不易向奥氏体晶粒内生长，它们之间存在一定的共格界面，并保持一定的位向关系。例如，其中的铁素体与奥氏体之间符合 K-S 的位向关系：$\{110\}_\alpha /\!/ \{111\}_\gamma$，$\langle 111 \rangle_\alpha /\!/ \langle 110 \rangle_\gamma$。而在亚共析钢铁中，先共析铁素体与奥氏体之间的位向关系为：$(111)_\gamma /\!/ (110)_\alpha$，$[110]_\gamma /\!/ [111]_\alpha$。这两种铁素体的位向关系不同，说明珠光体中的铁素体与先共析铁素体具有不同的转变特性。

如果在奥氏体晶界上有先共析渗碳体的存在，珠光体是在先共析渗碳体上形核长大的，则珠光体团中的铁素体与渗碳体之间存在的位向关系比较复杂，一般有：$(001)_\theta /\!/ (2\bar{1}1)_\alpha$，$[110]_\theta /\!/ [01\bar{1}]_\alpha$，$[010]_\theta /\!/ [111]_\alpha$。此时，珠光体团与长入的奥氏体晶粒之间也无位向关系。

珠光体组织的一个重要参数是层间距离。研究表明，对一定成分的钢在一定温度下所形成的珠光体，其珠光体团内的真实层间距离不是单值，而是一个在中值附近的统计分布。因此，珠光体的层间距离一般都是平均层间距离。珠光体层间距离的大小，主要决定于珠光体的形成温度。如图 3.5 所示为共析碳素钢的珠光体形成温度对层间距离和团直径的影响，原

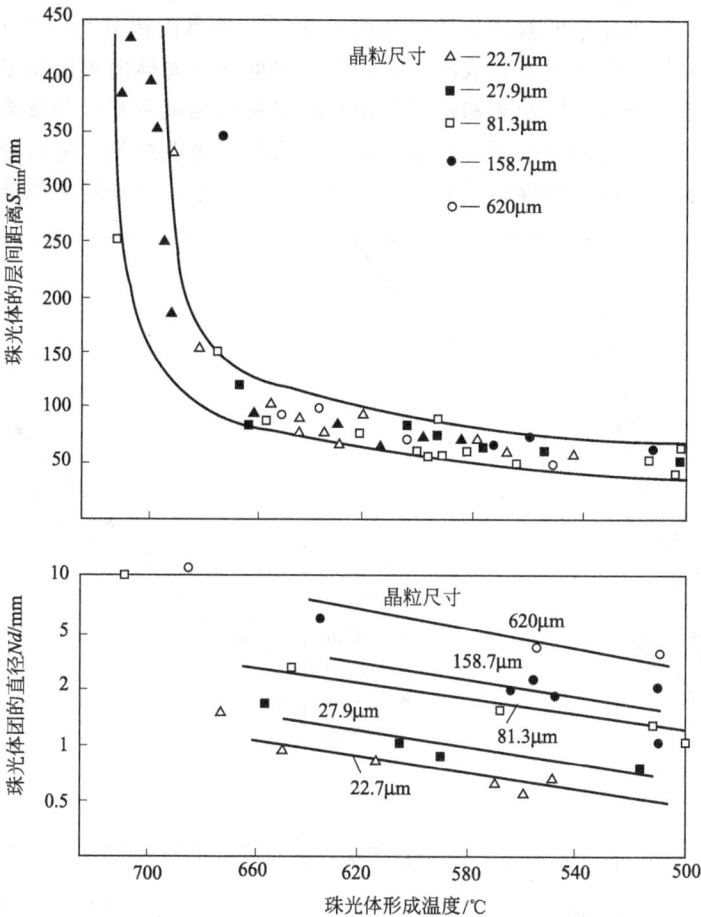

图 3.5　共析碳素钢的珠光体形成温度对层间距离和团直径的影响[17]

始奥氏体晶粒粗大，将使珠光体团的直径增大，但对珠光体片层间距影响不大。冷却速率愈大，形成温度愈低，层间距离愈小。其原因是因为：形成温度降低，碳的扩散速率减慢，而且扩散较大的距离较困难，因此形成层间距离较小的珠光体。但是，层间距离较小，珠光体团中的相界面增大，使形成两个相所需的表面能增高。这部分的表面能由增大的过冷度（degree of supercooling）所获得的化学自由能来提供。因此，在一定过冷度下，往往对应着一定的层间距离。碳钢中珠光体的层间距离 S 与过冷度 ΔT 的关系，可用经验公式来表达：

$$S = \frac{C}{\Delta T} \tag{3.1}$$

式中，$C = 8.02 \times 10^3 \, nm \cdot K$；$\Delta T$ 为过冷度，K；S 为珠光体片层间距，nm。

如果珠光体不是在某一温度下等温转变完成的，而是在连续冷却或分段冷却转变过程中转变完成，则得到的珠光体有粗有细，在较高温度转变的珠光体粗大，在较低温度下转变的珠光体片层间距细小。粗细不均匀的珠光体组织，将使力学性能也不一致，且对钢的切削加工性能产生不利的影响。因此，对结构钢往往采用在一个温度等温处理的方法，以获得粗细相近的珠光体组织。

3.1.3 珠光体组织的力学性能

钢中珠光体组织的力学性能，主要取决于钢的化学成分和热处理后所获得的组织形态。对于共析碳钢来说，在获得单一片状珠光体组织的情况下，其力学性能与珠光体层间距离、珠光体团的大小、珠光体中铁素体片的亚结构尺寸和原始奥氏体晶粒大小有着密切的关系，也可以说共析碳钢的力学性能主要取决于奥氏体化温度和珠光体的形成温度。

图 3.6 示出了珠光体层间距离和珠光体团直径对钢的强度和塑性的影响，图 3.7 为共析碳钢珠光体团直径和珠光体片间距对断面收缩率的影响。由图可知，随着珠光体团直径和片间距的减小，钢的强度以及塑性将提高。珠光体团直径减小，意味着单位体积内珠光体片层

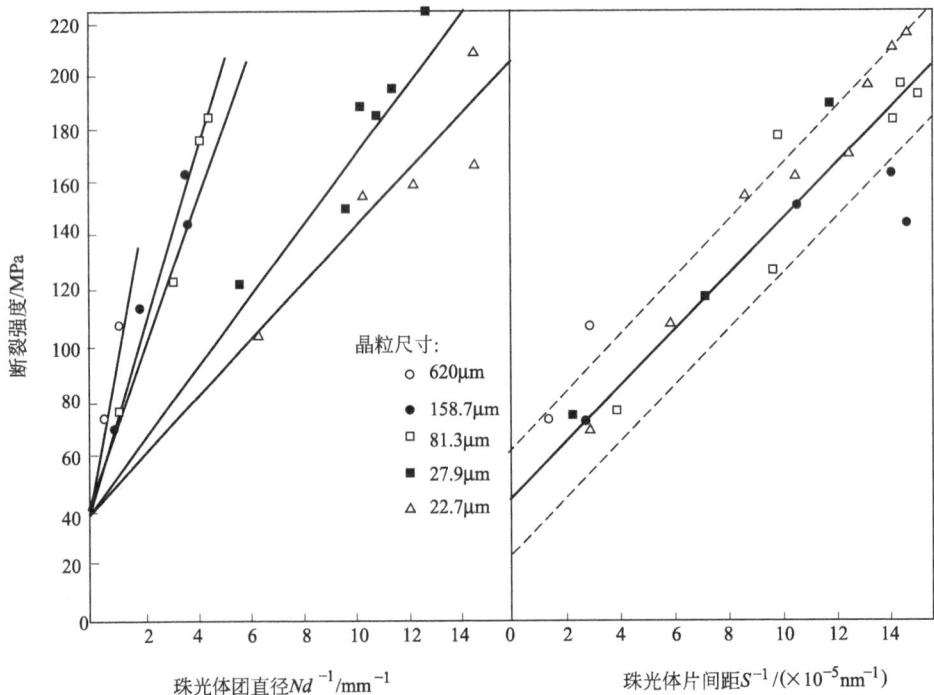

图 3.6 共析碳素钢的珠光体直径和片间距对断裂强度的影响

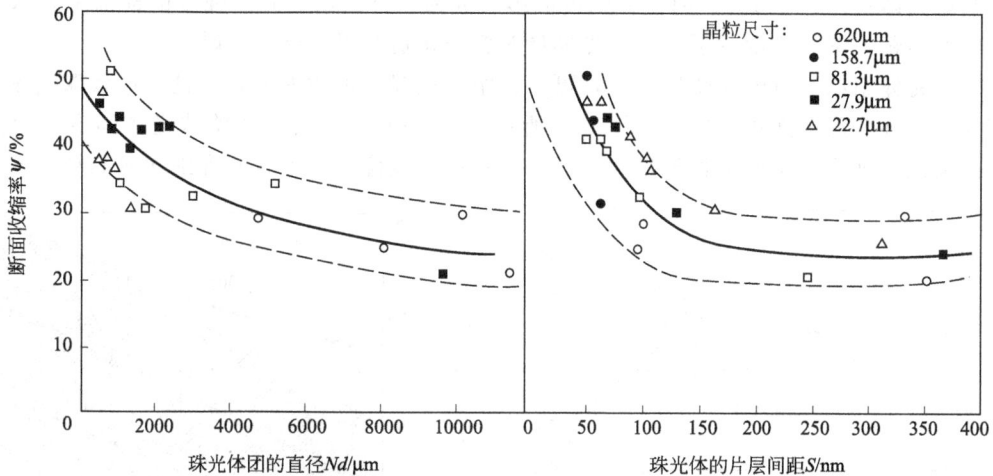

图 3.7 共析碳钢珠光体团直径和珠光体片间距对断面收缩率的影响[3]

排列方向增多，使局部发生大量塑性变形引起应力集中的可能性就减少。一般情况下，奥氏体化温度不可能太高，奥氏体晶粒不可能太大，所以珠光体团直径变化不会很大，而珠光体转变温度则有可能有较大范围内调整。因此，珠光体片间距对钢力学性能的影响就更具有实际生产意义。

珠光体片间距愈小，在相同体积条件下，相界面增多，铁素体中位错不易滑动，在外力作用下，抗塑性变形的能力提高；由于铁素体、渗碳体片很薄，滑动位错在界面上产生塞积的数量减少，应力集中倾向减小，不易引起开裂。而且由于渗碳体片很薄，在外力作用下可以滑移产生塑性变形，也可以产生弯曲，使塑性提高。因此，珠光体片间距愈小，既可以提高钢的强度又能增大塑性。在生产上利用这一特点，发展了非常有效的用于提高钢丝强度的强化处理工艺，称为派敦（Patenting）处理或铅浴处理。该工艺是将高碳钢丝经铅浴等温处理后得到片间距极小的索氏体组织，然后利用薄渗碳体可以弯曲和产生塑性变形的特性进行深度冷拔，以增加铁素体片内的位错密度，形成了由许多位错网络组成的位错胞，细化了亚结构，从而使强度显著提高。

亚共析钢经珠光体转变后的组织为先共析铁素体和珠光体。随着钢含碳量的降低，先共析铁素体的量增多。对于一定成分的亚共析钢，经珠光体转变后所得到的组织主要取决于奥氏体化温度及冷却速率。随冷却速率的增大，先共析铁素体量减少，珠光体量增多，珠光体的含碳量下降。显然，这种铁素体-珠光体组织的力学性能，既与铁素体-珠光体的相对量有关，还与铁素体的晶粒大小、珠光体片间距以及铁素体的成分有关。一般情况下，强度与它们之间的关系可由式(3.2)和式(3.3)描述[18]：

$$\sigma_s(\text{MPa}) = 15.4\{f_\alpha^{1/3}[2.3 + 3.8\text{Mn} + 1.13d^{-1/2}]$$
$$+ (1 - f_\alpha^{1/3})[11.6 + 0.25\text{S}^{-1/2}] + 4.1\text{Si} + 27.6\text{N}^{1/2}\} \quad (3.2)$$
$$\sigma_b(\text{MPa}) = 15.4\{f_\alpha^{1/3}[16 + 74.2\text{N}^{1/2} + 1.18d^{-1/2}]$$
$$+ (1 - f_\alpha^{1/3})[46.7 + 0.23\text{S}^{-1/2}] + 6.3\text{Si}\} \quad (3.3)$$

式中，f_α 为铁素体体积分数，%；d 为铁素体晶粒平均直径，mm；S 为珠光体平均片间距，mm；合金元素，如 Mn、Si、N 为质量分数，%。

式(3.2)、式(3.3)不仅适用于亚共析钢，也适用于过共析钢。由式中关系可见，当珠光体量较少时，珠光体对强度的贡献不很大，此时强度的提高主要依靠铁素体晶粒尺寸的减小。当珠光体量接近于100％时，对强度的影响成为主要因素，此时强度的提高主要取决于珠光体片间距。图3.8示意了不同珠光体量时各强化机制对强度的贡献[15]。

对珠光体组织进行塑性变形加工，可以大幅度地提高钢的强度，并且细片状珠光体更具有较高的塑性变形的强化效果。如图3.9所示[15]为600℃形成的片状珠光体强度与冷拔变形量的关系，强化的主要贡献是塑性变形产生的高密度位错（A区）和细化亚晶粒（B区）。

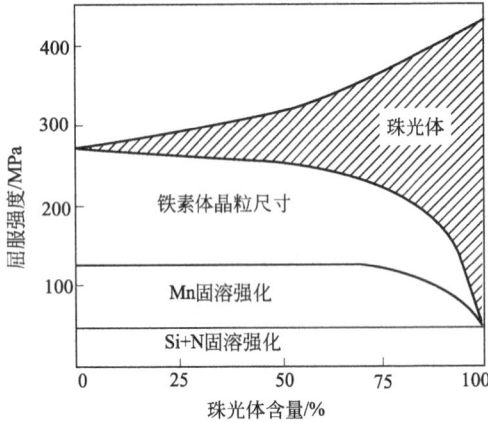

图3.8 不同珠光体量时各强化机制对强度的贡献

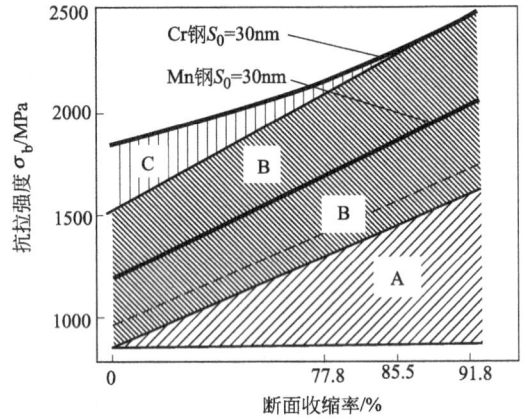

图3.9 片状珠光体强度与冷拔变形量的关系
A区：位错密度增大的贡献；B区：亚晶细化的贡献；C区：残留相变位错的贡献

具有铁素体-珠光体组织的钢，其塑性随珠光体量的增多而降低，随铁素体晶粒的细化而提高。对于具有铁素体-珠光体组织的钢来说，冷脆转变温度是很重要的性能参数。冷脆转变温度（与27J冲击功相对应）与各组织因素的关系可用式(3.4)给出[18]：

$$50\%FATT(℃) = f_\alpha[-46-11.5d^{-1/2}] + (1-f_\alpha)[-335+5.6S^{-1/2}$$
$$-13.3D^{-1/2}+3.48\times10^6t] + 48.7Si + 762N_f^{1/2} \tag{3.4}$$

式中，N_f 为固溶状态的氮，质量分数，％；t 为渗碳体片平均厚度，mm；D 为珠光体团平均尺寸，mm；其余符号同前。由此可知，冷脆转变温度随珠光体量的增加而升高。对于珠光体片间距对冲击韧度的影响比较复杂，存在片间距与渗碳体片厚度两个矛盾的因素。在亚共析钢中，珠光体中渗碳体片的厚度不仅与珠光体片间距有关，还与珠光体的含碳量有关。片间距一定时，渗碳体片厚度还将随珠光体含碳量的下降而变薄，这可使钢的冲击韧度得到改善。但当珠光体含碳量一定时，珠光体片间距与渗碳体片厚度之间存在一个对应关系。

3.2 珠光体组织形成机制

3.2.1 珠光体组织形成热力学

奥氏体过冷到 A_1 点以下处于亚稳定状态（metastable state），将可能发生珠光体转变。但发生珠光体转变，需要一定的过冷度，获得一定的相变驱动力 ΔG，以提供克服相变阻力所必须消耗的化学自由能。和其他转变相比，由于珠光体转变的温度较高，原子扩散速率较大，所以相变所需的化学自由能较小，在较小的过冷度下就可以发生珠光体转变。

过冷奥氏体发生珠光体共析分解时，涉及奥氏体、渗碳体和铁素体三个相。可以用这三个相的自由能水平和体系自由能变化来分析珠光体共析分解的热力学。图3.10示意了Fe-C

合金在 A_1 线以下各相自由能变化。由图可知，在 T 温度下，由于奥氏体、渗碳体和铁素体三个相的自由能随温度变化的速率不同，使三个相的自由能曲线的相对位置发生了变化。如图所示，在三个相的自由能曲线之间可以作三条公切线。这三条公切线分别代表三组混合相的自由能，即 a 浓度的 α 铁素体加 c 浓度的 γ 奥氏体相、a' 浓度的 α 铁素体加渗碳体和 d 浓度 γ 加渗碳体的自由能曲线（公切线），其中 a' 浓度的 α 铁素体加渗碳体的自由能最低，作为最终转变产物的可能最大。

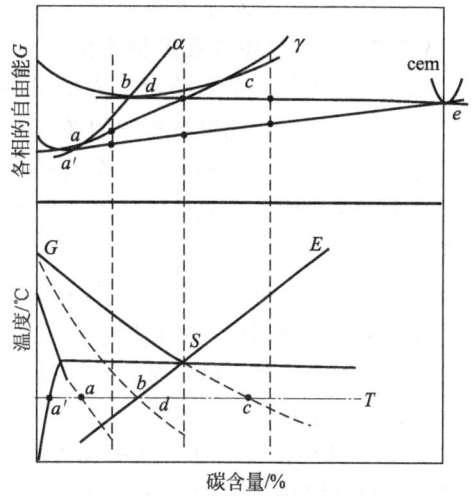

图 3.10　Fe-C 合金在 A_1 线以下
各相自由能变化示意

共析成分的奥氏体自由能在三条公切线以上，所以共析成分的奥氏体首先可同时分解为 d 浓度的 γ 相与渗碳体以及 a 浓度的 α 铁素体加 c 浓度的 γ 相，此时铁素体、渗碳体和奥氏体三相共存，而且奥氏体内的成分是不均匀的，与铁素体交界处为含碳较高的 c 浓度，与渗碳体交界处为含碳较低的 d 浓度。因此，在奥氏体内存在着碳的浓度梯度，碳将从高碳区向低碳区扩散，碳原子扩散的进行破坏了原有的局部平衡，因此使奥氏体的转变得以继续进行，直至转变结束。转变的最终产物为自由能最低的 a 浓度铁素体与渗碳体两相组织。

外应力对过冷奥氏体的珠光体分解是有一定影响的。徐祖耀在文献 [20] 中讨论了材料塑性成形与热处理一体化工程的理论基础。1949 年 Jepson 和 Thompson 较系统地研究了共析钢在外应力（特别是拉应力）下加速奥氏体等温分解的现象，认为应力增大了相变形核率，促进了铁素体的形核。研究表明，在应力下，珠光体的片间距有所减小，增加了亚共析钢的铁素体形核率，铁素体相变动力学几乎成线性增长。许多学者建立了钢在应力条件下珠光体分解的模型。如李自刚和叶健松等[20]利用在 Geeble3500 热模拟机上所得试验结果，将 Johnson-Mehl-Avrami 方程扩展为应力条件下铁素体和珠光体等温相变的动力学模型。图 3.11 示出了计算结果和试验值的比较，吻合很好。

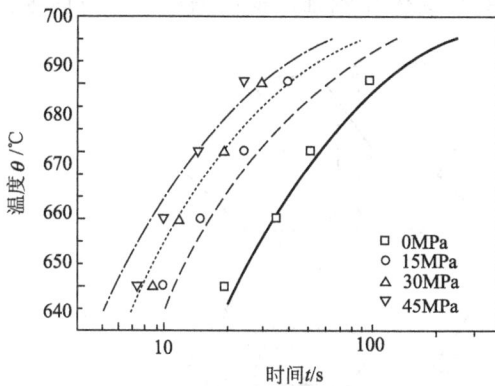

(a) 铁素体相变开始温度

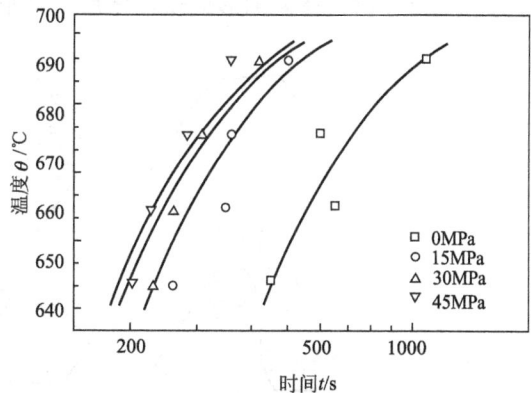

(b) 珠光体相变结束温度

图 3.11　压应力对 0.38C-Cr-Mo 钢等温铁素体、珠光体相变的影响
（点：试验值；线：计算值）

3.2.2 片状珠光体组织形成机理

3.2.2.1 珠光体转变的领先相

珠光体转变是一个形核与长大的过程。由于珠光体组织是铁素体和渗碳体的两相混合物，因此就有一个领先形核相的问题。但领先形核相问题是很难通过实验来直接观察与验证的，所以到目前为止，还没有一个统一的认识。

许多研究表明，珠光体转变时的领先相随发生转变的温度和奥氏体成分的不同而异。过冷度小时珠光体转变是渗碳体首先形核，过冷度大时铁素体为领先相；在亚共析钢中铁素体为领先相，在过共析钢中渗碳体优先形核，而在共析钢中两者为领先相的概率是相同的。也有人根据化学分解反应产物是同时产生的理论，认为珠光体转变不存在领先相问题，作为一个共析反应的产物是同时形成的[3]。但是，一般认为共析钢中珠光体转变时的领先相是渗碳体，其主要依据为[17]：

① 珠光体中的渗碳体与从奥氏体中析出的先共析渗碳体的晶体位向相同，而珠光体中的铁素体与直接从奥氏体中析出的先共析铁素体的晶体位向不同；

② 珠光体中的渗碳体与共析转变前产生的渗碳体在组织上常常是连续的，而珠光体中的铁素体与共析转变前产生的铁素体在组织上常常是不连续的；

③ 奥氏体中未溶解的渗碳体有促进珠光体转变的作用，而先共析铁素体的存在对珠光体转变则无明显的影响。

3.2.2.2 片状珠光体形成机制

共析钢的奥氏体发生珠光体分解包含了两个过程，一是通过碳原子扩散以形成高碳区和低碳区，二是晶体点阵的重构，即由面心立方的奥氏体转变为体心立方的铁素体和复杂斜方点阵的渗碳体，晶体点阵重构是由铁原子的自扩散完成的。该共析分解的反应式为：

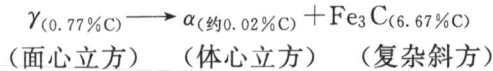

$$\gamma_{(0.77\%C)} \longrightarrow \alpha_{(约0.02\%C)} + Fe_3C_{(6.67\%C)}$$
$$（面心立方）\quad （体心立方）\quad （复杂斜方）$$

由于奥氏体晶界等缺陷处易于原子扩散，有利于产生能量起伏、结构起伏和浓度起伏，满足相变形核的需要，因此珠光体转变时，领先相渗碳体晶核优先在奥氏体晶界等缺陷处形成。图3.12示意了珠光体转变过程。图3.12(a)为渗碳体核初形成时为很小的薄片，既可纵向生长，也可横向增厚；渗碳体核长大时，将从两侧奥氏体中吸收碳原子而导致附近奥氏体贫碳，当奥氏体中碳浓度降低到足以形成铁素体时，就在渗碳体片两侧形成铁素体核［图3.12(b)］。在渗碳体两侧形成铁素体后，已形成的渗碳体片就难以横向增厚了，只能纵向

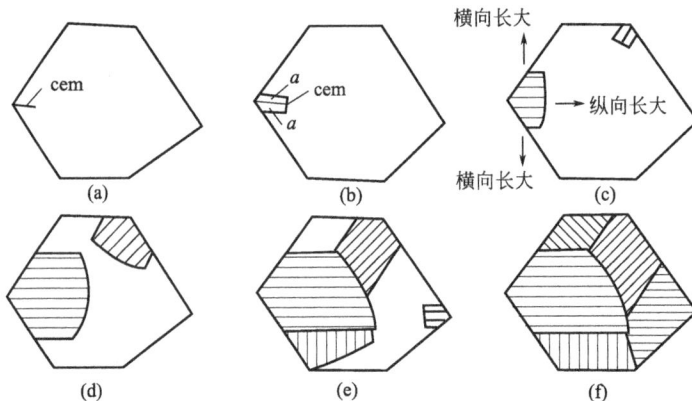

图3.12 珠光体转变示意

生长；新形成的铁素体核，除了伴随渗碳体片纵向长大外，也可横向增厚。显然，铁素体片横向长大时，必然要向两侧奥氏体中排出多余的碳，所以增大了侧面奥氏体的浓度。这样的结果又促进了另外一片渗碳体的形成［图 3.12(c)］。如此连续进行，就形成了一组大致平行的渗碳体-铁素体相间的片层状混合组织，即所谓的珠光体团［图 3.12(d)］。形成了珠光体团后，珠光体团与奥氏体的界面还会不断地向奥氏体中推进，如图 3.13 所示。当然，相变形核可能在晶界上多处产生，同时向晶内生长，当各个珠光体晶

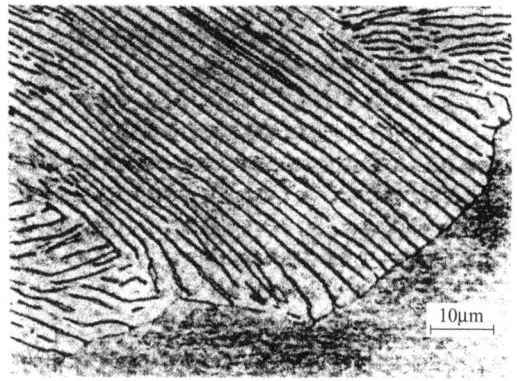

图 3.13　正在向奥氏体晶内生长的珠光体团[21]

核长大到完全接触时，奥氏体就全部分解结束［图 3.12(e) 和 (f)］。这样在一个原奥氏体晶粒中就形成了几个珠光体团。

　　由以上描述可知，珠光体形成时，纵向生长是渗碳体片和铁素体片同时连续向奥氏体中推进的，而横向生长转变是渗碳体片和铁素体片交替进行的。随着珠光体形成温度的变化，珠光体形核后，两侧渗碳体片和铁素体片交替形成的速率及其纵向长大的速率是不同的，珠光体的片间距和混合组织的形貌也是不同的。珠光体形成温度降低，碳原子扩散速率降低，珠光体片间距就会减小。因此，随珠光体形成温度降低，由片状珠光体逐渐变化为索氏体、屈氏体。

　　下面结合相平衡浓度和碳原子的扩散过程来描述珠光体转变过程。

　　当共析成分的过冷奥氏体（平均浓度 C_γ）在 A_1 线以下温度 T_1 刚形成珠光体时，奥氏体中的碳浓度不是均匀分布的，其浓度可由状态图确定，如图 3.14(a) 所示。与铁素体接触的界面处，奥氏体碳浓度 $C_{\gamma/\alpha}$ 较高，而与渗碳体相接触界面处的奥氏体碳浓度 $C_{\gamma/cem}$ 较低，在奥氏体中产生了碳浓度差（$C_{\gamma/\alpha} - C_{\gamma/cem}$），因此就导致了碳原子的扩散。碳原子扩散情况和浓度梯度如图 3.14(b) 和 (c) 所示。碳原子扩散的结果使铁素体前沿奥氏体碳浓度 $C_{\gamma/\alpha}$ 降低，渗碳体附近奥氏体碳浓度 $C_{\gamma/cem}$ 增大，因此破坏了在 T_1 温度下相界面碳浓度的平衡。为维持相界面碳浓度的平衡，铁素体前沿的奥氏体必须转变为铁素体，使其碳浓度增大恢复至平衡浓度 $C_{\gamma/\alpha}$；而渗碳体附近的奥氏体必须析出渗碳体，使其碳浓度降低至 $C_{\gamma/cem}$ 平衡浓度。这样，珠光体就不断地纵向长大，直至过冷奥氏体全部转变为珠光体为止。同时，由于奥氏体中碳浓度差（$C_\gamma - C_{\gamma/cem}$）和（$C_{\gamma/\alpha} - C_\gamma$）的存在，还将发生远离珠光体的奥氏体中的碳向渗碳体附近的相界面处扩散，而与铁素体相接触的奥氏体界面处的碳向远离珠光体的奥氏体中扩散，如图 3.14(c) 所示。另外，在已形成的珠光体铁素体中，也存在碳浓度差（$C_{\alpha/\gamma} - C_{\alpha/cem}$），所以在铁素体中也要发生碳原子的扩散。这些扩散过程都会促进珠光体的不断长大，也就是促进了过冷奥氏体向珠光体的转变。

3.2.3　粒状珠光体组织形成机理

　　一般动力学条件下，珠光体分解总是转变为片状珠光体。但实际生产的许多情况下，希望渗碳体形状不是片状而是以颗粒存在，这也就是粒状珠光体。相变组织的形状与动力学因素密切相关，而动力学条件是可以改变的。相同体积的第二相，球状的表面积为最小，系统中的表面能也为最低。因此，片状珠光体向粒状珠光体转化在能量上是有利的，可以是一

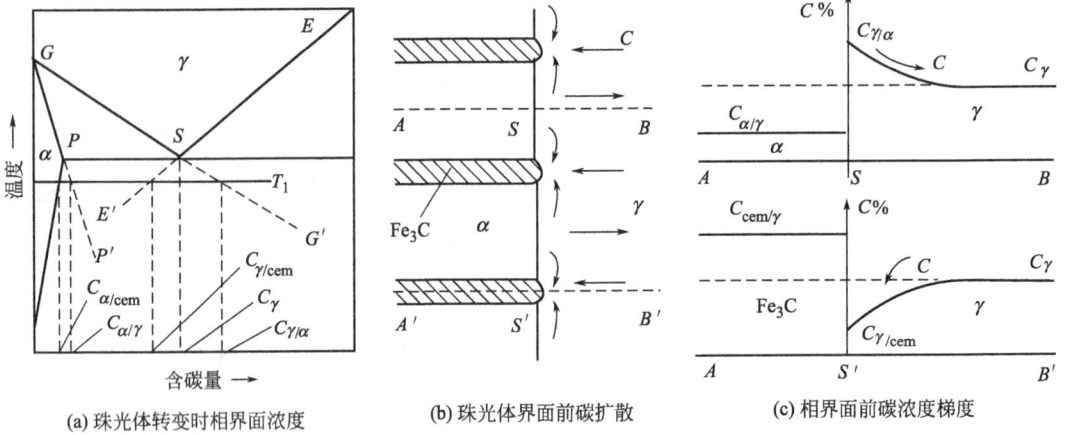

(a) 珠光体转变时相界面浓度　　　　(b) 珠光体界面前碳扩散　　　　(c) 相界面前碳浓度梯度

图 3.14　碳钢片状珠光体形成时碳扩散的示意[15]

个自发演化的过程。如果原始组织为片状珠光体，则在加热过程中，片状珠光体就有可能自发地转变为球状。在特定的奥氏体化和冷却条件下，是可以获得粒状珠光体组织的，称为球化处理（spheroidizing），其基本原理是胶态平衡理论。

　　根据胶态平衡理论，第二相颗粒的溶解度与其曲率半径有关。非球状渗碳体尖角处（曲率半径小）附近的固溶体具有较高的碳浓度，而平面处（曲率半径大）附近的固溶体具有较低的碳浓度。这样，在固溶体中存在着一定的浓度梯度，就可能引起碳原子的扩散，原子扩散破坏了原有的胶态平衡。这种过程的结果导致了尖角处的渗碳体溶解，而在平面处的渗碳体长大，如此不断进行，最后就形成了各处曲率半径相同的渗碳体。实际上这也就是所谓的 Gibbs-Thompson 效应。

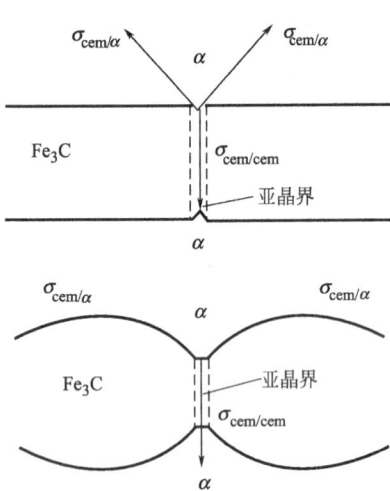

图 3.15　片状渗碳体破断、球化
机理示意[15]

　　渗碳体片中往往存在位错、亚晶界，在这些晶体缺陷处容易形成凹坑。如图 3.15 示意了渗碳体亚晶界处形成凹坑而逐步被溶断的过程。在凹坑两侧的渗碳体与平面部分的渗碳体相比，具有较小的曲率半径，使渗碳体内产生了一界面张力，从而使片状渗碳体在亚晶界处出现沟槽，沟槽两侧将成为曲面。由于沟槽处曲率半径小，使附近的固溶体具有较高的溶解度，形成一定的浓度梯度，将引起碳原子在固溶体中扩散，并以渗碳体形式在附近平面状渗碳体上析出。原子扩散的结果使凹坑两侧的渗碳体尖角被溶解，而使曲率半径增大，这样破坏了界面张力（$\sigma_{cem/\alpha} - \sigma_{cem/cem}$）的平衡。为维持平衡，沟槽将进一步加深，如此扩散-溶解-析出过程的不断进行，直至渗碳体片溶断；然后再通过尖角溶解，平面长大而逐渐使渗碳体球化。因此，在 A_1 温度以下，片状珠光体的球化过程是通过碳扩散、渗碳体溶解-析出来进行的，该过程可用图 3.16 来示意描述。渗碳体球化后，继续保温就会使平均直径长大。

　　片状珠光体如被加热到 A_1 以上温度时，在奥氏体形成过程中，尚未转变的片状珠光体也会按上述机制溶断而逐渐球化。如果奥氏体化温度较低，保温时间又不长，奥氏体化未能充分进行，则未溶解的渗碳体都将变成颗粒状，并且奥氏体中的碳分布也是不均匀的。当这

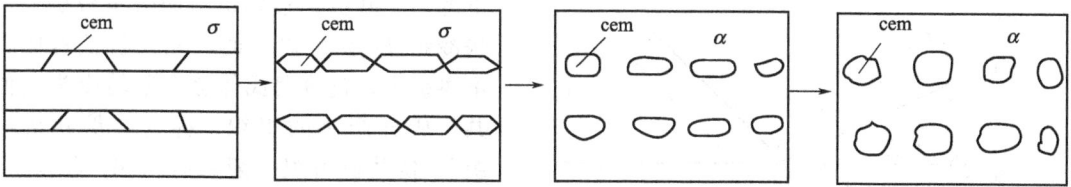

图 3.16 片状渗碳体在 A_1 温度以下溶断球化过程（示意）

种状态的高温组织冷却到 A_1 以下发生珠光体转变时，未溶解的渗碳体就是现成的核，这些渗碳体核通过碳原子的扩散可以向四周长大，生长成较大的粒状渗碳体。而在粒状渗碳体周围，则形成了低碳的奥氏体，通过形核转变为铁素体，最后得到粒状珠光体组织。如果奥氏体化温度较高，渗碳体可能完全溶解，但奥氏体中的成分还没有来得及均匀化，这时再冷至 A_1 以下温度，则在奥氏体中的高碳区将容易形成渗碳体核，并向四周长大而获得粒状珠光体组织。为获得粒状珠光体组织的工艺称为球化退火。图 3.17 为 20 钢和 T10 钢经球化退火后得到的粒状珠光体组织。

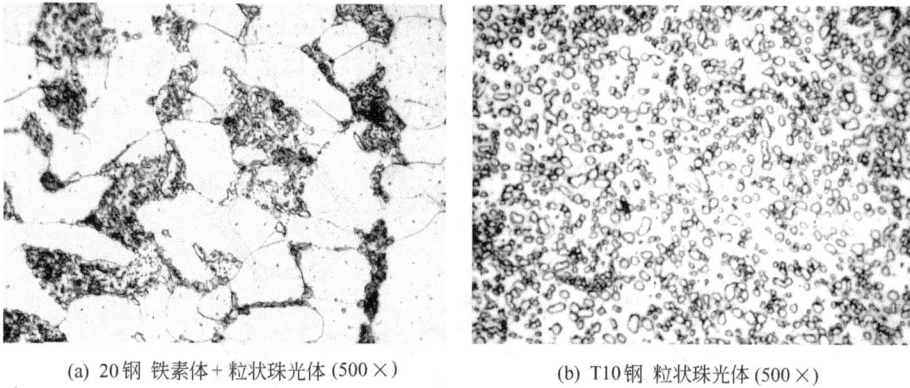

(a) 20钢 铁素体＋粒状珠光体 (500×)

(b) T10钢 粒状珠光体 (500×)

图 3.17　20 钢和 T10 钢球化退火组织

另外，粒状渗碳体也可以通过淬火加高温回火工艺获得。

对组织为片状珠光体的钢进行塑性变形，将增大珠光体中铁素体和渗碳体的位错密度和亚结构数量，显然，这些晶体缺陷的大量存在是有利于渗碳体球化过程的进行的。

3.2.4 亚（过）共析钢的珠光体转变

亚（过）共析钢的珠光体转变基本是与共析钢相似，只是要考虑先共析相（铁素体或渗碳体）的析出。图 3.18 示意了先共析相的析出温度范围。在图中 ES 线左边，GS 线以下的区域是先共析铁素体析出区；GS 线右边，ES 线以下的区域是先共析渗碳体的析出区。在各种温度下的析出数量大致上可以由杠杆定律来估算。图中还示出了在连续冷却时先共析相的析出温度、析出量与冷却速率的关系。

以图中合金 I 为例，在 T_1 温度下，首先在奥氏体晶界上形成铁素体晶核，靠近铁素体晶核处的奥氏体碳浓度高于奥氏体的平均碳浓度，因此引起了碳原子的扩散。为了保持相界处碳浓度的平衡。必须使界面处的奥氏体通过铁原子移动发生晶格点阵的转变，从而使铁素体长大。

在亚共析钢（hypoeutectoid steel）中，形成的先共析铁素体（pro-eutectoid ferrite）往往都呈等轴块状，一般都是在等温温度较高、冷却速率较慢情况下产生的。随着转变温度的

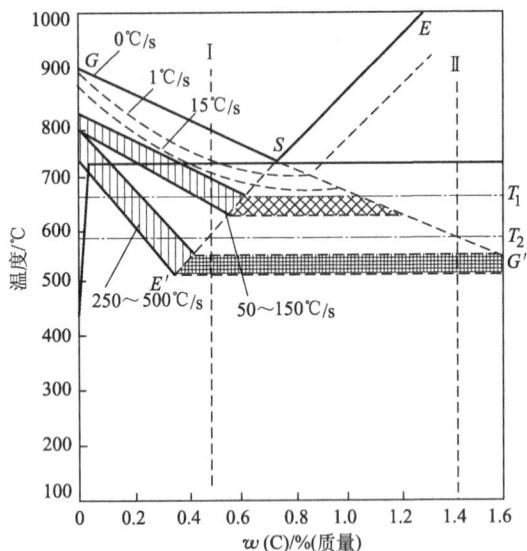

图 3.18　先共析相与伪共析组织的形成范围[22]

下降，先共析铁素体析出的数量减少。当快冷到 T_2 温度以下时，先共析铁素体将不再析出，过冷奥氏体会全部转变为类似共析成分产物的组织，称为"伪共析组织"。伪共析组织一般只有在 A_1 点以下，GS 和 ES 线的延长线之间的范围才形成。过冷奥氏体转变温度愈低，伪共析程度愈大。

如果奥氏体晶粒较大，冷却速率较快，先共析铁素体可能沿着奥氏体晶界呈网状形成。如奥氏体晶粒较大、成分均匀，冷却速率适中，则先共析铁素体可能呈片状析出。如图 3.19 所示，（a）、（b）是块状铁素体，（c）为网状铁素体，与奥氏体无共格关系；（d）、（e）、（f）形成的是片状铁素体，与奥氏体具有一定的共格关系。网状铁素体的形成过程可由图 3.20 示意，网状铁素体是一个形核、长大（a）、成网（b）的过程，然后再逐渐增厚（c）。

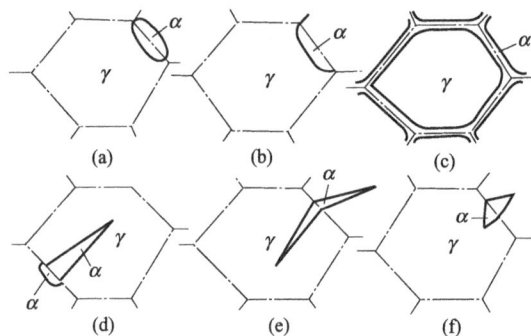

图 3.19　亚共析钢的先共析铁素体形态（示意）[17]

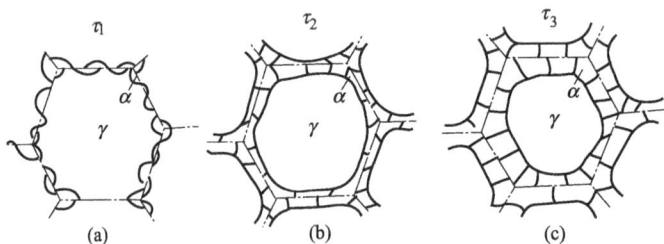

图 3.20　先共析网状铁素体等温形成过程示意（$\tau_1 < \tau_2 < \tau_3$）[17]

过共析钢（hypereutectoid steel）可以图 3.18 中合金 II 为例。当加热到 A_{cm} 线以上时，经保温获得均匀的奥氏体后，再在 A_{cm} 线以下 T_2 温度以上等温保持或缓慢冷却时，将从奥氏体中析出渗碳体。过共析钢的先共析渗碳体（pro-eutectoid cementite）形状，可以是颗粒状，也可以是片状的，但一般都是网状或片状的。针状或片状的渗碳体也称为魏氏组织渗碳体。在奥氏体化温度较高（如超过 A_{cm} 线），奥氏体晶粒粗大、成分较的均匀情况下，先共析渗碳体的形态往往呈针状或网状。如果奥氏体化温度过高,而冷却速率过慢,最容易得到网状渗碳体。网状渗碳体会降低钢的力学性能,特别是网状渗碳体在淬火加热过程中很难消除,因此必须严格控制。

图 3.21 大致地给出了各类铁素体或渗碳体的形成温度和含碳量的范围。由图可知,先共析铁素体的形态首先决定于钢的含碳量。当含碳量大于 0.4%(质量)时,主要形成网状铁素体 G;含碳量小于 0.2%时,主要形成块状铁素体 M;含碳量在 0.2%~0.4%时,主要形成魏氏组织铁素体 W。当钢的成分一定时,铁素体形态主要取决于转变温度。魏氏体组织只能在一定范围的冷却速率条件下形成,在铸造、热轧、锻造、焊接等实际生产中都有可能形成魏氏体组织。魏氏体组织容易在粗大晶粒中产生。关于魏氏体组织在第 6 章中介绍。

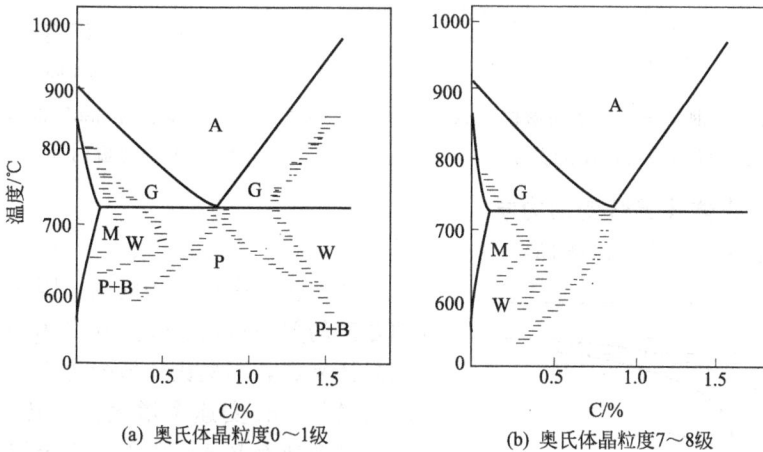

图 3.21　先共析铁素体(渗碳体)的形态与转变温度及含碳量的关系[18]

3.3　珠光体转变动力学

珠光体转变与其他相变一样,也是一个形核、长大的转变过程,转变的速率也取决于形核率 N 及线长大速率 G。因此,珠光体等温转变过程也可以用 Johnson-Mehl 或 Avrami 方程来描述。

3.3.1　珠光体形核率和长大速度

形核率 N 及线长大速率 G 是过冷奥氏体发生珠光体转变重要的动力学参数,N、G 参数与转变温度之间的关系都具有极大值的特征。图 3.22 为共析钢(0.78%C-0.63%Mn)珠光体转变的 N 及 G 与转变温度的关系。由图可知,形核率 N 及线长大速率 G 都随着过冷度的增大而呈现了先增后降的极值特征。

在其他条件相同的情况下,随着转变温度的降低,过冷度增大,奥氏体与珠光体的自由能差增大,并且奥氏体中的碳浓度梯度升高(图 3.14),珠光体片间距减小,原子扩散距离变小,所以这些因素将使 N 及 G 都增大;但随着转变温度的降低,原子的扩散能力减小,依靠原子扩散来进行的形核、长大过程会变得缓慢,这又会使 N 减少及 G 减小。因此,两方面因素的综合作用结果就产生了极值的特征。

形核率 N 不仅与转变温度有关,而且在转变温度一定时还与等温时间有关。如图 3.23 所示,随着时间的进一步延长,由于在晶界等晶体缺陷处形核的位置很快达到饱和,所以形核位置达到饱和后形核率就急剧下降,直至为零。但线长大速率 G 与等温时间基本上无关。

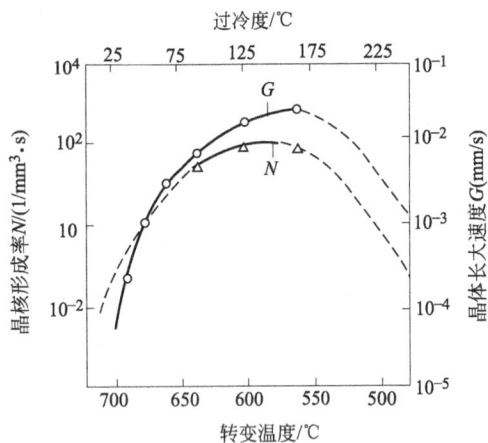

图 3.22　共析碳钢珠光体转变的形核率 N
及线长大速度 G 与转变温度的关系[17]

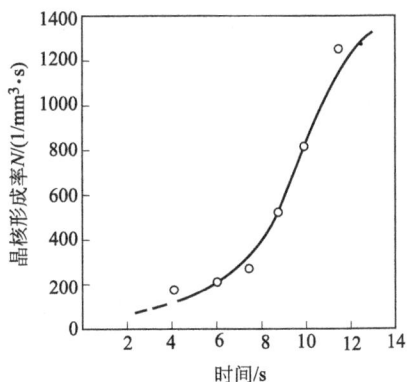

图 3.23　共析碳钢在 680℃时珠光体转变形
核率 N 与等温时间的关系

3.3.2　珠光体等温转变动力学

假设珠光体转变在恒温时的形核率 N 和线长大速率 G 均为常数，形核是均匀的，各个方向的生长速率也是相同的，则转变量与等温时间之间的关系可用 Johnson-Mehl 方程式来描述。从总体来看，当奥氏体转变为珠光体时，随着时间的增长，转变速率增大，但转变量达 50%以后，转变速率又逐渐降低，直至转变完成。如前所述，珠光体等温转变时的形核率不是常数，有可能很快达到位置饱和。这时的转变完全由线长大速率 G 所控制，如果线长大速率 G 仍为常数，则转变量可用 Avrami 方程表示。

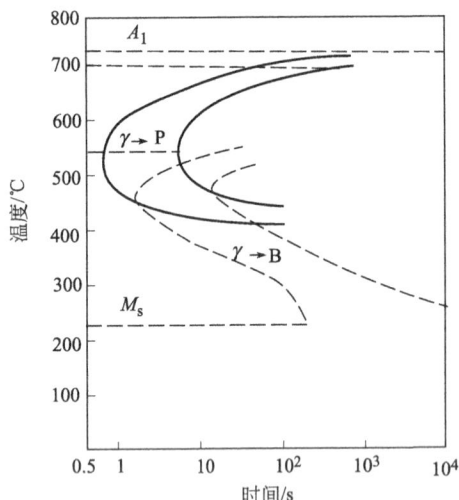

图 3.24　共析钢的珠光体等温转变动力学[17]

共析碳钢的珠光体转变动力学如图 3.24 所示。由图中实线可知，具有如下特点。

① 珠光体转变开始前都有一个孕育期（Incubation Period），也就是等温开始至发生转变的一段时间。关于孕育期的物理本质，在学术上还有不同看法。一般认为在孕育期内进行着相变的形核准备，使优先形核位置具备浓度起伏、结构起伏和能量起伏的形核条件，这些因素显然都与温度有密切的关系。但也有认为孕育期内转变已开始，只是由于转变量太少，难以为实验所测出而已。

② 当等温温度从 A_1 点逐渐降低时，相变的孕育期逐渐减短。温度下降到某一温度时，孕育期最短；温度继续降低，孕育期又开始增长。这是因为 N、G 参数与转变温度之间具有极值特征在宏观动力学上的表现。由于图中动力学曲线形状与字母"C"相似，故常称为 C 曲线。还因为温度（Temperature）、时间（Time）和转变（Transformation）的英文词均以 T 开头，所以又称为"TTT"曲线。对于碳钢，一般在 550℃左右时孕育期最短，转变速率最快，通常称此处为 C 曲线的鼻子区。

对于亚共析钢，在珠光体等温转变动力学图的左上方，存在一条先共析铁素体的析出线，如图 3.25 所示。随着钢中含碳量的增加，先共析铁素体析出线逐渐向右下方移动。

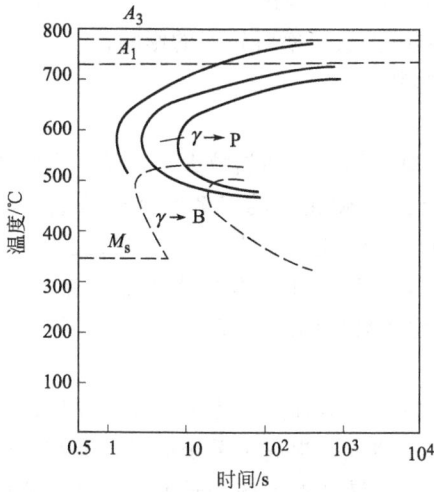

图 3.25　亚共析钢（45 钢）的过冷
奥氏体等温转变动力学[17]

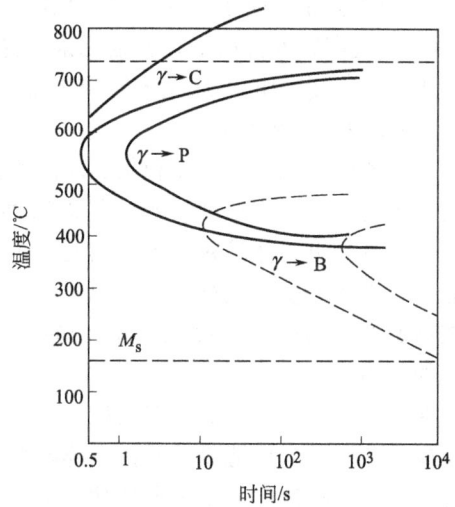

图 3.26　过共析钢（T10 钢）的过冷奥
氏体等温转变动力学[17]

与亚共析钢相似，对过共析钢，如果奥氏体化温度在 A_{cm} 以上，在 A_1 以下温度等温转变时，在珠光体等温转变曲线的左上方，存在一条先共析渗碳体的析出线，如图 3.26 所示。随着钢中含碳量的增加，该先共析渗碳体析出线逐渐向左上方移动。

3.3.3　影响珠光体转变动力学的因素

珠光体转变是固态相变中最典型的扩散型形核与长大转变，影响形核与长大及原子扩散过程的因素也就是珠光体转变动力学的综合因素。影响因素很多，也很复杂，但一般可分为两大类：钢的成分等内因，加热温度、保温时间等外因。这里作简单介绍。

3.3.3.1　内在因素

随着奥氏体中碳含量的增加，亚共析钢经完全奥氏体化后，铁素体的形核率下降，因此过冷奥氏体析出先共析铁素体的孕育期增长，析出速率减小。与此同时，珠光体转变孕育期随之增长，转变速率也下降。

对于过共析钢，如经完全奥氏体化后，由于奥氏体中碳含量高时渗碳体易于形核，所以从过冷奥氏体中析出先共析渗碳体的孕育期则随着碳含量的增加而缩短，析出速率加快。同时，珠光体转变孕育期也随之缩短，转变速率也增大。如果加热温度在 $A_{c1} \sim A_{cm}$ 之间，即在两相区加热奥氏体化后，获得奥氏体加残留碳化物组织。这种组织具有促进珠光体形核与长大的作用，使孕育期缩短，转变速率增大。因此，对于相同含碳量的过共析钢，不完全奥氏体化常常比完全奥氏体化容易发生珠光体转变。

钢中加入合金元素对珠光体转变动力学有很大的影响，可显著改变动力学图。大多数合金元素都会使 C 曲线向右方移动，使孕育期延长，转变速率变慢。这是因为大多数合金元素都可以降低形核率和线长大速率。在合金元素充分溶入奥氏体的情况下，除钴（Co）等少量元素外，所有常用合金元素均使 C 曲线右移，除镍（Ni）、锰（Mn）等少量元素外，所有常用合金元素均使 C 曲线上移。合金元素对珠光体转变动力学的影响也是很复杂的，特别是钢同时含有几种合金元素时，其作用不是简单的叠加。一般认为可从以下几个方面来考虑其综合影响：

① 合金元素影响了碳原子在奥氏体中的扩散速率；

② 合金元素影响了 FCC 转变为 BCC 点阵结构的点阵重构速度；

③ 在较高转变温度下，合金元素本身在奥氏体中扩散速率对转变的影响；

④ 合金元素影响了珠光体转变热力学和动力学参数。

3.3.3.2 外在因素

钢的奥氏体化加热温度和保温时间直接影响了奥氏体成分和晶粒大小，是一个很重要的因素。提高奥氏体化温度或延长保温时间，由于促进了碳化物的溶解和奥氏体成分的均匀化，同时也使奥氏体晶粒长大，因此减少了后续珠光体转变的形核率和晶体长大速率，从而推迟了珠光体转变的进行。应该说明的是，这种影响的程度还与珠光体转变的温度有关系，在较高温度（接近 A_1 点）推迟转变的作用程度要比在较低温度（接近 C 曲线鼻子区）推迟转变的作用大。

在奥氏体状态下承受一定的拉应力或进行塑性变形，有加速珠光体转变的作用。这是因为拉应力和塑性变形造成了晶体点阵畸变和位错密度增大，提高了系统能量，有利于碳、铁和合金元素的扩散，减小了形核功，所以促进了珠光体转变的形核和长大。而且，奥氏体塑性变形的温度愈低，珠光体转变速率愈大。这对高温形变热处理的工艺控制很重要。

3.4 过冷奥氏体转变动力学图

3.4.1 过冷奥氏体等温转变动力学图

3.4.1.1 过冷奥氏体等温转变动力学图的基本形式

1930 年 Daveport 和 Bain 测定了第一幅过冷奥氏体等温转变动力学图，Cohen 于 1942

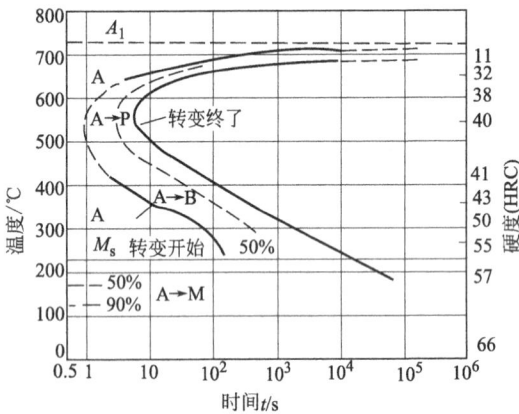

图 3.27 共析钢 （0.79％C-0.76％Mn）
过冷奥氏体等温转变动力学图

年在图内增加了马氏体转变的开始点 M_s 和终了点 M_f。以后，人们测定了大量的过冷奥氏体等温转变动力学曲线，或等温转变动力学图 （Time-Temperature-Transformation Diagram，简称 TTT 图）。

图 3.27 为共析碳钢的过冷奥氏体等温转变动力学图。图中最上面的虚横线表示钢的 A_1 临界温度，图的下方横实线表示马氏体转变开始点 M_s。两条横线中间有三条 C 形曲线，左侧一条为转变开始线，右侧一条称为转变终了线，中间的虚线是转变量为 50％的线。纵坐标与转变开始线之间的区域称为孕育区，注有 A （奥氏体）。如前

所述，孕育期最短的部位为鼻子区，这是一个很重要的动力学参数。在转变区内，注有"A→P"、"A→B"，表示过冷奥氏体发生珠光体转变和贝氏体转变。图中右边纵坐标表示转变产物的硬度值。

几种主要类型的等温转变动力图如图 3.28 所示。碳钢及含非碳化物形成元素的低合金钢属于图 3.28(a) 类型，如 65Mn、60Si 等；图中 3.28(b) 常出现于含碳量较低、含碳化物形成元素的合金结构钢中，如 20CrMo、35CrSi 等；在含碳化物形成元素的高碳合金钢（如 9SiCr、W18Cr4V 等）中可见到图 3.28(c) 的形状；由于含碳量较低的钢中含有 Mo、W、Cr 等元素，如 18Cr2Ni4WA 等钢，强烈地使珠光体转变曲线显著右移，而对贝氏体转

变影响相对不大，故形成了图 3.28（d）的形状，这有利于获得贝氏体组织；与图 3.28（d）相反，有些中碳高铬钢及高碳高铬钢，如 3Cr13、3Cr13Si 等，推迟贝氏体转变的作用大于珠光体转变，因此得到了图 3.28（e）形式的动力图；图 3.28（f）形式说明奥氏体稳定性好，钢的马氏体相变点 M_s 低于室温，奥氏体在室温时都可能存在，仅在高温时可能有析出碳化物的倾向，如 4Cr14NiW2Mo 等钢。

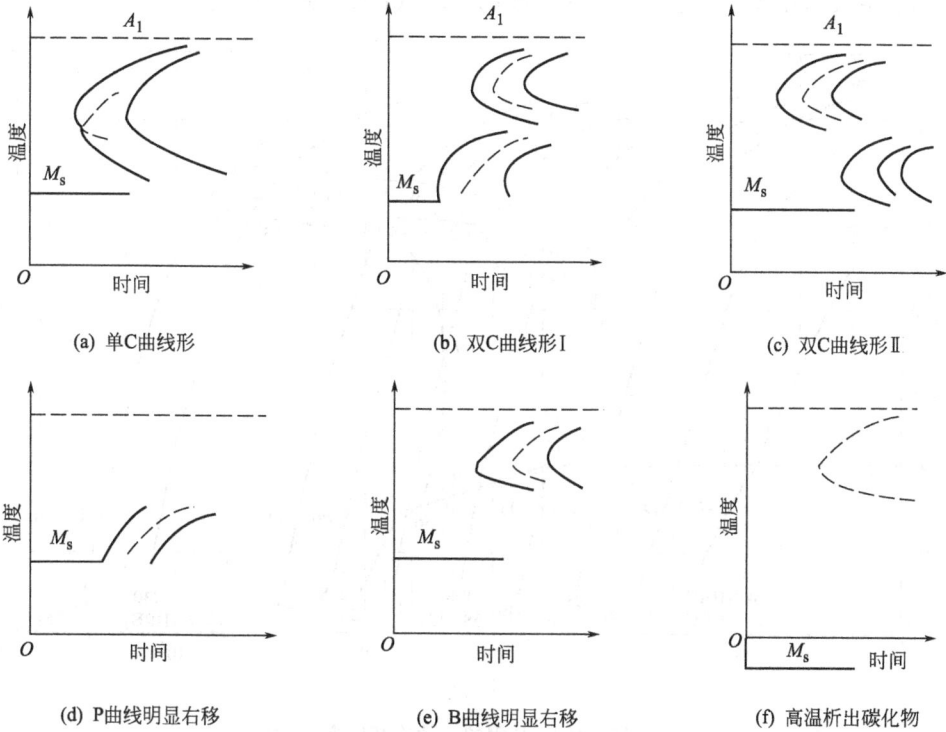

(a) 单C曲线形　　　　(b) 双C曲线形Ⅰ　　　　(c) 双C曲线形Ⅱ

(d) P曲线明显右移　　　(e) B曲线明显右移　　　(f) 高温析出碳化物

图 3.28　奥氏体等温转变动力学主要类型[19]

3.4.1.2　过冷奥氏体等温转变动力学图的应用

过冷奥氏体等温转变动力学 TTT 图反映了钢在等温条件下过冷奥氏体转变规律，这是组织控制的等温冷却转变动力学工艺原理，所以在实际生产中作为制定热处理工艺规范的基本依据之一。但是在实际生产中大多采用的是连续冷却，因此 TTT 图只能对连续冷却的热处理工艺提供定性数据。

TTT 图最有效的应用是制定等温热处理工艺，如等温淬火、等温退火等。等温淬火是将工件奥氏体化后，淬入保持一定温度的浴槽中，使其获得下贝氏体组织的工艺方法。等温淬火温度、保温时间等等温淬火工艺参数必须根据相应的 TTT 图来确定。

近年来，对 TTT 图的数学处理工作取得了很大进展，由 TTT 图可计算出在任意冷却条件下的转变规律，这样可扩大了 TTT 图的应用。

3.4.2　过冷奥氏体连续转变动力学图

3.4.2.1　过冷奥氏体连续转变动力学图的基本形式

在一般热处理工艺中，常常是连续冷却过程，连续冷却转变和等温转变有很大的差别。Bain 在 1933 年开始研究过冷奥氏体连续转变动力学图（Continuous Cooling Transformation Curve），一般简称为 CCT 图或 CCT 曲线。CCT 图基本上反映了过冷奥氏体在连续冷却过程中的相变规律，比较接近实际生产的热处理条件，所以 CCT 图应用比较广泛而有效。

过冷奥氏体连续转变动力学 CCT 图的特点主要有以下几点[19]：

① 连续冷却转变图是在连续冷却条件下测定的。以 40MnB 钢的连续冷却转变图为例，如图 3.29 所示，图中附有表示实验时恒定的冷却速率或奥氏体化温度至 500℃ 的平均冷却速率的冷却曲线。由于连续冷却转变图的时间坐标是对数坐标，冷却速率为一组曲线，而且时间坐标不是以 0 为原点，因此冷却速率较大的曲线的起点也不在奥氏体化温度上。冷却曲线终点的数字表示在该冷却速率下最终产物的硬度（HRC 或 HRB）。

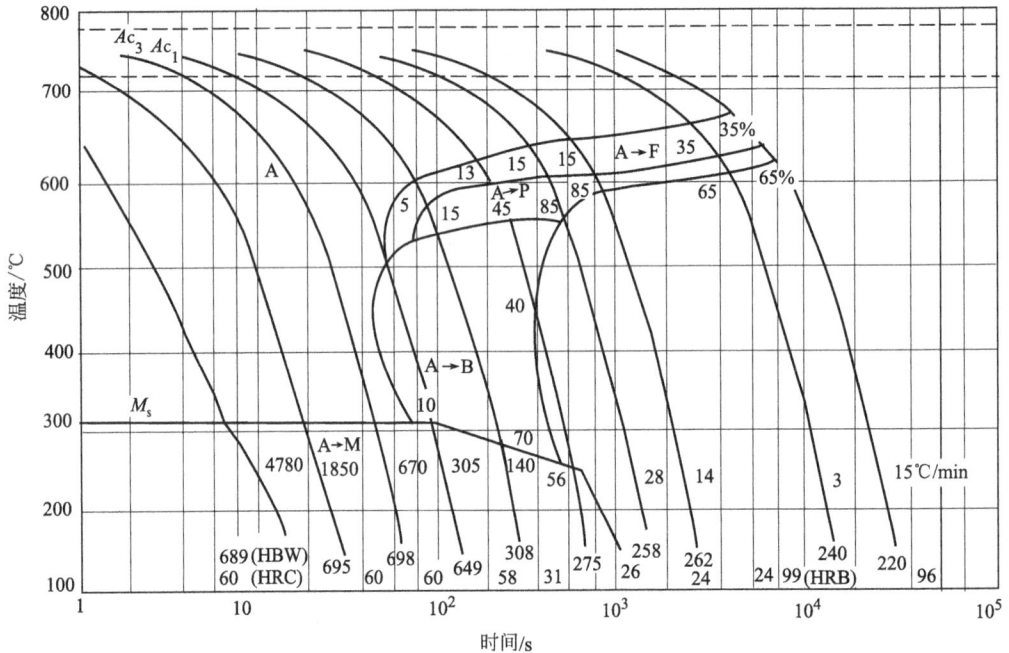

图 3.29　40MnB 钢的连续冷却转变图[19]

② 除了冷却速率大于临界冷却速率获得马氏体和残留奥氏体外，在连续冷却后所获得的组织是包含了不同温度下转变产物的混合组织。冷却曲线和某一种产物的转变终了线的交点处所注的数字为这种产物所占的体积分数。

③ 如果在马氏体转变之前已发生了其他类型的相变，则 M_s 线由水平线转为逐渐向下倾斜。这是因为高温扩散型转变或贝氏体转变改变了奥氏体的成分以及奥氏体稳定性等因素导致 M_s 点下降。

连续冷却转变图的主要类型如图 3.30 所示，图的类型和等温转变动力学图是相似的。

3.4.2.2　过冷奥氏体连续转变动力学图的应用

利用 CCT 图可指导实际热处理工艺，下面简单介绍其应用。

（1）预测热处理后工件的组织及性能　如果已知工件的冷却速率，就很方便地根据 CCT 图判定其组织和硬度。如图 3.29 中，冷却速率为 3℃/min（图中右边第 2 根冷却速率曲线）时，得到的组织为 35% 先共析铁素体，65% 为珠光体，最终产物的硬度为 240（HRB）；以 140℃/min 冷却，大约在 80s 时开始析出先共析铁素体，但很快进入珠光体转变区，在 100s 时获得了 15% 的珠光体。随后的冷却过程中发生贝氏体转变，最后得到的组织为：5% 铁素体＋15% 珠光体＋70% 贝氏体＋约 10% 马氏体，硬度为 308（HBW）。如以 670℃/min 冷却，则中途不发生相变，过冷奥氏体在约 315℃ 时开始马氏体转变，最终组织为马氏体，硬度为 60（HRC）。

66

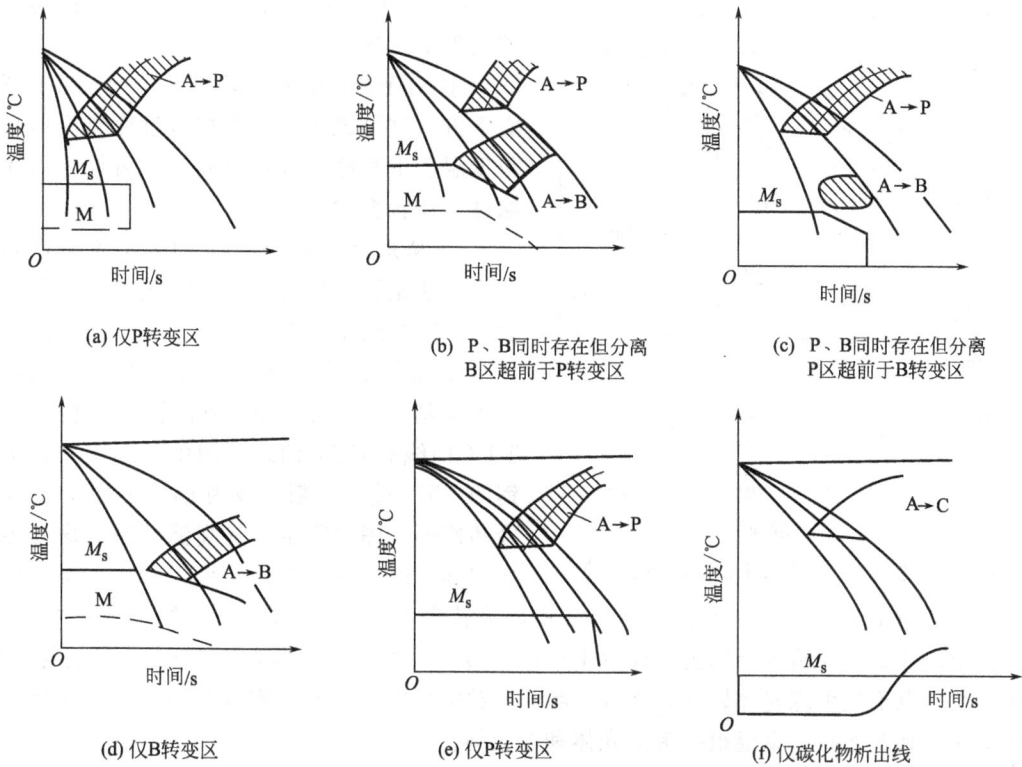

(a) 仅P转变区

(b) P、B同时存在但分离
B区超前于P转变区

(c) P、B同时存在但分离
P区超前于B转变区

(d) 仅B转变区

(e) 仅P转变区

(f) 仅碳化物析出线

图 3.30　奥氏体连续冷却转变图的主要类型[19]

对于形状复杂的零件，虽然可以实测一些点的冷却速率，但很不方便。现在，人们可以利用有限元法和有限差分法来求得一定加热或冷却条件下的温度场，从而计算得到零件中任意一点的加热或冷却曲线。这种计算机方法非常有效，切实可行。

（2）确定临界冷却速率　一般将获得全部马氏体（含少量残留奥氏体）组织的最低冷却速率称为临界冷却速率。在 CCT 图中，在理论上就是与转变开始线相切的冷却曲线的速率。临界冷却速率是选择材料和淬火介质的重要参数之一。

（3）选择淬火介质　根据实际试验和计算表明，CCT 图的鼻子处孕育期为 2s 时，直径 25mm 的圆柱形零件水淬可淬硬；孕育期为 5～10s 时，则油淬可淬硬；大于 100s 时，在空气中即可淬硬。

当然，CCT 图的获得是在一定成分、一定晶粒度等条件下测定的，CCT 图中的冷却速率与实际热处理的各种冷却条件还是有差异的。所以，作为 CCT 图也只是估计实际热处理后的组织与硬度，不可能非常精确。

3.4.3　过冷奥氏体 TTT 图与 CCT 图的关系

连续冷却条件下，过冷奥氏体是在一个温度范围内发生的相变，但连续冷却转变可看作由许多温度相差很小的等温转变过程所组成，所以连续冷却转变得到的组织可认为是不同温度下等温转变产物的混合组织。因此，CCT 图和 TTT 图既有差别，但又有联系。

3.4.3.1　TTT 图与 CCT 图的比较

影响等温转变的因素对连续转变图也有相似的影响，但连续冷却转变更为复杂。由前面讨论可知，在各种因素的综合作用下，连续冷却转变图也具有不同的类型，在应用 CCT 图时，同样也要注意测定的实验条件。

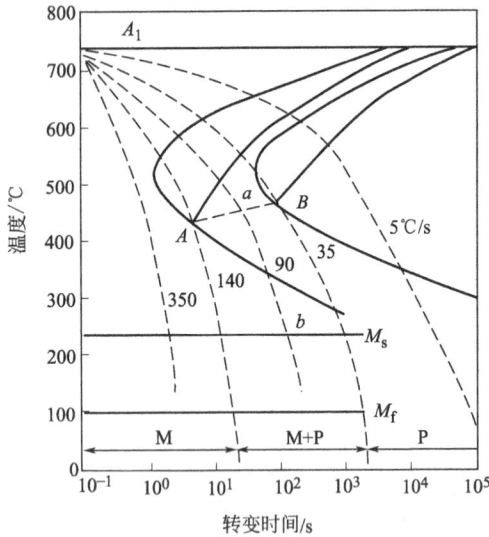

图 3.31 共析碳钢 TTT 和 CCT 曲线的比较[15]

CCT 曲线与 TTT 曲线相比,它们的主要差别如下所述。

① 对于相同材料,CCT 图位于 TTT 图的右下方。这可说明连续冷却时过冷奥氏体是在较低温度下和经过较长时间(孕育期)后才开始珠光体转变的。

② 从形状上看,CCT 曲线不论是珠光体转变区还是贝氏体转变区,都只相当于等温转变 TTT 曲线的上半部分。

③ 碳钢连续冷却时可使中温的贝氏体转变被抑制。图 3.31 示意地比较了共析碳钢的 TTT 曲线和 CCT 曲线。图中的细线为共析碳钢的 TTT 曲线,粗实线为 CCT 曲线,虚线为冷却速率。图中表示只有高温区域的珠光体转变和低温区域的马氏体转变,不出现贝氏体转变。如冷却速率为 90℃/s,到 a 点有 50% 奥氏体转变为珠光体,在 $a \sim b$ 之间转变中止,不发生相变,从 b 点开始剩余的奥氏体发生马氏体转变。如冷却速率为 140℃/s,虽然与 TTT 曲线相交,也不发生珠光体转变,在 M_s 点以下发生马氏体转变,室温组织仍为马氏体。冷却速率在 a 和 b 之间,室温组织为珠光体和马氏体。

④ 合金钢连续冷却时可以有珠光体转变而无贝氏体转变,也可以有贝氏体转变,而无珠光体转变,或两者都有,如图 3.30 所示。合金元素对连续冷却转变 CCT 曲线的影响规律与对 TTT 曲线的影响相似。具体图形由合金元素的种类与含量而定,基本上与图 3.28 等温转变动力学类型相似。

3.4.3.2 钢的临界冷却速率

在连续冷却时,过冷奥氏体的转变过程与转变产物主要取决于钢的 CCT 曲线和冷却速率。在某个特定的冷却速率下,所得到的组织将发生突变,这些冷却速率称为临界冷却速率(critical cooling rate)。如使过冷奥氏体不析出先共析铁素体(亚共析钢)、先共析碳化物(过共析钢高于 A_{cm} 奥氏体化)或不发生珠光体转变或贝氏体转变的最低冷却速率分别称为抑制先共析铁素体、先共析碳化物、珠光体或贝氏体转变的临界冷却速率。它们分别可用与 CCT 曲线中先共析铁素体或先共析碳化物析出线以及珠光体或贝氏体转变开始线相切的冷却曲线所对应的冷却速率来表示。

钢淬火获得马氏体组织是实际生产中最重要的目标之一。使过冷奥氏体在冷却过程中不发生其他相变,完全转变为马氏体组织(包括残留奥氏体)的最低冷却速率称为临界淬火速率。如图 3.31 中的 140℃/s 的冷却速率就是共析碳钢的临界淬火速率。临界淬火速率表征了钢的淬火形成马氏体的能力,它是决定钢淬透层深度的主要因素,也是合理选用钢材和正确制订热处理工艺的重要依据之一。

代表某种临界冷却速率的冷却曲线可用 800~500℃ 范围内的平均冷却速率、冷至 500℃ 所需的时间、半冷却时间(half-cooling time)等形式来表示[17]。半冷却时间是指自 Ac_3 冷至 $(Ac_3 \sim 25℃)$ 的一半温度 $T_{HC}[T_{HC}=(Ac_3-25)/2+25=(Ac_3+25)/2℃]$ 所需的时间。并分别用铁素体开始析出半冷时间(ferrite start half-cooling time)和贝氏体开始转变半冷却时间(bainte start half-cooling time)描述抑制先共析铁素体和贝氏体的临界冷却速率,它们是图 3.32 中所示的冷却曲线与 T_{HC} 等温线交点对应的时间。半冷时间愈长，则相应的临界冷却速率愈低。

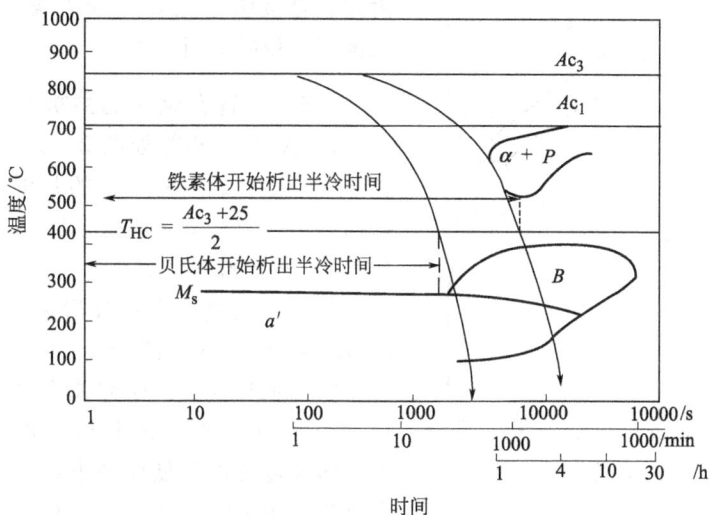

图 3.32　中碳低合金钢（0.39C-1.49Si-1.41Mn-0.76Cr-0.51Mo）的 CCT 图（885℃×20min）[17]

3.5　非铁合金中的共析分解

3.5.1　铜合金中的共析转变

图 3.33 为 Cu-Al 合金的相图。图中 α 相是以 Cu 为基的固溶体，β 相是以电子化合物 Cu_3Al 为基的固溶体，γ_2 相是 $Cu_{32}Al_{19}$ 为基的固溶体。含铝量 11.8%（质量）的合金在 565℃ 发生共析转变：$\beta \longrightarrow \alpha + \gamma_2$。

平衡条件下，在含铝量大于 9.4% 的合金才发生共析转变，从而得到共析组织。但在实际铸造条件下，含铝量 7%～8% 的合金，在组织中就常有一部分共析体组织。这是由于冷却速率较大，β 相转变为 α 相不充分，剩余的 β 相随后就发生了共析转变。Cu-Al 合金的共析组织既有层状的，也有粒状的。但共析组织一般都很细小，在高倍显微镜下才能观察到两相混合组织的情况，如图 3.34 所示为 Cu-11.8%Al 合金缓冷后的共析组织。

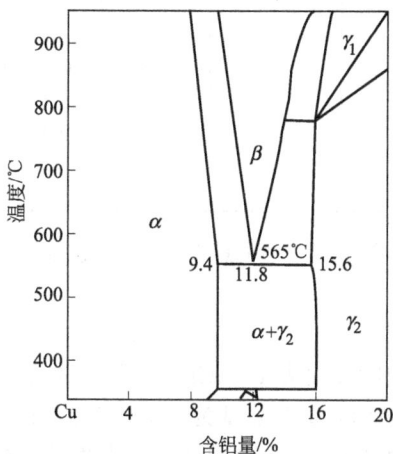

图 3.33　Cu-Al 合金相图

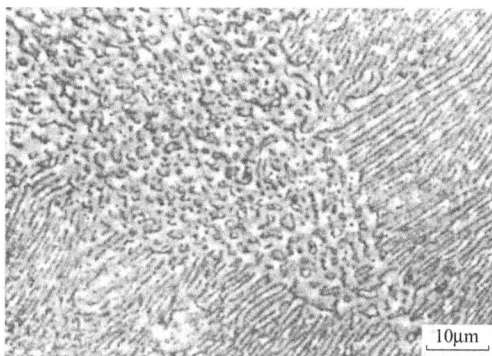

图 3.34　Cu-11.8%Al 合金缓冷后的共析组织[22]

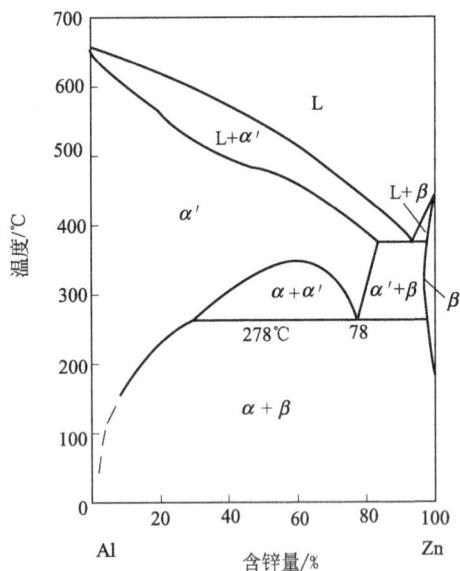

图 3.35　Zn-Al 合金相图

由于 $Cu_{32}Al_{19}$ 性质很脆，合金中存在共析组织就会使合金变脆，因此应避免发生共析转变。为此，合金中常加入少量的铁元素（2%～4%）以推迟 β 相的共析分解。

3.5.2　锌合金中的共析转变

Zn-Al 合金相图如图 3.35 所示。Zn-Al 合金在 278℃ 发生 $\alpha' \longrightarrow \alpha + \beta$ 的共析转变。α' 相是 Al 基面心立方点阵，α 相是 Al 基体心立方点阵，β 相是 Zn 基密排六方点阵。

与共析钢过冷奥氏体等温转变动力学相似，Zn-Al 合金在共析温度下的等温转变动力学也具有 "C" 曲线形状。在 C 曲线的鼻子区（100～150℃）以上，形成的共析产物是片状的，层间距随转变温度的降低而减小；在 50℃ 以下，转变产物为粒状的，直径不超过 $0.5\mu m$；在 70℃ 左右，转变产物为片状与粒状的混合物。因此，为了获得细粒状组织，必须使共析转变在低温下进行。常用的热处理工艺是将合金加热到 300～375℃，保温后获得单一的 α' 相，而后快速冷却，使其过冷到 50℃ 以下发生共析转变，这样可获得细粒状的共析组织。

目前，工业上常用这种共析 Zn-Al 合金作为超塑性材料，制造形状复杂的工件。

3.5.3　钛合金中的共析转变

纯金属钛具有同素异构转变的特征。在 882℃ 以上时，钛的晶体结构为 BCC 体心立方结构，称为 β-Ti。在此温度以下时晶体结构为 HCP 密排六方结构，晶格常数 c/a 值约为 1.587，称为 α-Ti。Ti 和 Fe、Mn、Ni、Si、Cr、Cu、Co 等元素构成的二元系合金都具有共析反应。共析反应的主要参数如表 3.1 所示。

表 3.1　几种二元钛合金的共析转变参数[22]

合金系	共析转变温度/℃	共析成分/%（质量分数）	共析反应
Ti-Mn	500	20	$\beta \leftrightarrow \alpha + \theta$
Ti-Fe	600	15	$\beta \leftrightarrow \alpha + \zeta$
Ti-Cr	675	14	$\beta \leftrightarrow \alpha + TiCr_2（\mathrm{I}）$
Ti-Co	585	9	$\beta \leftrightarrow \alpha + \eta$
Ti-Ni	640	56	$\beta \leftrightarrow \alpha + \delta$
Ti-Cu	790	7	$\beta \leftrightarrow \alpha + \eta$
Ti-Si	860	0.9	$\beta \leftrightarrow \alpha + \zeta$

下面以 Ti-Cr 系为例介绍钛基二元合金的共析转变。图 3.36 是 Ti-Cr 二元相图，由图可见，在 667℃ 存在下面的共析反应：

$$\beta \longleftrightarrow \alpha + TiCr_2（\mathrm{I}）$$

其中，β 相是 β-Ti 与 Cr 形成的固溶体，共析反应时 β 相为 14%Cr（质量分数）。α 相是以 α-Ti 为溶剂，溶入少量 Cr 元素的固溶体。共析反应时，α 相浓度为 0.5%Cr。$TiCr_2（\mathrm{I}）$ 相为金属间化合物，面心立方晶体结构，点阵常数为 0.6943nm。由于 Cr 是稳定 β 相的元素，当合金中含 8%Cr 以上时，M_s 点可降低到室温以下，因此在淬火条件下可获得单相 β

组。

因为 Ti-Cr 合金系中发生共析反应需要进行置换原子的扩散，所以可以预期这种共析反应要比 Fe-C 合金中的共析转变慢得多。图 3.37 分别给出了含 7.5%Cr 和 17%Cr 的 Ti-Cr 合金过共析合金的等温转变 TTT 曲线。由图可知，先共析相最短的孕育期约为 6s，共析转变的最短孕育期约 1h，共析转变完成则需要相当长的时间。在图 3.37(b) 中则可看到，含 17%Cr 的 Ti-Cr 合金，其 TTT 曲线的"鼻子"

图 3.36　Ti-Cr 二元合金相图

温度大约为 600℃，孕育期约 2h，转变完成大约需要 20h。除了 667℃ 的共析反应外，Ti-Cr 二元合金系在 850℃ 还存在另一种共析转变，反应式为：

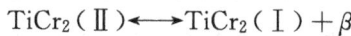

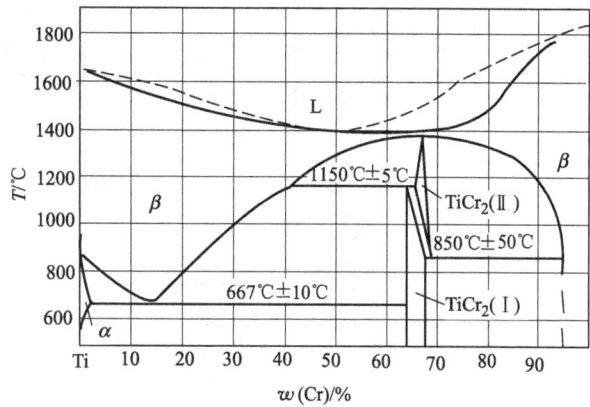

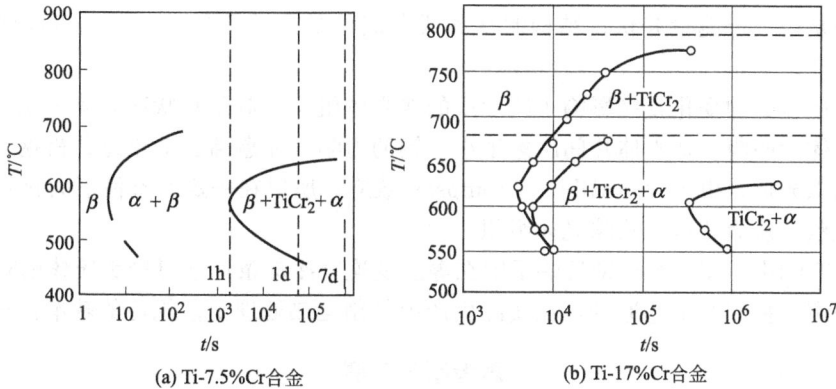

$$TiCr_2(Ⅱ) \longleftrightarrow TiCr_2(Ⅰ) + \beta$$

(a) Ti-7.5%Cr合金

(b) Ti-17%Cr合金

图 3.37　两种 Ti-Cr 二元合金 TTT 曲线[22]

这种反应在实际中很少应用，也就不做更多介绍了。

本 章 小 结

图 3.38 示意了本章共析转变机理与珠光体组织特征等要点。

钢的珠光体共析转变是在平衡态或近平衡态下分解为两相组织的演化过程。过冷奥氏体在靠近 A_1 线的高温范围内将发生珠光体转变。由于温度较高，所以无论是间隙原子还是置换型原子都具有较大的扩散迁移能力，因此珠光体转变是典型的扩散型相变。显然，珠光体转变过程与形成机制和原子的扩散过程密切相关。

自然辩证法告诉我们，矛盾双方必有主要的和非主要的。矛盾的主要方面决定着事物的性质。矛盾的主次方面的地位不是一成不变的，在一定条件下，矛盾的主次方面是可以转化的。在发生珠光体转变的温度范围内，随转变温度的下降，相变的过冷度不断增大，从热力学角度相变驱动力增大，有利于相变发生；但另一方面随转变温度的下降，原子的扩散能力是不断降低的，这又影响了相变过程的进行。这两个矛盾因素的综合就构成了珠光体转变过程动力学 C 曲线的特征。在较高温度时，原子扩散能力起了主导的作用，在较低温度则相

71

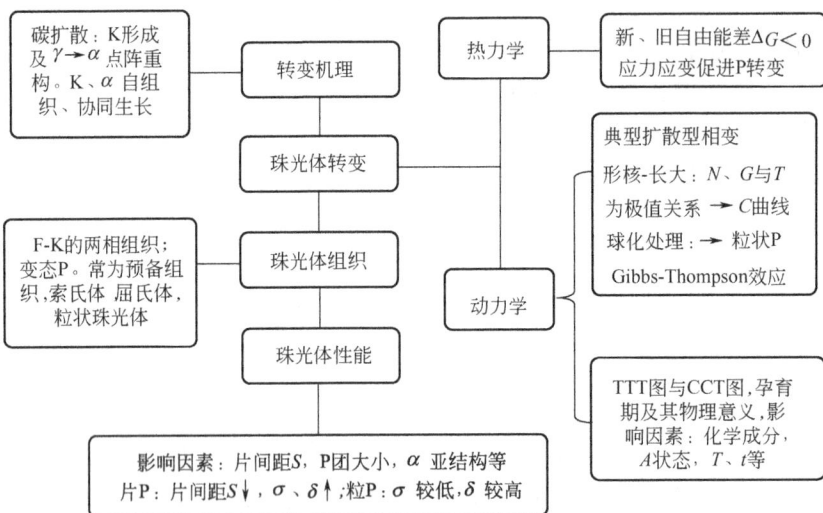

图 3.38 共析转变机理与珠光体组织特征要点

变过冷度因素上升为主要方面。钢的过冷奥氏体在相变过程中一般都有一个孕育期，孕育期的物理本质是在进行能量起伏、结构起伏和成分起伏的形核准备，一旦时机成熟就发生相变，产生突变。

原子扩散能力的变化直接影响了所形成的珠光体组织。对于片状珠光体来说，最主要的参数是珠光体片间距。珠光体片间距愈细小，钢的力学性能愈高。对于过共析钢，一般都希望获得粒状珠光体。由于存在 Gibbs-Thompson 效应，所以在一定的条件下碳化物可以由片状演化为粒状，从而获得粒状珠光体组织。

钢的 TTT 图、CCT 图分别反映了钢在等温及连续冷却条件下过冷奥氏体的转变动力学规律，这是组织控制的工艺原理，在实际生产中是制定热处理工艺规范的基本依据之一。

思考题与习题

3-1 什么叫珠光体片层间距、珠光体领域？它们的大小主要受哪些因素的影响？

3-2 珠光体形成时，碳原子扩散有哪几种情况？试述碳原子扩散规律。

3-3 试述珠光体转变过程中，两个相相互协作形核与长大的过程。

3-4 分析珠光体长大速率的影响因素。

3-5 对具有珠光体加铁素体组织的钢，试分析铁素体与珠光体的体积分数、珠光体片层间距、铁素体晶粒大小对其力学性能的影响。

3-6 奥氏体等温转变图有哪些类型？

3-7 对同一种钢，试比较 TTT 图与 CCT 图的差异。

3-8 什么叫临界淬火速率？如何根据 CCT 图来确定临界淬火速率？

3-9 影响奥氏体等温转变动力学曲线的因素主要有哪些？

3-10 根据 40MnB 钢的连续冷却转变图（图 3.29），试分析图中自左至右第 4 条、第 7 条冷却曲线冷却后所获得的组织组成和硬度。

3-11 什么叫临界冷却速度？在工程上有什么实际意义？

3-12 奥氏体在什么条件下可以转变为片状珠光体，在什么条件下转变为球状珠光体？

3-13 试分析高碳钢弹簧钢丝经派敦（Patenting）处理后具有高强度、高塑性的原因。

3-14 对同一种钢，试分析比较粒状珠光体和片状珠光体组织的力学性能。

3-15 为什么在亚共析钢中，随钢中含碳量的增加，过冷奥氏体在珠光体转变区的珠光体转变速率下降？

3-16 相同含碳量的过共析钢，不完全奥氏体化常常比完全奥氏体化容易发生珠光体转变，其原因是什么？

3-17 在珠光体转变过程中，铁素体前沿的碳浓度 $C_{\gamma/\alpha}$ 比渗碳体前沿的碳浓度 $C_{\gamma/cem}$ 大，为什么？

3-18 为什么珠光体转变的形核率 N 和线长大速率 G 与温度的关系曲线都具有极值特征？

3-19 应力、应变对珠光体转变有什么影响？

3-20 什么叫珠光体转变的孕育期？孕育期的物理本质是什么？

4 控轧控冷过程的组织演化

(Structure Evolution in Thermo Mechanical Controlled Processing)

采用温度-应力（变）-时间三元处理来实施材料强韧化的技术在金属合金中是一个重要的领域，简称为"T-σ-t"三元处理（three-dimensions heat treatment）或三维热处理，也有将其统称为形变热处理。广义的形变热处理是一种将塑性加工与热处理结合起来进行种种组合以谋求提高材料性能的方法，狭义的形变热处理是将以前作为独立工序进行的塑性加工、热处理同时在一个工序中进行的工艺。这种"T-σ-t"三元处理综合技术也是比较普遍的，例如传统的形变热处理、温加工、相变诱发塑性工艺、各种压力加工新工艺以及近几十年来发展成熟的微合金钢控制轧制和控制冷却工艺等。控轧（锻）和控冷工艺过程就是有效地控制了材料在"T-σ-t"条件下的组织演化，它不是简单地将形变与热处理组合，它是变形与相变过程能互相影响、互相促进的一种综合工艺。

虽然，一般的形变热处理过程中组织演化也有其特点，例如低温下亚稳奥氏体形变主要是细化组织、形成大量的晶体缺陷和淬火时产生组织遗传，高温形变淬火能抑制奥氏体再结晶、显著细化马氏体组织、形成高密度位错等晶体缺陷以及有可能碳化物的析出等，但与微合金化钢控轧控冷过程的组织演化相比，相对较为简单。

微合金化钢一般是指在低碳钢或低合金钢中加入微量合金元素（主要是强碳氮化物形成元素，如 Ti、Nb、V、Al 等）的钢，由于具有相对高的强度和低的合金化，所以称为微合金化高强度低合金钢（microalloyed high strength low alloy steel），简称微合金化钢。这是一类在微合金化成分设计的基础上通过温度-应力（变）-时间三元处理进行组织控制的新型钢。通过"T-σ-t"三元处理进行组织控制的微合金化钢还有微合金双相钢、非调质钢等。从微合金化理论上，这些钢的相变和强韧化原理基本上是相同的。

微合金双相钢是在成分中加入微量 Ti、Nb、V 等合金元素，经临界区处理或控轧而得到显微组织主要由铁素体和 5%～20%的马氏体所组成的双相钢。非调质钢是非调质中碳微合金结构钢的简称。非调质钢是不进行调质处理而通过锻造（轧制）时控制终锻（轧）温度及锻（轧）后的冷却速度即可获得具有高强韧性的钢。非调质钢是在中碳钢基础上加入微量的 Ti、Nb、V 等元素，在锻轧后冷却过程中弥散析出稳定的碳（氮）化物，使钢的性能达到近似调质钢的水平。

微合金钢的控轧（锻）和控冷具有十分重大的理论意义和工程应用价值，被普遍认为是现代物理冶金学的重大进展之一，并在实际生产中取得了丰硕的成果。这里主要介绍微合金钢控制轧制与控制冷却过程中组织演化的基本原理。雍歧龙等在微合金钢基础理论方面做了许多工作[23]，翁宇庆等的研究取得了重大突破[24]，毛新平等在实际生产技术开发方面积累了丰富的经验[25]。本章内容主要参考了他们的著作。

4.1 概述

微合金化设计及其控轧控冷的有机配合，发展了现代的微合金化钢。微合金化钢中的相变主要有奥氏体-铁素体转变、奥氏体形变与回复再结晶和微合金碳氮化物的溶解与沉淀析出等。对这些相变过程的研究，进一步发展了相变和强化理论，如经典 Hall-Petch 关系的深化与发展、沉淀相与晶粒长大、控轧与再结晶的热力学与动力学、形变和相变诱发沉淀、钢的强化机制等。

4.1.1 控轧控冷工艺的基本过程

控制轧制是通过热轧条件（加热温度、各轧制道次的轧制温度、压下量）的优化，使奥氏体状态有利于相变成为细晶的技术，控制冷却是在奥氏体相变区进行冷却速率的控制，使相变组织进一步细化。各完整的控制轧制、控制冷却统称为热机械控制工艺 TMCP（thermo mechanical controlled processing），在我国一般称为控轧控冷[24]。各类钢的控制轧制（controlled rolling）工艺过程基本相似。例如大型管线钢的轧制工艺流程为：轧制前均热→初始高温轧制→使轧坯冷到较低温度→最后的低温轧制→控制冷却（controlled cooling）。图 4.1 示意了典型的控制轧制三个不同轧制阶段及其组织变化情况。本节主要根据文献［26］作简单介绍。

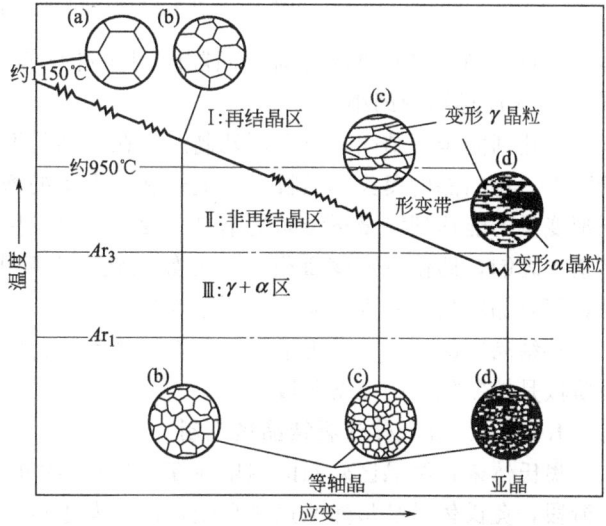

图 4.1　控制轧制过程的三个阶段及其组织变化[26]

4.1.1.1 奥氏体再结晶区轧制

目前，在生产中广泛使用的是传统控制轧制 CCR 工艺（conventional controlled rolling）和再结晶控制轧制 RCR 工艺（recrystallization controlled rolling）两大类。CCR 工艺主要通过控制形变来实现细化晶粒，RCR 工艺主要通过再结晶细化晶粒方法来达到细化奥氏体晶粒的目的。

形变细化晶粒和再结晶细化晶粒都与形变与再结晶过程密切相关。根据回复再结晶过程开始与完成的时间状态，可进行分类[23]。在形变过程中就已完成的回复称为动态回复（dynamic recovery）；在形变后保温或传搁期间完成的回复称为静态回复；在形变过程中就已完成了形核及长大过程的再结晶称为动态再结晶（dynamic recrystallization）；在形变过程中就已完成了形核过程但未完成长大过程的再结晶称为亚动态再结晶（也有称为准动态再结晶或不完全再结晶），其作用大小随变形程度的增加而增大；在形变后保温或传搁期间才开始形核长大的再结晶称为静态再结晶。回复与再结晶过程的驱动力是形变储存能。如果回复时所释放的储存能仅占总储存能的很小部分，那么大部分能量将作为再结晶过程的驱动能。

在工业条件下，热轧一般是分多道次进行的，每道次变形量不大，因此一般在变形区中（辊间）只进行动态回复，晶粒仍然为长形。在辊出口端，变形结束，层错能高的合金只产生静态回复，晶粒形状不变［图 4.2(a)］；层错能低的合金回复过程不充分，变形结束后还可能发生静态再结晶而形成等轴状晶粒［图 4.2(b)］。奥氏体再结晶区轧制的温度在再结晶终止温度（T_R）以上（约大于 950℃）。在奥氏体再结晶区轧制时，发生动态回复再结晶和

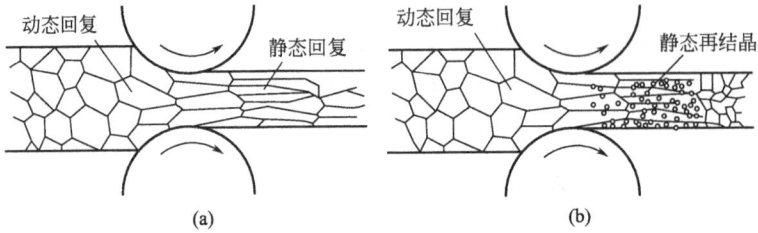

图 4.2 热轧时动态和静态过程的示意[27]

不完全再结晶。在两道次之间的间隙时间内进行静态回复再结晶。奥氏体晶粒随着反复轧制-再结晶而逐渐变细小。

为达到完全再结晶，应保证轧制温度在再结晶温度以上，而且要有足够的形变量。一般情况下，再结晶的奥氏体晶粒尺寸随轧制压下率的增加而迅速减小，并达到一个极限值。如果形变量不能达到完全再结晶的临界形变量，将发生奥氏体的部分再结晶。在此区间如进行多道次轧制，即使总形变量很大，但如果轧制温度下降，有可能仍不能获得完全再结晶组织，而且晶粒尺寸差别很大，组织不均匀。

再结晶区的轧制通过再结晶细化奥氏体晶粒，为后续的铁素体 α 晶粒细化打下基础，这该阶段是控制轧制的准备阶段。

4.1.1.2　奥氏体未再结晶区轧制

奥氏体未再结晶区轧制的温度在 T_R 以下（约 950℃~Ar_3）的奥氏体区下限范围。在这一阶段，奥氏体晶粒虽然经过了形变，但不发生再结晶，形成了大量被拉长的形变奥氏体晶粒。形变量大时，奥氏体晶粒内产生了大量的滑移带、位错胞及亚晶界，增大了有效晶界面积。在发生相变时，铁素体可在扁平的奥氏体晶粒的晶界和形变带上形核，最终得到细化的铁素体晶粒。

奥氏体未再结晶区的形变不仅可以增加铁素体形核位置和形核率，而且还可以产生形变诱导铁素体和铁素体的动态再结晶，使晶粒进一步细化。铁素体晶粒度可达到 11~12 级。

如果在部分再结晶区轧制，就会得到大小不均匀的铁素体晶粒。对于含有 Nb、Ti、V 等元素的钢，在未再结晶区的形变量应控制在 40%~50% 或更大。同时，这些微合金化元素提高了钢的再结晶温度，使奥氏体未再结晶区扩大，因此更有利于实现未再结晶区的轧制控制。Nb、Ti、V 等元素的碳（氮）化物优先在拉长的奥氏体边界、形变带和位错胞处沉淀析出，这些非常细小质点有效地阻止了铁素体和珠光体晶粒的长大。

对于未再结晶区控轧是以控制形变过程中饼形奥氏体晶粒为目标，其中以含 Nb 微合金钢进行未再结晶控轧的细化晶粒效果为最明显。因此形成了形变诱导 Nb（CN）析出可大幅度提高奥氏体未再结晶温度的共识。

4.1.1.3　奥氏体和铁素体两相区轧制

奥氏体和铁素体两相区轧制的温度范围一般在 Ar_3~（Ar_3-40℃）之间。钢在（$\gamma+\alpha$）两相区的较高温度区域轧制一定的道次，达到一定的累积形变量，未相变的奥氏体进一步被拉长，并且奥氏体晶粒内形成了形变带和位错，在这些地方容易形成新的等轴状铁素体晶粒。与此同时，先析出的铁素体晶粒，由于塑性变形在晶粒内部也形成了大量的位错，并经回复形成了亚结构。在轧制压下量大于（10%~20%）时，铁素体晶粒中的位错密度明显增加。

经过（$\gamma+\alpha$）两相区的轧制后，钢在室温下的组织比较复杂，一般为由极细小的等轴状铁素体、拉长的铁素体、具有亚结构的形变铁素体、极细小的珠光体所组成的混合组织。

4.1.1.4 控制冷却

采用轧后控制冷却，可使钢的强度进一步提高。控制冷却过程可通过控制轧后三个不同冷却阶段的工艺参数来控制最终组织的。这三个阶段称为一次冷却、二次冷却和三次冷却。

一次冷却是指终轧温度到 Ar_3 温度范围内的冷却，其目的是控制热形变后的奥氏体晶粒状态，阻止奥氏体晶粒长大和碳化物析出，固定由于形变产生的位错，为 $\gamma \rightarrow \alpha$ 相变做好准备。一次冷却的起始温度越接近终轧温度，细化奥氏体晶粒和增大有效晶界面积的效果越明显。二次冷却是指钢材经一次冷却后进入由奥氏体向铁素体转变和碳（氮）化物沉淀析出的相变阶段。在二次冷却过程中，相变开始冷却温度、冷却速率和终止温度等是重要的控制参数，控制这些参数可达到控制相变产物的目的。三次冷却是指对相变结束到室温这一温度区间的冷却速率控制。

在控制轧制的全过程中，必须配合控制冷却，以降低相变温度和控制相变过程，进一步细化相变组织，同时使 Nb、Ti、V 等微合金元素的碳（氮）化物更加弥散析出。这样，在温度-应力（变）-时间三元因素的有效配合下，大幅度地提高细化组织和弥散强化的效应，使钢的潜力得到充分的发挥。

4.1.2 微合金元素对强韧化的贡献

微合金元素在钢中有很多重要作用，但奥氏体调节是微合金元素的主要作用之一，乃至微合金化技术的核心[25]。奥氏体调节是指在合金化设计的基础上通过"T-σ-t"处理，使热变形后、相变前的奥氏体具有合适的组织结构和成分，在一定的冷却条件下得到极细小的铁素体和弥散沉淀质点的复合组织。奥氏体调节的本质内涵意味着必须增加奥氏体中晶界、变形带等晶体缺陷数量，为最终的 $\gamma \rightarrow \alpha$ 相变提供大量的形核位置。这样的组织状态使细化组织强化和弥散沉淀强化的有机配合达到了最佳效果。

钢的强化机制主要有固溶强化、位错强化、细晶强化和沉淀强化等。钢的强度是各种强化机制的综合结果。不同的钢种和工艺，其各种强化机制的作用大小也不同。各强化机制与合金化有密切的联系，而且各强化机制的作用还会因工艺手段及工艺过程的变化而变化，所以不同的工艺获得不同的组织和性能[28]。

例如，微合金化钢的强化机制虽与其他钢类似，但获得强化的手段有所不同。微合金化钢的组织主要是 F+P+弥散析出碳化物，微合金化钢中主要的强化机制是细化组织和相间沉淀析出。微合金化钢中常加入微量 Ti、Nb、V、N 等元素。在轧制或锻造工艺下，碳（氮）化物不但在铁素体中析出，而且在珠光体的铁素体中也沉淀析出。其中，V 对沉淀析出强化的作用最大，是主要的微合金化元素。例如，钛的碳氮化物在各个阶段都可能析出，如图 4.3 所示。由图可知，在均热过程中发生了 TiN 和 $Ti_4C_2S_2$ 粒子的粗化；在连轧阶段，TiC 从奥氏体中诱发析出；在层流冷却阶段，发生 TiC 的相间析出；而在卷取阶段，TiC 还可从铁素体中沉淀析出。

"多元适量，复合加入"的合金化基本原则也充分地体现在微合金钢中[7]。往往是 Nb-V-N 和 Ti-V 等元素的复合加入，这样的效果更好。如 Nb-V 复合合金化，由于 Nb 的化合物稳定性好，其完全溶解的温度可达 $1325 \sim 1360\,^{\circ}\mathrm{C}$。所以在轧制或锻造温度下仍有未溶的 Nb（C，N）碳氮化合物，能有效地阻止高温加热时奥氏体晶粒的长大，而 V 起了主要的沉淀析出强化的作用。同样，Ti-V 复合效果更好，其晶粒尺寸和性能基本上不受加热温度的影响。在 49MnVS3 非调质钢中如添加微量 Ti，则奥氏体平均晶粒直径从 $110\,\mu m$ 下降到

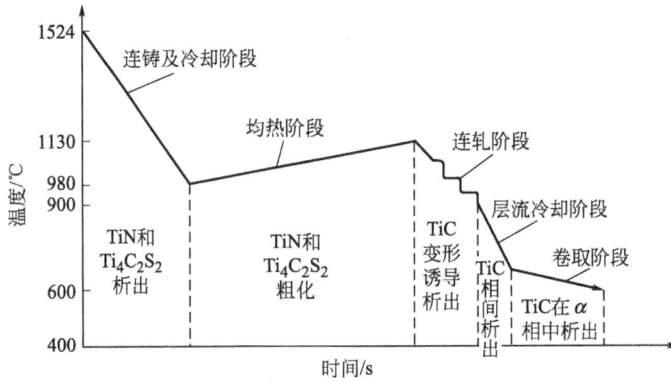

图 4.3　钛的碳氮化物在各个阶段析出情况[25]

40μm，因此韧度大为提高。在 40Si2MnV 非调质钢中加入约 0.04％Ti，强度、塑性都大为提高；如降低 40Si2MnV 钢中含碳量至 0.33％～0.37％，则在改善钢强韧性的基础上，可得到良好的焊接性。在各强化机制中，只有细化组织既能提高强度又能改善韧度，所以细化组织是非调质钢生产中的重要目标。许多国家都开发了复合微合金化钢。

4.1.3　获得最佳强韧化的工艺和组织因素

Ti、Nb、V 等微量元素是以相间析出的形式起沉淀强化作用的，同时又细化了组织。形变前未溶质点阻止奥氏体晶粒长大，形变时化合物的析出有效地阻止了奥氏体的回复再结晶。图 4.4 示出了第二相质点的尺寸、体积分数与所能钉扎的最小晶粒尺寸的关系。图中表示一定尺寸的质点能钉扎住具有该线上方所示尺寸的晶粒。在实际生产中，质点能钉扎住的最小晶粒尺寸位于图中下面的阴影区域，上面的阴影区域表示能被大夹杂物固定的最小晶粒尺寸。要使细化组织和沉淀强化达到最佳效果，工艺参数是关键。以往的工作主要是通过化学成分的调整，来试图达到提高韧度的目的，但是效果不很理想。现在的加工工艺主要是利用控轧（锻）、控冷技术来提高钢的强韧性能，特别是提高韧度。

一般情况下，加热温度升高，奥氏体晶粒容易粗化；形变温度和形变量既影响再结晶温度和奥氏体晶粒大小，又影响形变诱发析出的程度。适当控制较低的终轧（锻）温度，可有效地产生形变诱发析出的弥散质点。同时，再结晶驱动力小，晶粒也进一步细化，这样在提高强度的同时，也大大改善了塑性和韧度。日本爱知制钢所研究的 Svd40ST 非调质钢，采用先高温小变形量轧制，然后冷到较低温度轧制成材，得到了 9 级以上的细晶粒组织，其疲劳强度比 SCM435 钢高 98～118MPa[7]。当然，较低的加工温度增加了设备和模具等承受的载荷，给生产带来了一定的困难。

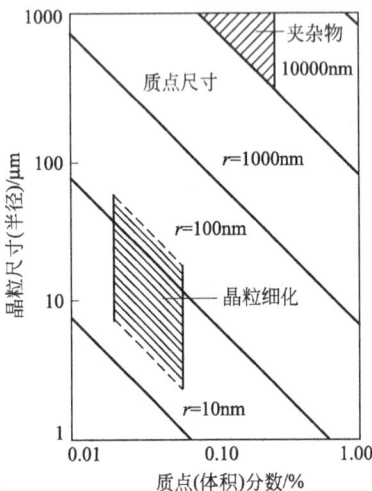

图 4.4　第二相质点阻止奥氏体晶粒长大的效果[25]

细晶粒组织和弥散沉淀析出也是要协调的。加工后快冷，特别是在 500～800℃ 之间快冷能细化晶粒组织，阻止析出物长大，进一步提高强度和韧度。但过快的冷却又会使相间析出不能充分进行，从而不能获得好的强化效果。所以一般冷速控制在低于 150℃/min[28]。

在化学成分一定的条件下，工艺因素决定了组织演化过程和组织状态，实质上也就是工艺因素决定了各种强化机制的效果。

细化组织和沉淀析出对钢强化的作用最大。碳氮化合物沉淀析出的强化量一般认为是提高150～400MPa，甚至可达到600MPa。细化组织的强化量大约在50～300MPa，脆化矢量为−0.66℃/MPa。其他强化机制都不同程度地降低韧度。沉淀强化的脆化矢量虽然为正值，但较小，约0.23～0.30℃/MPa[28]。并且沉淀析出细化了组织，补偿了本身降低韧度的不足。所以在微合金钢中，无论是在成分设计及加工过程中都尽可能使组织细化、晶粒细化，使碳氮化物以极细小的质点沉淀

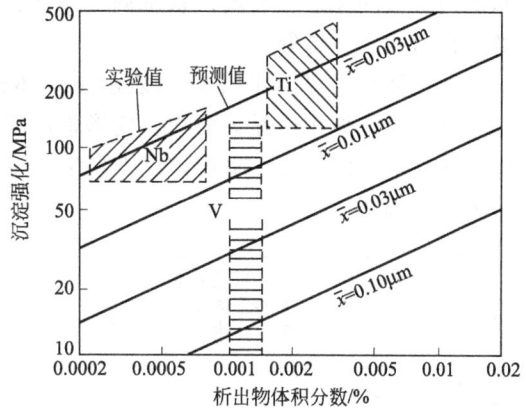

图4.5　沉淀强化作用与沉淀相尺寸和体积分数间的关系（影线区域为试验值范围）[23]

析出。从加工过程组织变化的角度来看，碳氮化物在高温加热时的残余量，形变时的析出量及其大小、分布、形态等，不仅大为影响了晶粒组织细化的程度，而且也决定了沉淀析出强化的效果。细化组织效果在很大程度上受控于沉淀析出过程。人们在不断的探索研究中，也使钢的强韧化理论得到了新的发展。

图4.5为根据沉淀强化公式画出的沉淀强化作用与微合金碳氮化物的尺寸及体积分数之间的关系，图中的影线部分为试验值范围。

位错强化的脆化矢量和沉淀析出强化的脆化矢量大致相当。当形变产生高密度位错后，在理论上可得到可观的强化量，但在高温下进行形变，一般难以得到很高的位错密度。但如果主要是低温下进行形变，位错强化就有一定的贡献。对低碳微合金高强度钢的研究认为：在 $\gamma+\alpha$ 两相区第3阶段控轧后，基体位错和亚结构强化就占了较大的比重，其贡献仅次于细晶强化。

4.2　高温形变与奥氏体的回复再结晶

控制轧制实质上是在工艺过程中既成型，又进行着高温形变热处理，其主要目的是最大限度地细化晶粒、细化组织以及产生第二相的弥散沉淀析出，从而有效地提高钢的强韧性。控制轧制过程主要由三个阶段组成：①高温下再结晶区域的变形；②在紧靠 Ar_3 以上的低温无再结晶区域的变形；③在 $\gamma+\alpha$ 两相区变形。在轧制过程中，奥氏体组织变化的特点是动态的，各种过程是相互联系的，并且是相互竞争的。动态是指各类相变过程是在温度-应力（变）-时间三元因素作用下在一个过程范围内发生的；竞争是指在不同的动态过程中可能发生着形变细晶与回复再结晶、第二相质点弥散析出与奥氏体晶粒长大、位错的形成与回复等过程的竞争。显然，它们是互相联系与制约的，竞争当然是此消彼长的。除了钢成分因素外，最终的结果主要取决于温度-应力（变）-时间三元因素的综合作用。

4.2.1　奥氏体状态调节原理[25]

微合金元素在钢中有很多重要作用，但奥氏体状态调节是主要作用之一，甚至是微合金化技术的核心。奥氏体状态调节是指通过合金化设计和热变形控制，使热变形后、相变前的奥氏体具有合适的组织状态和成分，在一定的冷却条件下可得到细小的铁素体组织。根据相

变非均匀形核的原理，奥氏体状态调节意味着要增加奥氏体晶体缺陷的数量，包括晶界、变形带、析出物、位错等。

用单位体积内界面面积 S_V 来表示单位体积内形核位置的密度，单位为 mm^{-1}。这里的界面包括每单位体积内晶界面积、变形带面积及非共格孪晶界面积等。参数 S_V 的大小即为奥氏体状态调节的程度。奥氏体状态调节的目标就是要使 S_V 尽可能地大。S_V 对铁素体晶粒尺寸的影响如图 4.6 所示。

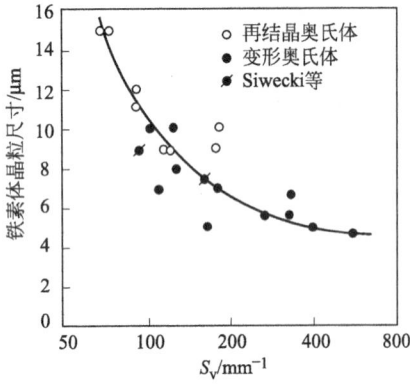

图 4.6　S_V 对铁素体晶粒尺寸的影响[25]

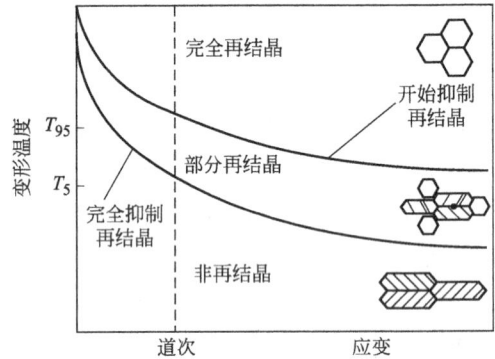

图 4.7　不同变形条件下产生的奥氏体组织状态[25]

调节奥氏体状态的工艺，主要是再结晶控制轧制 RCR 工艺和传统控制轧制 CCR 工艺。图 4.7 示意了不同变形条件下产生的奥氏体组织状态。RCR 工艺主要是通过反复再结晶使晶粒细化，而 CCR 工艺是通过一定量的形变使奥氏体呈薄饼化，从而提高 S_V。

对 RCR 而言，S_V 的增加来源于平均晶粒体积的减小，奥氏体中的 S_V 为：

$$S_V^{\gamma} = S_V^{GB} = 3/D^{\gamma} \tag{4.1}$$

式中，S_V^{γ} 为奥氏体有效晶界面积，mm^{-1}；S_V^{GB} 为再结晶奥氏体晶界面积，mm^{-1}；D^{γ} 是再结晶奥氏体晶粒尺寸，mm。

对 CCR 工艺，由于大的形变量使奥氏体晶粒性质发生了改变，并且出现了穿晶的孪晶和变形带，S_V 大为提高。这时奥氏体中的 S_V 为：

$$S_V^{\gamma} = S_V^{GB1} + S_V^{DB} + S_V^{TB} \tag{4.2}$$

式中，S_V^{GB1} 为未再结晶奥氏体晶界面积，mm^{-1}；S_V^{DB} 为奥氏体变形带面积，mm^{-1}；S_V^{TB} 为奥氏体孪晶界面积，mm^{-1}。其中：

$$S_V^{GB1} = \frac{1}{D}\left(1 + \frac{1}{R} + R\right) \tag{4.3}$$

$$S_V^{DB} + S_V^{TB} = 0.63(R - 30\%) \tag{4.4}$$

式中，D 为变形前奥氏体晶粒尺寸，mm；R 为变形量，$\%$。

4.2.2　第二相质点阻止再结晶的作用

轧制前均热时如奥氏体晶粒没有能被第二相质点有效地钉扎住，则初始晶粒尺寸可能会高达数百微米。在随后的各道次轧制过程中，每一道次之后都将由于再结晶而不断细化。而在低温下轧制时，即使不发生再结晶，也将由于晶粒被拉长而使其曲率半径减小，晶粒将发生正常晶粒长大。实际上，因为道次间隔时间较短，所以正常晶粒长大的程度很小。因此，总的来说，晶粒将随轧制过程的进行而不断地细化，轧制过程中再结晶的晶粒基本上不会发生长大。

钢材轧制过程中，有时需要较长时间的传搁时间，这时微合金钢将具有十分独特的优点，合适的沉淀合金系将有效地阻止晶粒的长大。例如，V 钢和 V-Ti 钢在 1050℃下以恒定的真应变速率（2%/s）单向压缩 55%（ε＝0.8）后，当试样处于稳定的流变状态后在 1050℃保温不同时间水淬，所得到的晶粒尺寸与保温时间的关系如图 4.8 所示。由图可知，钛微合金化钢在保温 10s 之后，由于 TiN 质点有效地钉扎，晶粒尺寸变化不大；V 钢和 V-N 钢则基本遵循正常晶粒长大的规律。

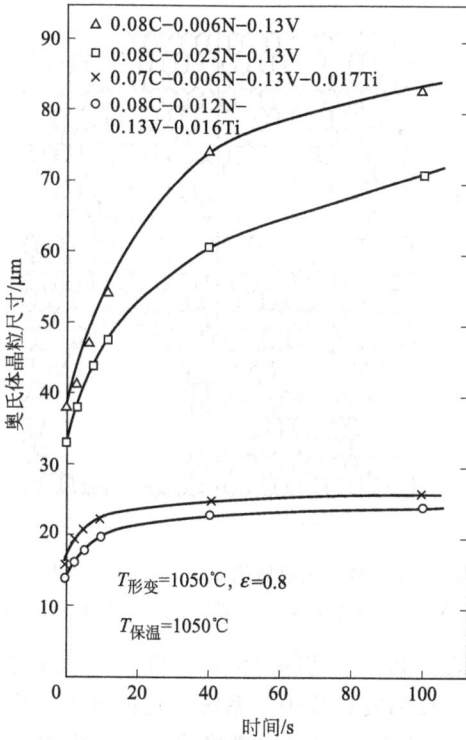

图 4.8　变形再结晶后的晶粒长大行为[23]

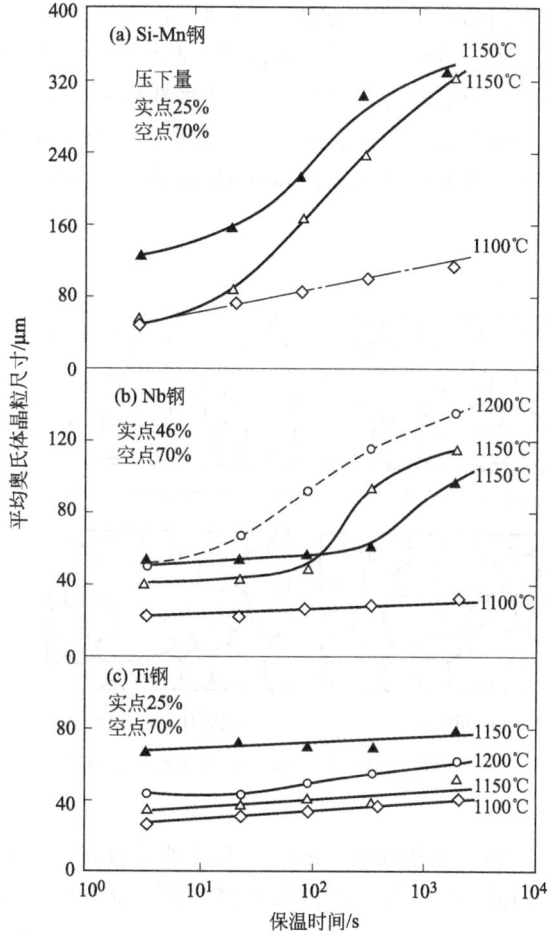

图 4.9　Si-Mn 钢、Nb 钢和 Ti 钢在热轧后的晶粒粗化行为[23]

图 4.9 为 Si-Mn 钢、Nb 钢和 Ti 钢在热轧后的晶粒粗化行为。由图可知，Si-Mn 钢由于不存在第二相质点阻止晶粒长大，所以轧后保温期间奥氏体晶粒迅速长大；Nb 钢在 1100℃轧制后保温时晶粒基本上不长大，1150℃轧制后保温 100s 内不发生晶粒长大，但在 100～300s 后将迅速长大，在 1200℃轧制后保温则发生正常晶粒长大；对于 Ti 钢，即使在 1200℃轧制后保温 2000s 也基本上不发生显著的晶粒长大。从图 4.9 还可看出，形变量较小时，再结晶后的初始晶粒尺寸将较大。根据第二相阻止晶粒长大的原理，在同样的第二相体积分数和第二相质点粗化速率下，也就意味着在较长的保温时间下晶粒才会发生长大。图 4.9 中 1150℃保温的情况正是如此。因此，在生产中应根据实际情况确定每一道次的形变量，并不是形变量越大越好，或者说再结晶细化的程度并不是越大越好。

大量的试验研究和理论分析已充分证明，只要适当控制热轧过程中的各个轧制参量，就能在不显著增加生产成本的基础上，获得足够细小的奥氏体晶粒有效尺寸。这也是近几十年来非常迅速地发展和完善的控制轧制工艺。

4.2.3 微合金钢再结晶的机制

奥氏体塑性热变形过程中，组织结构将发生以下一些变化：①晶粒内位错、空位、层错等点阵缺陷增多，导致存在较大的形变储能，形变储存能是热变形过程中或其后发生的回复再结晶现象的驱动力；②晶粒的变形与"碎化"，如热轧时晶粒将沿着轧制方向拉长而横向压缩，得到扁平的"薄饼状"晶粒，并且晶粒内产生的大量位错将形成位错胞状结构或亚结构，使晶粒分割"碎化"，这些都将大大增加了奥氏体的界面；③产生形变织构，金属在塑性变形过程中，会形成择优取向的多晶体结构，称为形变织构。前两种组织结构的变化将对奥氏体形变晶粒细化和再结晶晶粒细化产生根本性的影响。

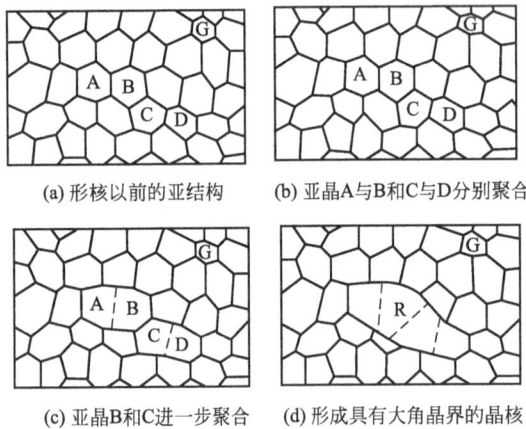

(a) 形核以前的亚结构

(b) 亚晶A与B和C与D分别聚合

(c) 亚晶B和C进一步聚合

(d) 形成具有大角晶界的晶核

图 4.10 通过亚晶聚合形成再结晶晶粒的示意[29]

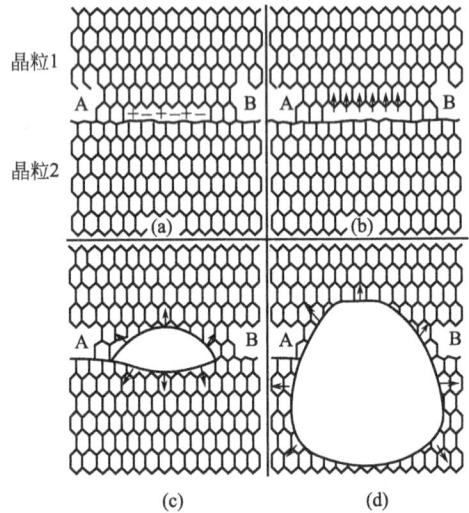

图 4.11 多边化显微组织中，在原始晶界处（沿 AB）通过亚晶聚合形成再结晶晶粒的示意[29]

奥氏体塑性热变形后，系统处于较高的能量状态。如在一定的热激活条件下，系统将发生回复与再结晶，释放形变储存能，降低体系能量。在回复过程中，系统内的位错等缺陷将明显发生变化，许多位错将消失，发生多边形化及形成亚晶，晶粒的"碎化"作用将消失。再结晶过程是一个新晶粒的形核与长大的过程。完全再结晶后，原来的形变晶粒细化作用将消失。但只要适当地控制再结晶过程，也能像相变晶粒细化一样获得显著的再结晶晶粒细化的效果。目前已提出并证实了两种再结晶形核机制，即原来的大角度形核机制和亚晶聚合形成的大角亚晶界形核机制。图 4.10 为通过亚晶聚合形成再结晶晶粒的示意图，虚线表示尚未完成运动出去的位错。再结晶晶核将由显微带状区域中的亚晶聚合而成，这些区域中点

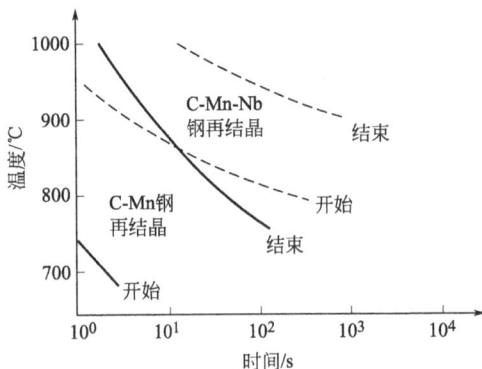

图 4.12 C-Mn 钢和 C-Mn-Nb 钢形变 50％后的再结晶-温度-时间曲线[23]

Nb 钢成分：0.10％ C, 0.99％ Mn, 0.039％ Nb, 0.008％ N

阵畸变和位错密度都比较高，它们位于主形变带之间，而主形变带间彼此有较大的位向差。该形核机制能较为圆满地解释再结晶形核的各种实验观察事实。这一形核机制也适用于在原大角度晶界附近的再结晶形核，如图 4.11 所示。原大角度晶界 AB 附近的多边化亚结构组织通过亚晶聚合而形成了再结晶晶核，它跨在原来的晶界位置上。

再结晶过程的形核率和长大速率均随温度升高而按指数型的关系增大。再结晶体积分数-温度-时间曲线为单调的曲线，如图 4.12 所示。在其他条件相同的情况下，随温度的升高，再结晶可以在很短的时间内开始，并在很短的时间内结束。

当形变温度从高到低变化时，热形变奥氏体的再结晶行为将由完全再结晶、部分再结晶发展到未再结晶。

4.3 第二相质点在奥氏体中的溶解和析出规律

4.3.1 第二相质点的溶解规律

微合金钢中产生阻止奥氏体晶粒长大和弥散沉淀强化效果的第二相都是稳定性很高的碳化物、氮化物或碳氮化物，它们在钢中的溶解和析出是一个可逆的化学反应过程。在反应温度范围内的任一温度下，当反应时间足够长之后就将达到动态平衡，其反应常数主要取决于钢中溶解元素的活度。因为合金元素量很少，可看作是符合拉乌尔定律的规则溶体。因此，由热力学数据可直接导出各种微合金碳化物、氮化物第二相在奥氏体或铁素体中的固溶度积公式，这些可定量计算的关系式在微合金钢的设计和工艺过程的控制中起了重要的作用。第二相 M_pN_q 在固溶体中的固溶度积（solubility product）可用下述形式的公式来表示：

$$\lg K_s = \lg([M]^p[N]^q) = A - \frac{B}{T} \tag{4.5}$$

式中，K_s 为平衡常数；[ ] 符号表示某元素处于固溶状态的质量百分数；T 为绝对温度，A，B 为常数，且 B 为正值（固溶反应为放热反应），对于 Ti、Nb、V 元素，在理想化学配比下一般都形成 MC（N）型碳氮化物，所以 p 和 q 都为 1。

微合金化钢中常用的微合金元素有 Ti、Nb、V 等强碳氮化物形成元素。这些元素在钢中的固溶度（solubleness）是不同的。表 4.1 为一些常用的由热力学数据推导得到的固溶度积计算公式。

表 4.1 一些碳氮化物固溶度的计算公式[25]

碳氮化物	在奥氏体中的固溶度积公式	在铁素体中的固溶度积公式
TiN	$\lg K_{TiN} = -15490/T + 5.19$	$\lg K_{TiN} = -17205/T + 5.56$
TiC	$\lg K_{TiC} = -7000/T + 2.75$	$\lg K_{TiC} = -9575/T + 4.40$
NbN	$\lg([Nb][N])_\gamma = -7500/T + 2.80$	$\lg([Nb][N])_\alpha = -12230/T + 4.96$
NbC	$\lg([Nb][C])_\gamma = -7510/T + 2.96$	$\lg([Nb][C])_\alpha = -10960/T + 5.43$
VN	$\lg([V][N])_\gamma = -8700/T + 3.63$	$\lg([V][N])_\alpha = -7830/T + 2.45$
VC	$\lg([V][C])_\gamma = -9500/T + 6.72$	$\lg([V][C]^{0.875})_\alpha = -9340/T + 5.65$

目前用各种方法得到的固溶度积公式很多，仅 NbC 在奥氏体中的固溶度积公式就有十多个。例如，雍岐龙等[23]用电解萃取定量化学分析法得到了 NbC 在奥氏体中的固溶度积公式为：

$$\lg([Nb] \cdot [C]^{0.875})_\gamma = 3.24 - 7150/T \qquad (4.6)$$

对于复合的碳氮化物，通过有关试验方法或热力学理论，也可得到其固溶度积公式。如不考虑原子缺位，其分子式可写为 $MC_x N_{(1-x)}$。原则上，通过有关试验方法，也可得到复合碳氮化物在奥氏体中的固溶度积公式。例如根据有关的 NbC 和 NbN 固溶度积公式，可直接计算出 $NbC_x N_{1-x}$ 在奥氏体中的固溶度积公式：

$$\lg([Nb] \cdot [N]^{0.5} \cdot [C]^{0.5}) = 2.58 - 8005/T \qquad (4.7)$$

根据各研究者的实验数据得到的有关 Ti、Nb、V 等元素在奥氏体和铁素体中固溶度积计算公式很多，这里不再介绍。图 4.13 为常见的碳化物和氮化物在奥氏体中的固溶度。可以看出，在轧制温度范围内，各化合物的溶解度由低到高的排列为：TiN、AlN、NbN、TiC、VN、NbC、VC。TiN 是最难溶解的，在 1250℃ 以上仍然可保持稳定而细小的颗粒。

如果钢的化学成分已知，则由固溶度积公式可直接计算第二相完全固溶的温度，而这一温度对钢轧制前均热工艺的制定是相当重要的参数。另外，如考虑到未溶碳氮化物中微合金元素与碳或氮元素的重量比是一个沉淀析出基本的或固定的值这一条件，则由固溶度积公式可计算出每一温度下平衡存在的碳化物、氮化物或碳氮化物的量，这些为通过控轧工艺从而达到控制钢的最终组织奠定了理论基础。

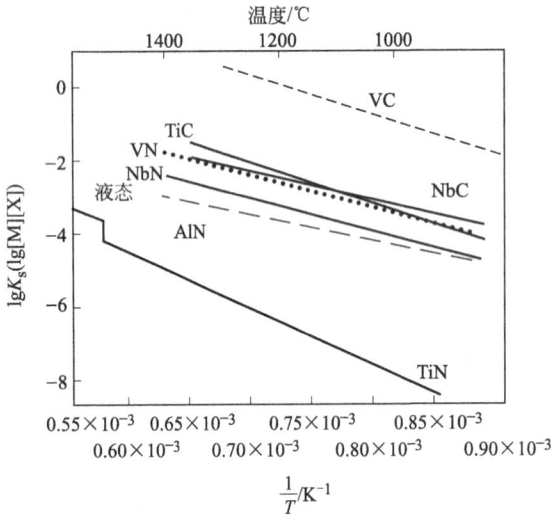

图 4.13　微合金化元素碳化物和氮化物在奥氏体中的固溶度[26]

第二相在奥氏体中的固溶度增大，这将有利于增加应变诱导析出的第二相和铁素体中沉淀析出的第二相量，即有利于增大阻止变形奥氏体的再结晶、阻止再结晶奥氏体晶粒粗化的作用和沉淀强化的作用。当然这也就将相应地减小奥氏体化均热时阻止奥氏体晶粒长大的贡献。另一方面，第二相在奥氏体中的固溶度积较小，将有利于增加均热时未溶第二相的量，即有利于增大均热时阻止奥氏体晶粒长大的作用。因此，根据不同钢中的具体要求，应首先选择适当的第二相沉淀系。例如，如偏重于控制均热时奥氏体晶粒尺寸，应选择 Ti-N、Al-N 等固溶度积较小的合金系；如重点是要获得较大的沉淀强化效果，则应选择固溶度积较大的 V-C、Ti-C、V-N 等合金系。

4.3.2　第二相质点阻止奥氏体晶粒长大的贡献

微合金钢的轧前均热温度一般在 1100～1300℃ 之间。如钢中没有足以阻止晶粒长大的第二相质点，则钢中奥氏体晶粒随均热时间的延长而不断长大。如钢中含有一定量有效的第二相质点，则在均热温度较低或均热时间较短时，这些质点将起到钉扎奥氏体晶粒的作用，使之基本不长大或长大缓慢。

图 4.14 和图 4.15 分别为 Nb-V 和 Ti-V 微合金系钢中奥氏体晶粒的粗化特征[23]。可以看出，在 Nb 钢和 Ti 钢中，加入 V 实际上对奥氏体晶粒粗化行为没有什么影响。比较两图可知，TiN 阻止奥氏体晶粒粗化的作用比高 N 的 Nb (CN) 大，而高 N 的 Nb (CN) 又比低 N 的 Nb(CN) 大。

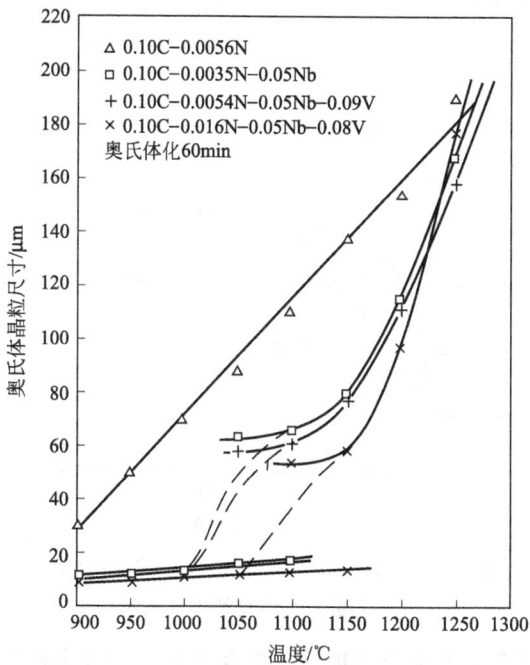

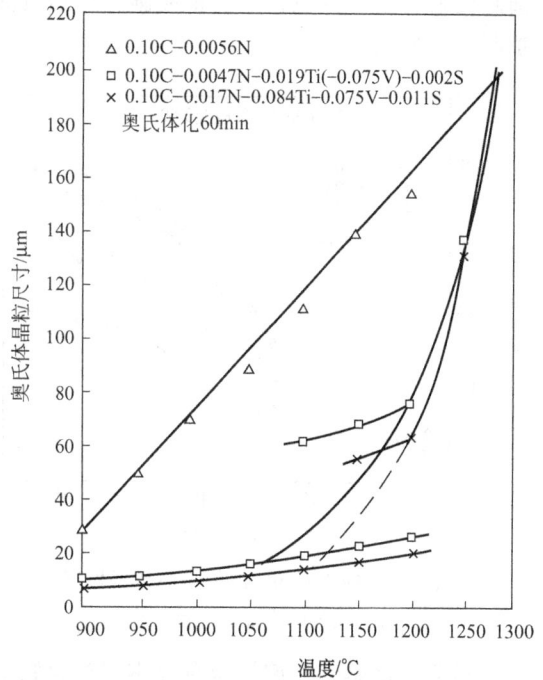

图 4.14　Nb、V、N 对奥氏体晶粒粗化行为的影响　　图 4.15　Ti、V、N 对奥氏体晶粒粗化行为的影响

　　实际上，均热态奥氏体晶粒尺寸的控制在微合金钢中并非是必不可少的。最终能得到的奥氏体晶粒尺寸将主要取决于轧制工艺参量和轧制过程中再结晶后的奥氏体晶粒长大过程。因此，关键是在轧制过程中怎样沉淀析出合适的碳氮化物以阻止奥氏体晶粒的长大。

　　在实际轧制过程中，轧制温度比均热温度低，轧制道次间的间隔时间均较短，各种碳氮化物的粗化速率均较低。并且，在轧制过程中由应变诱导沉淀析出的碳氮化物的尺寸大约在 10nm 左右。一般情况下，可以不考虑碳氮化物的粗化问题。

4.3.3　第二相质点在奥氏体中沉淀析出规律

　　在奥氏体区析出微合金碳氮化物对于控制形变再结晶过程具有十分突出的作用，而且对控制再结晶晶粒的长大也具有重要的作用。实际上，控制微合金碳氮化物在奥氏体中的析出，就是控制轧制工艺的关键，否则就不容易获得非常显著的形变和再结晶细化晶粒的效果。

　　微合金碳氮化物在奥氏体中析出时，它们主要是在各种晶体缺陷上形核，特别是在形变而未再结晶的奥氏体中应变诱导析出时，晶界、亚晶界和位错上形核沉淀占绝对优势。在晶界、亚晶界处沉淀析出的碳氮化物能有效地钉扎晶界和亚晶界使其难于运动，从而有效地阻止了奥氏体晶粒的粗化。但必须适当地控制碳氮化物在晶界和亚晶界上沉淀析出量及沉淀析出过程，以防止它们聚集长大。在位错处沉淀形核的碳氮化物分布均匀，能有效地阻止奥氏体的再结晶，也能阻止晶界运动起到细化奥氏体晶粒的作用。而且位错处沉淀形核的碳氮化物，相对来说质点的粗化速率较小，所以尺寸较小，大多数情况下能保持在 10nm 左右。适当压低沉淀温度，既能有效地控制晶界、亚晶界上的沉淀析出的相对分量，又能有效地增加位错密度（位错网络）和位错处沉淀所占的相对分量。

　　在平衡状态，沉淀量主要取决于平衡固溶度积关系。但是在控制轧制工艺条件下，能产生应变诱导的作用，所以奥氏体中沉淀析出的碳氮化物量将有可能超过平衡固溶度积关系所预测的量。换句话说，形变将使碳氮化物沉淀析出量增大，且形变沉淀温度越高，这种差异越明显，如图 4.16 所示。

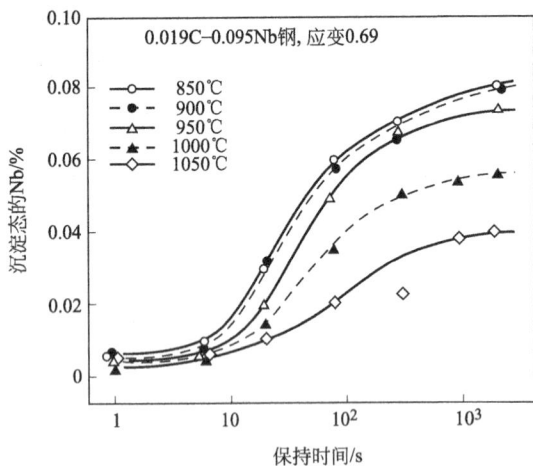

图 4.16 0.019C-0.095Nb 钢中应变诱导沉淀
Nb（CN）动力学过程[23]

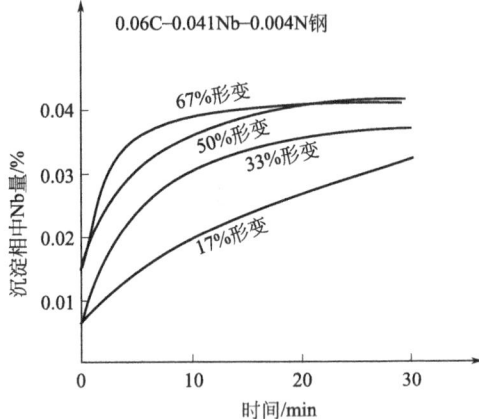

图 4.17 0.06C-0.041Nb-0.004N 钢在 900℃
时形变量对沉淀过程的影响[23]

目前，已基本掌握了微合金钢碳氮化物沉淀析出的动力学规律。形变使发生碳氮化物沉淀析出反应过程的时间缩短，而且形变量越大，沉淀析出反应进行的速度越快。如图 4.17 所示，表示了应变量对 0.06C-0.041Nb-0.004N 钢在 900℃时 Nb（CN）在奥氏体中的沉淀过程。将各温度下达到相同沉淀相体积分数的试验点在温度-时间坐标图中表示出来，即可得到沉淀析出反应的 PTT 曲线。图 4.18 为 0.06C-0.074Nb 钢未形变状态下的 PTT 图与 0.06C-0.084Nb 钢 980℃一道次压下 30% 后再在 925～815℃ 温度范围内等温所得到的 PTT 图的比较。由图可知，Nb（CN）在奥氏体中的沉淀具有 C 曲线的特征，而且在 980℃ 的形变也使沉淀反应明显地提前，大致使沉淀反应提前约一个时间数量级。

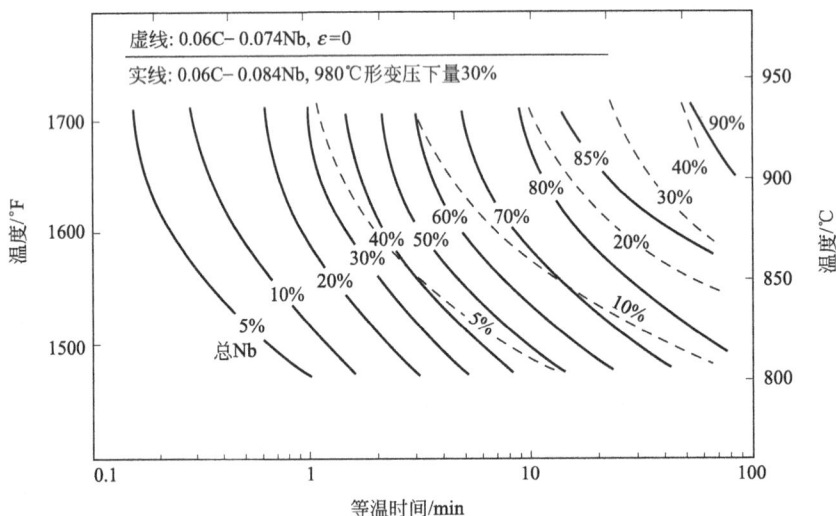

图 4.18 形变对 Nb(CN) 在奥氏体中沉淀析出的影响（时间-温度-沉淀量图）[23]

目前的研究工作表明，微合金碳氮化物在奥氏体中沉淀析出动力学过程主要具有以下一些明显的特点[23]。

① 沉淀析出动力学 PTT 曲线为典型的 C 曲线，具有一个最快沉淀析出的温度。对 Nb(CN)，最快沉淀析出温度大致在 900~950℃，对 VN，大约在875~900℃，而 TiC 大约在 1000℃左右。

② 形变将显著加速碳氮化物的沉淀析出过程。30％~50％的形变一般可使碳氮化物的沉淀析出反应在 10s 时间内就可开始。图 4.19 为形变量对 Nb(CN) 50％沉淀时间的影响。可以看出，Nb(CN) 50％沉淀所需的时间与形变量自己存在近似的直线关系。奥氏体中固溶的合金元素一般将推迟碳氮化物的沉淀析出过程。

③ 在奥氏体中应变诱导沉淀析出的碳氮化物比较细小。这些碳氮化物尺寸一般小于 10nm，当然随时效时间的延长也将聚集长大。由于形变增大了体系的

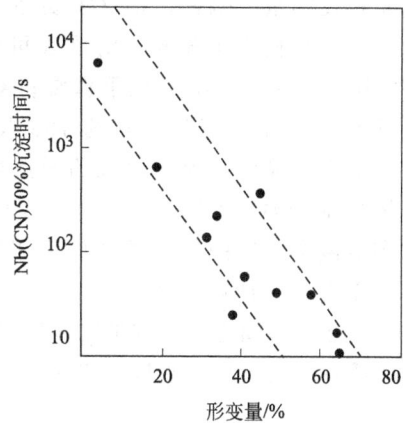

图 4.19 Nb(CN) 在奥氏体中沉淀析出 50％所需时间与形变量的关系[23]

储存能，这种碳氮化物的粗化速率要比无应变奥氏体中析出的碳氮化物质点更大。

4.3.4 第二相质点在奥氏体中的长大规律

要得到比较缓慢的第二相粗化速率，必须要求：①第二相与基体的界面能要低；②第二相中的控制组元元素在基体中具有很低的扩散系数；③第二相中控制组元元素在基体中具有很低的溶解度。另外，第二相体积分数对粗化速率也有一定影响。

对于微合金钢来说，各种碳化物、氮化物与奥氏体间的界面能相差不大，因此，界面能不是影响粗化速率的主要因素。后两个因素因具有指数型的变化规律，变化范围特别大，所以对粗化速率的影响也就特别显著。

当体系达到亚稳态分布后，根据 Gibbs-Thomson 效应，可推导得到 Ostwald Ripening Process（Ostwald 熟化过程）的表达式。Ostwald 熟化过程也是第二相质点粗化过程，其粗化速率可简单表示为：

$$\bar{r}_t^3 - \bar{r}_0^3 = m^3 t \qquad (4.8)$$

式中，$\bar{r}_t$ 为 t 时刻的粒子平均半径；$\bar{r}_0$ 为初始的粒子平均半径；m 为粗化常数。不同第二相的 m 是不同的，比较 m 值的大小，可了解各种第二相的粗化特征，见表 4.2 所列。

表 4.2 各温度下各种微合金碳化物、氮化物的粗化速率[23] 单位：$nm/s^{1/3}$

温度/℃	VC	TiC	NbC	VN	TiN	NbN
900	0.505	0.235	0.216	0.193	0.0721	0.130
950	0.804	0.365	0.377	0.304	0.112	0.228
1000	1.23	0.545	0.629	0.459	0.169	0.383
1050	1.82	0.789	1.00	0.669	0.246	0.616
1100	2.62	1.11	1.55	0.949	0.348	0.955
1150	3.65	1.52	2.31	1.31	0.478	1.43
1200	4.96	2.02	3.34	1.76	0.641	2.08
1250	6.59	2.63	4.70	2.31	0.839	2.95
1300	8.56	3.38	6.45	2.98	1.08	4.07

表 4.2 的数据表明，VC 的粗化速率最大，TiN 的粗化速率最小。在实际微合金钢成分设计和生产中，可根据组织与性能的要求和各碳化物、氮化物的粗化速率，选择微合

金元素及其量。例如，钢材需要在某一温度下保温1000s，且为了防止晶粒长大而要求第二相质点半径小于5nm。由该表可知：对于VC沉淀合金系，只能在约900℃以下保温；对NbC，可在约980℃以下保温；对TiC，可在约990℃以下保温；对VN可在约1010℃以下保温；而对NbN可在约1030℃以下保温；TiN则更为稳定，可在约1160℃以下保温。如阻止晶粒长大所要求的质点半径为10nm，则可采用的保温温度对上述各沉淀合金系将分别为约980℃、1050℃、1090℃、1110℃、1110℃和1290℃以下。应说明的是，大多数微合金钢的化学成分均低于理想化学配比，所以有关沉淀合金系质点的粗化速率将低于表中的计算数据。

当然，时间也是影响第二相质点尺寸的重要因素。在同样的粗化速率下，时间越短，第二相质点的长大越不明显。这在实际生产中具有很重要的意义。

4.4 微合金钢 γ→α 相变的控制

细化晶粒的方法一般有相变细化晶粒、形变细化晶粒和再结晶细化晶粒等。形变细化晶粒可分为奥氏体区形变细化和铁素体区形变细化。再结晶细化晶粒也可分为奥氏体再结晶细化和铁素体再结晶细化。再结晶细化和形变细化一般都是在同一形变过程之后发生的，它们之间必然存在着密切的联系和区别。是否发生再结晶是两者之间的显著区别。如发生了再结晶，则细化晶粒的效果主要来自于再结晶而形变细化只有很小的作用；如未发生再结晶，则细化晶粒的作用将完全取决于形变细化的贡献。微合金元素对形变细化或再结晶细化的影响，正是通过其对再结晶过程的影响而充分发挥作用的。

4.4.1 γ→α 相变细化晶粒

微合金钢中最重要的相变细化晶粒方法是轧制形变后的 γ→α 相变细化晶粒。控制 γ→α 相变过程，在钢铁材料的热处理中具有特别重要的意义。目前，主要是靠通过控制冷却速度即控制相变的过冷度、尽量压低相变温度以及尽量增加新相的形核位置来实现晶粒细化的。对于微合金钢来说，如何控制好热轧后或正火时的这一次 γ→α 相变过程以获得尽可能大的晶粒细化效果，是研究与生产的一个重大问题。因此，γ→α 相变细化晶粒是微合金钢最为重要的强韧化方式之一。

微合金钢经 γ→α 相变后得到的组织中最重要、最常见的组织是铁素体加珠光体。随着碳含量的不断减少，钢中珠光体也不断减少，所以许多微合金钢中 γ→α 相变的主要产物是铁素体（包括针状铁素体）。图4.20为薄板坯连铸连轧生产V-N微合金钢的晶粒组织，晶粒大小在3～5nm。在微合金钢中，影响铁素体性能的主要组织因素是铁素体晶粒度、铁素体基体中的位错密度和铁素体基体中沉淀析出的第二相质点。

一般来说，在 γ→α 相变发生的温度范围内，相变温度越低，相变后所得到的铁素体晶粒越细小。因此，γ→α 相变细化晶粒就是要在 γ→α 相变温度范围内，采用各种方法使 γ→α 实际相变温度尽可能地降低。从而获得尽可能大的细化晶粒

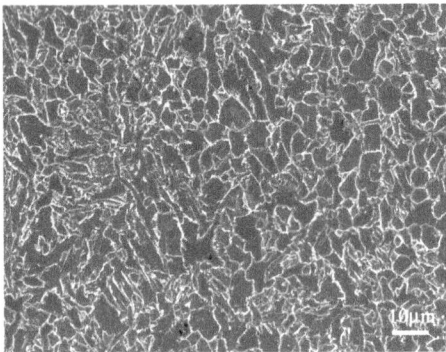

图 4.20 薄板坯连铸连轧生产
V-N 微合金钢的晶粒组织
0.07C-1.4Mn-0.11V-0.02N（由霍向东提供）

效果。主要途径有降低 $\gamma \rightarrow \alpha$ 相变临界温度 Ar_3 和增大实际相变的过冷度。因此，绝大部分微合金钢中都加入了 1% 以上的 Mn 作为合金元素，以降低 $\gamma \rightarrow \alpha$ 相变临界温度。一般情况下，提高钢淬透性的因素均将降低相变临界温度，冷却速度越大，$\gamma \rightarrow \alpha$ 相变实际开始温度越低。在一般的微合金钢中，并不有意加入提高钢淬透性的合金元素，也不能采用非常激烈的冷却方式，主要是通过控制钢材终轧后的冷却速度来达到控制 $\gamma \rightarrow \alpha$ 相变实际开始温度的目的。这就是微合金钢中普遍关注的控制冷却的问题。

一般微合金钢空冷、雾冷甚至穿水冷却时，其 $\gamma \rightarrow \alpha$ 相变实际开始温度均在 $600 \sim 750$℃ 范围内，$\gamma \rightarrow \alpha$ 相变实际终了温度均在 550℃ 以上。微合金钢 $\gamma \rightarrow \alpha$ 相变基本上完全是以非均匀形核方式进行的，形核位置主要是奥氏体晶界和奥氏体中的形变带，所以细化奥氏体晶粒和奥氏体中的亚结构将大大增加铁素体晶粒的形核率，从而有效地产生相变细化晶粒效果。因此，在 $\gamma \rightarrow \alpha$ 相变前，通过形变和再结晶细化奥氏体晶粒与亚结构就具有相当重要的意义。

冷却速率是影响实际相变开始温度的重要因素之一。这里的冷却速率是指从 Ar_3 温度到实际相变开始温度之间的冷却速率，在大部分情况下，也即终轧温度至约 600℃ 温度范围内的冷却速率。在这一温度范围内快速冷却，可有效地压低 $\gamma \rightarrow \alpha$ 相变开始温度，从而获得较大的相变细化晶粒的效果。目前，控制冷却已在微合金钢生产中得到了广泛应用。

在轧制过程中，材料组织是在温度-应力(变)-时间三因素作用下动态变化的。$\gamma \rightarrow \alpha$ 相变前的奥氏体刚刚经历了轧制形变，如轧制形变后奥氏体晶粒未发生再结晶，则晶粒将存在形变储存能。特别是在现代高速轧制过程中，有部分能量会保留在被变形的材料中，即形变储存能。这部分能量将引起体系自由能的变化，并转变为相变的驱动力，对 $\gamma \rightarrow \alpha$ 相变过程产生相当显著的影响。形变储存能的存在降低了 $\gamma \rightarrow \alpha$ 相变的临界形核功，从而增大了相变非均匀形核率。设 ΔG_D 为形变储存能为，ΔG_V 为体积自由能变化，ΔG_E 为应变能，ΔG_S 为表面能，则体系自由能变化方程为[24]：

$$\Delta G = -V(\Delta G_V - \Delta G_E) + \Delta G_S - \Delta G_D \tag{4.9}$$

4.4.2 第二相质点在铁素体中的沉淀析出

4.4.2.1 相间沉淀

相间沉淀 (interphase precipitation) 是一种台阶长大机制，$\gamma \rightarrow \alpha + K$(K 为析出粒子，一般为碳氮化物) 转变的长大模型如图 4.21 所示[16]。图 4.22 示意了伴随碳化物的析出，铁素体向奥氏体推进时奥氏体中的浓度分布。图 4.22(a) 左边的剖面线代表已析出的铁素体，由于在奥氏体界面处形成了铁素体，所以使界面处奥氏体一侧的碳浓度升高；由于相界面处奥氏体碳浓度的增大，使铁素体进行长大受到了抑制。如果在相界面处析出碳化物，将使界面处奥氏体碳浓度降低，如图 4.22(b) 所示，图中的间断线表示析出的碳化物颗粒；这样因为碳化物的析出，又改变了相界面处的浓度分布，从而使铁素体转变继续进行，相界面向奥氏体中推进，又提高了相界面处奥氏体碳浓度，如图 4.22(c) 所示，图中中间的空白区域表示新形成的铁素体。

碳氮化物 K 的形核长大受 Nb、V、Ti 等合金元素和 C、N 原子在铁素体中的扩散所控制。碳氮化物

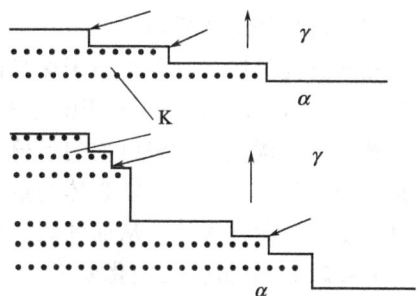

图 4.21 相间沉淀长大机理
（均匀或不均匀台阶）

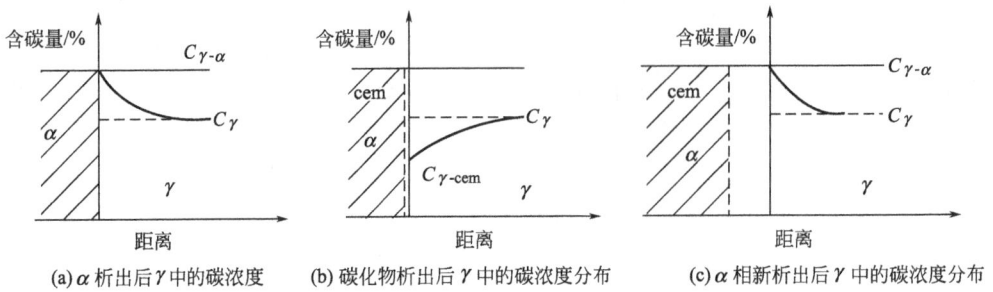

(a) α析出后γ中的碳浓度　　(b) 碳化物析出后γ中的碳浓度分布　　(c) α相新析出后γ中的碳浓度分布

图 4.22　伴随碳化物的相间析出，奥氏体转变为铁素体

周期性地在 γ/α 界面上形核，相界向前推移后，主要长大速率是在铁素体中进行的。由于温度相对较低，合金元素的扩散系数小，所以碳氮化物的长大很慢，并且是细小而有规律的弥散分布。由于这些界面一般为共格或半共格，界面能量比较低，界面可动性差，而在台阶面上是非共格的，能量比较高，可动性也大，形核较困难，因此碳氮化物只能在 γ/α 界面上形核。每一个台阶面沿界面移动一次，界面就前进一台阶的高度，碳氮化物的行间距就是台阶面高度。所以当金相截面近似垂直界面时，看到的是整齐排列的一行行碳氮化合物粒子，而当金相截面近似平行界面时，则看到的是杂乱而弥散分布的碳氮化物质点。

一般认为，$\gamma \rightarrow \alpha$ 转变是按台阶机制长大的，受界面控制；而碳氮化物粒子的形核长大是受铁素体中的扩散所控制的。

如 γ/α 相界面是弯曲的且具有高能量的界面，或界面能高的平直相界面，只能以珠光体界面的迁移方式推进。这时，碳氮化物的沉淀析出方式将发生明显的变化，即由相间沉淀变为纤维状沉淀。沉淀质点仍然在 γ/α 相界面上优先形核析出，并且由于界面能高，所以沉淀质点的形核比相间沉淀方式更容易，其临界形核功通常为 0。因此纤维状沉淀无需热激活就能形核（无需形核时间），其沉淀析出过程主要是长大过程。另外，因为相界面能高，原子排列混乱的程度较大，所以溶质原子的扩散也较快，使质点的长大也较快。γ/α 相界面是连续推进的，因此沉淀相也将沿着 γ/α 相界面推进方向连续形成。研究表明，纤维状沉淀的铁素体与奥氏体之间并不存在任何明确的位向关系。

大部分合金碳化物（如 VC、NbC、TiC 等）都会发生这两种形态的沉淀。有时这两种形态的沉淀还交叉发生。研究表明，降低钢中含碳量和适当增大冷却速度将加快 $\gamma \rightarrow \alpha$ 转变而有利于相间沉淀；特别是 Nb、Ti、V 微合金元素的加入将明显促进相间沉淀。

碳氮化物的相间沉淀对增大钢的强韧性贡献是较大的，因此必须采取有效的措施来促进相间沉淀而避免纤维状析出。目前，通过化学成分的优化设计和控制轧制工艺已能在微合金钢中完全避免纤维状析出。

相间沉淀是属于一种类似于珠光体相变的共析转变，又称为退化珠光体、疑似珠光体或变态珠光体（degenarate pearlite）。事实上，相间沉淀仅在一定的温度范围内才能发生。在许多情况下，碳氮化物将以均匀形核沉淀或位错形核沉淀方式析出。显然，钢中含碳量、含氮量的降低将增大先共析铁素体的量，从而使基体沉淀的分量增大。适当的冷却速度将可能得到完全的针状铁素体，从而使碳氮化物完全以位错形核沉淀或均匀形核沉淀的形式析出。

4.4.2.2　弥散沉淀强化效果

早期的研究就发现，用 Nb、V、Ti 等元素微合金化钢在控轧后，得到的强度值比传统理论计算值要高得多。到 1963 年才弄清楚是由于 NbC 等类型碳氮化物质点的弥散析出提高了强度。在铁素体温度区域沉淀析出微合金碳氮化物可大幅度地提高钢的强度，所以弥散沉淀强化在微合金钢中是仅次于细晶强化的很重要的强化方式。

在微合金钢通常的成分范围内，通过适当的加工处理条件可得到体积分数在 0.02%～0.3%范围内的 M(CN) 相质点。要使体积分数如此微小的第二相质点产生明显的强化效果，就必须使质点尺寸足够的细小。一般来说，在微合金钢中第二相质点平均直径大于 10nm 就不可能有明显的强化效果了。在通常的加工条件下，在铁素体中析出的质点明显小于在奥氏体中沉淀析出相应的碳氮化物，而且其尺寸均匀性也显著为佳，分布均匀性也好。微合金钢中在铁素体区沉淀析出的 Nb(CN) 和 TiC 质点的平均尺寸在 1.5～5nm 的范围内，V(CN) 质点的平均尺寸在 5～10nm 的范围内。随着沉淀温度的降低，沉淀质点尺寸略有减小。

微合金碳氮化物在铁素体中沉淀析出时，主要有下列几种形核沉淀方式：相间沉淀、纤维状沉淀（片层状珠光体形式）、铁素体基体中的一般沉淀和位错沉淀。无论是相间沉淀还是一般沉淀，碳氮化物质点在单个晶粒内基本上是均匀分布的，碳氮化物的这种析出方式对提高钢的强韧性是非常有利的。

钒元素既可在 $\gamma \rightarrow \alpha$ 相变过程中相间析出，又可在铁素体中一般析出。相间析出在较高温度范围形成，一般析出在较低温度发生。对于钒微合金化结构钢，这两种析出情况如图 4.23 所示[25]，大约在 680～850℃发生相间析出，从大约 700℃开始出现不完全的相间沉淀。随着温度的下降，从 $\gamma \rightarrow \alpha$ 相变后的过饱和铁素体中均匀沉淀析出将逐渐占主要地位。

图 4.23 V(C,N) 在铁素体中相间析出和一般析出的温度区间

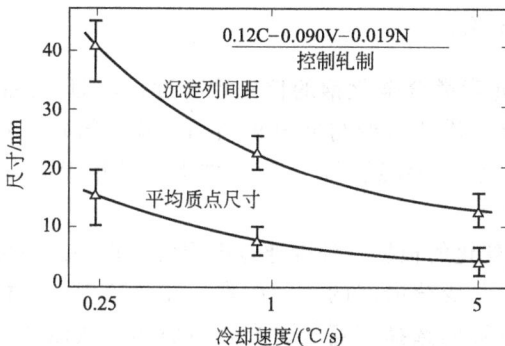

适当增大轧后控制冷却的冷却速度，可使碳氮化物的沉淀温度降低，因而也使沉淀质点尺寸减小。图 4.24 为 V 微合金钢相间沉淀的 V(CN) 质点尺寸随轧后冷却速度的变化[23]，可见冷却速度越快，质点尺寸越细小。图 4.25 为 0.06C-0.106Ti-0.45Cr-0.27Cu-0.2Ni 微合金钢中纳米析出物 TiC 的形貌和分布，析出粒子尺寸一般都在 10nm 以内。

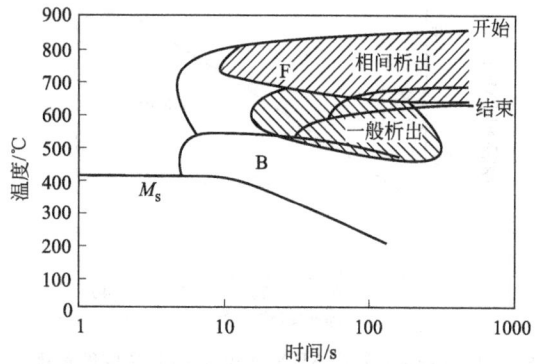

图 4.24 V-N 钢控轧后冷却时相间沉淀 V(CN) 列间距及质点尺寸随冷却速度的变化

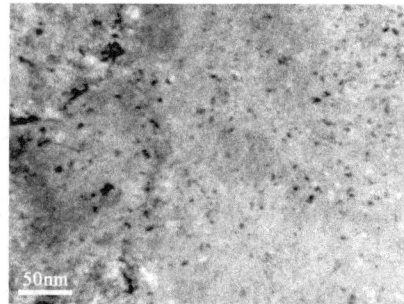

图 4.25 高 Ti 钢中纳米析出物的形貌和分布
0.06C-0.106Ti-0.45Cr-0.27Cu-0.2Ni（由霍向东提供）

控制冷却速率可有效地提高钢的强度。例如，对含 0.08% V-0.05% Nb-0.1% Ti-

0.09%C-1.8%Mn-0.25%Si-0.2%Cu-0.1%N 的微合金化钢[25]，图 4.26 示出了在 800～500℃温度范围内冷却速率对钢屈服强度的影响。由图可见，在此温度范围内随冷却速率的增大，钢的屈服强度呈线性提高，冷却速率每增加 1℃/s，屈服强度提高 4.1MPa。图 4.27 给出了成分为（0.056%～0.075%）C-(0.12%～0.13%) V-(0.0150%～0.0205%) N-(0.010%～0.055%)Mo 的微合金化钢屈服强度随冷却速率的变化规律[25]。很明显，屈服强度随冷却速率的增大而显著提高。其原因是冷却速率增大将降低 $\gamma \rightarrow \alpha$ 相变温度，导致相变后珠光体片层间距减小，且提高铁素体的形核速率，使铁素体晶粒细小，改善了钢的强度和韧性。冷却速率增大还抑制了 V 在相变前或相变过程中析出，促进碳氮化物在多边形铁素体内的弥散沉淀，从而显著地提高了沉淀强化的有效性。

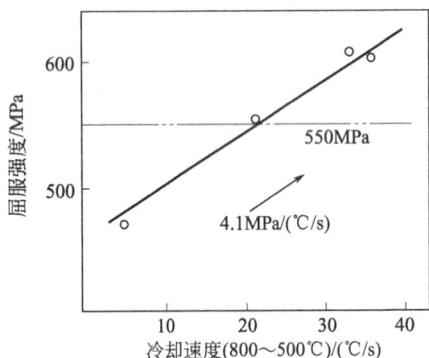

图 4.26　冷却速率对 API5LX80 钢屈服强度的影响

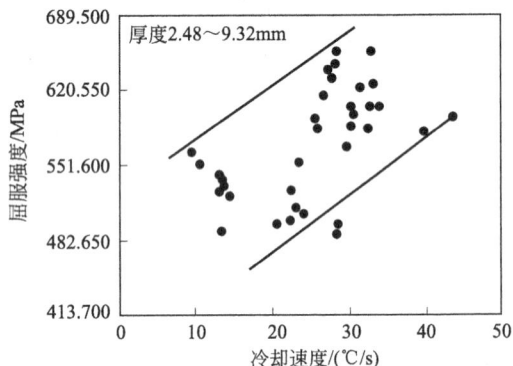

图 4.27　冷却速率对微合金化钢屈服强度的影响

根据实验室模拟薄板坯连铸连轧实验结果，计算不同工艺不同钢种钢的沉淀强化增量和细晶强化增量[25]。研究表明，细晶强化增量为 205～251MPa，沉淀强化增量为 86～424MPa。对于同一成分的钒微合金化钢，采用 1200℃高的均热温度、低的终冷温度（560℃）工艺的钢带，较采用其他工艺的钢带沉淀强化增量大。这说明高的均热温度使微合金元素充分溶解，为低温析出提供了化学驱动力，低的终冷温度可以促进细小沉淀质点大量析出，从而贡献了较大的沉淀强化增量。

到目前为止，用微合金化钢代替传统的低强钢，用非调质强韧钢代替传统的调质钢，已经很成熟，并在汽车、机械等工业领域得到了广泛的应用。

本 章 小 结

对于含 Ti、Nb、V 等强碳（氮）化物形成元素微合金化钢的控轧控冷过程，即 "T-σ-t" 三元处理过程中发生的组织演化过程，主要有奥氏体形变与回复再结晶、碳（氮）化物的溶解与沉淀析出、奥氏体-铁素体转变等。这些组织演化过程在一定条件下又是互相影响、互相制约、互相协调和互相竞争的。

唯物辩证法认为外因是变化的条件，内因是变化的根据，外因通过内因而起作用。在微合金化钢中，Ti、Nb、V、N 等微量合金化元素是成分内因的主导因素。在此基础上，材料系统在 "T-σ-t" 外因条件下，实现了各相变过程的选择与竞争、配合与协调，从而达到了组织控制的目的。

当然，"T-σ-t" 三元处理过程是非常复杂的。自然界物质系统的功能表现为系统与外界环境的相互作用。自然界物质系统的结构与功能的关系是辩证的。存在多种情况：组成要素不同，系统的功能也不同；组成系统结构的要素相同，但结构不同，系统整体功能也不相同；组成系统的要素与结构都不同，但却具有相似甚至相同的功能。或组成系统的要素与结构都相似或相同，却具有不同的功能；同一结构系统，不仅只有一种功能，可能有多种功能，即同一结构系统的多功能效应[5]。图 4.28 归纳了微合金化钢控轧控冷过程中在"T-σ-t"三元协同作用下的组织演化规律和要点。

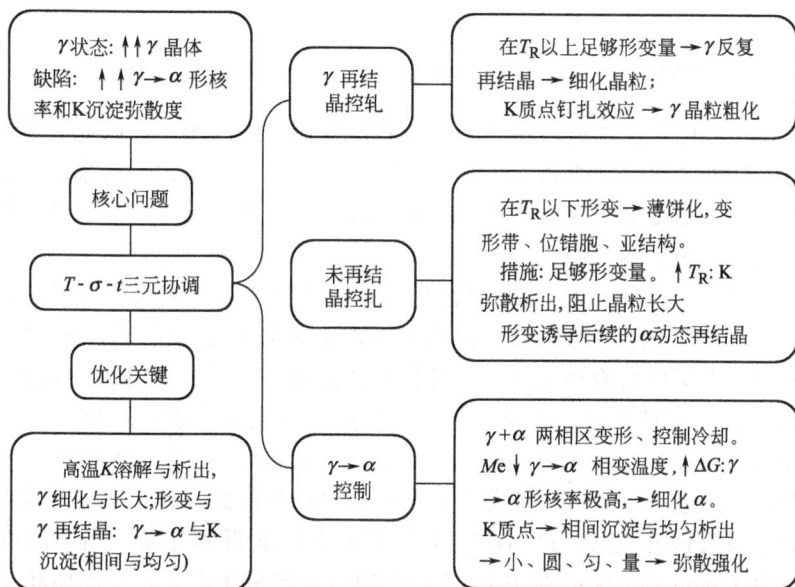

图 4.28 微合金钢控轧控冷过程的"T-σ-t"三元协同作用下的组织演化

相变过程具有竞择性是材料科学中的普遍现象。相变过程必须沿着能量降低的方向进行。但进行的途径和结果一般都有几种可能性。究竟发生什么样的变化过程，主要取决于该变化条件下的热力学和动力学的综合影响因素。因此，了解材料组织演化过程的竞择性原理对材料的研究和过程设计与控制是非常重要的[16]。例如，在高温形变过程中，形变细晶和再结晶长大有竞争。温度高时，再结晶长大占优势；温度低时，形变细晶占优势。

思考题与习题

4-1 什么叫控制轧制？

4-2 什么叫控制冷却？

4-3 典型的控制轧制主要分哪三个不同轧制阶段？每个阶段有什么特点？

4-4 奥氏体再结晶区控制轧制的作用是什么？

4-5 试述奥氏体未再结晶区控轧控冷后获得的组织特征。

4-6 Ti、Nb、V、N 等微合金元素在控轧控冷过程的主要作用是什么？

4-7 试分析第二相质点在控轧控冷过程中的溶解和析出规律。

4-8 试分析温度-应力（变）-时间三元动态处理过程的关键问题。

4-9 微合金碳氮化物在奥氏体中沉淀析出动力学过程的特点是什么？

4-10 什么叫相间沉淀？相间沉淀对钢的性能有什么影响？

4-11 试分析控制 $\gamma\rightarrow\alpha$ 相变过程在微合金钢控轧控冷过程中的重要意义。

4-12 简述微合金化钢获得最佳强韧化的工艺和组织因素。

4-13 试述在微合金钢中，微合金化、控制轧制和相间沉淀析出之间的关系。并说明微合金化钢的工程意义。

5 马氏体相变与马氏体

(Martensite Transformation and Martensite)

由于在工业生产中广泛地应用钢淬火工艺获得强化组织马氏体，因此对钢中马氏体相变和马氏体形态与性能的研究首先得到重视，积累了比较丰富的知识。后来，人们对有色金属合金和陶瓷等马氏体相变的研究也多借鉴于钢。所以，有关马氏体相变和马氏体方面的概念是材料科学中很重要的基础知识。

早期的马氏体（Martensite）是高碳钢经淬火后得到的显微组织。为了纪念德国冶金学家 A. Martens 在钢铁显微结构研究方面的贡献，法国著名的冶金学家 F. Osmond 在 1895 年建议将这种显微组织命名为马氏体，并将其相变过程称为马氏体相变。因此，在 19 世纪末、20 世纪初人们主要是局限于研究钢中的马氏体相变及其产物马氏体。后来发现马氏体相变在许多金属、合金和化合物中都可观察到，近年来在大量的陶瓷材料中也有出现。

由于实验技术的进一步发展，随着人们在各种材料的研究过程中对相变及其产物的认识不断深入，对于马氏体相变及马氏体的定义也在不断地得到正确和全面的描述。例如，M. Cohen、G. B. Olson 和 Clapp 在 1979 年给出的马氏体相变定义：马氏体相变是一种实际上没有扩散的点阵畸变式的结构转变，它的切变分量和最终形态变化应当足以使转变过程中动力学及形态受应变能控制。1992 年，G. B. Olson 定义马氏体相变为"由切变主宰，点阵畸变、形核和长大的无扩散相变"。在 1995 年国际马氏体相变会议上，根据 M. Cohen 教授的提议，专门安排了一个单元讨论马氏体相变定义。在会上，徐祖耀院士阐述了自己的观点[30]，"马氏体相变为替换原子无扩散切变（原子沿相界面作协作运动）、使其形状改变的一级、形核-长大型的相变"。

有些转变也具有位移式、无扩散两个特征。例如：铁电性相变，旧相是顺电性的（paraelectric），新相是铁电性的，这是由于极化的自发变化产生的。铁磁性转变是顺磁相转变为铁磁性。这些转变也都具有均匀点阵形变，同时也是无扩散的。所以位移式、无扩散是马氏体相变的两个主要特征，但不是充分条件。具备这两个特征的不一定就是马氏体相变，马氏体相变只是位移式无扩散相变的其中一类。当然改组型转变不能属于马氏体相变，具有切变、浮凸、晶体学关系特征的贝氏体相变受控制于扩散，也不是马氏体相变。另外，固相转变的形状变化以体积变化为主的也不能算入马氏体相变。如纯铈在室温以下的转变是位移式无扩散的，从一面心结构到另一面心结构，体积减少 16%，但没有切变。其原因是铈原子的电子结构发生了变化，4s 电子挤入 5d 状态，导致了原子半径的变化。

现在，大家基本上得到了共识：马氏体相变在本质上是属于晶格畸变为主、无成分变化、无扩散的位移式相变。

5.1 马氏体组织形态

5.1.1 钢中马氏体形态

马氏体相变所得到的产物为马氏体。刘宗昌[3]根据马氏体相变和马氏体组织的本质属性，将马氏体定义为：马氏体是原子经无需扩散切变位移的不变平面应变的晶格改组过程得到的具有严格晶体学关系和惯习面的，形成相中伴生极高密度位错或层错、精细孪晶等亚结构的整合组织。马氏体的性能与马氏体的组织形态密切相关。钢中马氏体的组织形态随钢的碳含量、合金元素以及马氏体的形成温度等因素的改变而变化。钢中的马氏体形态主要有五种：板条状马氏体、透镜片状马氏体、薄板状马氏体、蝴蝶状马氏体和薄片状马氏体。其中板条状马氏体和透镜片状马氏体最为常见。

5.1.1.1　板条状马氏体

板条状马氏体 (lath martensite) 一般是在含碳量低于 0.20％～0.25％（质量分数，下同）的钢中形成的典型马氏体组织，其典型显微组织形貌如图 5.1 所示。在中碳钢中也会形成部分板条状马氏体，只是混合马氏体组织，因此，确切地说板条状马氏体是低碳的过冷奥氏体发生马氏体转变的组织产物。板条状马氏体中，每个板条群是由若干个尺寸大致相同的板条所组成，这些板条以大致平行且方向一定的方式排列，组成一个板条束。一个奥氏体晶粒中可以形成几个板条群（领域），一般为 3～5 个，群与群之间的位向差比较大。马氏体板条的立体形态一般为扁条状或薄板状，每一个板条均为单一晶态。每条马氏体宽度不一，呈对数正态分布，一般在 0.025～2.25μm 之间，出现频率最大的板条宽度为 0.15～0.20μm。由于板条状马氏体的显微组织由许多成群的板条组成，所以称为板条状马氏体。图 5.2 示意了板条状马氏体组织的构成。图中 A 是由平行排列的板条状马氏体束组成的区域，称为板条群。在一个板条群内又可分为几个平行的像图中 B 这样的区域，是由相同位向的马氏体板条组成的。几个平行的同位向束组成了一个板条群。一般情况下，一个板条群是由两组同位向板条束交替形成，这两组同位向板条束之间可以大角度界面相间，但也有一个板条群主要由一种同位向板条束构成的情况（图中 C 区域）。而一个同位向板条束又由平行排列的板条组成，如图中 D 所示。

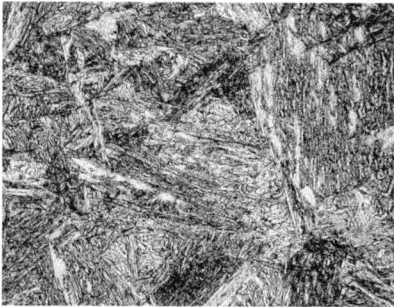

图 5.1　16Mn 钢的典型板条状
马氏体组织（500×）

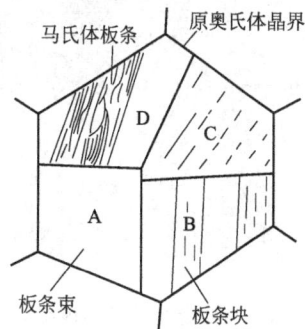

图 5.2　板条状马氏体
组织构成示意

板条状马氏体中的亚结构 (substructure) 主要为密度较高的位错，经电阻法测量其密度大约为 $(0.3～0.9)×10^{12} cm^{-2}$。在板条内有时也会存在一些相变孪晶，但只是局部的，数量很少，不是板条状马氏体主要的亚结构形式，因此也常称为位错型马氏体。因为只在低含碳量的情况下产生，也有称为低碳马氏体。

板条状马氏体与母相奥氏体具有 K-S 的晶体学位向关系，惯习面一般为近 $\{111\}_\gamma$，以双面金相法测定 Fe-C 合金马氏体的惯习面为 $\{557\}_\gamma$。

5.1.1.2　透镜片状马氏体

透镜片状马氏体 (plat emartensite 或 lenticular martensite) 是另一种典型的马氏体，

常见于高碳钢及高镍的铁-镍合金中。其立体形貌呈双凸透镜状，在金相截面上则为针状或竹叶状，所以又称为针状马氏体。图 5.3 为含碳量 1.8% 的高碳钢中片状马氏体，图 5.4 为 Fe-32Ni 高镍合金的马氏体组织。由图可见，透镜片状马氏体的显微组织特征为片间不相互平行，而成一定的角度。在一个成分均匀的奥氏体晶粒内，形成的第一片马氏体往往能贯穿整个奥氏体晶粒而将晶粒分为两半，使以后形成的马氏体片大小受到了限制，一般情况下马氏体片不互相穿越，也不穿过母相晶界和孪晶界。因此，透镜片状马氏体的大小不一，愈是后形成的马氏体片愈小。由此可见，透镜片状马氏体的大小几乎完全取决于奥氏体晶粒大小。图 5.5 示意了透镜片状马氏体组织在光学显微镜下的特征。

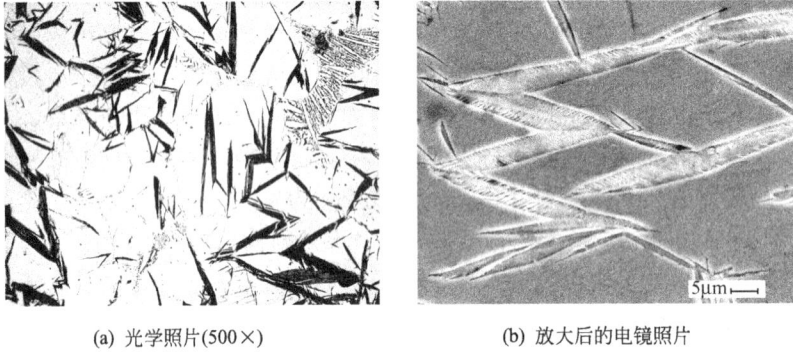

(a) 光学照片(500×)

(b) 放大后的电镜照片

图 5.3　高碳钢（1.8%C）片状马氏体

图 5.4　高镍合金的马氏体组织（500×）

（Fe-32Ni，冷至 77K，含 12% 残留奥氏体）[30]

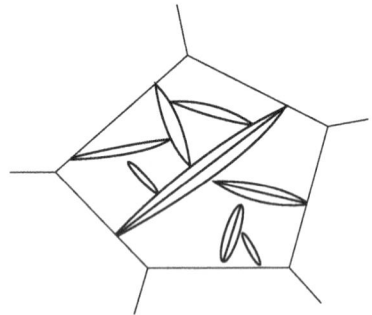

图 5.5　片状马氏体组织示意

在中碳钢中常形成针状马氏体和板条马氏体的混合马氏体组织，图 5.6 和图 5.7 分别为含碳量 0.57% 钢和 45 钢的混合马氏体组织形貌。

透镜片状马氏体的亚结构为很细的孪晶（twin），由于高碳针状马氏体的亚结构是以孪晶为主，所以又称为孪晶型马氏体。在片状马氏体中常能见到有明显的中脊，关于中脊面的形成机理目前还不很清楚。图 5.8 为 Fe-29.8Ni 合金光镜斜照明照片，图 5.9 为片状马氏体的薄膜试样经透射电镜所获得的极细孪晶亚结构。由图可见，粗大的马氏体片中间有明显的中脊面，并显示了中脊面两侧局部有孪晶，宽距约 5nm，孪晶往往不是横贯马氏体片，而在片的边缘附近出现了复杂的位错组列。孪晶区的大小与合金的 M_s 温度有关，M_s 温度愈低，马氏体片内的孪晶分布愈广，以至于完全为孪晶。

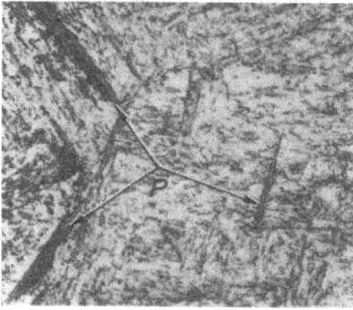

图 5.6　0.57%C 钢的混合马氏体组织（100×）
（箭头处为片状马氏体）[30]

图 5.7　45 钢水淬组织（混合马氏体）
（500×）

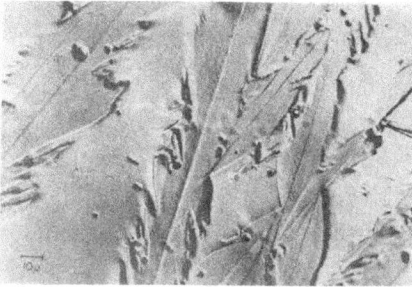

图 5.8　Fe-29.8Ni 合金光镜斜照明照片[30]
[H₂O₂（30%）及 H₃PO₄（70%）浸蚀]

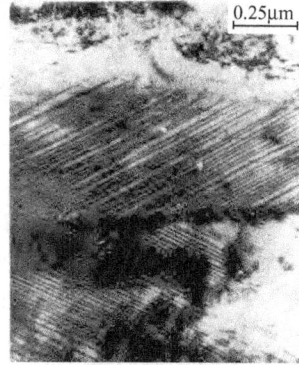

0.25μm

图 5.9　Fe-32Ni 合金片状马氏体孪晶亚结构
（TEM 照片）[30]

图 5.10 为 Fe-32Ni 合金马氏体片相遇时的情况。由图可见，当马氏体片相遇时，先形成的马氏体片内形成形变孪晶，并在中脊区发生割阶。因此，可以想象马氏体片在形成互相碰撞时，是非常激烈的。图中左右两边的马氏体片和中间形成的马氏体片位向不同，浸蚀效应不同，因此中间马氏体片内孪晶显示很清楚。

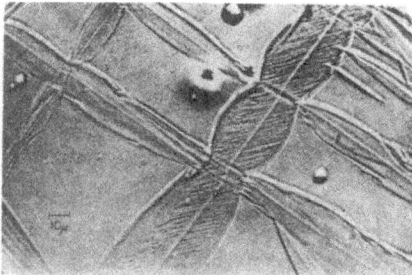

图 5.10　Fe-32Ni 合金马氏体片
相遇时的情况[30]

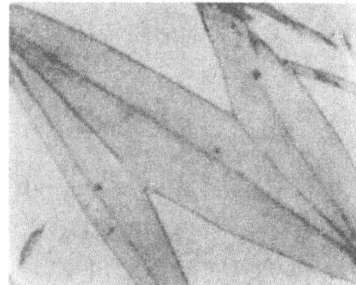

图 5.11　钢中 {259} 型马氏体
（6000×）[30]

片状马氏体的惯习面及位向关系与形成温度有关。形成温度高时，惯习面为 {225}γ，与奥氏体的位向关系为 K-S 关系；形成温度低时，惯习面为 {259}γ，与奥氏体的位向关系为西山关系。{259}γ 型片状马氏体（如 Fe-1.86C）可以爆发形成，爆发形成的片状马氏体常呈 Z 字形，如图 5.11 和图 5.3(b) 所示。图中可明显看到马氏体片中间具有中脊，两片马氏体相交的界面是一个平面，相邻两片状马氏体在中脊面和交界面以相同的角度呈对称位置。其形成机理比较复杂[30]，一般认为在马氏体片增厚之前，中脊面必须形成，而且中脊面扩展速率必须大于增厚速率，否则其交界面不会是平面，同时片的增厚速率是相等的，才能使两片的中脊面和交界面互呈对称。

高碳针状马氏体中经常会存在微裂纹，这是高碳钢淬火易发生开裂的重要原因之一。当回火不及时或回火不足时，它在淬火宏观应力作用下，可以发展成为晶内的宏观开裂或晶界开裂。形成微裂纹的原因是：由于高碳的片状马氏体塑性很低，在相互碰撞时不能作相应的形变来消除应力，以至于造成碰撞处的应力足够大时就形成了微观裂纹。图 5.12 显示了这种高碳片状马氏体形成时所产生微裂纹的情况。

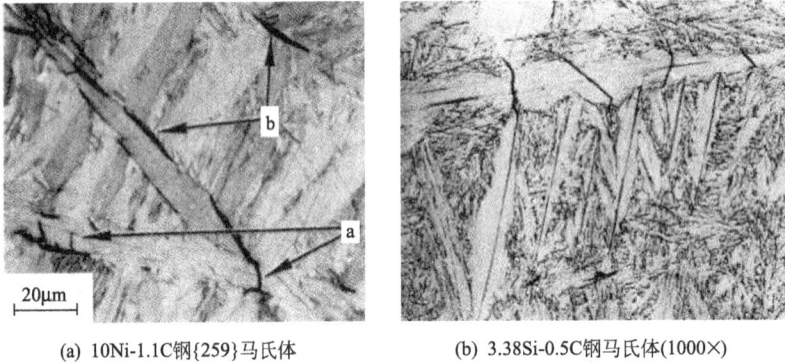

(a) 10Ni-1.1C钢{259}马氏体

(b) 3.38Si-0.5C钢马氏体(1000×)

图 5.12　透镜片状马氏体形成时碰撞所产生的微裂纹[30]

5.1.1.3　ε 马氏体形态

在层错能较低的 Fe-Mn-C、Fe-Mn-Cr、Fe-Cr-Ni 等合金中有可能形成具有密排六方点阵（hexagonal close-packed lattice，HCP）的 ε 马氏体，形态呈薄板状。这种 ε 马氏体片很薄，一般在 100～300nm，往往呈魏氏组织状态。ε 马氏体的亚结构为大量的层错，惯习面为 $\{111\}_\gamma$。一般来说，ε 马氏体相的金相组织特征可分为五种形态，如图 5.13 所示：A 为简单交叉成一定角度的 V 字形的 ε 相分布；B 为网格状的 ε 相分布；C 为平行的 ε 相线条；D 为区域内接近正交的 ε 相分布；E 和 F 两侧成对称分布的 ε 相线条，呈羽毛状分布。图 5.14 为 Fe-19Mn 高锰钢中的 ε 马氏体，图 5.15 为 Fe-33Mn-7Cr 钢在室温下形成的 ε 马氏体和形变诱发 ε 马氏体的形貌特征。

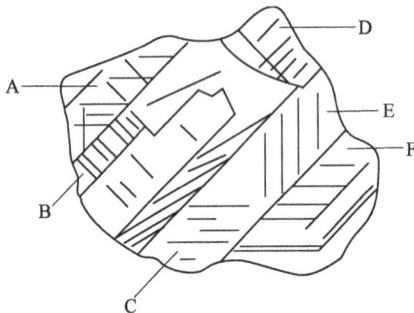

图 5.13　ε 马氏体主要特征示意

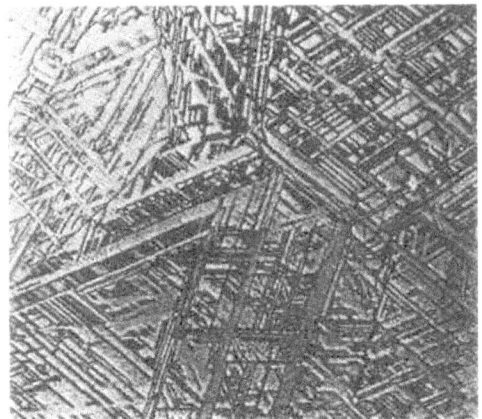

图 5.14　Fe-19Mn 高锰钢中的
ε 马氏体，2%硝酸酒精 （1000×）[30]

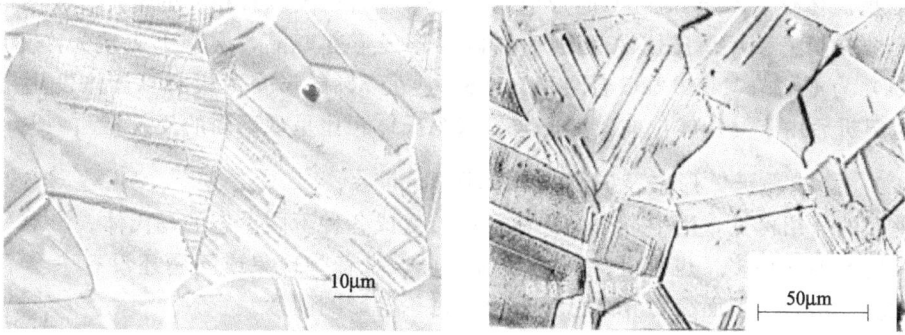

(a) 对称羽毛状ε马氏体

(b) 诱发的ε马氏体特征

图 5.15　Fe-33Mn-7Cr 钢形变诱发 ε 马氏体[33]

马如璋等研究了铁锰合金中发生的 $\gamma \leftrightarrow \varepsilon$ 马氏体相变[31]。杨延清等[32]利用光学金相、X 射线衍射及透射电镜研究发现高锰无磁钢具有两种不同的板条组织和 ε 马氏体的扭折形态，认为固溶淬火形成的断续状短板条及形变诱发形成的细长板条都是由 ε 马氏体和 FCC 孪晶所组成。

一些奥氏体不锈钢和高锰奥氏体钢在超低温下会发生马氏体相变，而马氏体相变的类型、相变机理以及马氏体的形貌和亚结构的影响因素较多，很复杂。早期，人们单纯从奥氏体的屈服强度、层错能的大小以及相变驱动力等因素来作为马氏体形貌和亚结构的判据，但其适用范围较窄，有时还会自相矛盾。从奥氏体相变结构参数 S 来讨论马氏体相变，解决了以往的一些不足和矛盾[34]。

5.1.1.4　其他马氏体形态

（1）蝶状马氏体　在 Fe-Ni 合金或 Fe-Ni-C 合金中，在一定温度范围内发生马氏体相变时，有可能出现一种蝶状马氏体。这种马氏体的立体形状为 V 形柱状，其金相截面往往呈现蝴蝶形，两翼之间的夹角一般为 136°，所以常称为蝶状马氏体。研究证实，蝶状马氏体的亚结构为高密度位错，与母相的晶体学关系基本上符合 K-S 关系，两翼的惯习面为 $\{225\}_{\gamma}$，两翼相交的结合面为 $\{110\}_{\gamma}$。在翼中可能有中脊，也可能没有中脊。到目前为止，关于蝶状马氏体不清楚的问题还很多。

（2）薄板状马氏体　在 M_s 点低于 $-100℃$ 的 Fe-Ni-C 合金中可观察到一种厚约 $3 \sim 10\mu m$ 的薄板状马氏体。薄板状马氏体的立体形态呈薄板状，可以扭折、分枝和交叉。薄板状马氏体的惯习面为 $\{259\}_{\gamma}$，与母相之间的晶体学位向关系符合 K-S 关系，板内的亚结构为 $\{112\}_{\alpha}$ 孪晶，孪晶宽度随碳含量的升高而降低，无中脊。

当两片薄板状马氏体相遇时，对形态产生影响。图 5.16（b）为 Fe-30.7Ni-0.28C 合金

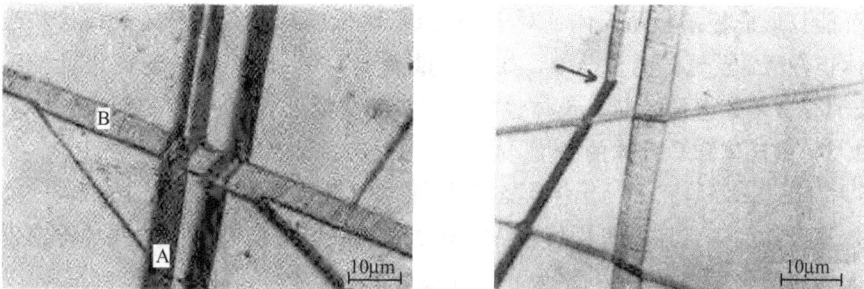

(a) Fe-33.5Ni-0.22C合金

(b) Fe-30.7Ni-0.28C合金

图 5.16　Fe-Ni-C 合金薄板状马氏体发生相交（a）和扭折（b）的情况[30]

在1000℃奥氏体化后冷至－196℃时形成的马氏体A与马氏体B相交的情况。由图可知，形成的马氏体B受另一片马氏体A相遇后在内部形成形变孪晶，宏观上表现为产生了扭折。图5.16(a)为Fe-33.5Ni-0.22C合金经－196℃应变5%的形变薄板状马氏体发生扭折的情况，发生扭折后由于马氏体位向改变使与原来马氏体相比呈现不同的反差。

5.1.2 影响马氏体形态及其亚结构的因素

由上面的介绍可见，钢中过冷奥氏体可以转变成各种不同形态的马氏体。影响马氏体形态及亚结构的因素很多，也很复杂，到目前为止，对有些现象或问题还没有一个清楚的解释，尚无统一认识。下面简要介绍已经提出或讨论的影响因素。

5.1.2.1 化学成分

钢中过冷奥氏体的化学成分是影响马氏体形态及其亚结构的主要因素，尤其以含碳量最为重要。一般认为，碳钢中含碳量0.3%（质量，下同）以下形成板条状马氏体，含碳量0.3%～1.0%之间为板条状马氏体和透镜状马氏体的混合组织。但在不同资料中，关于板条状马氏体过渡到透镜状马氏体的碳浓度界限并不一致。在Fe-Ni-C合金中，马氏体的形态及亚结构也与含碳量有关。随着含碳增加，马氏体形态由板条马氏体向透镜状及薄板状马氏体转化。

在其他合金中，凡是缩小γ相区的合金元素均促进板条状马氏体的形成；凡扩大γ相区的合金元素将有利于透镜状马氏体的形成。除了Cu、Co元素外，能显著降低奥氏体层错能的合金元素将促使形成薄片状ε马氏体的形成，如Mn。

5.1.2.2 马氏体的形成温度

一般情况下，随马氏体形成温度的降低，马氏体的形态将按下列顺序转化：板条状→蝶状→透镜片状→薄板状，其亚结构由位错转化为孪晶。由于马氏体是在$M_s \sim M_f$的温度范围内形成的，所以对于一定成分的奥氏体来说，也有可能转变成几种不同形态的马氏体。例如，在Fe-Ni-C合金中可以形成板条状、蝶状、透镜片状和薄板状等四种形态马氏体。这几种形态马氏体的形成温度范围与含碳量及M_s点的关系如图5.17所示。由图可知，透镜片状和薄板状马氏体的形成温度都随钢含碳量的增加而升高；对于M_s点高的奥

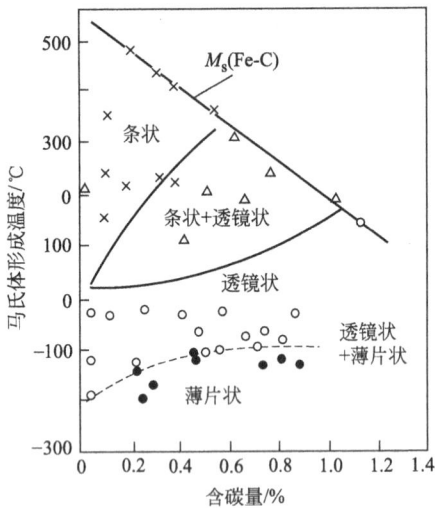

图5.17 Fe-Ni-C合金各类形态马氏体形成的温度范围[17]

氏体，有可能只形成板条状马氏体；对于M_s点低略低的，有可能形成板条状和透镜片状的混合马氏体；在M_s点更低的合金中，如含碳量大于1.0%时，形成透镜片状马氏体；而在M_s点极低的合金中，透镜片状马氏体也不再形成，只能形成薄板状马氏体。

5.1.2.3 奥氏体和马氏体的强度

Davis和Magee等研究了马氏体形态变化规律与奥氏体强度之间的关系[17]。根据试验结果提出，马氏体的形态还与奥氏体在M_s温度时的屈服强度有关。马氏体形态是以M_s温度时的奥氏体屈服强度（206MPa）为界限而变化，奥氏体屈服强度在206MPa以上，形成惯习面为$\{259\}_\gamma$的透镜片状马氏体，而在这个界限以下，则形成惯习面为$\{111\}_\gamma$的板条状马氏体或惯习面为$\{225\}_\gamma$的片状马氏体。

另外还认为马氏体形态还与形成的马氏体强度有关。当奥氏体屈服强度低于 206MPa 时有两种情况，形成的马氏体强度较高时，为 $\{225\}_\gamma$ 片状马氏体；形成的马氏体强度较低时，为 $\{111\}_\gamma$ 板条马氏体。该假说可较好地解释因合金成分或 M_s 温度的改变而引起的形态变化。实际上，这假说所强调的奥氏体和马氏体强度，必然与合金元素及其量、奥氏体层错能等因素密切相关，所以这假说理论也不是孤立的。

5.1.2.4　奥氏体的层错能

Kelly 曾提出假说[17]，认为奥氏体的层错能（stacking fault energy）愈低，愈难于形成相变孪晶，而趋向于形成位错型板条状马氏体。在许多奥氏体层错能低的合金中，发现容易形成薄板状 ε 马氏体，例如 18-8 奥氏体不锈钢、高 Mn 的 Fe-Mn-Cr 系奥氏体钢的层错能比较低，即使在液氮温度下也只形成位错型 ε 马氏体。

奥氏体的密排面是 $(111)_\gamma$，晶体的孪生、位错的滑移和 ε 马氏体相变都在 $(111)_\gamma$ 面上发生，而奥氏体的层错能对孪生、位错运动和 ε 马氏体相变，甚至形变、断裂等材料行为的特性都有很大的影响，所以层错能是奥氏体钢的一个重要的参数[33]。层错能不仅影响了强度及形变特性，还影响马氏体相变临界点及其相变特性、相变产物。在 M_s 温度的相变驱动力与母相的层错能及应变能有关[30]，可根据层错能的变化来解释奥氏体孪晶、层错及 ε 马氏体的形成规律[35]，层错能对马氏体形态及马氏体亚结构的形成也有强烈的影响。

5.1.2.5　相变临界切应力

M_s 温度决定于 T_0 及奥氏体的强度，而马氏体的亚结构的形成应当决定于不均匀切变的方式——滑移形成位错，孪生形成孪晶[30]。Thomas 认为成分和温度决定滑移和孪生的相变临界分切应力（critical resolved shear stress），因而决定了马氏体亚结构的形态。图 5.18 示意了滑移、孪生临界分切应力和 M_s、M_f 温度对马氏体亚结构的影响。图中的箭头表示相应线条可能移动的方向，这种移动是因为合金成分变化引起的。线条的移动将导致滑移-孪生曲线交点的移动。由图也可知，低碳钢的 M_s、M_f 温度都比较高，产生滑移所需的临界分切应力低于引起孪生的临界分切应力，因此得到高密度位错的板条马氏体。相反，高碳钢的 M_s、M_f 温度都比较低，孪生的临界分切应力较小，所以得到了孪晶型片状马氏体。如果滑移、孪生的临界分切应力相差不大或相近，则形成两种马氏体的混合组织。

对马氏体形态的控制因素，现在一般倾向于滑移和孪生的临界分切应力[30]。奥氏体中各种不同的马氏体相变，主要与各自的相对临界切应力大小有关。相变总是沿着相变阻力为最小的形状和途径进行的。设 τ_c^{SF} 为层错扩展形成 ε 相的临界分切应力，τ_c^α 是形成 α 马氏体的临界分切应力。合金元素对 τ_c^{SF}、τ_c^α 的影响如图 5.19 所示。合金成分可改变曲线的形状

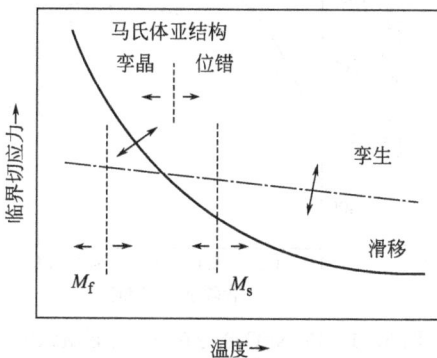

图 5.18　临界切应力决定马氏体亚结构的示意

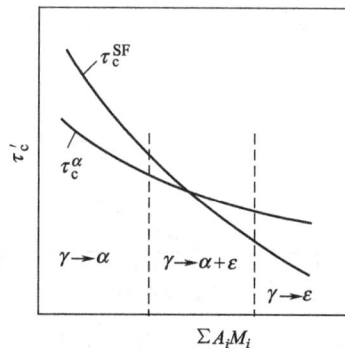

图 5.19　合金元素对 τ_c^{SF} 和 τ_c^α 的影响[33]

和相对位置。M_s、$M_{\varepsilon s}$ 主要取决于合金成分。M_s、$M_{\varepsilon s}$ 处于图中的位置决定了各临界分切应力相对大小，也就决定了其相变途径。

决定马氏体相变临界切应力的因素主要是 $\gamma_{SF}/(\sigma_S^{\gamma} \cdot b)$ 的比值[33]，其中 γ_{SF} 为奥氏体的层错能，σ_S^{γ} 为相变临界点温度时的奥氏体强度，b 是柏氏矢量。该比值定义为奥氏体相变结构参数，以 S 表示，S 为无量纲参数。当 $S>0.65$，将可能产生 α 马氏体相变；$S<0.4$，将可能产生 ε 马氏体相变；S 在 0.65～0.35 时，则可能产生 $\alpha+\varepsilon$ 相变。

5.2 马氏体组织的性能特性

对钢件进行淬火处理是要获得相应的组织，以达到强化的目的。对于一般的工业应用，要求材料的强度与塑性、韧性之间有合理的配合。而钢经热处理强化后的力学性能与淬火得到的马氏体性质有着密切的关系。下面主要介绍马氏体的硬度、强度、韧性等力学性能。

5.2.1 马氏体的强度与硬度

钢中马氏体最主要的性能特性是高硬度、高强度，其硬度随含碳量的增加而提高。但当含碳量达到 0.6% 时，淬火钢的硬度接近最大值，如图 5.20 所示。含碳量进一步增加，虽然马氏体硬度会有所升高，但系统中由于残留奥氏体量的增加，所以在宏观上钢的硬度反而会下降。固溶在马氏体中的合金元素对马氏体硬度影响不大。

使马氏体高强度的原因主要有相变强化、固溶强化和时效强化等。

(1) 相变强化 马氏体相变的切变特性使晶体内产生大量的位错、孪晶、层错等微观缺陷，使马氏体强化，其本质与形变强化一样。退火状态铁素体的屈服强度仅为 98～137MPa。实验证明，无碳马氏体的屈服强度为 284MPa，与形变强化铁素体的屈服强度很接近。这说明马氏体相变强化使强度提高了 147～186MPa。

(2) 固溶强化 钢中马氏体是碳及合金元素固溶于 α 相所形成的固溶体。但对马氏体硬度、强度起决定性作用的是碳原子。为严格区分碳原子的固溶强化和时效强化效应，Winehell 专门设计了一套 M_s 很低的含碳量不同的 Fe-Ni 合金，以保证马氏体转变时碳原子不可能发生时效析出。将合金淬火成马氏体后立即在 0℃ 测量其屈服强度，结果如图 5.21 所示曲线 1。由此可见，含碳小于 0.4%（质量）时，马氏体屈服强度随含碳量增加而迅速升高，而超过 0.4% 后屈服强度不再提高。

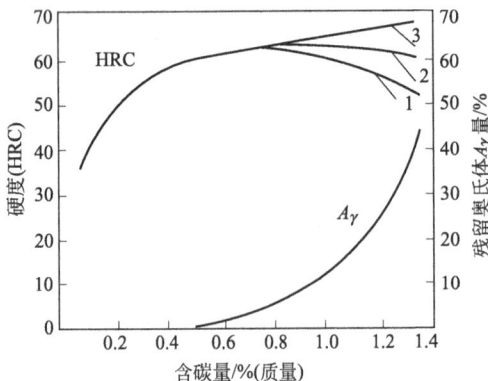

图 5.20 淬火钢的最大硬度与含碳量的关系[17]
1—高于 Ac_3 淬火；2—高于 Ac_1 淬火；3—马氏体硬度

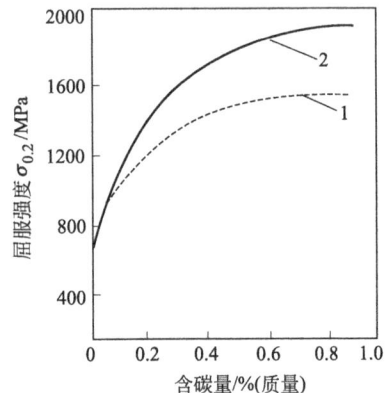

图 5.21 Fe-Ni-C 合金在 0℃ 时屈服强度与含碳量的关系[17]
1—淬火后立即测量；2—淬火后在 0℃ 时效 3h 测量

间隙原子碳固溶在马氏体中能产生强烈的强化效果，而固溶在奥氏体中则强化效应不大。这是为什么呢？奥氏体和马氏体中的碳原子均处于铁原子组成的八面体中心，但奥氏体中的八面体为正八面体，间隙原子碳溶入只能使奥氏体点阵产生均匀的膨胀；而马氏体中的八面体为扁八面体，即有一个方向上的铁原子间距比较小，间隙原子碳溶入后力图使其变成正八面体。这样的结果使扁八面体短轴方向上的铁原子间距增长了36%，而在另外两个方向上则收缩了4%，从而使体心立方变成了体心正方。并且，这种不对称的畸变产生了一个强烈的应力场，碳原子就在这个应力场的中心。这种畸变应力场与位错可产生强烈的交互作用，使马氏体的强度、硬度显著提高。

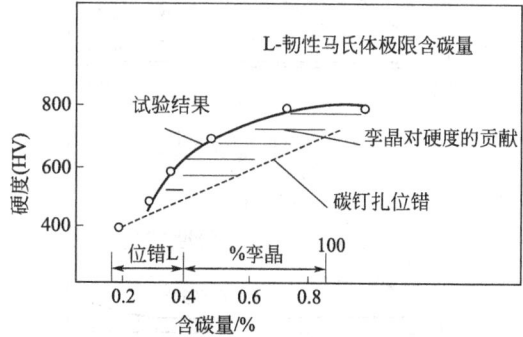

图 5.22　碳对合金马氏体硬度的影响
（−196℃，7天）[17]

（3）时效强化　由于碳原子极易扩散，即使在室温下就可通过扩散形成偏聚而产生强化。所以，实际生产中所得到的马氏体强度是包含了偏聚而引起的时效强化。从图 5.21 曲线 2 可知，如果淬火马氏体在 0℃时效 3h，再在 0℃测量其屈服强度，所得结果曲线 2 较曲线 1 有明显的提高，且含碳量越高，提高得越多。

（4）马氏体形态与大小　图 5.22 为含碳量对 Fe-C 合金马氏体显微硬度的影响，同时也示意地表示了亚结构对马氏体硬度的贡献与含碳量之间的关系，其中虚直线为碳钉扎位错的作用，横线部分表示孪晶亚结构对硬度的影响。当含碳量小于 0.3%（质量）时，马氏体中的亚结构基本上是位错，主要靠碳钉扎位错的固溶强化。含碳量大于 0.3% 后，形成了亚结构以孪晶为主的马氏体，孪晶对强度有一附加贡献。含碳量相同时，孪晶马氏体的硬度与强度略高于位错马氏体。当含碳量大于 0.8% 时，硬度不再增高，这是由于残留奥氏体增加所致。

另外，奥氏体晶粒大小与板条马氏体束大小对强度也有影响。奥氏体晶粒越小，板条马氏体束越细，强度就越高。实际上，就是细化组织强化。

5.2.2　马氏体的韧度

一般认为，马氏体硬而脆，韧度（toughness）很差。但事实上，马氏体的韧度也受含碳量及亚结构的影响，可以在相当大的范围内变动。图 5.23 是在镍铬钼钢含碳量对冲击韧度的影响，图中各钢号的平均含碳量（质量）：4315，0.15%；4320，0.20%；4330，0.30%；4340，0.40%；4360，0.60%。由图 5.23 可见，含碳量小于 0.4% 时，马氏体具有较高的韧度，含碳量愈低，韧度愈高。含碳量大于 0.4% 时，马氏体韧度较低，变得硬而脆，即使经过低温回火，韧度仍然不高。从图中还可知道，含碳量愈低，冷脆转变温度也愈低。因此，从保证材料的韧度考虑，马氏体中固溶的含碳量不宜大于 0.4%～0.5%。

除含碳量外，马氏体的亚结构对韧度也有显著的影响。图 5.24 是含碳量 0.17% 及 0.35% 的铬钢经淬火及回火后的屈服强度与断裂韧度之间的关系。不同的强度是通过淬火成马氏体并经不同温度回火得到的。由图可知，在相同的屈服强度下，位错型马氏体的断裂韧度要比孪晶型马氏体高得多。这是因为孪晶型马氏体的滑移系少，应力集中在晶界上，位错不易运动，而使断裂韧度较低。图 5.25 表明钢经回火后仍然具有这种规律。位错型马氏体

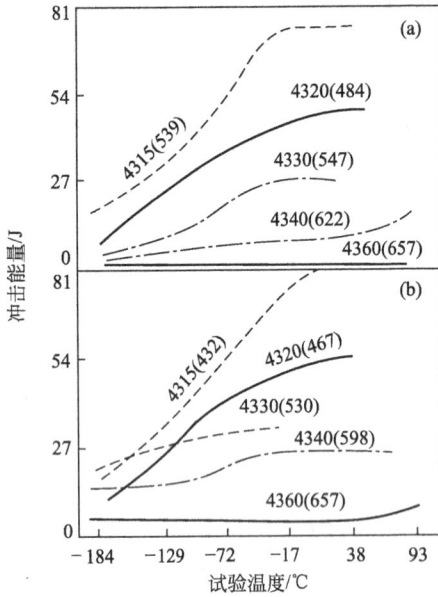

图 5.23 镍铬钼钢含碳量对冲击韧度的影响[30]
(a) 马氏体；(b) 低温回火马氏体
(括号内数字是指显微硬度)

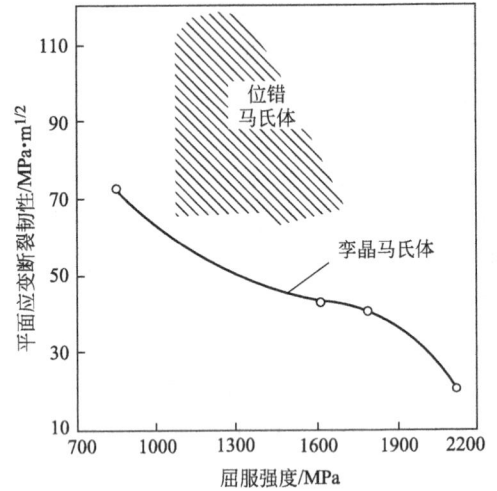

图 5.24 含碳量 0.17％及 0.35％的铬钢经
淬火及回火后的性能[30]

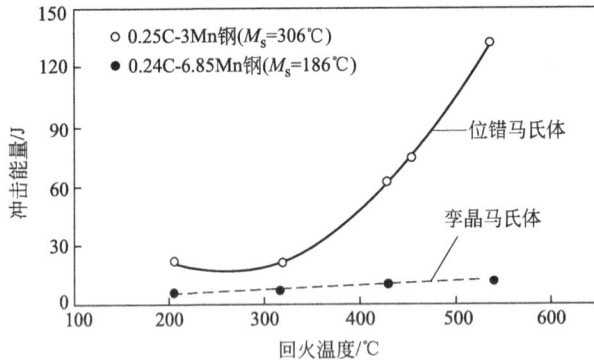

图 5.25 位错型马氏体与孪晶型马氏体经不同温度回火后的冲击韧度[30]

不仅韧度优良，而且还具有低的脆性转变温度、缺口敏感性低等优点。基于这一因素，在生产中总是想方设法获得位错型马氏体。

5.2.3 马氏体的相变塑性

在应力、应变作用下可以促进钢中的相变发生，而相变又可以诱发塑性。这两种现象称为应力诱发相变 (strain induced transformation) 和相变诱发塑性 (transformation induced plasticity)。如果将塑性变形强化和相变诱发塑性有机地结合起来，就可使钢获得很高的强度、塑性和韧度。

钢在马氏体相变过程中也会产生这两种现象，称为诱发马氏体相变和马氏体相变诱发塑性。马氏体相变诱发塑性的现象早就应用于生产，如加压淬火、加压冷处理和高速钢拉刀淬火时进行热校直等工艺，就是利用了马氏体相变诱发塑性的原理。

马氏体相变诱发塑性还可以显著提高钢的断裂韧度。图 5.26 是 9Cr-8Ni-2Mn-0.6C 钢

断裂韧度 K_{Ic} 与试验温度之间的关系。材料经 1200℃ 奥氏体化后水淬，再在 460℃ 挤压形变 75%，然后在不同温度下测出断裂韧度。由图可见，存在两个明显的温度区间。在 100～200℃ 高温区，因为在断裂过程中没有发生马氏体相变，K_{Ic} 很低，其值随温度降低而降低；在 20～－196℃ 的低温区，在断裂过程中伴随着马氏体相变，断裂韧度不仅没有下降，反而使 K_{Ic} 显著升高，较高温区的外推值高出 ΔK_{Ic}。这表明断裂过程中所发生的马氏体相变对断裂韧度作出了贡献。由图可得到该 ΔK_{Ic} 约为 63.8MPa·m$^{1/2}$。

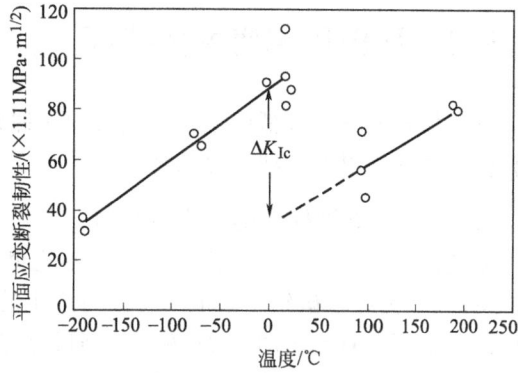

图 5.26　9Cr-8Ni-2Mn-0.6C 钢经 1200℃ 水淬再经 460℃ 形变 75% 后在不同 温度下的断裂韧度[30]

马氏体相变诱发塑性可从两个方面来理解[17]。

① 塑性变形容易引起材料中局部区域的应力集中，在应力集中部位，由于产生了诱发相变，能释放一些应力，使应力集中得到有效的松弛，从而能防止裂纹的形成。即使裂纹已产生，裂纹尖端的应力集中也会因诱发马氏体的产生而得到缓和，所以能抑制微裂纹的扩展。这样，在宏观上就提高了材料的塑性和断裂韧度。

② 在发生塑性变形的区域，有形变诱发产生的马氏体。诱发产生的马氏体使形变强化指数提高，所以有加剧加工硬化的作用，使已变形的区域继续发生变形变得困难。因此，推迟了应变时颈缩现象的出现，从而提高了材料的均匀塑性变形的能力。

马氏体相变诱发塑性的研究引起了材料和工艺的一系列变革。根据马氏体相变诱发塑性的原理，已设计了具有高断裂韧度的 TRIP（TRansformation Induced Plasticity）相变诱发塑性钢。TRIP 不仅具有高的强度、韧度和塑性，而且也有较好的抗应力腐蚀、抗氢脆的能力和焊接性。这种钢可用于对韧度要求特别高的零部件，适合于制造各种在低温下工作的高压容器，也可用于化工机械、海洋开发机械、船舶工业等领域。

5.2.4　马氏体的物理性能

钢中马氏体具有铁磁性和高的矫顽力，磁饱和强度随马氏体中碳及合金元素含量的增加而下降。马氏体的电阻较奥氏体和珠光体的高。

在钢的各种组织中，马氏体与奥氏体的比体积差为最大，表 5.1 是碳钢中各种组织的比容。由表中数据可知，在 20℃ 时，马氏体与奥氏体的比体积差为 0.0059～0.00065（C%）。当含碳量为 1% 时，差值为 0.00525cm^3/g。马氏体与奥氏体的比体积差，造成钢淬火时产生较大的组织应力，有可能导致淬火件的变形、扭曲和开裂。但是也可利用这一效应，在淬火钢表面形成残余压应力，以提高零件的疲劳强度。

表 5.1　碳钢中各种组织的比体积 （20℃时）[18]

组　　织	比体积/（cm^3/g）	组　　织	比体积/（cm^3/g）
铁素体	0.1271	奥氏体	0.1212+0.0033(C%)
渗碳体	0.130±0.001	铁素体+渗碳体	0.1271+0.0005(C%)
马氏体	0.1271+0.00265(C%)	贝氏体	0.1271+0.0015(C%)

5.3 马氏体相变主要特征

马氏体相变是在较低的温度下进行的一种无扩散型相变,相对于较高温度下发生的珠光体转变等过程,具有一些重要的特征。

5.3.1 马氏体相变的切变共格性

早期的实验就证明,马氏体相变在预先磨光的表面上出现有规则的倾动,产生表面浮凸。图 5.27 为在低碳钢中形成马氏体时产生的表面浮凸及其相对应的显微组织。表面浮凸现象的形成可示意地由图 5.28 说明。马氏体形成时,和它相交的试样表面发生倾动,一边凹陷,一边凸起,并且使母相奥氏体也突出表面,如图 5.28。所以在磨光表面出现部分突起、部分凹陷的浮凸现象。如图 5.28 所示,在相变前磨面上的直线划痕 XY,在相变后表面发生倾动,直线被折成 XZ。

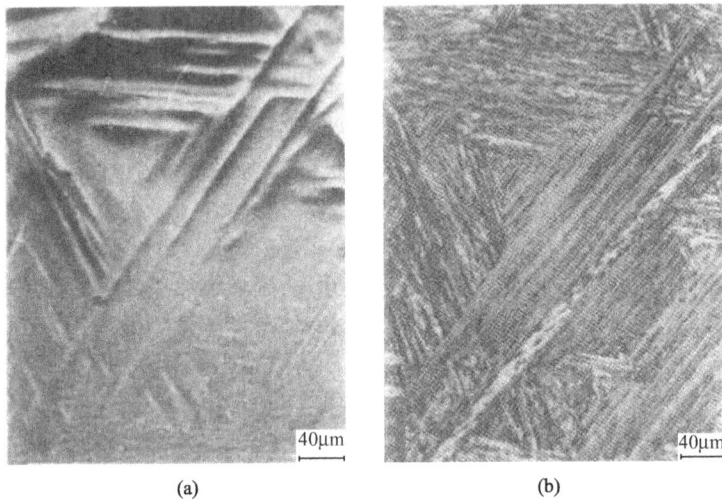

(a)   (b)

图 5.27 含碳量 0.2%(质量)钢马氏体的表面浮凸 (a) 及其相对应的显微组织 (b)[30]

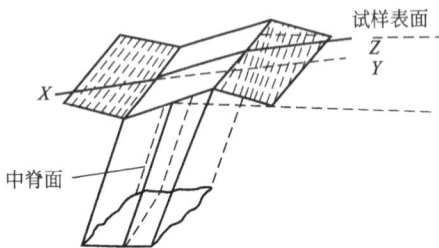

图 5.28 马氏体形成时所产生的表面倾动   图 5.29 马氏体和奥氏体切变共格界示意

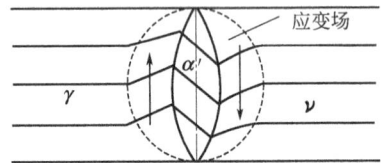

表面浮凸现象也表明了马氏体相变是通过点阵切变进行的。直线划痕在界面不折断、在晶内不弯曲的事实表明,马氏体相变时界面两侧的马氏体和奥氏体既未发生相对转动,该界面也未发生畸变,所以该界面被称为不变平面。马氏体和奥氏体之间界面上的原子是共有的,而且整个界面是互相牵制的,如图 5.29 所示。这种界面也称为切变共格界面,这种以切变维持的共格(coherent)关系也称为第二类共格(以正应力维持的共格关系为第一类共格)。在新形成的马氏体片内的线段 TT′ 仍然保持直线,只是长度有所改变。这也说明了原奥氏体中的任一平面在转变成马氏体后仍为一平面。在转变时所发生的具有这一特点的应变

只能是均匀切变（homogeneous shear），也就是说任何一点的位移与该点距不变平面的距离成正比的应变。这种在不变平面上所产生的均匀切变被称为不变平面应变。

共格界面的界面能比非共格界面能小，但其弹性应变能较大。新相长大时，原子只能作有规则的移动，而不改变界面的共格情况。

点阵不变切变（lattice invariant deformation）又称为点阵不均匀切变。为了减少应变能，马氏体相变过程在进行了第一次切变后，往往还会产生滑移或孪生现象。滑移留下了位错、层错，孪生形成了共格界面。所以把这些能消除部分应变能的滑移或孪生叫做点阵不变形变。这种形变不改变已经形成的点阵结构，也不改变体积，却改变了应变能，使体系的能量降低。对于一般的马氏体相变，均匀点阵切变是第一次切变，点阵不变形变是第二次切变，图 5.30 示意了马氏体相变的二次切变过程。

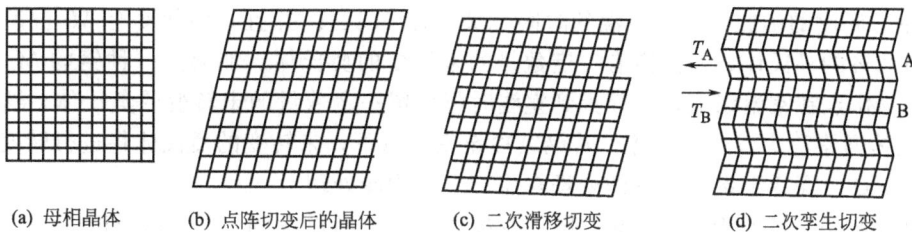

(a) 母相晶体　　(b) 点阵切变后的晶体　　(c) 二次滑移切变　　(d) 二次孪生切变

图 5.30　马氏体相变的 $G\text{-}T$ 模型二次切变过程

5.3.2　马氏体相变的无扩散性

马氏体相变过程只有点阵结构的改组而无成分的改变，在宏观上发生了均匀切变。因此，在马氏体相变过程中，母相点阵上的原子从一种排列转变到另一种排列应该是相互有联系的，并且是有规则地移动的。原来相邻的两个原子在相变后仍然是相邻的，它们之间的相对位移不超过一个原子间距。也就是说，原子不发生扩散就可进行马氏体相变。例如，钢中的奥氏体转变为马氏体，只是由面心立方点阵通过切变改组成了体心立方结构（或体心正方），而马氏体与奥氏体的成分是完全相同的，并且点阵中固溶的碳原子或其他合金元素的相对位置保持不变。

马氏体相变的无扩散性，并不是说转变过程中原子不发生移动。所谓的无扩散，是指母相以均匀切变方式转变为新相。相界面向母相移动时，原子以协调方式通过界面由母相转变为新相。所以，这样的转变过程被形象地称为军队式转变（military transformation）。

材料中的扩散有两种，一种是基本的，决定相变的进行；另一种是非基本的，转变并不依赖于扩散。马氏体相变具有无扩散性，相变过程并不依赖于扩散。例如板条状马氏体形成时，有可能存在碳原子的近程扩散而形成残余奥氏体薄膜。经实验测得，含碳量 0.27%（质量）的合金钢在淬火后的残留奥氏体（马氏体板条间）中碳含量可达 0.4%～1.04%。徐祖耀[30]对板条状马氏体形成过程中碳原子扩散进行了定量计算，证明了低碳马氏体形成时使残留奥氏体富碳所需的时间，跟得上或稍落后于板条状马氏体的形成，说明 M_s 温度较高的低碳钢马氏体相变时可能存在碳原子的短程扩散。

有无碳原子扩散，不是板条状马氏体形成的基本过程。板条状马氏体形成不受其控制及影响，所以仍然是马氏体相变。这种扩散叫做非基本扩散或偶然扩散。

扩散性相变则与马氏体相变过程不同，相界面向母相移动时，原子以散乱方式由母相转移到新相，每个原子移动的方向都是任意的，相邻原子的相对位移超过原子间距，原子之间的近邻关系受到破坏。最典型的是钢加热转变和珠光体转变。相对于马氏体相变来说，这种扩散型相变被比喻为平民式相变（civilian transformation）。

5.3.3 马氏体相变的非恒温性

马氏体相变是在一个温度范围内完成的，这一特征称为马氏体相变的非恒温性。

根据热力学理论，材料的相变总是存在一个临界温度。在一定的冷速条件下，奥氏体过冷到某一温度以下才能发生马氏体相变，这一温度称为马氏体相变开始温度，记为 M_s。当冷至某一温度以下时，马氏体相变不再进行，该温度用 M_f 表示，称为马氏体相变终了点。

在一般情况下，马氏体相变开始后，必须在不断降低温度的条件下，相变才能继续进行。如果冷却中断，转变也会停止。当奥氏体过冷到 M_s 以下任一温度时，不需要经过孕育，转变立即开始，并且以极大的速度进行，但转变很快停止，不能进行到终了。为了使转变能进行进行，必须降低温度，即马氏体相变是在不断降温的条件下才能进行。因此，马氏体转变量是温度的函数，而与等温的时间无关（图 5.31）。并且，即使冷至 M_f 温度后也不能得到 100% 的马氏体，而保留有一定数量的未转变的奥氏体。如果某一种钢的 M_s 点高于室温，而 M_f 点在室温以下，则淬火到室温时将保留一定数量的未转变的奥氏体，这些未转变的奥氏体通常称为残留奥氏体。若继续冷至室温以下，未转变的奥氏体将进行转变为马氏体直至 M_f 点。深冷至室温以下的处理在生产上称为冷处理。

对于某些 M_s 点低于 0℃ 的 Fe-Ni-C 等合金来说，当过冷到 M_s 点以下时，马氏体有可能爆发形成。最初形成的马氏体有可能促发一定量的奥氏体转变为马氏体，未转变的奥氏体同样必须在继续冷却过程中才能转变，且有可能再次爆发形成。在这种情况下，马氏体转变量与温度的关系如图 5.32 所示。

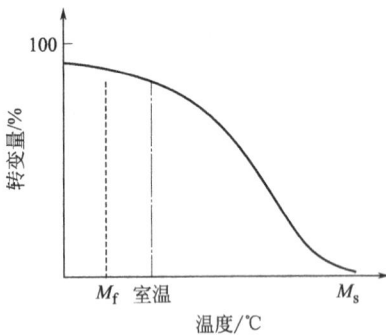

图 5.31 马氏体转变量与温度的关系[18]

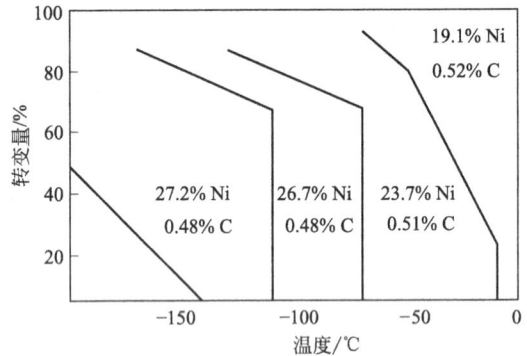

图 5.32 爆发式转变时的马氏体转变量与温度的关系[18]

有时还有一些 M_s 点低于 0℃ 的合金，如 Fe-Mn-Ni、Fe-Cr-Ni 以及高碳高锰钢等可以发生马氏体等温转变。其动力学特征与珠光体等温转变相似，也有"C"型曲线，不同点是等温转变的量不多，转变不能进行到终了。

5.3.4 马氏体相变的可逆性

在某些合金中，高温奥氏体相冷却时转变为马氏体；但重新加热时，已经形成的马氏体又可逆地转变为马氏体。这种现象就称为马氏体转变的可逆性。一般将加热时的马氏体转变称为逆转变，逆转变与冷却时所发生的马氏体转变具有相同的特点。与冷却时的 M_s 及 M_f 点相对应。逆转变的开始温度和终了温度分别以 A_s 和 A_f 表示。A_s 较 M_s 点高，二者之差值大小因合金而异。如 Au-Cd 等合金很小，仅 20～50℃，而 Fe-Ni 等合金的差值很大，在 400℃ 以上。这种低于（或高于）相变临界温度才开始相变的现象称为热滞后现象，A_s 到

M_s 之间的温度差称为热滞值，如图 5.33 所示。图 5.34 是热弹性的 Au-Cd 合金和非热弹性的 Fe-30％Ni（质量）合金的马氏体相变热滞现象。

在 Fe-C 合金中，目前还未直接观察到马氏体逆转变现象。除了钢铁合金外，大多数有色金属合金的马氏体相变是可逆的。冷却时母相转变为马氏体；而反向加热时，马氏体又转变为原来的母相。

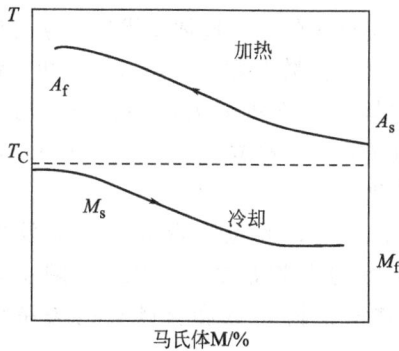

图 5.33　马氏体相变的热滞现象

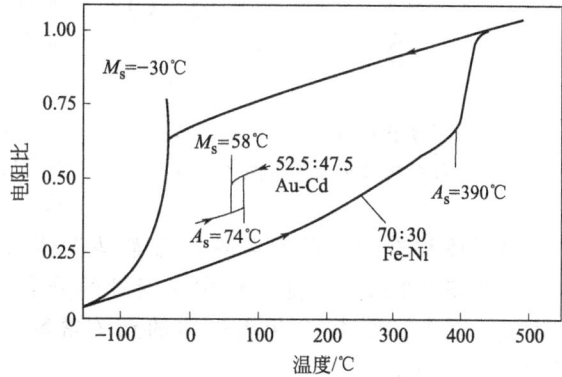

图 5.34　Au-47.5％Cd 和 Fe-30％Ni（质量）合金的马氏体相变可逆性与热滞现象[30]

许多论著中还列举了一些其他的马氏体转变特点。但应该说明的是，马氏体相变区别于其他类型相变的最基本、最本质的特点只有两个：一是相变以共格切变的方式进行，二是相变过程的无扩散性。所有其他的特点都可以由这两个基本特点派生出来。当然，在其他类型相变中，也有个别特点与马氏体转变相类似，如在贝氏体转变中也会观察到表面浮凸现象，但这并不能说明它们就是马氏体转变。

铁基合金的马氏体和有色金属合金马氏体，虽然都具备马氏体转变的基本特征，但有色金属合金的马氏体相变和铁基合金相比，在热力学、动力学、物理及力学性质等方面有较大的差别。

5.4　马氏体结构的晶体学

5.4.1　马氏体晶体结构

钢的马氏体转变是在低温下进行的，转变过程中不仅铁和置换型合金元素已不能扩散，而且碳原子也基本上难以扩散，转变时无成分的变化而只有点阵结构的改组，因此固溶于奥氏体中的元素全部保留在马氏体点阵之中。

奥氏体具有面心立方点阵，溶于奥氏体中的碳原子位于铁原子所组成的正八面体中心，如图 5.35(a) 所示。马氏体转变时，面心立方的奥氏体通过切变转变为体心立方的 α-Fe。此时，碳原子仍然在八面体中心，图 5.35(b) 给出了 α-Fe 点阵中可能存在的八面体中心，但体心立方 α-Fe 点阵的八面体不是正八面体而是扁八面体。在扁八面体的三个轴中有一个是短轴，短轴方向上的间隙仅为 0.038nm，而碳原子的有效直径为 0.154nm。因此，在平衡状态下，碳在 α-Fe 点阵中的溶解度极小，仅 0.006％。然而马氏体转变时，成分并不发生改变，碳原子仍然固溶在 α-Fe 点阵中，从而形成了过饱和的间隙固溶体。这样，势必引起扁八面体点阵发生畸变，使短轴伸长，长轴缩短。由图 5.35(b)，可以把所有八面体按短轴的取向分为三组：短轴平行于 X 轴的称为 X 取向，其中心为 X 位置；短轴平行于 $Y(Z)$ 轴

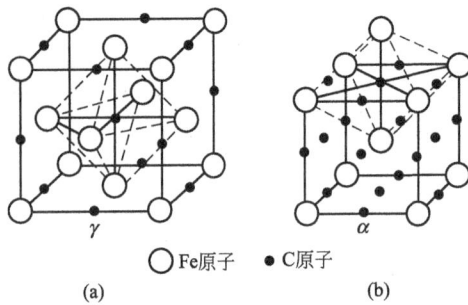

图 5.35 奥氏体（a）和马氏体（b）的
点阵结构及碳原子可能的位置

的称为 $Y(Z)$ 取向，中心为 $Y(Z)$ 位置。因此，位于 X 位置的碳原子将使点阵常数 a 伸长，b 和 c 缩短。如果碳原子在这三个位置上的分布概率相等，则马氏体应为立方点阵。但事实上，马氏体是体心正方点阵，可见碳原子在这三个位置上的分布概率是不相等的，可能优先占据其中某个亚点阵，呈现有序分布。通常取优先占据的位置为 Z 位置，所以点阵常数 c 将增大，a 和 b 将减小，α-Fe 的体心立方将变为体心正方。马氏体中的含碳量愈高，c 就愈大，a 和 b 愈小，正方度 c/a 也就愈大。

马氏体具有体心正方点阵，随着马氏体含碳量的不同，其点阵常数也相应发生变化。如图 5.36 所示，随着钢中含碳量的升高，马氏体的点阵常数 c 增大，a 减小，正方度 c/a 增大。图中 a_γ 为奥氏体的点阵常数。马氏体的点阵常数和含碳量的关系也可用式(5.1) 表示：

$$\left.\begin{array}{l} c=a_0+\alpha\rho \\ a=a_0-\beta\rho \\ c/a=1+\gamma\rho \end{array}\right\} \tag{5.1}$$

式中，a_0 为 α-Fe 的点阵常数，$a_0=0.2861\text{nm}$；$\alpha=0.0116\pm0.0002$；$\beta=0.0113\pm0.0002$；$\gamma=0.0046\pm0.0001$；ρ 为马氏体中的含碳量（质量）。

马氏体点阵常数和含碳量的关系已为大量的研究工作所证实，并且这种关系在合金钢中也是适用的。马氏体的正方度 c/a，已被成功地作为马氏体含碳量定量分析的依据。

大量实验所得数值相当于 80% 的碳原子位于 Z 位置，其余 20% 的碳原子位于 X 及 Y 的位置。因此，测量值小于理论计算值。

对许多钢的研究发现，新形成的马氏体正方度偏离式(5.1) 的数值。与式(5.1) 计算数值比较相当低，称为异常低正方度。异常低正方度马氏体的点阵是正交对称的，即 $a\neq b$。与式(5.1) 计算数值比较相当高，称为异常高正方度。

例如，M_s 点低于 0℃ 的锰钢（$0.6\%\sim0.8\%$ C，$6\%\sim7\%$ Mn），制成奥氏体单晶淬入液氮，并在液氮温度下测得新形成马氏体的正方度，结果与式(5.1) 比较相当低；但温度回升到室温时，正方点阵的 c 轴伸长，a 轴缩短，正方度增大了，渐趋向于式(5.1) 的理论计算值（图 5.37）。这表明：马氏体刚形成时，碳原子比较均匀地分布在 X、Y、Z 三个位置上，在升温过程中碳原子的分布位置发生了变化，发生有序转变。

在一些高铝、高镍钢中，马氏体初形成时，产生异常高正方度的现象。在随后的过程中，部分碳原子将由 Z 位置移至 X 及 Y 位置而使正方度降低，发生无序变化。

对于含碳量低于 0.2%（质量）的马氏体来说，在室温下马氏体中的碳原子偏聚在位错附近或均匀分布于 X、Y、Z 三个位置中，即完全处于无序状态。由于低碳马氏体〔含碳量小于 0.2%，（质量）〕的有序无序转变温度在室温以下，所以固溶于马氏体中的碳原子只能使点阵常数增大，而不会使立方点阵改变为正方点阵。

新形成马氏体的正方度发生变化，是碳原子在马氏体点阵中重新分布引起的，这个过程就是碳原子在马氏体点阵中的有序-无序转变。该转变的驱动力是碳原子的分布使体系的畸变能为最小，这也是材料中自组织的现象之一。

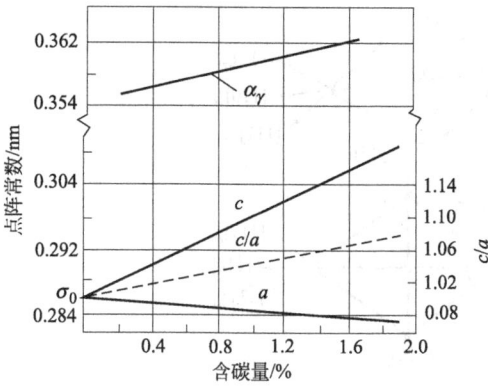

图 5.36 奥氏体和马氏体的点阵
常数与含碳量的关系[17]

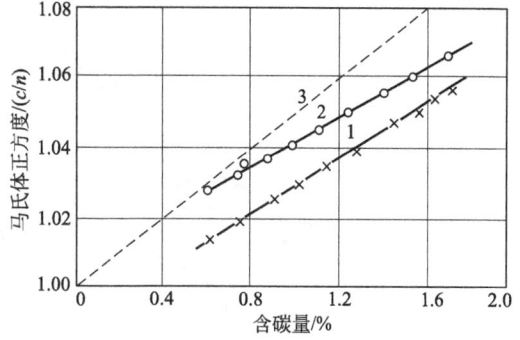

图 5.37 Fe-Mn-C 钢马氏体正方度
与含碳量的关系[17]

1—新生马氏体；2—温度回升至
室温后；3—普通碳钢

5.4.2 位向关系与惯习面

马氏体转变的晶体学特点是新相和母相之间存在着一定的晶体学位向关系（orientation relationship），这是由马氏体转变的切变机制所决定的。在钢中已观察到的位向关系有 K-S 关系、西山关系和 G-T 关系。

（1）K-S 关系 Курдюмов 和 Sachs 在含碳量 1.4% 的碳钢中用 X 射线结构分析方法测得马氏体（α'）与奥氏体（γ）之间存在着下列位向关系，成为 K-S 关系。

$$\{110\}_{\alpha'} \parallel \{111\}_{\gamma}；\langle 111 \rangle_{\alpha'} \parallel \langle 110 \rangle_{\gamma}$$

在面心立方点阵中，共有 4 个不同的 {111}，在每个 {111} 面上有三个不同的 ⟨110⟩ 方向，而在每个方向上马氏体又可以有两个不同的取向，所以每个 $\{111\}_{\gamma}$ 面上有 6 个不同的马氏体取向，因此马氏体在母相中可以有 24 个不同的取向。

（2）西山（Nishiyama）关系 西山在 30%Ni 的 Fe-Ni 合金单晶中发现，在室温以上形成的马氏体和奥氏体之间存在 K-S 关系，而在 -70℃ 以下形成的马氏体则具有如下的位向关系：

$$(111)_{\gamma} \parallel (110)_{\alpha'}；[11\bar{2}]_{\gamma} \parallel [\bar{1}10]_{\alpha'}$$

这种位向关系称为西山关系。按照西山关系，在每个 $\{111\}_{\gamma}$ 面上，各有 3 个不同的 ⟨211⟩ 方向，在每个方向上只能有一个取向。所以，在每个 $\{111\}_{\gamma}$ 面上的马氏体只可能有 3 种不同的取向。因此，4 个 $\{111\}_{\gamma}$ 面总共只有 12 种可能的马氏体取向。

西山关系和 K-S 关系比较，晶面的平行关系相同，而平行方向有 5°16′ 之差，如图 5.38 所示。

（3）G-T 关系 Greniger 和 Troiano 精确地测量了高镍钢 [0.8%C，22%Ni（质量）] 的奥氏体与马氏体之间的位向，结果发现两者的位向接近 K-S 关系，但稍有偏差，称为 G-T 关系。

$$\{111\}_{\gamma} \parallel \{110\}_{\alpha'} 差 1°；\langle 110 \rangle_{\gamma} \parallel \langle 111 \rangle_{\alpha'} 差 2°$$

实验证明，马氏体转变不仅有一定的位向关系，而且马氏体的平面或界面常常和母相点阵的某一晶面接近平行，其差在几度之内，称这个面为惯习面（habit plane），并以平行惯习面的母相晶面指数来表示。惯习面在相变中不应变、不转动，界面具有完整尖锐的边缘，图 5.39 为 Co-30.5Ni 合金中形成六方马氏体的干涉图像，表示沿着马氏体带发生切变位移。

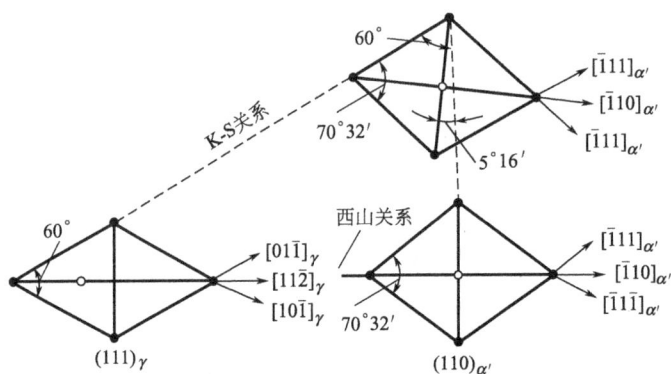

图 5.38 西山关系和 K-S 关系比较

因为马氏体转变是以共格切变方式进行的，所以惯习面为近似的"不畸变平面"。在透镜片状马氏体中即为中脊面。

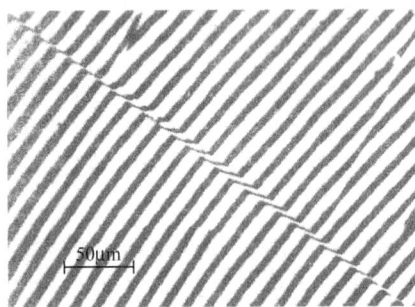

图 5.39 Co-30.5Ni（质量）合金中六方马氏体带的干涉图像[30]

钢中马氏体的惯习面随含碳量的变化及马氏体的形成温度不同而异。含碳量小于 0.6%（质量）时为 $\{111\}_\gamma$ 或 $\{557\}_\gamma$，0.6% ~ 1.4% 时为 $\{225\}_\gamma$，1.4%~2.0% 时为 $\{259\}_\gamma$。对于含碳量一定的奥氏体来说，随着马氏体形成温度的下降，惯习面有向高指数转化的趋势。例如，含碳较高的奥氏体自高温冷却时，先形成的马氏体惯习面为 $\{225\}_\gamma$，后形成的马氏体惯习面为 $\{259\}_\gamma$。在有色合金中，发现马氏体的惯习面都是高指数面，如 Cu-Zn 合金中马氏体惯习面为 $\{2, 11, 12\}_\beta$，钛合金马氏体的惯习面为 $\{344\}_{\beta1}$。

由于马氏体惯习面不同，常常造成马氏体组织形态的差异。表 5.2 列出了钢中马氏体的形态和晶体学特征。

表 5.2 钢中马氏体的形态和晶体学特征

钢类及成分（质量）	晶体结构	惯习面	亚结构	马氏体形态
低碳钢（<0.2%C）	体心立方	$\{111\}_\gamma$，$\{557\}_\gamma$	位错	板条状
中碳钢（0.2%~0.6%C）	体心正方	$\{557\}_\gamma$，$\{225\}_\gamma$	位错及孪晶	板条状及片状
高碳钢（0.6%~1.0%C）	体心正方	$\{225\}_\gamma$	位错及孪晶	板条状及片状
高碳钢（1.0%~1.4%C）	体心正方	$\{225\}_\gamma$，$\{259\}_\gamma$	孪晶、位错	透镜片状
高碳钢（≥1.5%C）	体心正方	$\{259\}_\gamma$	孪晶、位错	透镜片状
18-8 奥氏体不锈钢 Fe-Mn-Cr 奥氏体钢	HCP(ε)	$\{111\}_\gamma$	层错	薄片状
Fe-13%~25%Mn 高锰钢	HCP(ε)	$\{111\}_\gamma$	层错	薄片状

5.4.3 ε 马氏体相变晶体学

铁基形状记忆合金机制是通过应力诱发 γ→ε 转变及逆转变来实现的。记忆效应取决于应力诱发的 ε 马氏体数量。理论上，发生 γ→ε 相变还是 γ→α 相变取决于各自的临界分切应力相对大小，而马氏体相变的临界分切应力又与相变温度下的奥氏体层错能和屈服强度直接相关[34,36]。如果合金奥氏体的层错能比较低，则奥氏体中可存在大量的层错。而层错则是由两个 Shockley 不全位错中夹着一个原子错排面所组成。ε马氏体为密排六方 hcp 结构，实际上ε马氏体结构就是层错在三维方向的结构。层错可作为ε马氏体的形核核心。在驱动力或应力作用下，奥氏体（111）面上 Shockley 不全位错沿 $a/6\langle 121\rangle$ 方向移动，层错扩展形成ε马氏体。如图 5.40 所示[16]，FCC 结构的原子堆垛为 ABCABC，转变通过每两层原子沿 $a/6\langle 121\rangle$ 方向移动，当发生 $\gamma\rightarrow\varepsilon$ 转变时，实线区域变为虚线区域。$\langle 414\rangle$ 方向发生大约 20% 的伸长，OA 被伸长为 OB，$\langle 414\rangle$ 可分解为 $\langle 313\rangle$ 和 $\langle 101\rangle$ 两个矢量。当逆转变时，层错沿原来的方向收缩，发生 $\varepsilon\rightarrow\gamma$ 转变，实现形状记忆效应。

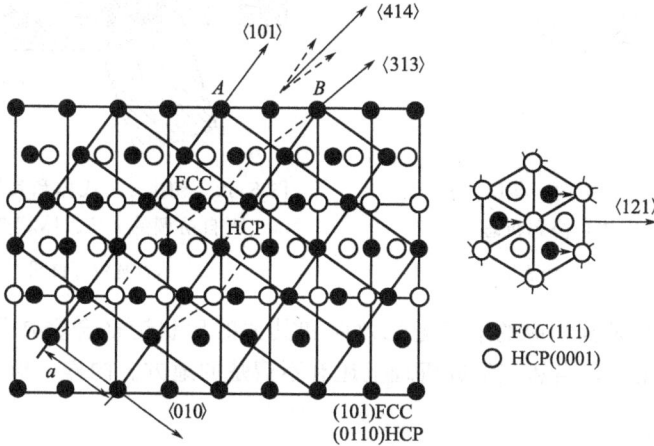

图 5.40 铁基形状记忆合金 $\gamma\rightarrow\varepsilon$ 转变（实线为 γ，虚线为 ε）

在晶体学方面，J. H. Yang 和 C. M. Wayman 等[37,38]通过理论分析和实验研究，强调了ε马氏体相变的自协调性。在 FCC 和 HCP 结构中，密排面和密排方向是保持平行的，即 $\{0001\}/\!/\{111\}$，这四个 $\{0001\}/\!/\{111\}$ 位向之间的基本角度为 70.53°。不但一个马氏体带内的层错亚结构显示了 3 个切变的互相协调，使宏观形状应变接近于零，而且在同一惯习面上的 3 个变体择优组合成单一的ε马氏体，也呈现了互相协调，同时交叉马氏体变体之间形成次级马氏体变体，也是互相协调。这种自协调性体现在整个 $\gamma\rightarrow\varepsilon$ 的转变过程中。许多被称为次级马氏体的变体是由于交叉马氏体变体之间发生 $\{111\}\langle 112\rangle$ 孪生而形成的。虽然各种马氏体变体间的位向关系是比较复杂的，但它们总是符合相互之间的晶体学位向关系，这主要是取决于周围的应变情况。图 5.41 是两个ε马氏体板条相交的情况，相交处的次生马氏体明显地进行了自协调，即两个ε马氏体板条相交产生了 MNUT、NOPU、UPQR 和 TURS 4 个次生马氏体。无论在理论上还是在实验上，都证明了这些次生马氏体的形成释放或调节了相变所产生的应变。

相对于 M_s 点以上的应力诱发ε马氏体相变，在 M_s 温度以下的ε马氏体相变就比较复杂，因为在 M_s 点以下的ε马氏体相变既包含了热诱发ε马氏体，也包含了应力诱发ε马氏体。伴随着形变，已形成的ε马氏体将生长。ε马氏体生长有可能会贯穿其他不同位向的ε马氏体板条。值得研究的是，在热诱发ε马氏体的影响下，这过程会产生一个比较大的形状应变。图 5.42 表明了已形成的单个ε马氏体和其他在理论均匀切变下自协调的ε马氏体相交时的情况。图中 $(\bar{1}\bar{1}1)$ 面的ε板条是在初生（111）面ε马氏体的理论切变（19.47°）作用下产生了形变。这板条是在相交后由于同样的切变被变形了（图中大箭头所示），这也是次生ε马氏体变体形成的原因，而原来单个ε马氏体的位向关系基本没有变化。

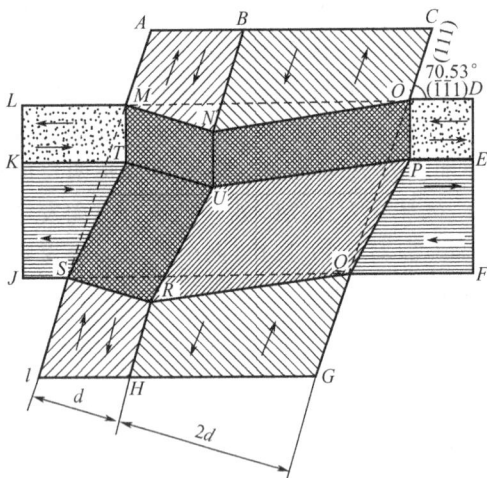
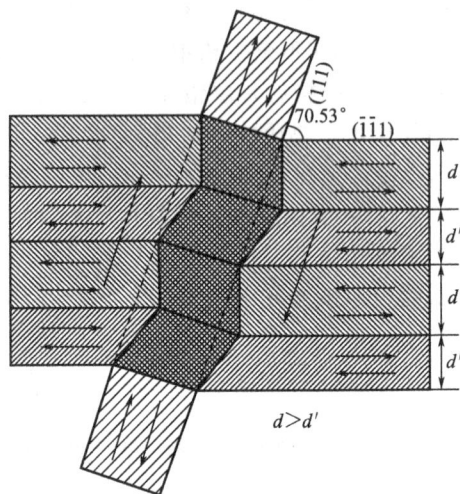

图 5.41　两个不同方向 ε 马氏体相　　　图 5.42　初生 ε 马氏体和其他在理论均匀切变
交处的次生马氏体自协调机理[37]　　　下自协调的 ε 马氏体相交时的情况[37]

(111)$_\gamma$ 和 ($\bar{1}\bar{1}1$) 两个面的相交线是沿 [$\bar{1}$10] 方向　　　（同样沿 [$\bar{1}$10] 方向看）

　　$\gamma \rightarrow \varepsilon$ 马氏体相变及其相应的形状记忆效应和其他的形状记忆合金在具有自协调特性和协同变形方面非常相似，当然在形成机理上还有不清楚的地方。同样，形状记忆效应的基本过程也是相似的。

5.5　马氏体相变热力学

5.5.1　马氏体相变热力学条件

5.5.1.1　马氏体相变驱动力

　　马氏体转变符合一般相变的规律，也遵循相变的热力学条件，相变的驱动力是新相与母相的化学自由能差。同一成分合金的奥氏体和马氏体的化学自由焓与温度关系如图 5.43 所示，T_0 为两相热力学平衡的温度。T_0 随合金成分而变化。如纯铁的 T_0 为 912℃，在铁中溶入碳，T_0 随含碳量的增加而下降（图 5.44）。

　　在 T_0 温度时，奥氏体自由焓 G_γ 与马氏体自由焓 $G_{\alpha'}$ 相等，即 $G_\gamma = G_{\alpha'}$。在其他温度两相自由焓不相等，则有：

$$\Delta G_{\gamma \rightarrow \alpha'} = G_{\alpha'} - G_\gamma \tag{5.2}$$

　　显然，当 $\Delta G_{\gamma \rightarrow \alpha'}$ 为正时，马氏体自由焓高于奥氏体自由焓，奥氏体比较稳定，不会发生 $\gamma \rightarrow \alpha'$ 转变；反之，则马氏体比较稳定，奥氏体有向马氏体转变的趋势。$\Delta G_{\gamma \rightarrow \alpha'}$ 即称为马氏体相变的驱动力。在 T_0 温度时，$\Delta G_{\gamma \rightarrow \alpha'} = 0$。

　　虽然在 T_0 温度时马氏体和奥氏体两相的自由焓相等，但在略低于 T_0 时马氏体转变并不能发生，必须过冷到低于 T_0 的某一温度 M_s 以下时才能发生马氏体转变。M_s 与 T_0 之差值称为热滞，其大小视合金成分而异。同样，M_s 也随合金成分而变，如图 5.44 所示，碳钢的 M_s 随含碳量的增加而显著下降。

　　M_s 的物理意义即为马氏体和奥氏体两相自由焓之差达到相变所需的最小驱动力值时的温度，称为马氏体相变的临界温度（点）。M_s 点处马氏体相变驱动力大小对马氏体相变的特点会产生很大的影响。在相变驱动力很大时，马氏体相变易表现出快速长大、降温形成

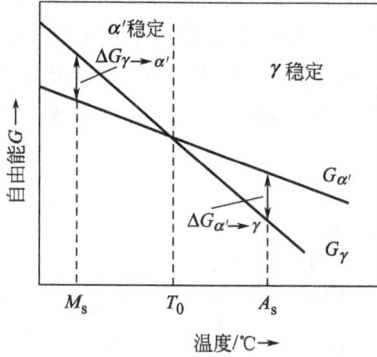

图 5.43 马氏体、奥氏体的自
由焓和温度的关系

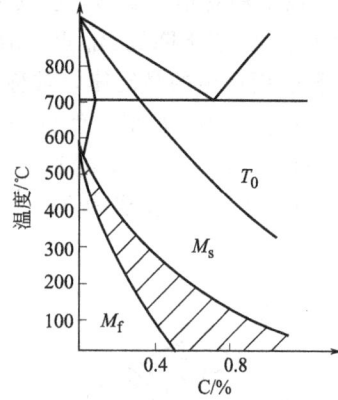

图 5.44 碳钢马氏体转变区与
含碳量之间的关系

或爆发式形成等特点，钢铁合金均属于此种情况。而相变驱动力很小时，往往会形成热弹性马氏体。这些问题在后面要作简单介绍。

钢中马氏体相变的热力学特点是相变要在很大的过冷度下才能发生，也就是说相变的热滞很大。如 Fe-C 合金，M_s 点约比 T_0 温度低 200℃，相变所需的驱动力很大。那么钢和铁合金中马氏体相变为什么会有这样大的驱动力，这是一个没有完全被搞清楚的问题。

固态相变的驱动力主要是两相自由焓差，相变阻力主要有界面能和应变能，驱动力要克服相变阻力才能发生转变。钢中马氏体形成时，由于马氏体与奥氏体之间是共格界面，界面能不大，所以由界面能所引起的阻力并不大。与其他一些固态相变不同，马氏体转变是通过切变进行的，所以在转变时需要克服切变抗力而使奥氏体点阵通过切变发生结构改组，为此要消耗能量做功。由于马氏体比体积大于奥氏体的比体积，且马氏体与奥氏体之间是共格界面，所以马氏体转变时除了需克服体积膨胀做功外，还需维持第二类共格所消耗的弹性能，所以体系中要增加很大的弹性能。在钢和铁合金中马氏体相变时将在马氏体中造成大量的位错或孪晶等亚结构，位错或孪晶的形成必然消耗相变驱动力，而使体系中能量升高。另外，马氏体转变时，在马氏体附近的奥氏体中还可能会产生塑性变形，这也是需要消耗能量而成为相变阻力。综上所述，由于马氏体转变时需要增加的能量较多，所以相变阻力较大，导致转变所需的驱动力较大，因此钢中的马氏体转变必须在较大的过冷度下才能进行。

5.5.1.2 马氏体相变的逆转变

马氏体也有可能会发生逆转变。马氏体的逆转变最先是在 Cu-Al 合金中观察到，后来在 Fe-Ni 等合金中也观察到了逆转变。但是在 Fe-C 合金中未能观察到这种逆转变，一般认为 Fe-C 合金中的马氏体是碳原子固溶于 α-Fe 所形成的间隙过饱和固溶体，加热过程中极易析出碳化物而发生马氏体的分解，所以也就观察不到逆转变。

与冷却时的马氏体转变一样，逆转变也必须在一定的过热度下才能发生，也就是说必须加热到高于 T_0 的某一温度 A_s 以上时才能发生。另外，逆转变也必须在不断升温过程中才能不断进行，所以也有一个转变终了的温度 A_f。同样，A_s 和 A_f 也随合金成分而变。T_0、M_s、A_s 和合金成分的关系如图 5.45 所示。$\gamma \rightarrow \alpha'$ 转变是在 $M_s \sim M_f$ 温度区间进行，$\alpha' \rightarrow \gamma$ 逆转变在 $A_s \sim A_f$ 区间进行，如图中影线区所示。

5.5.1.3 形变诱发马氏体相变

实验证明，M_s 和 A_s 之间的温度差，可因引入塑性变形而减小。也就是说，如果奥氏

体在 M_s 点以上经受塑性变形，会诱发马氏体转变而引起 M_s 点上升达到 M_d 点。同样，塑性变形也可使 A_s 点下降到 A_d 点。M_d 和 A_d 分别称为形变马氏体点和形变奥氏体点。因诱发马氏体转变而产生的马氏体，常称为形变马氏体。M_d 的物理意义为可获得形变马氏体的最高温度。如高于 M_d 形变，就会失去诱发马氏体转变的作用。同理，A_d 点为可获得形变奥氏体的最低温度，如图 5.46 所示。显然，按照马氏体相变热力学条件，M_d 的上限温度为 T_0，而 A_d 的下限温度也为 T_0。

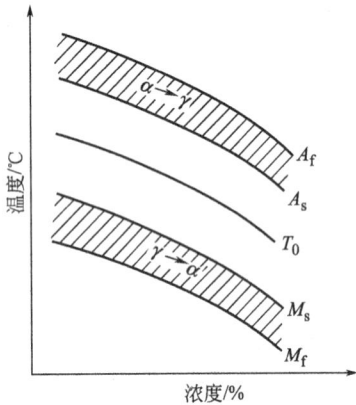

图 5.45　T_0、M_s、A_s 与合金成分的关系[17]

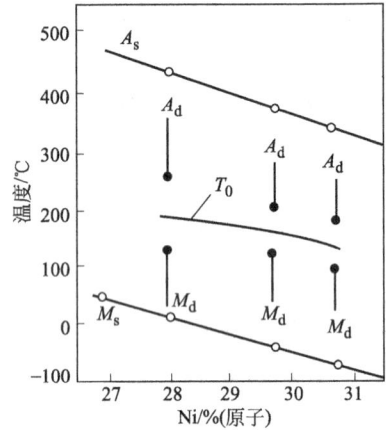

图 5.46　Fe-Ni 合金中 M_d、A_d 与 T_0 的关系[30]

形变能诱发马氏体转变的原因可用图 5.47 说明。图中给出了马氏体与奥氏体两相的自由焓差 ΔG_V 与温度的关系。设 $\Delta G_{\gamma \to \alpha'}$ 为马氏体转变所必须具有的驱动力，在 M_s 点时由化学自由焓差所提供的驱动力已达到马氏体转变所需的驱动力。高于 M_s 点时，化学自由焓差所提供的驱动力小于 $\Delta G_{\gamma \to \alpha'}$，所以相变不能进行。但塑性变形可以提供给系统以机械驱动力，将机械驱动力迭加到化学自由焓差所提供的驱动力可得到 ab 线。在 P 点以左，两者之和已经大于 $\Delta G_{\gamma \to \alpha'}$，所以在 P 所对应的 M_d 与 M_s 之间，塑性变形可以诱发马氏体转变。M_d 取决于机械驱动力大小和塑性变形方式，但 M_d 的上限为 T_0，因为高于 T_0 的马氏体在热力学上是不稳定的。同样，逆

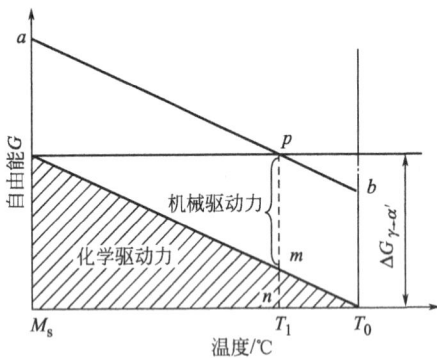

图 5.47　形变诱发马氏体转变热力学条件示意[18]

转变 A_d 点的下限温度也是 T_0 温度。实验证明，Co-Ni 合金的 M_d 与 A_d 重合，均等于 T_0。但大部分合金的 M_d 低于 T_0。通常近似地认为，$T_0 = (M_d + A_d)/2$。

5.5.2　马氏体相变临界点

5.5.2.1　影响钢马氏体相变临界点的主要因素

马氏体相变临界温度 M_s 是钢的一个重要性能指标，在生产实践中具有很重要的意义。M_s 点的高低决定了钢中奥氏体从高温冷却时所发生的马氏体转变的温度范围，一定程度上也决定了冷至室温时所得到的组织状态。因此有必要清楚其影响因素。

（1）奥氏体化学成分　奥氏体的化学成分既取决于钢的成分，也取决于加热规程。只有当钢被加热到奥氏体单相区并经充分保温后，所得到的奥氏体化学成分才与钢的成分一致。

因此，在许多情况下，钢的化学成分并不就是奥氏体的化学成分。

奥氏体化学成分对 M_s 点的影响非常显著，其中又以含碳量的影响最大，如图 5.48 所示。随钢中含碳量的增加，M_s 和 M_f 点均不断下降，但是下降的趋势不同。含碳量小于 0.6%（质量）时，M_f 较 M_s 下降得快，故能扩大马氏体转变的温度范围；含碳量大于 0.6%时，M_f 下降较为缓慢，且已低于室温，所以这类钢冷至室温时将存在一定量的残留奥氏体。氮和碳一样，也强烈地降低 M_s 点。

钢中常见的合金元素，除了铝和钴提高 M_s 点外，其他元素都不同程度地降低 M_s 点。图 5.49 是各种合金元素对 M_s 点的影响。实际上钢中常含有多种合金元素，合金元素之间的交互作用非常复杂。所以对于多种元素的复合影响是比较难于用一简单的曲线或公式来表达的。确定 M_s 点主要还是依靠实验测定。目前，已有一些根据实验数据用统计法获得的计算 M_s 点的经验公式，这些计算式一般都有一定成分的使用范围。

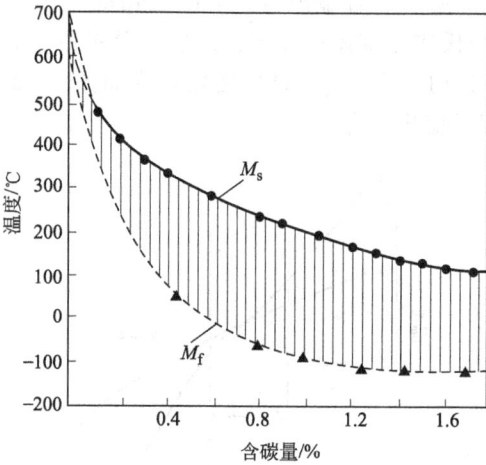

图 5.48　含碳量对钢 M_s、M_f 点的影响[17]

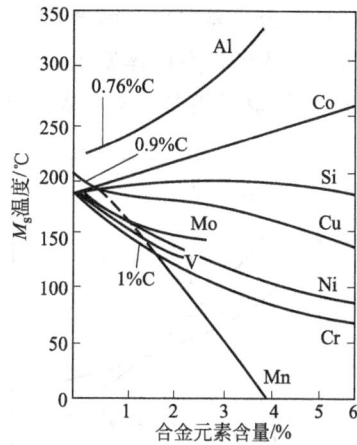

图 5.49　合金元素对铁合金 M_s 点的影响[18]

奥氏体化学成分对 M_s 点的影响主要是由于改变了 T_0，其次是由于改变了奥氏体的强度而改变了马氏体转变的阻力。

（2）奥氏体化条件　奥氏体化条件对 M_s 点的影响比较复杂。提高钢的淬火加热温度和延长保温时间，有利于碳和合金元素充分地溶入奥氏体中，会使 M_s 点下降。另外，提高在奥氏体单相区内加热时的温度或延长保温时间，又会引起奥氏体晶粒的长大和奥氏体晶内缺陷的减少，从而使马氏体转变时的切变阻力减小，在宏观上使 M_s 点上升。如果排除化学成分的变化，即在完全奥氏体化条件下，加热温度的提高和保温时间的延长将使 M_s 点有所上升。

（3）冷却速度　冷却速度大于临界冷却速度时，奥氏体才能被过冷到 M_s 点以下而转变成马氏体。如果进一步提高冷却速度，一般情况下 M_s 点是不发生变化。对于含碳量低于 0.6%（质量）的碳钢，马氏体转变产物可能有板条状马氏体和透镜状马氏体，这两种马氏体转变的 M_s 点是不相同的。当冷却速度大于 6×10^4℃/s 时，板条马氏体转变可以被抑制，而仅发生透镜状马氏体转变，在合金钢中也有类似的规律。

（4）弹性应力　单向拉应力或压应力能促进马氏体的形成，使 M_s 点升高，所得的马氏体称为应力诱发马氏体。因为马氏体形成时体积要膨胀，所以阻止体积膨胀的三向应力将抑制马氏体的形成，使 M_s 点下降。

5.5.2.2 $\gamma \to \alpha(\varepsilon)$ 相变热力学[33,39]

ε 和 α' 是奥氏体以不同方式形成的马氏体。关于 ε 马氏体相变,存在不同的看法。有认为 ε 是中间过渡相,相变途径是 $\gamma \to \varepsilon \to \alpha'$;也有认为 ε 不是过渡相,有些合金只有 ε 相变。但在一些高锰奥氏体钢中仅发现了 ε 马氏体相变。Cohen[39] 提出了某些钢中马氏体相变的层错形核机制。徐祖耀等从热力学证明了低层错能材料的层错形核机制,认为相变驱动了与层错能有关。奥氏体的层错能和强度对相变均有影响。

奥氏体中堆垛层错能(Stacking fault energy,SFE)是一个重要的参量。在马氏体相变临界点的相变驱动力(ΔG)与母相的 SEF 及应变能有关。从相变临界分切应力角度,可分析奥氏体的各类相变途径。奥氏体发生不同的马氏体相变主要与各自的相变临界分切应力有关,随温度下降而变化的规律也不同。根据最小自由能原理,相变总是沿着相变阻力为最小的途径进行的。因此,各类相变临界分切应力既和奥氏体的层错能有关,又和强度有密切的关系。单一考虑层错能或强度因素都是片面的。根据不同合金成分,有时层错能起决定作用,有时强度为主要因素,两者综合作用影响了马氏体相变途径和产物。根据滑移和孪生的临界分切应力假说,奥氏体发生 α、ε 相变的临界分切应力(τ_c^α、τ_c^ε)变化规律如图 5.50 所示。图 5.51 是根据热力学特点表示的 M_s、$M_{\varepsilon s}$ 相对变化示意。

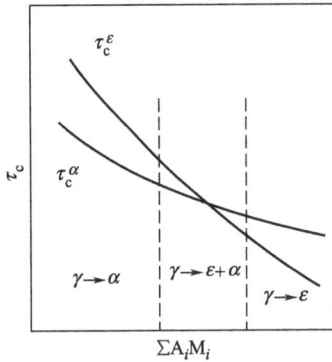

图 5.50 马氏体相变临界分切应力变化规律

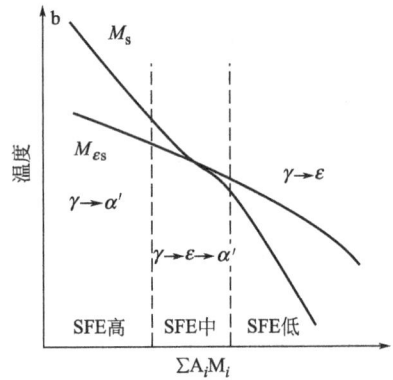

图 5.51 M_s、$M_{\varepsilon s}$ 相对变化示意

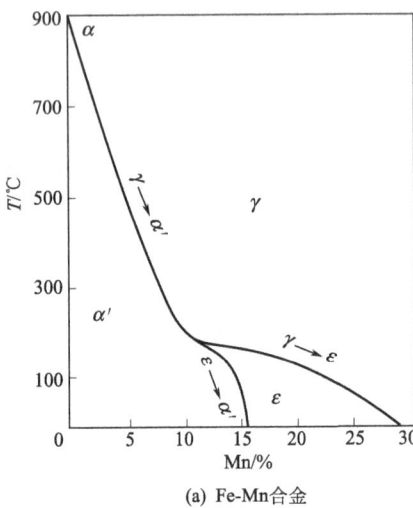

(a) Fe-Mn合金

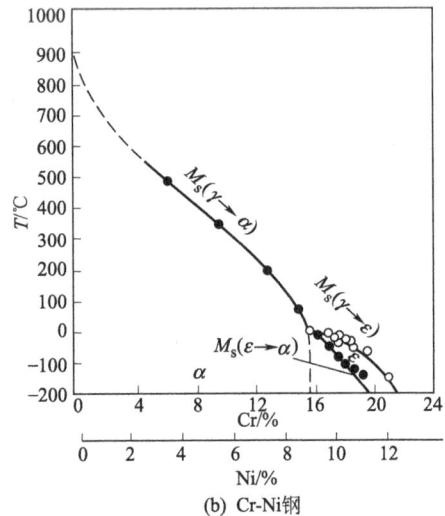

(b) Cr-Ni钢

图 5.52 $\gamma \to \varepsilon$ 和 $\gamma \to \alpha'$ 相变随温度变化的规律

118

这种微观相变热力学特点在宏观相变临界温度上表现为：当发生 $\gamma \to \alpha'$ 相变时，$\tau_c^{\alpha} \ll \tau_c^{\varepsilon}$，$M_s$ 比 $M_{\varepsilon s}$ 高，且差值较大；当仅发生 $\gamma \to \varepsilon$ 相变时，$\tau_c^{\varepsilon} \ll \tau_c^{\alpha}$，$M_{\varepsilon s}$ 比 M_s 高，差值也较大；当发生 $\gamma \to \varepsilon \to \alpha'$ 相变时，$\tau_c^{\varepsilon} \approx \tau_c^{\alpha}$，$M_{\varepsilon s}$ 和 M_s 相近。图 5.52(a) 是在低碳锰钢中由实验结果绘制的相变成分关系图，图 5.52(b) 是 Cr-Ni 奥氏体钢从 1050℃ 固溶处理后冷却时的各种相变。图中所示的结果很好地证明了 $\gamma \to \varepsilon$ 和 $\gamma \to \alpha'$ 相变之间的关系。

5.6 马氏体相变动力学

5.6.1 马氏体的降温形成

马氏体的降温形成是最常见的一种马氏体转变，大多数钢种都具有这类转变动力学特性。其动力学特点主要表现为降温形成、瞬时成核、瞬时长大。当奥氏体过冷到相变临界温度 M_s 以下某温度时，在该温度下能瞬间形成的马氏体核心，所以也称为变温瞬时形核。由于钢铁合金中马氏体转变是在很大过冷度情况下发生的，相变驱动力很大，而长大的激活能很小，所以马氏体核心一旦形成，其长大速度极快，甚至在 −196℃ 的低温下仍能以 10^5 cm/s 的线速度长大。一个马氏体核只需 $10^{-7} \sim 10^{-4}$ s 就可长成一个马氏体单晶。一个马氏体单晶长大到一定程度后就不再长大，也就是说马氏体转变的进行不是依靠已有的马氏体单晶的进一步长大，而是需进一步降温，形成新的马氏体核心，才能长成新的马氏体单晶，继续马氏体转变过程。

这类马氏体转变又称为变温马氏体转变。变温马氏体转变量仅取决于冷却到的温度 T_q，即决定于 M_s 点以下的深冷程度（$\Delta T = M_s - T_q$），而与在该温度下停留的时间无关。等温保持时，转变一般不再进行。

5.6.2 马氏体的等温转变

有些合金的马氏体转变具有这样的特点：马氏体核心可等温形成，核的形成有孕育期，符合一般热激活形核规律；随保温时间的增长，马氏体量不断增加。这类相变称为马氏体等温转变，或等温马氏体相变。等温马氏体相变最早是在 Mn-Cu（0.7%C，6.5%Mn，2%Cu）钢中发现的，以后在 Fe-25.6Ni-19Mn，Fe-25.7Ni-2.95Cr，Fe-5.2Mn-1.1C，Fe-（22.5～26）Ni-（2～4）Mn 等合金中也发现了具有等温转变特性。后来在以变温马氏体相变为主的高碳钢及 GCr15 等合金钢中也观察到了等温马氏体相变，但这类等温马氏体转变比较复杂。

马氏体核心形成后的长大仍然极快，且长大到一定尺寸后也不再长大。所以这类转变的相变量同样也取决于形核率而与长大速度无关。马氏体转变量当然也随等温时间的延长而增加。与其他相变的动力学相似，马氏体等温转变动力学也呈 "C" 曲线形状。图 5.53 是 Fe-Ni-Mn 合金等温马氏体形成的动力学曲线。由图可知，转变速度还与等温温度有关，随等温温度的降低先增后减。

等温马氏体转变的一个重要特征是转变不能进行到终了，只能有一部分奥氏体可以等温转变为马氏体。其原因一般认为是已形

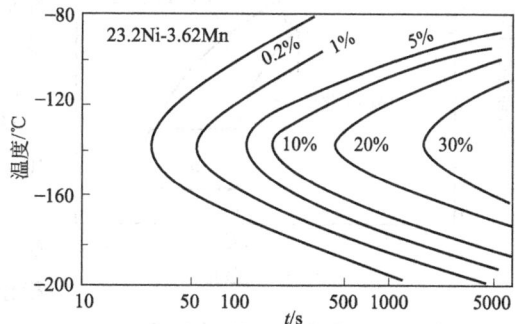

图 5.53 Fe-Ni-Mn 合金等温马氏体
形成的动力学曲线[30]

成的马氏体使未转变的奥氏体发生了稳定化，因此必须增加过冷度，使相变驱动力增大，才能使转变继续进行。

5.6.3 马氏体的爆发式转变

一些马氏体转变临界点 M_s 温度低于 0℃ 的合金，经冷至一定的爆发温度 $M_B(M_B \leqslant M_s)$ 时的瞬间就剧烈地形成大量马氏体，这种马氏体的形成方式称为爆发型相变。图 5.32 表示了 Fe-Ni-C 合金发生爆发型马氏体相变的情况，图中直线部分的转变就是爆发型的，经爆发型转变后随温度下降呈正常的变温转变。在一些铬钢、锰钢、镍钢等钢中相继发现了这种爆发型转变。

爆发型转变时伴有响声，并释放出大量的相变热，使材料的温度升高。在合适的条件下，爆发转变量可超过 70%，温度可上升 30℃。爆发型转变形成马氏体的数量和爆发温度有关，一般呈线性函数关系。如 Fe-Ni 合金，当 $M_s>0℃$ 时，不发生爆发型转变，在 0℃ 附近爆发量很少，当达到 $M_B \approx -100℃$ 时爆发量达到 70%。爆发转变温度 M_B 取决于合金成分、冷却速度及母相的晶粒大小。

Fe-Ni-C 合金马氏体在 0℃ 以上形成时，其惯习面为 $\{225\}_\gamma$。当大量爆发转变马氏体时，惯习面接近 $\{259\}_\gamma$，并且马氏体片呈现了具有中脊面特征的 "Z" 字形状，如图 5.11 所示。这种 "Z" 形表示了相变过程 "协同" 式的自组织特性。可以推想，一片马氏体尖端的应力促使另一片惯习面为 $\{259\}_\gamma$ 马氏体的形核和长大，因而呈连锁反应爆发式形态。

5.6.4 过冷奥氏体的稳定化

过冷奥氏体稳定化（overcooling austenite stabilization）是马氏体转变动力学中的一个特殊问题。过冷奥氏体稳定化是指奥氏体在外界因素的影响下，由于内部结构发生了某种变化而使奥氏体向马氏体转变呈现迟滞的现象。过冷奥氏体稳定化包括热稳定化和力学稳定化。

5.6.4.1 奥氏体热稳定化

钢经奥氏体化在淬火时因缓慢冷却或在冷却过程中停留引起过冷奥氏体稳定性提高，而使马氏体转变迟滞的现象称为奥氏体的热稳定化。主要表现为 M_s 点下降，冷至室温时的残留奥氏体增多。影响奥氏体热稳定化的主要工艺因素是等温温度及等温时间。

如果将钢件在淬火过程中于某温度下停留一定时间后再继续冷却，其马氏体转变与温度的关系会发生变化，常见的情况如图 5.54 所示。在 M_s 点以下的 T_A 温度停留一定时间后再继续冷却，马氏体转变并不马上恢复，而要冷至 M'_s 温度才重新开始形成马氏体。如图所示，即要滞后 θ（$\theta = T_A - M'_s$）大小的温度后转变才能继续进行，和正常的连续冷却转变相比，同样温度 T_R 下的转变量少了 δ（$\delta = M_1 - M_2$）。奥氏体稳定化程度通常可用滞后温度间隔 θ 来表示，也可用 δ 来表示。

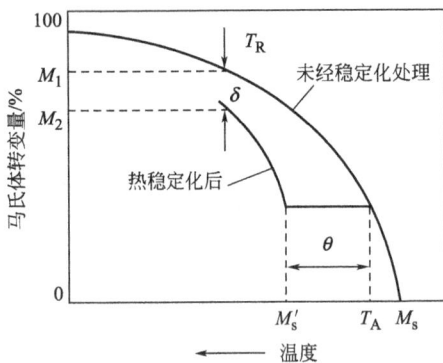

图 5.54 奥氏体在 M_s 点以下等温停留的热稳定化现象

奥氏体热稳定化现象有一个温度上限，常以 M_C 表示。在 M_C 温度以上，等温停留不会产生热稳定化。对于不同的钢，M_C 可低于 M_s，也可高于 M_s。

等温停留时间对热稳定化程度也有明显的影

响。在一定的等温温度下，保温的时间越长，则达到奥氏体热稳定化程度越高。但等温温度愈高，达到最大稳定化程度所需的时间愈短。因此，热稳定化动力学过程同时与温度和时间有关。

影响奥氏体热稳定化程度的另一个因素是已形成的马氏体数量，马氏体数量愈多，奥氏体稳定化程度也愈高。合金因素对热稳定化也有影响，Cr、Mo、V 等碳化物形成元素能促进热稳定化，而 Ni、Si 等非碳化物形成元素的影响不大。

图 5.55 是徐祖耀等[30] 在 9CrSi 钢中研究的结果，示出了 9CrSi 钢经 870℃奥氏体化后在不同工艺条件下的马氏体转变量。图 5.55(a) 是淬火至不同温度保温 10min 后冷至室温时所测得的马氏体转变量（以磁偏转表示，偏转值愈大，表示马氏体量愈多）。可见，等温温度愈高，淬火后得到的马氏体量愈少，即 δ 值愈大，说明奥氏体稳定化程度愈高。图 5.55(b) 是将钢先淬火至 160℃，由于低于 M_s 点，所以得到了约 50% 马氏体，再在不同温度下保温 10min 后冷至室温。当等温温度低于 260℃时，随等温温度的升高马氏体量减少。和图 5.55(a) 相比可见，当先产生部分马氏体量后再时效，则稳定化了的奥氏体量有显著增加；等温温度高于260℃时，由于产生了贝氏体，奥氏体量下降，因此磁偏转值也上升。由此认为当含有一定马氏体量后，奥氏体易于转变为贝氏体。

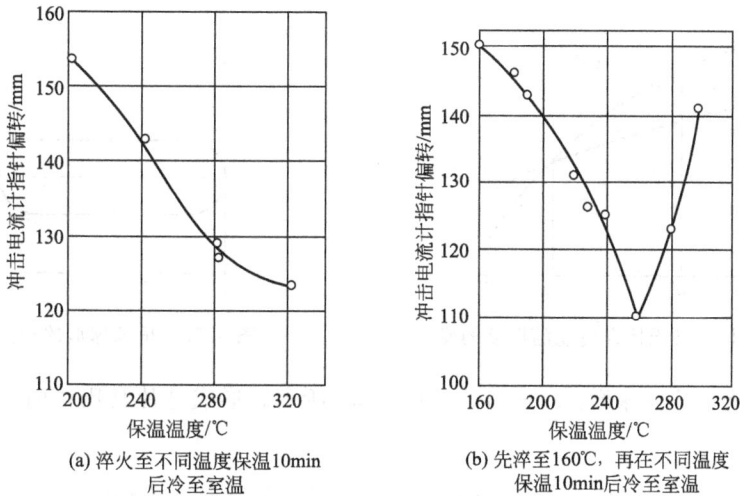

(a) 淬火至不同温度保温10min
后冷至室温

(b) 先淬至160℃，再在不同温度
保温10min后冷至室温

图 5.55　9CrSi 钢 870℃奥氏体化后在不同工艺条件下的马氏体转变量（M_s 约 200℃）

关于奥氏体热稳定化的机制也有多种理论，如应力弛豫，使奥氏体稳定；在一定温度停留期间，由于 C、N 原子钉扎位错，有效核胚的消耗；Cottrell 气团理论等。其中最引人注目的是柯俊等提出的 Cottrell 气团理论[18]，即 C、N 原子在等温停留过程中发生了偏聚，形成了 Cottrell 气团导致奥氏体稳定化，从而使马氏体转变变得困难。

以上讨论的是一般意义上的低温奥氏体热稳定化。另外还有在更高温度下发生的热稳定化现象，称为高温稳定化。这种稳定化与 C、N 原子偏聚无关，等温温度愈高，稳定化程度愈高，且随等温时间的延长，稳定化程度不断增加。到目前为止，其原因还不很清楚。

5.6.4.2　奥氏体力学稳定化

在 M_s 点以上的温度条件下，对奥氏体进行一定量的塑性变形，可使后续的马氏体转变变得困难，M_s 点降低，残留奥氏体量增多，这种现象称为奥氏体力学稳定化。

低于 M_d 点的塑性变形，可以诱发马氏体转变，但也使未转变的奥氏体变得稳定，另外马氏体转变所引起的相硬化也能引起奥氏体的力学稳定化。一般情况下，塑性变形温度愈高，对奥氏体稳定化的影响愈小；变形温度愈低，变形量愈大，奥氏体稳定化程度愈大。

一般认为，少量形变引入位错有利于形核时使 M_s 点上升，诱发了马氏体转变。奥氏体力学稳定化的原因可能是塑性变形产生了许多的奥氏体晶体缺陷，从而阻止了马氏体核的长大。马氏体形成时对周围奥氏体产生应力场作用，有可能造成未转变奥氏体的弹塑性变形，使奥氏体强化，使 M_s 点下降，从而引起了稳定化。有认为，在 M_s 点以下等温停留时，所得到的稳定化程度是热稳定化和力学稳定化综合作用的结果。

5.7 马氏体转变理论

5.7.1 马氏体转变的形核理论
5.7.1.1 经典形核理论

图 5.56 示意地表示了钢中奥氏体和马氏体相自由能随温度的变化规律。当 $T=T_0$ 时，$G^\gamma=G^M$，所以 $\Delta G=0$；当 $T<T_0$ 时，$G^M-G^\gamma=\Delta G<0$。但只有温度 T 达到 M_s 时，$\Delta G=\Delta G^*$，即驱动力达到马氏体形核临界驱动力 ΔG^* 时，相变才开始。下面讨论马氏体形核时的能量变化。

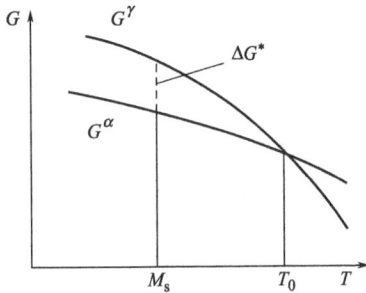

图 5.56 奥氏体和马氏体自由能随温度的变化

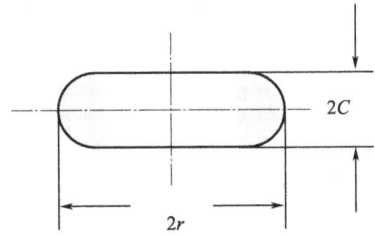

图 5.57 呈扁球形的马氏体核心

设马氏体核心呈扁球形，$c/r\ll1$，如图 5.57 所示。形成这片马氏体时，总的自由能变化为：

$$\Delta G=\frac{4}{3}\pi cr^2 \cdot \Delta G_V+\frac{4}{3}\pi cr^2 \cdot A\,\frac{c}{r}+2\pi r^2 \cdot \sigma \tag{5.3}$$

式中，第一项为化学自由能变化，ΔG_V 为单位体积自由能变化，是负值；第二项为应变能变化，$A\cong\mu(\gamma^2+\varepsilon_n^2)$，其中 γ 是形变的切变分量，ε_n 是形变的膨胀分量。$A\,\frac{c}{r}$ 为单位体积应变能变化量。A 称为切变应变能因子，是比例常数，它取决于形状变化和弹性常数。第三项是界面能。

某些马氏体相变的 ΔG、A、σ 数值已测定，为已知。ΔG 随 r、c 变化的曲线很复杂，呈马鞍面形状，是双曲抛物面。分别求其偏导数，可求得 ΔG^*、c^*、r^*：

$$c^*=-\frac{2\sigma}{\Delta G_V},\quad r^*=\frac{4A\sigma}{\Delta G_V^2} \tag{5.4}$$

$$\Delta G^*=\frac{32\pi}{3} \cdot \frac{A^2\sigma^3}{\Delta G_V^4} \tag{5.5}$$

当然，实际情况是在马氏体相变前，奥氏体中已经存在了达到临界晶核尺寸的质点，这些质点往往在晶体的缺陷处。因为择优形核，一开始就作为形核位置的缺陷是形核潜力最大的。随着继续冷却，可以开动更多的潜力相对较小的缺陷作为核心。除了缺陷形核外，还有自催化效应也是促进形核的。因为先形成的马氏体有可能对周围奥氏体产生塑变或应力，也可能形成新的位错等缺陷，这些地方都可能作为后续的核心。

分析讨论相变晶核的临界尺寸，一般有两种方法：一是经典的均匀形核方法，设 $\Delta G = \Delta G_V + \Delta G_E + \Delta G_S$，然后取导数，求得 ΔG^*；二是相变的变温长大理论，认为体系到达相变临界温度 M_s 时，体系已经存在了许多可供相变长大的晶核，相变驱动力和相变阻力在理论上是相等的。所以 M_s 应满足：$\Delta G_V + \Delta G_E + \Delta G_S = 0$，以此可求得 ΔG^*、c^*、r^*。两种方法得到的临界晶核尺寸有一定的差别，如在钢中，用经典形核方法得到：$c^* = 2.4 \times 10^{-7}$ cm，$r^* = 6.3 \times 10^{-6}$ cm；用变温长大理论得到：$c^* = 3.0 \times 10^{-7}$ cm，$r^* = 9.7 \times 10^{-6}$ cm。

5.7.1.2　位错形核理论

实验表明，马氏体核胚在合金中不是均匀分布的。合金中有利于成核的位置是那些结构缺陷处，如界面、形变区、位错等。但是，关于马氏体核胚的结构模型，学说较多，到目前仍然没有完全清楚。

Frank 最早建议，低碳钢中的奥氏体和马氏体的交界面平行于惯习面 $\{225\}_\gamma$，并提出了一个位错圈结构模型。以后的几个位错结构模型都是在此基础上发展起来的。

图 5.58 是在 Frank 之后由 Knapp 和 Dehlinger 提出了一种马氏体形核模型，称为 K-D 模型。该模型设想：马氏体核胚预先存在于母相中，马氏体核胚为扁球状，它与母相的交界面仍为 $\{225\}_\gamma$，界面两侧保持 K-S 关系，交界面为一系列位错圈，位错主要是螺旋位错。在一侧界面为左螺旋位错，另一侧面为右螺旋位错，在顶端则为正负刃型位错，与螺位错组成了位错圈。位错圈

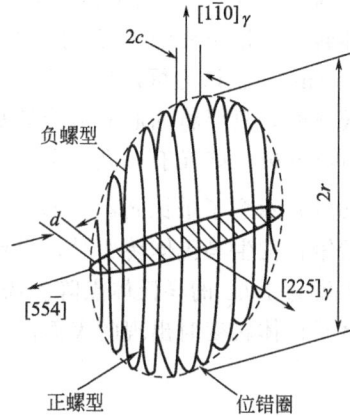

图 5.58　位错圈相界面形核示意[30]

的扩展使核胚既在 $[1\bar{1}0]_\gamma$ 及 $[225]_\gamma$ 方向长大，又在 $[55\bar{4}]$ 方向长大，使产生新的位错圈。这样，位错圈的螺型部分外向移动使核胚增厚，刃型部分在径向移动使在尖端产生新的位错圈，使核胚径向长大。当马氏体与母相化学自由焓差足以补偿位错圈扩展及形成新位错圈增加的界面能、弹性能以及使点阵切变所需的能量时，位错圈就急剧扩展，发生马氏体转变。

5.7.1.3　层错形核

层错能（stacking fault energy）是一个重要参量。层错能不仅影响了钢的强度及形变特性，还影响马氏体相变临界点及其相变特性、相变产物，层错能和密排六方 ε 马氏体相变密切相关。在 M_s 温度的相变驱动力与母相的层错能及应变能有关，可根据层错能的变化来解释奥氏体孪晶、层错及 ε 马氏体的形成规律，层错能对马氏体形态及马氏体亚结构的形成也有强烈的影响。

位错理论假定：位错可分解为两组不全位错，当两组不全位错分离时，它们之间的结构将发生变化。若母相为面心立方结构时，两不全位错阵列之间的区域已不再是面心立方结构了。通过电镜、电子衍射等现代测试手段，对钴（Co）的马氏体转变（FCC $\rightleftharpoons$ HCP）进行研究，发现面心立方结构 Co 中有许多层错、位错。当温度下降时，一部分全位错分解为扩展位错；温度升高时，扩展位错又复合为全位错。层错区域增大时，密排六方相 HCP 也增大。这说明层错区域形成的就是 HCP 马氏体的核心。Olson 和 Cohen 详细、定量地计算了这些位错的运动。

面心立方结构的密排面是 $\{111\}_\gamma$ 面，不全位错在密排面上运动，可有以下三种情况[40]。

① 位错原堆垛在每层 $\{111\}_\gamma$ 面上，则不全位错在每一层 $\{111\}_\gamma$ 面上运动。这样的情况，层错区域将成为孪晶。

② 若每隔一层 $\{111\}_\gamma$ 面上存在位错堆垛，并分解为不全位错，则不全位错之的区域是密排六方相结构（HCP），也称为 ε 马氏体。

③ 若不全位错在每隔两层 $\{111\}_\gamma$ 面上运动，则形成的是体心立方（正方）结构的马氏体，这就是钢中常见的 α 马氏体。

5.7.2 马氏体转变的切变模型

5.7.2.1 贝茵（Bain）模型

Bain 在 1924 年最早提出了一种点阵转变的模型。Bain 模型虽然不是切变模型，但在马氏体转变理论研究中具有一定的意义。

Bain 模型认为可以把面心立方点阵看成为体心正方点阵。由面心立方的奥氏体转变为马氏体时，只要将面心立方点阵的 z 轴压缩，而将垂直于 z 轴的 x' 及 y' 轴拉长，使 z 轴上的点阵参数 c 接近于 x' 及 y' 轴上的 a 与 b，即可得到马氏体点阵，如图 5.59(a) 所示，图 5.59(b) 示意了轴比 c/a 为 1.41（即 $\sqrt{2}:1$）和轴比为 1 的体心正方点阵。例如含碳量 1% 的碳钢在发生马氏体转变时，只要沿着 z 轴压缩 20%，沿着 x' 及 y' 轴伸长 12%，就可得到正方度为 1.05 的马氏体点阵。Bain 模型是最经典的模型，它只能说明点阵的改组，而不能解释马氏体转变时出现的表面浮凸和惯习面，也不能说明马氏体中出现的亚结构。

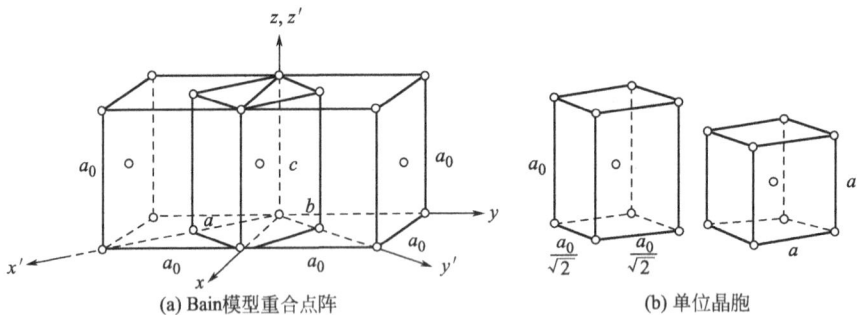

(a) Bain模型重合点阵　　　　(b) 单位晶胞

图 5.59　面心立方点阵转变为体心立方点阵的 Bain 模型

5.7.2.2 K-S 切变模型

Курдюмов 和 Sachs 在确定了奥氏体与马氏体之间存在 K-S 晶体学位向关系后，又提出了一个马氏体转变的切变模型，现称为 K-S 切变模型。

K-S 切变过程示于图 5.60。图中点阵以 $(111)_\gamma$ 面为底面，按 ABC ABC ABC… 堆垛次序自下而上排列。点阵图下面是其在 $(111)_\gamma$ 面上的投影图。为方便，首先考虑没有碳原子存在的情况。切变分为以下几个步骤：①在 $(111)_\gamma$ 面上沿 $[\bar{2}11]_\gamma$ 方向进行第一次切变，第一次切变角为 $19°28'$，如图中 I 所示，相邻两层原子的相对位移为 0.057nm，第一次切变后，原子排列如图中 II 所示；②第二次切变是在垂直于 $(111)_\gamma$ 面的 $(11\bar{2})_\gamma$ 面上，沿着 $[1\bar{1}0]_\gamma$ 方向产生 $10°32'$ 的切变（图中 II 的投影图），结果如图中 III 所示，使顶角由 120° 变为 $109°28'$，因为没有考虑碳原子的存在，所以得到的是体心立方点阵，在有碳存在时，切变角稍微小些，如第一次切变角为 $15°15'$；③最后作一些必要的调整，使晶面间距和测量数值相符。

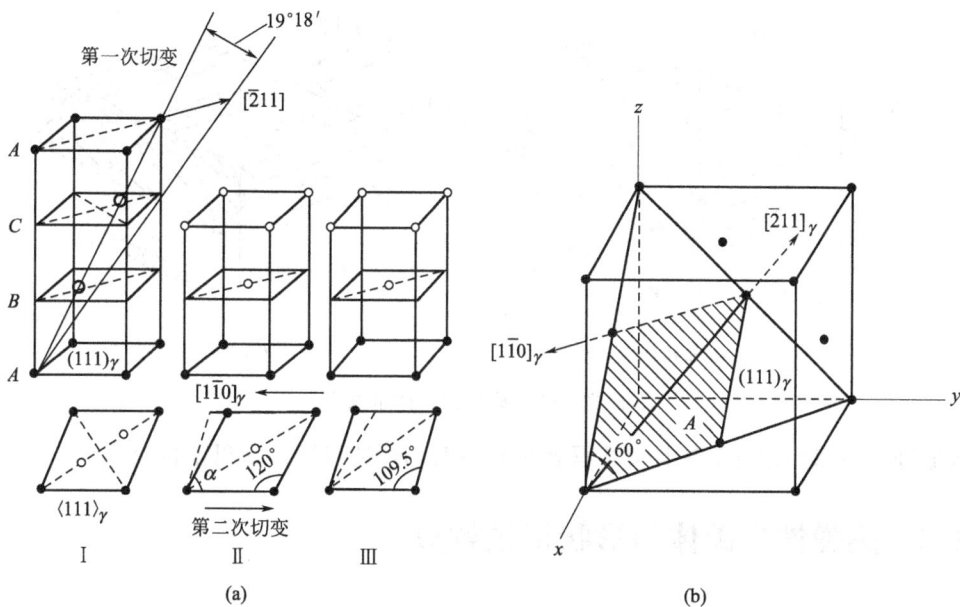

图 5.60　马氏体转变的 K-S 切变模型[17]

K-S 切变模型的成功之处在于它导出了所测量到的点阵结构和位向关系，给出了面心立方奥氏体改建为体心正方马氏体点阵的清晰模型。但是仍然不能说明表面浮凸的现象，也不能解释惯习面问题。

5.7.2.3　G-T 切变模型

Greninger 和 Troiano 在 1949 年提出了一个两次切变模型，称为 G-T 模型。G-T 模型也将切变分为两次进行，如图 5.61 所示。第一次切变是沿着惯习面的均匀切变。所谓均匀切变是指如图 5.30(b) 所示的宏观变形的切变，即切变时不仅点阵发生改组，且晶体外形也发生规则的变化。通过均匀切变，产生全部的宏观变形，在表面形成浮凸。但均匀切变得到的还不是马氏体点阵，而是一个复杂的三棱结构。第二次切变是不均匀切变，如图 5.30(c) 及图 5.30(d) 所示。第二次切变时只是点阵发生改组而晶体外形不发生变化。为产生不均匀切变，必须在切变个同时产生滑移 [图 5.30(c)] 或孪生 [图 5.30(d)]。通过第二次切变使点阵由复杂的三棱结构转变为马氏体点阵，并在马氏体内形成位错或孪晶等亚结构。第二次切变对第一次切变时所产生的浮凸并不发生影响。

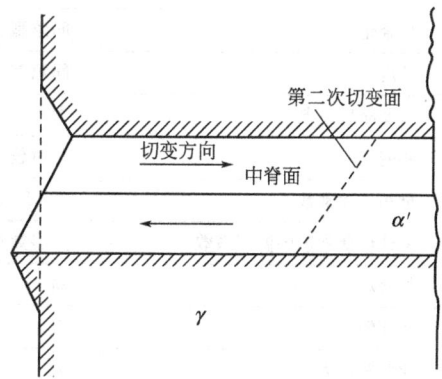

图 5.61　G-T 模型两次切变示意

两次切变模型的立体图如图 5.62 所示。图中假设惯习面为 {225}$_\gamma$。第一次切变沿 {225}$_\gamma$ 面进行，在试样表面产生浮凸。第二次切变可为滑移方式，即沿 (112)$_{\alpha'}$ 面 [111]$_{\alpha'}$ 方向产生滑移及切变 [图 5.62(a)]，也可为孪生方式，孪晶面为 (112)$_{\alpha'}$，孪生方向为 [111]$_{\alpha'}$ [图 5.62(b)]。

G-T 模型比较圆满地解释了马氏体转变的宏观变形、表面浮凸、惯习面和晶内亚结构等现象，但仍不能解释惯习面是不变平面。为解决该问题，又提出了所谓的"表象理论"。

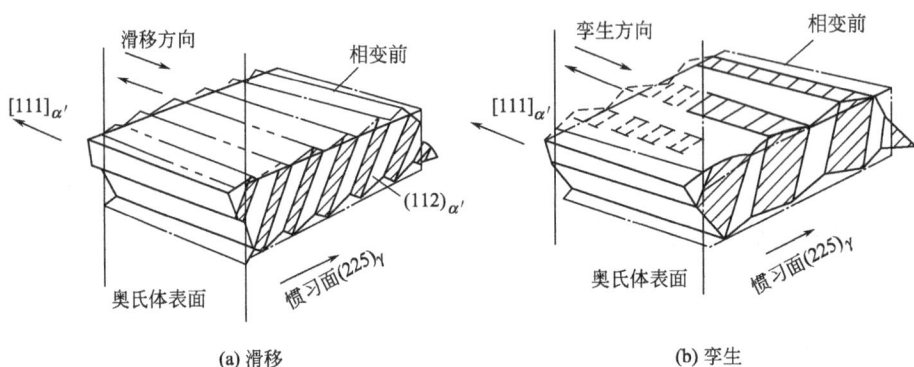

(a) 滑移

(b) 孪生

图 5.62　G-T 模型的立体示意[17]

根据表象理论可以用矩阵方法计算出马氏体转变时的可能界面，这里不再介绍。

5.8　热弹性马氏体与形状记忆效应

5.8.1　有色合金马氏体转变特点

有色金属合金中的马氏体相变类型很多，但是实际应用还比较少，所以其研究的深度和程度都不如铁基合金。有色金属合金马氏体相变和铁基合金在热力学、动力学、物理及力学性质等方面有很大的差异，见表 5.3 所列。当然，并不是所有的铁类合金的马氏体和有色合金马氏体都遵循表中的区分。

表 5.3　铁类合金的马氏体和有色合金马氏体的定性比较

现象与特征	铁类合金马氏体	有色合金马氏体
合金化特点	间隙型、置换型或间隙型和置换型	置换型
硬度	间隙型马氏体态比奥氏体态硬得多	马氏体态与奥氏体态相近
转变滞后现象	大	非常小
相变应变	相对较大	相对较小
母相弹性常数	在 M_s 点附近弹性常数的数值大	在 M_s 点附近弹性常数的数值小
弹性切变常数的温度系数	大多数情况下在 M_s 点附近为负值	大多数情况下在 M_s 点附近为正值
相变焓	高	非常低
相变熵	大	小
化学驱动力	大	小
生长特征	自调节不明显	自调节变体能很好地发展
动力学	高速率，"爆发型"，变温转变或等温转变或变温和等温转变	低速率，非"爆发型"，不存在等温转变、热弹性平衡
生长前沿	没有观察到单界面转变	单界面转变是可能的
界面动性	低而不可逆	高而可逆
马氏体阻尼特性	低	高

和铁基合金的马氏体相变相比，有色金属合金中的马氏体相变特点是明显的，根据文献[30]，主要具有下列特点：①合金组元是置换型的；②马氏体硬度并不比母相大，有时甚至更低；③相变热滞值小，铁基合金的相变热滞大，一般在 $200 \sim 400K$，而钴基合金为 $40 \sim$

126

80K，β-铜、银、金基合金为 10～50K，铟合金最小，为 1～10K；④有色金属合金相变的应变比较小，比铁基合金（约 10^{-1}）至少小 1～2 个数量级，如钴基合金约 10^{-3}，钛和锆合金大约 2×10^{-2}；⑤相变焓和相变热一般都很低。除钛、锆合金外，有色金属合金马氏体相变的相变焓和相变热一般都很低，如钴基合金的相变热约 400～500J/mol，β-铜、银、金基合金为 160～800J/mol，在铟合金中几乎为 0，而铁基合金约 2000～3000J/mol；⑥相变的临界化学驱动力小，如钴基合金为 4～16J/mol，β-铜、银、金基合金为 8～20J/mol，铟合金中仅 1.5J/mol，而铁基合金中除个别情况一般都要在 1000J/mol 以上；⑦马氏体变态之间形状协调性较好；⑧相变速率较低，有色合金马氏体相变速率都比较低，没有铁基合金中的"爆发型"转变现象，一般不存在等温马氏体转变，多呈热弹性，相界面有可能往复移动，具有可逆性；⑨马氏体具有较高的内耗值，高的阻尼特性。

有色合金中的马氏体相变还具有一定的复杂性，主要表现为：①母相往往为有序结构，有的还具有多种有序结构，如 Cu-Al 合金具有 DO_3 有序，Cu-Zn-Al 合金则有 B_2、DO_3 和 $L2_1$ 多种有序结构；②马氏体往往具有多种晶体结构，如 β-Hume-Rothery 合金中，由无序β相可形成 3R、9R、2H 和 4H 马氏体，由 $β_1$ 相可形成 6R、18R、2H、4H 等马氏体，一般情况，B_2 结构的母相对应 2H、3R 或 9R 马氏体结构，DO_3 型母相对应于 6R 或 18R 马氏体结构。结构符号前的数字代表结构中一个周期的堆层数，字母代表结构的对称性。H 指六方，R 为菱方及单斜，有时在 R 下角再标有数字，该数字代表不同堆垛次序；③在同一合金中，往往会出现几种相变，包括几种马氏体相变。这些比较复杂的内容在此不作介绍。表 5.4 列出了具有代表性的有色合金马氏体的晶体学特征。

表 5.4　有色合金马氏体的晶体学特征[3]

合金系	成分范围/%（原子）	晶体结构	亚结构	惯习面	备注
Cu-Al	20～22.5Al 22.5～26.5Al	体心立方→六方 有序体心立方→有序正交	层错 层错	约 $\{133\}_\beta$ 约 $\{122\}_\beta$	弹性
Cu-Zn	39.5Zn	有序体心立方→有序正交	层错	$(2,11,12)_\beta$ 约 $(155)_\beta$	弹性
Cu-Al-Ni	14.2Al-4.3Ni	有序体心立方→有序正交 有序体心立方→有序正交	层错 层错	$(1\bar{5}5)_\beta$ $(3\bar{2}1)_\beta$ 和 $(33\bar{2})_\beta$ 之间	
Co		面心立方→密排六方	层错	$\{111\}_\gamma$	
Au-Cd	33～35Cd	有序面心立方→有序正交	孪晶	$\{133\}_\gamma$	弹性
Ti		体心立方→密排六方	位错 孪晶①	$\{8,8,11\}_\beta$	
Ti-Mo	5Mo	体心立方→密排六方 体心立方→密排六方 体心立方→面心立方	无 孪晶 孪晶	$\{344\}_\beta$ $\{344\}_\beta$ $\{100\}_\beta$	

① 有认为纯钛的 $α'$ 马氏体中无孪晶。

5.8.2　热弹性马氏体相变

马氏体相变的形状变化是通过弹性变形来协调的相变称为热弹性马氏体相变，这种马氏体也就称为热弹性马氏体。图 5.63 是热弹性马氏体呈现形状记忆效应的过程。

具有热弹性马氏体相变的合金条件是：热滞值很小；相变能垒小；马氏体和母相的比容接近，马氏体相变时的切变量比较小；具有马氏体相变可逆过程。热弹性马氏体相变是合金具有超弹性效应和形状记忆效应的基础。

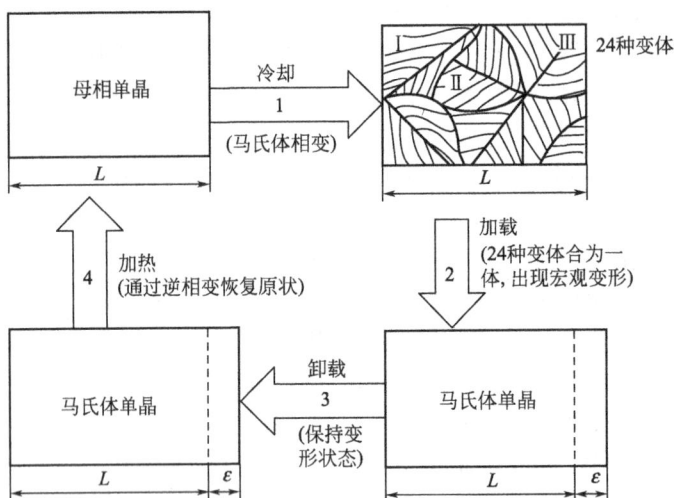

图 5.63　热弹性马氏体呈现形状记忆效应的过程[16]

Fe-Mn-Si 基合金中面心立方 γ 相→密排六方 ε 相的马氏体相变为典型的半热弹性马氏体相变。ε 相是依靠层错形核，其 M_s 决定于合金的层错概率。$\gamma\rightarrow\varepsilon$ 相的马氏体相变也是呈现自协调性。徐祖耀认为 Shockley 不全位错的可逆移动是 Fe-Mn-Si 基合金形状记忆效应的关键。因为 Fe-Mn-Si 基合金中 $\gamma\rightarrow\varepsilon$ 马氏体相变的界面移动阻力较大，使相变热滞也较大（大于 100℃），而且双程记忆效应很小。

5.8.3　形状记忆效应

形状记忆效应有三种类型：单程形状记忆效应、双程形状记忆效应和全程形状记忆效应。图 5.64 示意地表示了三种形状记忆效应的对照。加热时恢复高温相形状，冷却时恢复低温相形状，即通过温度升降自发可逆地反复恢复高低温相形状的现象称为双程形状记忆效应或可逆形状记忆效应。当加热时恢复高温相形状，冷却时变为形状相同而取向相反的高温相形状的现象称为全程形状记忆效应，它是一种特殊的双程形状记忆效应，只有在富镍的 Ti-Ni 合金中出现。

图 5.64　三种类型形状记忆效应的示意

形状记忆合金是利用金属的可逆马氏体相变原理而发展起来的一类新材料。现在的研究表明：具有形状记忆效应的合金体系很多，除了 Ni-Ti 合金外，还有 Au-Cd、Ni-Al 系列，Cu 与 Zn、Pb、Ni、Sn 等其他材料也有此效应。近年来，在高分子材料、陶瓷材料、超导材料中都发现了形状记忆效应，而且在性能上各具有特点，更加促进了形状记忆材料的发展和应用。

目前广泛研究的形状记忆陶瓷是以 ZrO_2 为主要成分的形状记忆元件，引起塑性变形的温度为 0～300℃。其形状记忆受陶瓷中 ZrO_2 的含量以及 Y_2O_3、CaO、MgO 等添加剂的影响。这类形状记忆陶瓷材料可能成为能量储存执行元件和特种功能材料。

形状记忆高分子聚合物以其优良的综合性能、较低的成本、加工容易和潜在巨大的实用价值而得到迅速的发展。高分子聚合物的各种性能也是其内部结构的本质反映，高分子聚合物形状记忆功能是由其特殊的内部结构所决定的。目前开发的形状记忆高分子聚合物一般是由保持固定成品形状的固定相和在某种温度下能可逆地发生软化-硬化的可逆相组成。固定相的作用是初始形状的记忆和恢复，第二次变形和固定则是由可逆相来完成的。如聚降冰片烯树脂，具有类似于形状记忆合金的功能，并且已开始用于汽车挡板和密封材料。

5.8.4 应力诱发马氏体与超弹性

受应力诱发形成的马氏体可能有类似热弹性马氏体相变的现象。在 M_s～T_C 温度范围内对合金施加应力，相当于为马氏体相变提供了外来的克服形核位垒的能量，那么就有可能在 M_s 上就形成马氏体。当外力超过母相的弹性极限后，母相中将产生马氏体，而且随着应力的增大，马氏体不断长大；当去除外加应力后，马氏体又逐渐缩小，直至消失。

对母相状态的试样在 A_f 温度以上施加外力，将出现图 5.65 的应力-应变曲线。图中各阶段的意义：a 为母相的弹性变形阶段，b～c 为应力诱发马氏体形成阶段，c～d 为马氏体的弹性变形阶段，d～e 为马氏体的弹性变形回复阶段，e～f 为马氏体逆转变母相阶段，f～g 为母相弹性变形回复阶段，a～d 为加载过程，d～g 为卸载过程。随着外力的增加，试样先是发生弹性变形，应力超过弹性极限后，随应力的缓慢增大，试样的应变显著增加。在一定应变范围内卸载，应变会完全消失，如同弹性变形。但是和一般的弹性变形不同的是，这种弹性变形的应变量大得多，所以称为超弹性（superelasticity）变形，又称为伪弹性（pseudoelasticity）变形。形成的马氏体为超弹性马氏体，其相变为超弹性马氏体相变。超弹性马氏体相变是有机械驱动力参与的热弹性马氏体相变。显然，弹性马氏体是外应力的函数，产生的应变不是由材料屈服塑性变形所造成的，而是由马氏体相变产生的。

图 5.66 表示记忆合金的形状记忆效应和相变伪弹性的出现条件，即形状记忆合金和相变伪弹性温度和应力范围以及滑移变形临界应力之间的关系。所以，从原理上说形状记忆合金都可能出现相变伪弹性。若合金的塑性变形临界应力比较低，如图中的 B 线，材料在应力作用下先发生了完全塑性变形，这种情况就不会出现相变伪弹性。但对于塑性变形临界应力较高的合金，如图中 A 线，则有可能出现相变伪弹性。图中诱发马氏体的临界应力直线的斜率是由相变热、温度和相变应变来决定的。不仅在母相中施加应力会出现相变伪弹性，

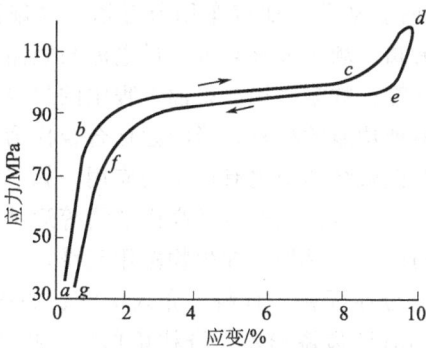

图 5.65 发生超弹性变形的
应力-应变曲线

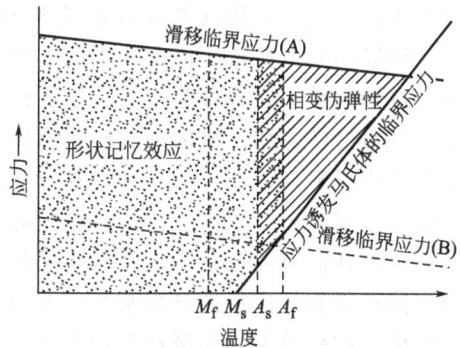

图 5.66 形状记忆效应、相变
伪弹性和应力之间的关系

而且在 M_f 温度以下处于完全的马氏体相状态也可能出现相变伪弹性。在应力作用下，具有24种位相关系的马氏体中，不同位相的马氏体将按拉伸方向形成单一位相的马氏体而贡献出最大的变形。当然，这种应力诱发马氏体在热力学上是不稳定的，仅能在应力作用下存在，应力去除后，就逆转变为原来的马氏体而呈现相变伪弹性。

5.8.5 形状记忆合金及应用

表 5.5 列出了非铁形状记忆合金。表中除了 In-Tl 和 Mn-Cu 等呈现 FCC-FCT 相变且相变应变极小的合金外，其余合金都是热弹性相变，而且为有序的。

表 5.5 具有形状记忆效应和超弹性的非铁合金[16]

合 金	成分(原子)	结构变化	热滞	有序化
Ag-Cd	44%～49%Cd	$B_2 \rightarrow 2H$	约 15	有序
Au-Cd	46.5%～48.0%Cd	$B_2 \rightarrow 2H$	约 15	有序
	49%～50%Cd	$B_2 \rightarrow 2H$	约 2	有序
Cu-Zn	38.5%～41.5%Zn	$B_2 \rightarrow M$(调制的)9R	约 10	有序
Cu-Zn-X(X＝Si,Sn,Al,Ca)	少量 X	$B_2 \rightarrow M9R$	约 10	有序
Cu-Al-Ni	28%～29%Al,3.0%～4.5%Ni	$DO_3 \rightarrow 2H$	约 35	有序
Cu-Sn	约 15%Sn	$DO_3 \rightarrow 2H,18R$	—	有序
Cu-Au-Zn	23%～28%Au,45%～47%Zn	Heusler$\rightarrow$18R	约 6	有序
Ni-Al	36%～38%Al	$B_2 \rightarrow 3R,7R$	约 10	有序
Ti-Ni	49%～51%Ni	$B_2 \rightarrow B'_{19}$	约 30	有序
		$B_2 \rightarrow R \rightarrow B'_{19}$	约 2	有序
Ti-Ni-Cu	8%～20%Cu	$B_2 \rightarrow B_{19} \rightarrow B'_{19}$	4～12	有序
Ti-Pd-Ni①	0～40%Ni	$B_2 \rightarrow B_{19}$	30～50	有序
In-Tl	18%～23%Tl	FCC$\rightarrow$FCT	约 4	无序
In-Cd	4%～5%Cd	FCC$\rightarrow$FCT	约 3	无序
Mn-Cd	5%～35%Cd	FCC$\rightarrow$FCT	—	无序

① 含 Pd 量高的 Ti-Pd-Ni 合金未经特别的热-机械处理并不呈现良好的形状记忆效应。

目前已研究发现的形状记忆合金有几十种，其应用范围涉及机械、电子、化工、能源、航空航天及建筑等领域。形状记忆合金元件包括丝、板、弹簧、管、钉、圈、螺杆和特殊形状件等多种形式。利用这些元件制造各种工程应用的驱动器，如汽车用节温器、风扇离合器、空调风向调节机构、恒温混水阀、气体管道防火阀、洒水灭火装置、过电流与短路保护装置、机器人等；在各种管接头、紧固件、恒弹力弹簧、减振机构、采油工程中的封隔器等方面也有很好的应用。机敏材料应具有传感和驱动两种功能的材料，形状记忆合金作为一种重要的功能材料，以优异的超弹性和形状记忆效应在机敏结构中也有广泛的应用，如热敏电阻、过电压保护器、氧探测器、扭转控制系统调节器、湿度传感器以及高山滑雪等运动器具等，特别是在航空航天的机敏结构中发挥了很重要的作用。另外，在生物医用领域，形状记忆合金同样得到了广泛的开发应用，如 Ti-Ni 记忆合金在牙科、骨科、介入治疗、心内科、耳鼻喉科、妇科等医学领域已有广泛的应用，其产品有牙齿矫形丝、脊柱矫形棒、接骨板、食道支架、呼吸道支架、直肠支架、血管支架、节育环等。

形状记忆合金的发展方向主要有：①高温形状记忆合金；②窄滞后形状记忆合金；③宽

滞后形状记忆合金；④铁基形状记忆合金；⑤形状记忆合金薄膜。

本　章　小　结

钢中马氏体是工业生产中使用最广泛的强化组织，马氏体相变也是固态相变中最重要的研究领域。钢中马氏体的组织形态和性能随钢的含碳量、合金元素以及马氏体形成温度等条件而变化。钢中马氏体最常见的是位错型板条状马氏体和孪晶型针状马氏体。间隙原子碳固溶在马氏体中能产生强烈的强化效果，在一定碳浓度范围内马氏体硬度随着固溶碳浓度的增大而提高。位错型马氏体具有较高的韧度，在相同的屈服强度下，位错型马氏体的断裂韧度要比孪晶型马氏体高得多。

图 5.67 为本章马氏体相变与马氏体基本内容的知识要点及其关系。

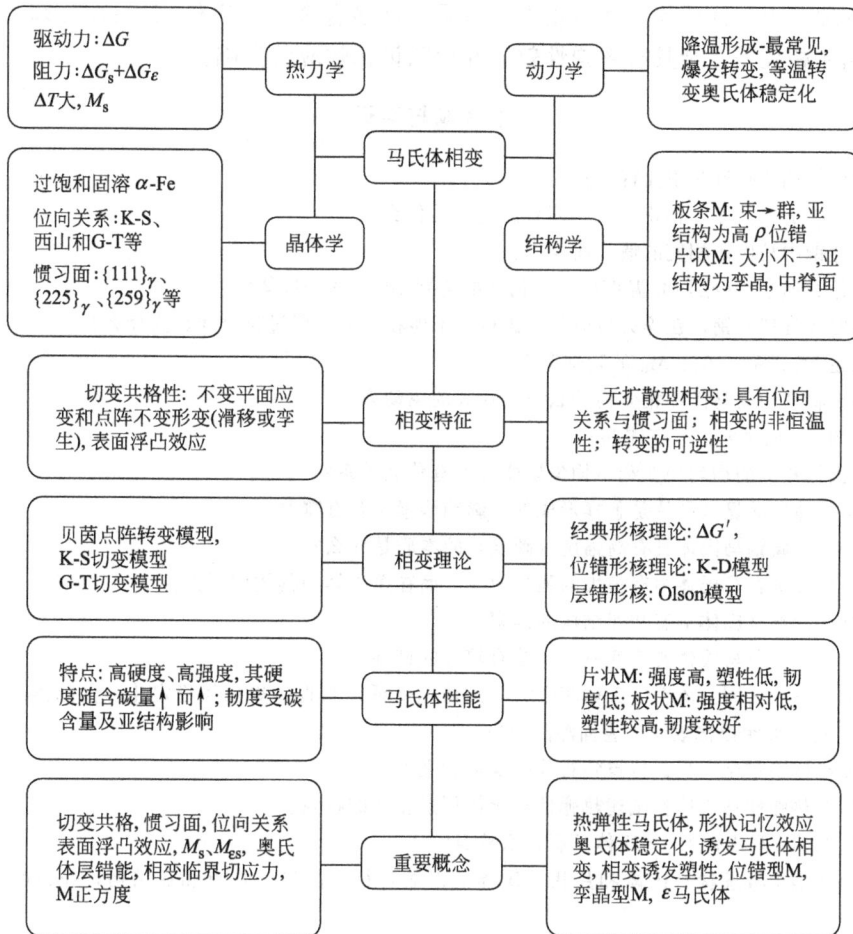

马氏体相变	
热力学：驱动力：ΔG；阻力：$\Delta G_s + \Delta G_\varepsilon$；$\Delta T$大，$M_s$	动力学：降温形成-最常见，爆发转变，等温转变奥氏体稳定化
晶体学：过饱和固溶 α-Fe；位向关系：K-S、西山和G-T等；惯习面：$\{111\}_\gamma$、$\{225\}_\gamma$、$\{259\}_\gamma$等	结构学：板条M：束→群，亚结构为高 ρ 位错；片状M：大小不一，亚结构为孪晶，中脊面

相变特征：切变共格性：不变平面应变和点阵不变形变(滑移或孪生)，表面浮凸效应；无扩散型相变；具有位向关系与惯习面；相变的非恒温性；转变的可逆性

相变理论：贝茵点阵转变模型，K-S切变模型，G-T切变模型；经典形核理论：$\Delta G'$，位错形核理论：K-D模型，层错形核：Olson模型

马氏体性能：特点：高硬度、高强度，其硬度随含碳量↑而↑；韧度受碳含量及亚结构影响；片状M：强度高，塑性低，韧度低；板状M：强度相对低，塑性较高，韧度较好

重要概念：切变共格，惯习面，位向关系，表面浮凸效应，M_s、M_{es}，奥氏体层错能，相变临界切应力，M正方度；热弹性马氏体，形状记忆效应，奥氏体稳定化，诱发马氏体相变，相变诱发塑性，位错型M，孪晶型M，ε马氏体

图 5.67　马氏体相变与马氏体基本内容的知识要点及其关系

马氏体相变非常复杂，具有多种晶体结构和丰富多彩的组织形态，表现了固态相变过程的自组织功能，遵循着最小阻力原理。马氏体相变主要特征：马氏体相变是在较低的温度下进行的一种无扩散型相变，具有相变过程的非恒温性；具有切变共格特性和表面浮凸现象；和母相奥氏体保持着一定的晶体学位向关系和惯习面。马氏体相变的驱动力是新相与母相的化学自由能差，相变阻力是应变能和界面能，钢中马氏体相变的热力学特点是相变要在很大的过冷度下才能发生。大多数钢种都具有降温形成动力学特性，其特点主要表现为降温形

成、瞬时成核、瞬时长大。

协同是指开放系统中大量子系统相互作用、协调一致的整体效应。当处于失稳状态的系统在外界能量的作用下或物质的聚集达到某种临界值时，子系统间就产生相互作用和协调，有组织、有目的地协调一致，在临界点发生质变[9]。系统内众多的子系统按照一定的规则和方式相互合作和协调，导致系统相互作用的整体效应——组织化和有序化。在一定外界条件下，钢的临界点 M_s 就是突变点，在 M_s 以下发生马氏体相变。马氏体相变是属于一种军队式的转变，原子无扩散而协调一致的行动，这体现在发生点阵的不变平面均匀切变，使晶格点阵产生变化；但为了尽可能地降低系统的能量，再进行滑移或孪生形式的点阵不变形变。这种相变过程体现了系统内部组织化和有序化的整体协同效应。

有色金属合金马氏体相变也是比较普遍的，但和铁基合金马氏体相变相比，在热力学、动力学、物理及力学性质等方面有很大的差异。许多合金的马氏体相变具有形状记忆效应。热弹性马氏体相变是合金具有超弹性效应和形状记忆效应的基础。

思考题与习题

5-1　马氏体相变有哪些主要特征？

5-2　什么叫 K-S 关系、西山关系？两者的差别是什么？

5-3　试述钢中马氏体相变的惯习面规律。

5-4　为什么通常在冷到 M_f 温度以下，仍不能得到 100% 的马氏体？

5-5　需要冷处理的钢，在淬火后马上进行，不能在室温停留过长时间，为什么？

5-6　试述 M_s、A_d、A_s、M_d 的物理意义。

5-7　钢铁材料中的马氏体相变为什么需要很大的驱动力？

5-8　影响 M_s 的主要因素有哪些？

5-9　马氏体相变的均匀切变和不均匀切变之间有什么关系？

5-10　马氏体中的显微裂纹是怎样形成的？影响因素主要有哪些？

5-11　中、高碳钢马氏体具有高强度（硬度）的本质是什么？

5-12　为什么碳在马氏体中有很大的强化效应，而在奥氏体中其效应不大？

5-13　试述影响马氏体形态和亚结构的因素。

5-14　为什么板条马氏体要比孪晶马氏体有较高的韧性？

5-15　解释下列名词：诱发马氏体相变、马氏体相变诱发塑性、奥氏体稳定化、奥氏体热稳定化、奥氏体机械稳定化、形状记忆效应、表面浮凸效应。

5-16　奥氏体稳定化有什么特点？有什么实际意义？

5-17　什么热弹性马氏体？试述热弹性马氏体可逆相变的特点。

5-18　什么叫 ε 马氏体？ε 马氏体具有什么特点？

5-19　简述钢中板条状马氏体和片状马氏体的形貌特征、晶体学特点和亚结构，并说明它们的性能差异。

5-20　影响钢中马氏体强韧性的主要因素有哪些？

5-21　用 T10（约 1.0%C）和 GCr15（约 1.0%C，1.5%Cr）等高碳钢制造的精密轴承、块规等零件，在淬火及低温回火状态下使用时其尺寸仍可能会发生变化，试分析原因。

5-22　试分析碳含量相同的碳素钢与合金钢淬火后所得的硬度有什么差异。

5-23　和铁基合金相比，有色合金的马氏体相变有什么主要特点？

6 贝氏体相变与贝氏体

(Bainite Transformation and Bainite)

在钢的珠光体转变与马氏体转变温度范围之间，即中温区域，过冷奥氏体将可能会发生贝氏体转变，贝氏体转变所得的产物称为贝氏体（Bainite）。钢中的贝氏体转变最早是由 Bain 等人于 1930 年进行研究和阐述的，为纪念美国著名冶金学家 Bain，此转变被命名为贝氏体转变。

贝氏体转变是将钢加热奥氏体化，再过冷到中温区域时发生的一种相变。过冷奥氏体冷却可采用等温保持方式，也可采用连续冷却的方式。在中温区域，铁和合金元素基本上难以进行扩散，而碳原子还能进行近距离的扩散。原子的这种活动特性就决定了贝氏体转变既不同于珠光体转变也不同于马氏体转变，其转变的机理和所得组织的性质均具有特殊性，这是一个相当复杂的相变过程。由于贝氏体转变过程的复杂性和转变产物的多样性，到目前为止，在学术上还有许多问题（如贝氏体转变机理等）未能得到彻底解决，还存在着不同的学术见解或分歧，甚至对转变产物贝氏体还没有一个大家公认的确切的定义。

一般情况下，贝氏体组织具有优良的综合力学性能，强度和韧度都比较高。虽然在贝氏体转变的许多细节上还存在着学术上的分歧和争论，人们对贝氏体转变过程还没有完全清楚，但贝氏体转变在生产上却很重要。贝氏体组织以其处理工艺简单、高强韧度等优越性，得到了广泛的应用。各国都先后开发了贝氏体钢，目前已开发了高强度甚至超高强度贝氏体钢。因此，对贝氏体转变过程和贝氏体组织性能进行研究和了解，不仅具有理论意义，而且还有重要的工程意义。

6.1 贝氏体组织基本特征与性质

6.1.1 贝氏体组织基本特征

贝氏体相变的特性一般是从显微组织、表面浮凸效应以及相变动力学等方面来表达的。但由于不同的学术理论，还没有一致认同的定义。相应地，对贝氏体的定义也就有不同的分歧，或者说不同的贝氏体定义都存在着某些不足。

切变学说总结了贝氏体相变三个方面的特性，给出贝氏体定义[41]：①贝氏体是铁素体和碳化物的非层片状混合组织，其针状形貌由铁素体形貌所决定；上贝氏体、下贝氏体的产生均以铁素体为领先相；②上贝氏体、下贝氏体铁素体的形成伴随着表面浮凸效应，是一种位移相变，受碳原子扩散速率所控制；③在反应动力学上，存在一个 B_s 上临界点，呈 C 曲线形状。

1988 年，扩散学说代表 Aaronson 等提出了广义的贝氏体组织定义：扩散、非协同的、两种沉淀相竞争的台阶式生长的共析分解产物。

根据近几十年来对贝氏体组织结构的大量研究成果，可将贝氏体定义为[3]：钢中贝氏体是过冷奥氏体的中温转变产物，它以贝氏体铁素体为基体，同时可能存在渗碳体或 ε-碳化物、残留奥氏体等相，贝氏体铁素体的形貌呈条片状，内部存在亚片条、亚单元等精细亚结构。这种整合组织称为贝氏体。

贝氏体组织形态呈现多样化特性，主要影响因素为化学成分及形成温度。目前对贝氏体类型的划分还没有统一的标准，论述的基点不同，贝氏体的分类方式也不同。一般可将贝氏体按组织形态的区别分为上贝氏体（upper bainite）、下贝氏体（low bainite）、粒状贝氏体（granular bainite）、无碳化物贝氏体（carbide-free bainite）等贝氏体类型。其中上贝氏体和下贝氏体最为常见，应用最多，研究最深入。

6.1.1.1　上贝氏体

在贝氏体形成温度范围的较高温度区域内形成的贝氏体被称为上贝氏体。对于中、高碳钢，上贝氏体形成温度在350～550℃之间。

上贝氏体是一种由铁素体和渗碳体组成的两相组织。典型的上贝氏体在光学显微镜观察时往往呈羽毛状（图 6.1），因此也称上贝氏体为羽毛状贝氏体（feathery bainite）。其组织特征为：成束而大致平行的铁素体板条（lath）自奥氏体晶界的一侧或两侧长入晶内，束内相邻铁素体板条之间的位向差小；渗碳体分布于铁素体板条之间，沿着铁素体板条的长轴方向排列成行，但一般不易辨认，在高倍电子显微镜下清晰可见；上贝氏体铁素体条是由许多亚基元组成，铁素体条内的亚结构是位错。

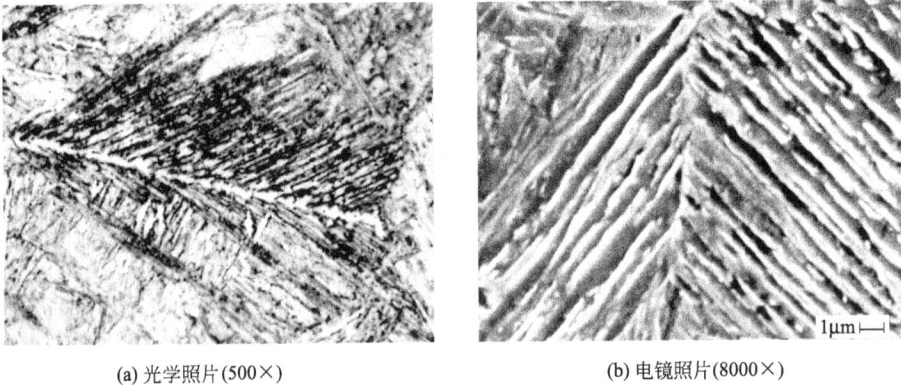

(a) 光学照片(500×)　　　　　　　　　(b) 电镜照片(8000×)

图 6.1　45 钢上贝氏体组织形态

一般情况下，随奥氏体中含碳量的增加，上贝氏体铁素体条变薄，渗碳体形态由粒状、链球状变为短杆状，甚至为连续杆状；随奥氏体中含碳量的增加，渗碳体数量显然要增多，不仅存在于铁素体条之间，而且可能分布于铁素体条内。随转变温度的下降，贝氏体铁素体变得更细小，渗碳体也变得更细小和密集。这种组织比较容易浸蚀，且外形由羽毛状而变得很不规则。

上贝氏体铁素体能在抛光的试样上观察到表面浮凸，但与马氏体产生的浮凸不同。上贝氏体铁素体形成也有惯习面，惯习面为 $\{111\}_\gamma$，与奥氏体之间的位向关系接近于 K-S 关系。渗碳体析出的惯习面为 $(2\bar{2}7)_\gamma$，与奥氏体之间存在一定的位向关系：$(001)_\theta // (225)_\gamma$，$[010]_\theta // [110]_\gamma$，$[100]_\theta // [554]_\gamma$。由于渗碳体与奥氏体存在一定的位向关系，所以一般认为渗碳体是从奥氏体中析出的。

应该说明，在上贝氏体中，除了贝氏体铁素体和渗碳体外，还可能存在未转变的残留奥氏体，特别是钢中含有 Si、Al 等元素时，由于 Si、Al 等元素具有抑制渗碳体析出的作用，所以使上贝氏体铁素体条间的奥氏体因含碳量增大而稳定性提高，大部分的奥氏体可保留到室温不发生转变，这样的组织类似于无碳化物贝氏体。

134

6.1.1.2 下贝氏体

在贝氏体形成温度范围的较低温度区域内形成的贝氏体被称为下贝氏体。下贝氏体一般在350℃以下温度范围形成。钢的含碳量较低时，下贝氏体形成温度可能高于350℃。

下贝氏体也是由铁素体和渗碳体两相组成，但铁素体的形态和渗碳体分布均不同于上贝氏体。下贝氏体铁素体的形态与马氏体很相似。含碳量低时呈板条状，含碳量高时呈针状或透镜片状，含碳量中等时两种形态都有。图6.2为球墨铸铁中形成的下贝氏体组织形态，图6.2(b)是在电子显微镜下放大后的下贝氏体组织形貌。

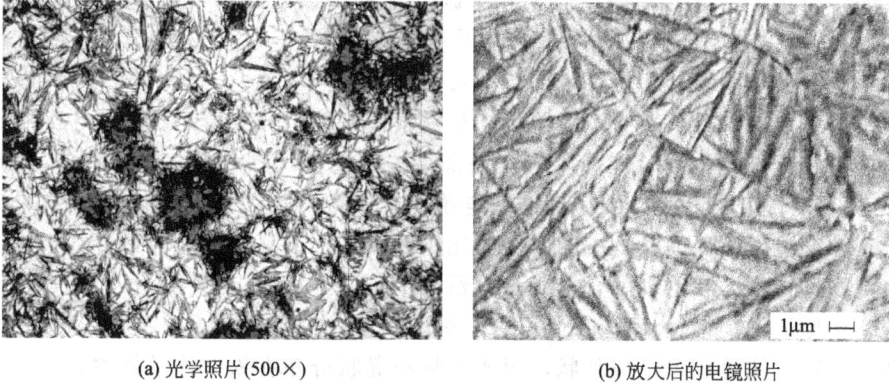

(a) 光学照片(500×)   (b) 放大后的电镜照片

图6.2　球墨铸铁下贝氏体组织形态

虽然下贝氏体组织形貌与马氏体相似，但下贝氏体微观特征与马氏体不同。下贝氏体铁素体中的亚结构均为位错，不存在孪晶。下贝氏体铁素体片或条也是由亚基元组成。下贝氏体片或针的一边较为平直。在高倍的电子显微镜下观察，下贝氏体中的碳化物清晰可见。下贝氏体铁素体中的含碳量远高于平衡含碳量，因为下贝氏体铁素体形成后可立即通过析出碳化物而使含碳量下降，所以实际测出的含碳量要比初始形成时的含碳量为低。下贝氏体铁素体中也有大量的位错存在，往往形成位错胞，位错密度比上贝氏体更高。

下贝氏体中的碳化物呈细片状或颗粒状，排列成行，约以55°～60°的角度与下贝氏体针的长轴相交，并且仅仅是分布在铁素体内。在温度较低时，下贝氏体中初始形成的碳化物是ε-碳化物，随时间的延长，ε-碳化物可转变为θ-碳化物。在含Si钢中，因为Si能有效地抑制ε-碳化物到θ-碳化物的转变过程，所以含Si钢中下贝氏体中的碳化物主要为ε-碳化物。由于碳化物与下贝氏体铁素体之间存在一定的位向关系，所以一般认为碳化物是从铁素体中析出的。

下贝氏体铁素体形成时有会产生浮凸效应，往往呈"Λ"或"V"形。下贝氏体铁素体与奥氏体之间的位向关系为K-S关系。下贝氏体的惯习面比较复杂。

6.1.1.3 其他贝氏体

（1）无碳化物贝氏体　无碳化物贝氏体（carbonless bainite）是贝氏体转变区域的最高温度范围内形成的组织。一般情况下，无碳化物贝氏体由板条状铁素体束和未转变的奥氏体所组成，也有认为无碳化物贝氏体是一种铁素体的单相组织，是贝氏体的一种特殊形式。未转变的奥氏体富碳，分布于铁素体条间，而铁素体和奥氏体中均无碳化物析出，所以称为无碳化物贝氏体。未转变的奥氏体在进行冷却过程中可能会转变为马氏体或其他组织，也可能被保留至室温。因此，在钢中通常不形成单一的无碳化物贝氏体，往往形成与其他组织共存的混合组织。

无碳化物贝氏体一般形成于低碳钢中，也可在含 Cr、Ni、Mo、B 等合金元素的低碳合金钢中连续冷却时产生。在含 Si、Al 等元素量较高的钢中，会形成类似于无碳化物贝氏体的组织。

无碳化物贝氏体铁素体核在奥氏体晶界上形成，然后成束地向一侧晶粒长大。无碳化物贝氏体铁素体在形成时也具有表面浮凸现象，与奥氏体之间的晶体学关系和上贝氏体相同，惯习面为 {111}$_\gamma$，位向关系符合 K-S 关系。

(2) 粒状贝氏体 粒状贝氏体（granular bainite）是在 1957 年由 Habraken 最早研究发现而提出的。粒状贝氏体主要是在低碳和中碳合金钢中以一定的冷却速度连续冷却时得到的，如在正火、热轧空冷或在焊接热影响区中都可发现这种组织。有时，在上贝氏体形成温度范围的高温区进行等温处理也可得到粒状贝氏体。

一般情况下，粒状贝氏体组织形貌特征是铁素体基体上分布着岛状物，小岛状组成物呈不连续条形，平行分布在铁素体基体上，是富碳的奥氏体。图 6.3(a) 为 40Cr 钢粒状贝氏体组织形态，图 6.3(b) 是放大 8000 倍的电镜照片。分析表明，铁素体基体中的含碳量很低，接近于平衡浓度，而岛状物中的含碳量比钢的平均浓度高很多。但是，如果钢中含有合金元素，则铁素体和岛状物中的合金元素含量与平均浓度相同。这说明了粒状贝氏体形成过程中，仅有碳原子的扩散而无合金元素的扩散。因此，粒状贝氏体和无碳化物贝氏体很相似，前者只是铁素体量较多已成片状，奥氏体呈小岛状分布在铁素体基体中。

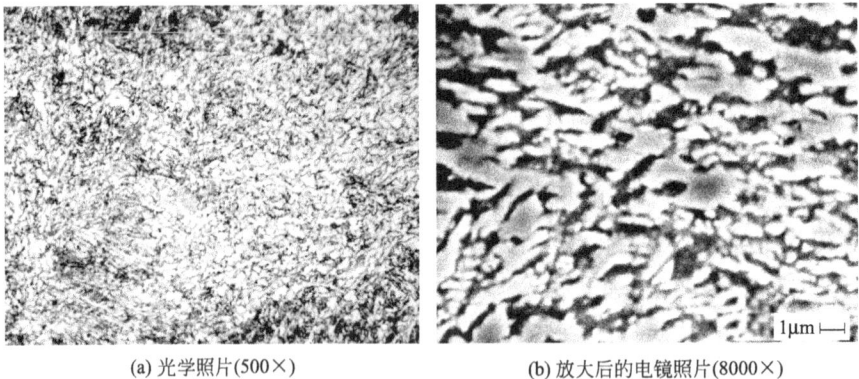

(a) 光学照片(500×)　　　　(b) 放大后的电镜照片(8000×)

图 6.3　40Cr 钢粒状贝氏体组织形态

富碳的奥氏体小岛在随后的冷却过程中有可能分解为铁素体与碳化物，也有可能转变为马氏体，或以奥氏体状态保留到室温或部分转变马氏体形成两相混合组织。

除了上面介绍的贝氏体外，还有柱状贝氏体（columnar bainite）和反常贝氏体（inverse bainite）等。柱状贝氏体一般在高碳碳素钢或高碳中合金钢中，当温度处于下贝氏体形成温度范围时出现。柱状贝氏体中的铁素体形貌呈放射状，这是柱状贝氏体组织的一个特征。在电子显微镜下观察，柱状贝氏体中的碳化物是分布在铁素体内部的，这与下贝氏体相似。柱状贝氏体形成时没有表面浮凸效应。反常贝氏体出现在过共析钢中，形成温度在 350℃ 稍上，以渗碳体为领先相。

6.1.2　贝氏体组织的力学性能

从前面介绍的贝氏体形成与组织特性可知，贝氏体的形成机理和组织形貌很复杂。理论上说贝氏体的力学性能主要决定于成分及组织形态，但影响因素很多，难以在组织和性能之间建立定量的关系。定性地说，下贝氏体的强度较高、韧度也较高，而上贝氏体的强度低、韧度也较差。

6.1.2.1 贝氏体组织的强度

图 6.4 表示了碳素钢贝氏体形成温度和强度之间的关系。由图可知，随着贝氏体形成温度的降低，强度不断提高。显然，不同温度下形成的贝氏体组织形态和亚结构等组织参数都不同，所以在宏观上性能也就不同。影响贝氏体组织强度的主要因素有以下几点。

（1）贝氏体铁素体条（片）的粗细 贝氏体铁素体条（片）大小实际上也可看作是贝氏体晶粒大小，贝氏体强度随贝氏体晶粒大小的变化规律基本上符合 Hall-Petch 关系式。也就是说，贝氏体晶粒越细小，贝氏体的强度就越高（图 6.5）。

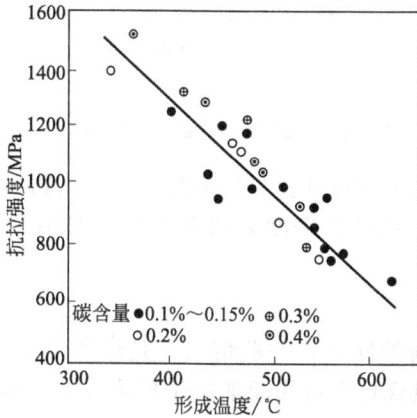

图 6.4 碳素钢贝氏体强度与相变温度的关系[3]   图 6.5 贝氏体铁素体晶粒尺寸对强度的影响[3]

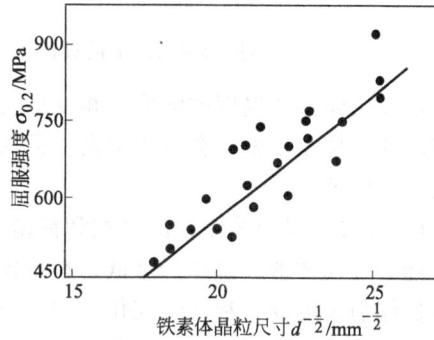

贝氏体铁素体条（片）大小主要取决于化学成分和贝氏体形成温度，特别是贝氏体形成温度。形成温度越低，贝氏体铁素体条（片）越细小，对位错运动的阻力就越大，贝氏体强度就越高。

（2）贝氏体碳化物的大小与分布 金属合金中的第二相质点能阻止位错的运动而提高强度。根据弥散强化的理论，第二相质点阻止位错运动的程度或提高强度的幅度主要决定于第二相质点的数量、大小、形状和分布等组织参数。在贝氏体组织中，碳化物的数量愈多、颗粒愈细小、分布愈均匀，碳化物对贝氏体强度的贡献就愈大。下贝氏体组织中，碳化物颗粒细小，数量也较多，分布均匀有规律，所以下贝氏体的强度较高。而在上贝氏体组织中，碳化物颗粒比较粗大，往往呈不连续的短棒状存在于铁素体条片之间，分布很不均匀，因此上贝氏体组织的强度要比下贝氏体组织低得多。

贝氏体碳化物的大小与分布也主要取决于贝氏体形成温度和奥氏体中的含碳量。贝氏体形成温度愈低，碳化物颗粒愈细小，数量也愈多。图 6.6 给出了碳化物质点数密度随贝氏体形成温度的变化及其与强度关系。由图可知，随形成温度的降低，碳化物质点数密度呈线性增加，而钢的强度又随碳化物质点数密度呈线性增加关系。

（3）其他因素 贝氏体铁素体的细晶强化和碳化物质点的弥散强化是贝氏体强度的主要影响因素，但碳和其他合金元素的固溶强化和位错亚结构的强化等因素对贝氏体的强度也有一定的贡献。

随贝氏体形成温度的降低，在贝氏体铁素体中碳的过饱和度会增加，所以对强度的贡献也就相应增大。当然，由于贝氏体铁素体中碳的过饱和度毕竟比较小，所以碳的固溶强化在一般情况下对强度的贡献是有限的。

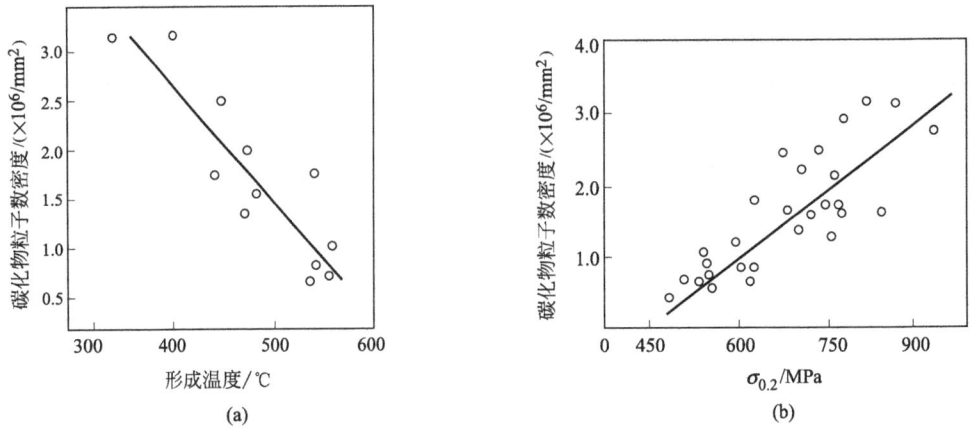

图 6.6 不同形成温度下的贝氏体碳化物质点数密度 (a) 及其与强度关系 (b)[42]

随贝氏体形成温度的降低，相变应变增加，位错密度提高；贝氏体组织中碳化物质点沉淀量增加，位错密度也会有所提高。贝氏体铁素体中的位错密度大约为 $10^8 \sim 10^9 \mathrm{cm}^{-2}$，对强度有一定贡献。

6.1.2.2 贝氏体组织的塑性和韧度

随着贝氏体形成温度的降低，在贝氏体强度提高的同时，一般情况下其塑性是下降的。但贝氏体的韧度变化和塑性变化不同，较为复杂。贝氏体韧度主要取决于贝氏体铁素体晶粒大小和贝氏体碳化物的大小与分布。

图 6.7 为 30CrMnSi 等 Cr-Mn-Si 系中碳合金钢贝氏体组织的冲击韧度与形成温度的关系。从图中试验结果可知，在 350℃ 以上，当组织中大部分甚至全部为上贝氏体时，冲击韧度明显下降。从整体上说，下贝氏体组织的韧度要优于上贝氏体；随着贝氏体形成温度的降低，强度是逐渐提高，而韧度并不降低，反而有所增大。这是贝氏体组织力学性能变化的重要特点，也是人们对贝氏体组织感兴趣和贝氏体钢得到发展和广泛应用的主要原因。

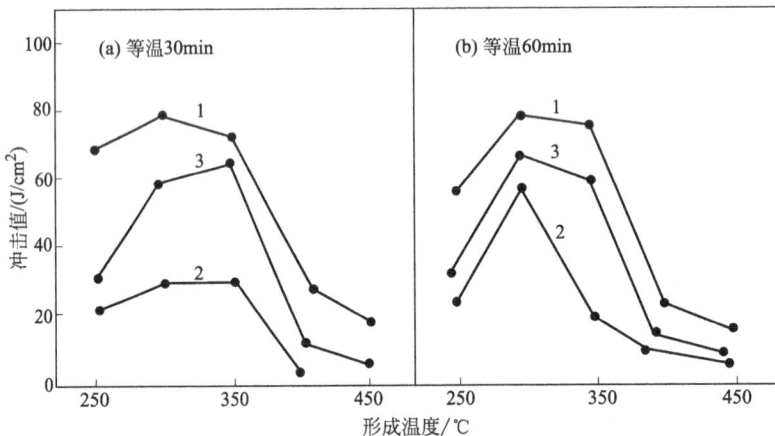

图 6.7 贝氏体组织的冲击韧度与形成温度的关系[17]

1—0.27C-1.02Si-1.00Mn-0.98Cr；2—0.40C-1.10Si-1.21Mn-1.02Cr；
3—0.42C-1.14Si-1.04Mn-0.96Cr

下贝氏体韧度优于上贝氏体的主要原因：上贝氏体中的铁素体和碳化物分布都具有明显的方向性，碳化物主要分布于铁素体条片间，并且铁素体和碳化物的尺寸均相对粗大，所以韧度较差；下贝氏体的铁素体条片较细小，并且铁素体片彼此间的位向差很大，碳化物又主要分布于铁素体内，因此对裂纹扩展的抗力较大，在宏观上表现为韧度较高。

上贝氏体和下贝氏体相比，不仅强度低，而且韧度差，所以在实际生产中一般都不希望形成上贝氏体组织而希望获得下贝氏体组织。

在相同强度水平的基础上，比较贝氏体组织和回火马氏体的韧度，情况就比较复杂。表 6.1 为 Ni-Co 合金钢中下贝氏体和回火马氏体韧度的比较。一般情况下，在下贝氏体形成温度范围的中、上区域温度形成的贝氏体韧度要优于同强度的回火马氏体韧度；在具有回火脆性的钢中，贝氏体的韧度要高于回火马氏体韧度，如图 6.8 所

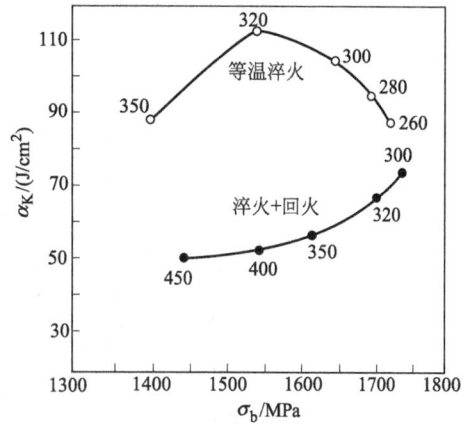

图 6.8　30CrMnSi 等温淬火与普通淬火回火的冲击值比较[18]

示；在高碳钢中，回火马氏体的韧度低于同强度的贝氏体韧度。

表 6.1　在等强度情况下下贝氏体和回火马氏体韧度的比较[18]

钢的成分	强度		77K 时的断裂韧度/(MN/m^{3/2})	
	σ_s/MPa	σ_b/MPa	回火马氏体	下贝氏体
0.24C-8.4Ni-3.9Co	1200	1300	112	62.5
0.24C-11.3Ni-7.5Co	1240	1340	122	80.4
0.43C-8.6Ni-4Co	1330	1600	48.4	55.5
0.40C-8.3Ni-7.2Co	1435	1665	36.9	39.3

在许多实际情况下，某些钢淬火往往获得了马氏体和贝氏体的混合组织。这种混合组织的韧度一般都要优于单一马氏体或贝氏体组织的韧度。这是因为先形成的贝氏体分割了原奥氏体晶粒，使随后形成的马氏体条束变小，在整体上组织细化了，所以混合组织的韧度得到了提高。这些研究结论已在生产上得到了应用。

6.2　贝氏体相变热力学与动力学

6.2.1　贝氏体相变热力学

碳钢中各种贝氏体形成的温度范围如图 6.9 所示。由图可知，在含碳量约低于 0.6% 的钢中，随含碳量的增加，各类贝氏体的形成温度范围不断下降；在含碳量大于 0.6% 的钢中，形成温度范围基本不变。

一般认为，贝氏体转变是通过形核与长大过程进行的，转变时的领先相是铁素体，转变过程中有碳原子的扩散，转变的驱动力也是相自由焓差。根据固态相变理论，在理论上贝氏体转变过程的系统自由焓差 ΔG 也可由式(6.1) 表示：

$$\Delta G = -\Delta G_V + \Delta G_S + \Delta G_E + \Delta G_D \qquad (6.1)$$

式中，ΔG_V 为体积自由焓差；ΔG_S 为界面能；ΔG_E 为应变能；ΔG_D 为母相中位错等晶体缺陷提供的能量。其中，ΔG_S 和 ΔG_E 为相变阻力。

但是如何考虑式中的各项还存在一定的问题，这与转变机制有关。如果将贝氏体转变看成是由过冷奥氏体分解为铁素体和碳化物两相的一种特殊的共析转变过程，则体积自由焓差

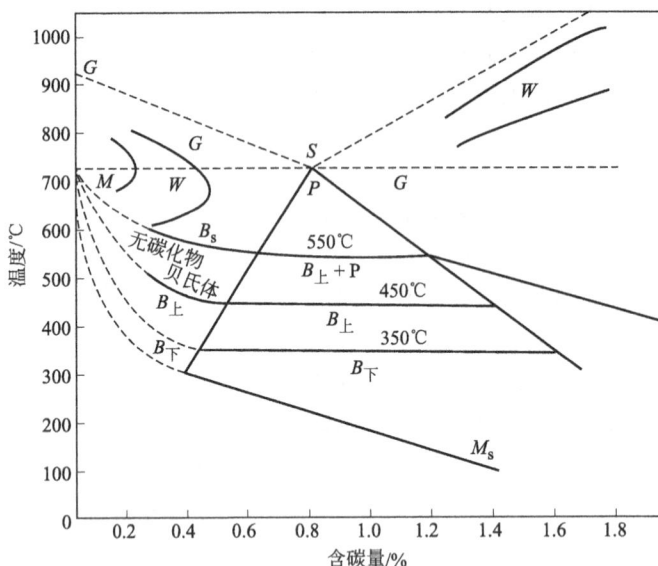

图 6.9 碳钢中各种贝氏体形成的范围[17]

ΔG_V 为奥氏体与两相混合物之间的化学自由焓差。如果考虑到贝氏体转变初期先得到的是过饱和的 α 固溶体，则 ΔG_V 为奥氏体与过饱和 α 固溶体之间的化学自由焓差。事实上，还有很多因素都影响了贝氏体转变过程的热力学，如过饱和 α 固溶体的继续分解、转变初期存在的不均匀应变等。有关贝氏体转变过程热力学问题是相当复杂的，关于贝氏体转变的上限温度 B_s 的物理意义也还不很清楚，存在着争议。

6.2.2　贝氏体等温转变动力学

贝氏体转变与珠光体转变一样，也可以等温形成。一般定义发生贝氏体转变的最高温度称为 B_s 点。贝氏体转变等温转变动力学曲线也基本上呈 S 形，在等温转变动力学图中也有一个鼻子区，也就是说过冷奥氏体在贝氏体形成温度范围内也需要经过一定的孕育期后才开始转变。对于碳钢，由于珠光体转变与贝氏体转变的 C 曲线重叠在一起，合并成一典型的 C 曲线，如图 6.10 所示。而在合金钢中，由于合金元素的作用，贝氏体转变与珠光体转变区分离，形成了如图 6.11 所示的两个鼻子区，并呈"河湾"状。扩散学派的 Aaronson 认为，

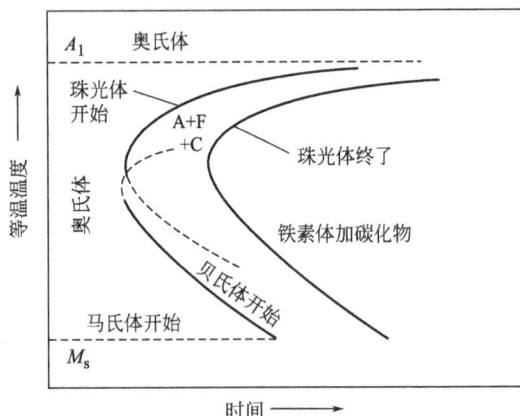

图 6.10　普通碳素钢 TTT 转变曲线

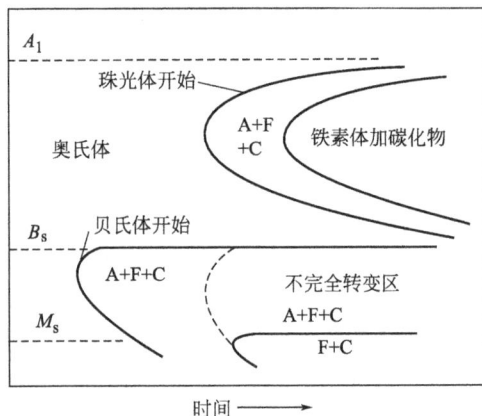

图 6.11　Fe-C-M 合金钢的 TTT 转变曲线

贝氏体相变并无独立的 C 曲线，曲线上的河湾是"溶质类拖曳作用"的结果。而切变学派的 Hehemann 等认为"河湾"的存在表明了贝氏体相变有自己独立的 C 曲线，标志着贝氏体相变机制不同于珠光体转变。康沫狂等研究认为粒状贝氏体、上贝氏体和下贝氏体各有其独立的 C 曲线[43]。

等温温度在 B_s 点以下，贝氏体转变可发生。但贝氏体转变与珠光体转变的等温动力学不同，贝氏体转变不能进行到终了，即贝氏体转变具有不完全性。而且随着等温温度的降低，最大转变量将增加。贝氏体转变不完全性有两种情况：有些钢（如碳钢、中碳锰钢、中碳硅锰钢等）只有等温温度降低到一定温度时，过冷奥氏体可全部转变为贝氏体。而许多合金钢，即使等温温度降低到很低的温度，仍然不能完全转变，仍有部分过冷奥氏体残留下来，在后面继续保温的过程中或转变为珠光体或保持不变（图 6.12）。

在贝氏体转变区主要有上贝氏体和下贝氏体转变。人们发现贝氏体转变的 C 曲线实际上是由两个独立的 C 曲线合并而成的。图 6.13 是 40CrMnSiMoVA 钢贝氏体等温转变动力学曲线，图 6.14 是 Kennon 在 1978 年提出的共析钢示意性等温转变动力学图。因此，上贝氏体和下贝氏体很可能是通过不同机制形成的。

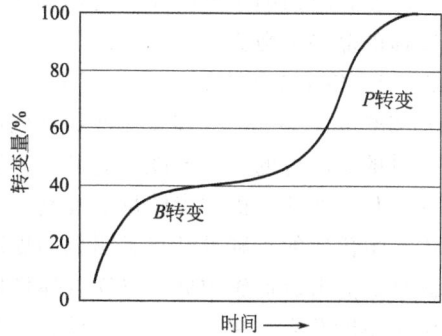

图 6.12　贝氏体转变不完全性（示意）

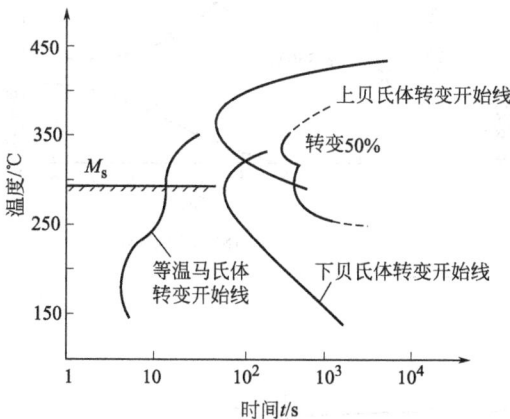

图 6.13　40CrMnSiMoVA 钢贝氏体等温转变动力学曲线

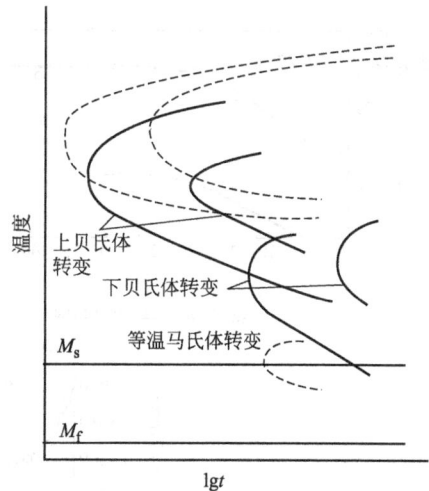

图 6.14　共析钢示意性等温转变动力学图

6.2.3　贝氏体相变过程的碳扩散

钢中贝氏体转变是在中温范围内发生的，在中温范围内碳原子还有一定的扩散能力。钢中贝氏体转变与碳原子的扩散密切相关，因此碳原子扩散是钢中贝氏体转变是一个基本过程。在贝氏体转变过程中，始终存在着奥氏体平均碳浓度的变化问题，同时还有碳原子重新分配的扩散。徐祖耀在低碳马氏体研究中发现了碳在奥氏体薄膜中富集的现象，并在扩散理论上计算证明了这现象的可能性。

贝氏体转变形成的铁素体是低碳的，所以碳必然要通过向奥氏体中扩散而富集；当奥氏体中的含碳量超过奥氏体中的溶解度曲线 ES 线及其延长线时，碳又将以渗碳体形式从奥氏体中沉淀析出，从而使奥氏体中的碳浓度下降。因此，在贝氏体转变过程中，奥氏体中的碳浓度有可能升高，也有可能降低，随奥氏体成分及转变温度而变化。实验结果证明了以上分析。此外，由于贝氏体铁素体刚形成时是过饱和的，而贝氏体转变温度又相对较高，所以贝氏体铁素体在形成后，必然会发生分解，以碳化物形式自贝氏体铁素体中析出，而使铁素体中的含碳量降低。这对贝氏体转变的进行也起了重要的作用。

应用 X 射线法可测定贝氏体形成过程中奥氏体晶格常数的改变，从而推测其固溶碳量的改变。因为在中温区内奥氏体转变并不伴随发生合金元素的重新分布，所以奥氏体晶格常数的变化应归因于奥氏体内含碳量的变化。例如，0.37%C-2.2%V 钢在 500℃ 转变后，奥氏体的晶格常数为 0.3586nm，在 300℃ 转变后奥氏体的晶格常数为 0.3635nm；而在 0.40%C-1.1%Si-1.15%Mn 钢中也发现了奥氏体中富集碳，在 450℃ 时，奥氏体的晶格常数为 0.3585nm，在 300℃ 转变后奥氏体的晶格常数为 0.362nm。图 6.15 是 Koraн 用三种不同含碳量的钢测得的某一温度下的贝氏体等温转变动力学曲线以及与之相对应的奥氏体点阵常数的变化，亦即奥氏体含碳量的变化。由图 6.15(a) 可见，对于中碳钢，在等温转变孕育期内，奥氏体的含碳量已有了明显的提高，这就意味着在奥氏体中已出现了局部小范围的低碳区域，为形成低碳的贝氏体铁素体作好了形核准备。以后随贝氏体转变的进行，奥氏体的含碳量不断升高。在高碳钢中，碳扩散的情况就不同。如图 6.15(b) 所示，在孕育期和转变初期，奥氏体中碳含量基本上不变，以后随转变过程的进行，奥氏体中的含碳量显著下降，这是因为自奥氏体中析出了碳化物。当钢中含碳量高达 1.39% 时，在孕育期内，奥氏体中含碳量就有明显的下降 [图 6.15(c)]，这表明等温一开始就从奥氏体中析出了碳化物。

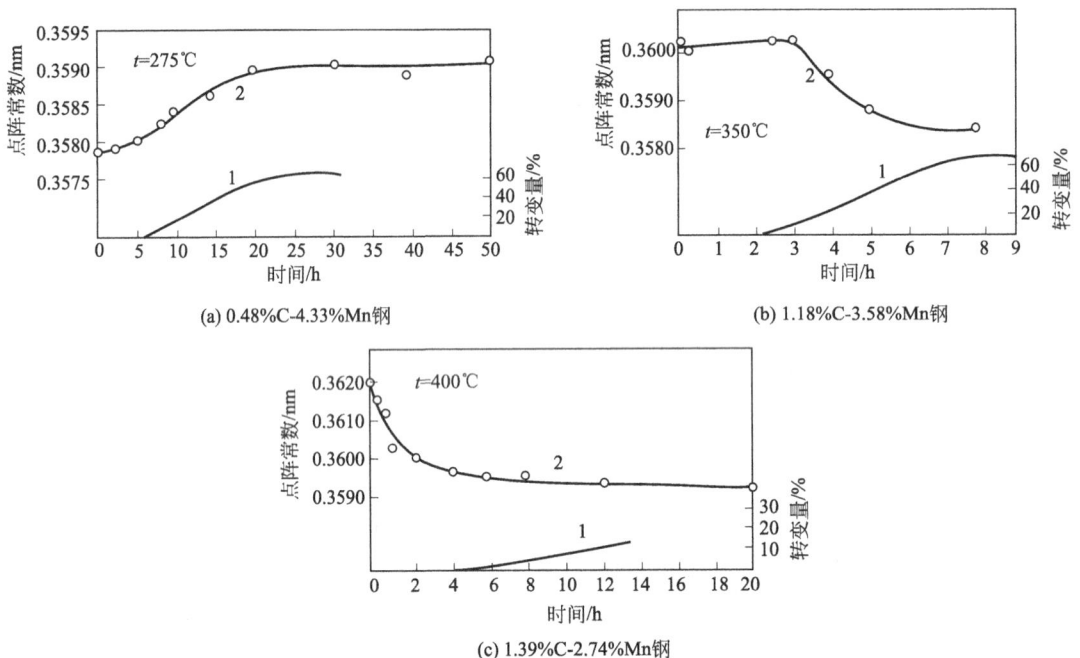

(a) 0.48%C-4.33%Mn钢

(b) 1.18%C-3.58%Mn钢

(c) 1.39%C-2.74%Mn钢

图 6.15 等温转变量（曲线 1）及奥氏体点阵常数（曲线 2）与等温时间的关系[18]

奥氏体平均碳浓度的变化可有以下几种情况：①未转变的奥氏体平均碳浓度随贝氏体形成过程的发展而逐步提高；②相变开始后，奥氏体中含碳量不断增大，当碳浓度达到某一数值后，反而逐步降低；③转变开始，奥氏体中含碳量明显降低；④在整个转变过程中，奥氏体中含碳量基本上保持不变。

最初形成的贝氏体铁素体仍然保持着原奥氏体中的碳成分，碳向奥氏体中的扩散主要是在铁素体形成后才发生的。"扩散或生长"学派认为贝氏体相变是一种退化了的珠光体转变。如这样的假设是正确的,则当奥氏体中含碳量达到临界值时贝氏体反应将停止。因为奥氏体中含碳量的增多引起其相变驱动力的减小,到某一值时,转变就停止。这可解释贝氏体反应的不完全现象。

对于涉及有碳化物析出的贝氏体转变来说,因为碳化物析出必然会降低系统的含碳量,所以能引起进一步的反应。一般来说,将碳重新分配到奥氏体中及形成碳化物这两个过程是互相竞争的,其相对速度决定于合金成分和转变温度。这就说明了为什么有些钢并不呈现不完全反应的效应。这些钢如同碳素钢一样,其渗碳体析出过程占据了转变过程的支配地位,如锰钢、硅锰钢的贝氏体转变可以完全。

对于贝氏体等温转变 C 曲线的下半部分来说,转变速率主要受碳原子的扩散所控制。扩散型的转变速率 V 与转变温度 T 之间遵循 Arrhenius 关系式:$V = V_0 \exp(-Q/kT)$,其中 Q 为扩散激活能,V_0 为常数,k 为气体常数。

研究相变激活能能为相变机理的分析可提供线索和依据。研究表明,含碳量 1.2% 高碳钢的上贝氏体转变激活能为 $Q = 1.25 \times 10^5 \text{J/mol}$,接近碳在奥氏体中扩散激活能($Q = 1.38 \times 10^5 \text{J/mol}$);下贝氏体转变激活能为 $Q = 0.54 \times 10^5 \text{J/mol}$,接近碳在铁素体中扩散激活能($Q = 0.83 \times 10^5 \text{J/mol}$)。上、下贝氏体转变温度的分界点大约为 350℃。所以可认为上、下贝氏体转变分别受碳在奥氏体及铁素体中的扩散所控制。这表明,上贝氏体、下贝氏体转变很可能是两种不同的机制的转变。当然,单从激活能值来推测贝氏体转变机理是不全面的。因为根据组织和存在的各种结构缺陷等因素有比较大的差别,激活能值也会有很大的变化,所以在任何情况下,激活能值不能作为相变过程结论的唯一机理。

6.2.4 贝氏体转变动力学的影响因素

由于贝氏体转变过程的特殊性和复杂性,因此关于贝氏体转变过程的影响因素也很复杂,许多问题还不是很清楚,一些现象的解释还有待于进一步研究。

(1) 碳和合金元素的影响 随奥氏体中含碳量的增加,贝氏体转变的速度下降。除 Al、Co 元素外,其他合金元素都不同程度地降低贝氏体转变速度,同时也使贝氏体转变温度下降,从而使珠光体与贝氏体转变的 C 曲线分离。许多合金元素对珠光体与贝氏体转变动力学的影响程度是不同的,因此不仅可以使珠光体与贝氏体转变的 C 曲线分离,而且可以使之左右分开。例如 Mo、W 等元素能显著使珠光体转变 C 曲线右移,但对贝氏体转变动力学的影响要小得多。图 6.16 示意地表示了主要合金元素对贝氏体转变动力学的影响。

(2) 奥氏体晶粒和奥氏体化温度的影响 一般情况下,随奥氏体晶粒增大,贝氏体转变孕育期增长,且转变速度减慢,即形成一定量贝氏体所需的时间增加。这说明奥氏体晶界是贝氏体形核的优先部位。随奥氏体化温度的升高,贝氏体转变速度是先降后增。奥氏体化时间对贝氏体转变速度也有类似影响,即随时间的延长,贝氏体转变速度也是先降后增。

(3) 应力和塑性变形的影响 在相变过程中施加拉应力能加快贝氏体转变,随应力的增加,贝氏体转变速度不断提高。在中碳铬镍硅钢中,随着拉应力的增加,钢在 300℃ 下的贝氏体转变速度不断增加。当拉应力超过该钢在同一温度下的屈服强度(245～294MPa)时,速度增加更为显著。如果在施加应力 3～5min 后撤去应力,则转变开始阶段比较快,撤去应力后的转变就变慢了。

塑性变形的影响比较复杂。一般认为在较高温度(1000～800℃)范围内对奥氏体进行变形,将使奥氏体向贝氏体转变的孕育期增长,并使转变速度变慢,转变不完全程度增加。

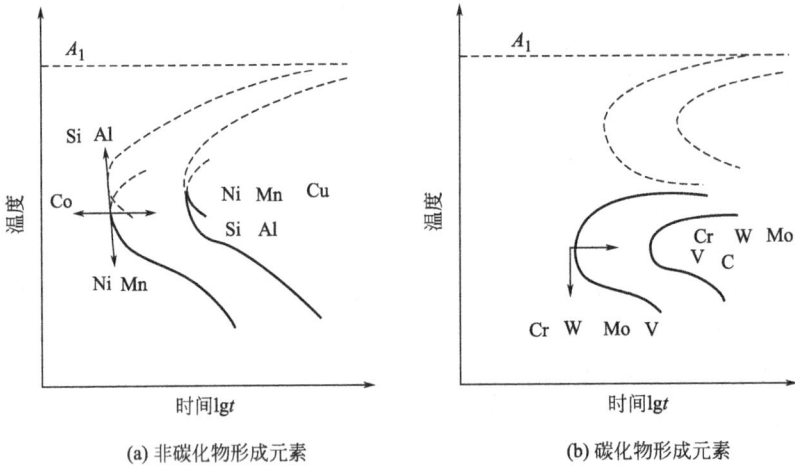

(a) 非碳化物形成元素　　　　　　　(b) 碳化物形成元素

图 6.16　合金元素对贝氏体转变动力学的影响[18]

在较低温度（350~300℃）范围内，使过冷奥氏体进行变形，则使转变速度加快。

（4）冷却时在不同温度停留的影响　过冷奥氏体在冷却过程中，如在不同温度停留一定时间，发生少量的相变，对后续贝氏体转变的影响有三种不同的情况[18]，如图 6.17 所示。

① 在珠光体-贝氏体之间的亚稳定区保温会加速随后的贝氏体转变（图 6.17 曲线 1）。这可能是由于在等温停留过程中从奥氏体中析出了碳化物，降低了奥氏体的稳定性。例如高速钢 W18Cr4V 在 500℃ 以上保温一定时间后，由于析出了碳化物，降低了奥氏体中的合金度，所以使随后的贝氏体转变速度加快。

② 在较高温度下实行部分的贝氏体转变，将会降低以后在较低温度进行的贝氏体转变（图 6.17 曲线 2）。图 6.18 为 0.4％C-1.8％Ni-0.8％Cr-0.25％Mo 钢（4340 钢）先在 500℃停留一定时间然后再冷至 425℃等温以及直接冷至 425℃等温所得到的转变动力学曲线。由图可知，部分上贝氏体转变可使下贝氏体转变的孕育期增长，转变速度降低，最终的转变量也减少。这可能是又一种奥氏体稳定化现象。

③ 先冷至低温形成少量下贝氏体或马氏体然后再升至较高温度，可使随后的贝氏体转变速度加快，如图 6.17 曲线 3 所示。例如，在 GCr15 轴承钢中如有部分马氏体存在时将使以后在 450℃ 的贝氏体转变速度提高 15 倍，而先在 300℃ 短时停留形成少量下贝氏体后，也可使 450℃ 的贝氏体转变速度提高 6~7 倍。

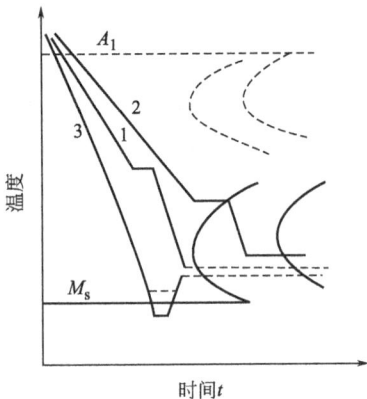

图 6.17　冷却时不同温度停留的三种情况

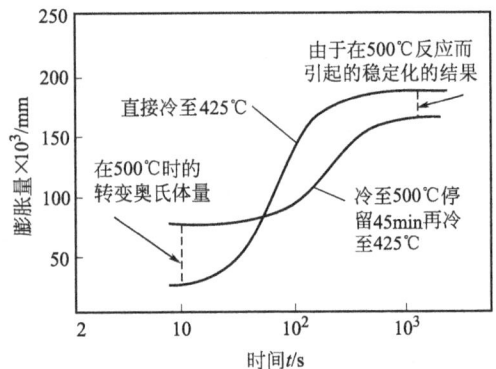

图 6.18　上贝氏体转变对下贝氏体转变动力学的影响

6.3　贝氏体相变的过渡性与主要特征

钢的过冷奥氏体在中温区域发生贝氏体转变，它与高温区的珠光体转变及低温区的马氏体转变都有密切的联系，其转变过程和组织产物更具有复杂性。

6.3.1　贝氏体相变的过渡性[3,17]

6.3.1.1　贝氏体相变是过冷奥氏体相变的过渡环节

过冷奥氏体从高温区的扩散性珠光体共析分解到低温区的无扩散马氏体相变是一个逐渐演化的过程，而中温阶段的贝氏体相变就扮演了这个过渡性的角色。因此，过冷奥氏体转变的全过程可分为三个不同性质的阶段：珠光体共析分解→贝氏体相变→马氏体相变。这三个阶段既有联系又有区别，而处于过渡性阶段的贝氏体相变就具有了异常的复杂性，以至于至今还有争议，还有许多不清楚的问题。

碳及合金元素原子的扩散速率随相变温度的降低而减慢，这是导致过渡相变复杂性的一个原因。在中温的贝氏体相变阶段，碳原子还有足够的扩散能力，但铁和置换型合金元素则扩散显著变慢，甚至难以扩散。显然，贝氏体相变与珠光体转变及马氏体相变既有区别，又有联系，表现为从扩散性相变到无扩散性相变的过渡性和交叉性。相变机制的复杂性在宏观相变产物上则表现为组织形貌的形形色色，十分复杂。在高温阶段形成的贝氏体组织继承了珠光体共析分解组织的某些特征，而在低温阶段形成的贝氏体组织又具有马氏体组织的一些明显特征。

6.3.1.2　上贝氏体相变和珠光体相变的联系与区别

就相变机制而言，贝氏体相变和珠光体分解同样具有原子的扩散性。当然碳原子的扩散是明显的，因此也有称贝氏体相变为是半扩散型相变。置换型合金元素的扩散行为并不完全相同，而且置换型合金元素在奥氏体中的扩散要比在铁素体中慢。根据温度简单地判断，在贝氏体相变温度范围的高温区，也即上贝氏体相变区，这些置换型合金元素也可能存在一定的扩散。

对于上贝氏体相变，和珠光体分解相似，都可以在奥氏体晶界上形成铁素体。但珠光体共析分解是铁素体和碳化物两相共析生长的过程，而贝氏体相变则是在奥氏体晶界上首先形成贝氏体铁素体晶核，并且长大，渗碳体（或 ε-碳化物）何时析出、以什么形态析出要根据具体条件而定，也可能不析出，它与贝氏体铁素体不存在共析生长的关系。

许多钢的珠光体转变与贝氏体相变在一定温度范围内等温时是可以重叠的。例如，35Cr 钢在 500～600℃之间等温时，珠光体转变与贝氏体相变的 C 曲线重叠，并且各有自己的 C 曲线。65 钢在 500～550℃之间等温时，两者的 C 曲线也是重叠的。如图 6.19(a) 所示，在 500～600℃之间等温时，先形成上贝氏体，等温 100s 后又开始发生珠光体转变；而从图 6.19(b) 中可知，65 钢在 500～550℃之间等温时，是先发生珠光体转变，等温几秒钟后再形成贝氏体。这说明了上贝氏体相变与珠光体转变有着密切的联系，具有重叠性和过渡性。

与珠光体共析分解不同，贝氏体相变时，渗碳体不再与铁素体共析共生，而是在适当的时机析出，甚至不析出。如果在铁素体片间析出渗碳体颗粒，则得到羽毛状上贝氏体组织；如果碳化物不再析出，而以残留奥氏体保留到室温时，这就得到了无碳化物贝氏体组织；如果在贝氏体铁素体基上分布着颗粒状奥氏体而在冷却过程中部分地转变为马氏体，形成所

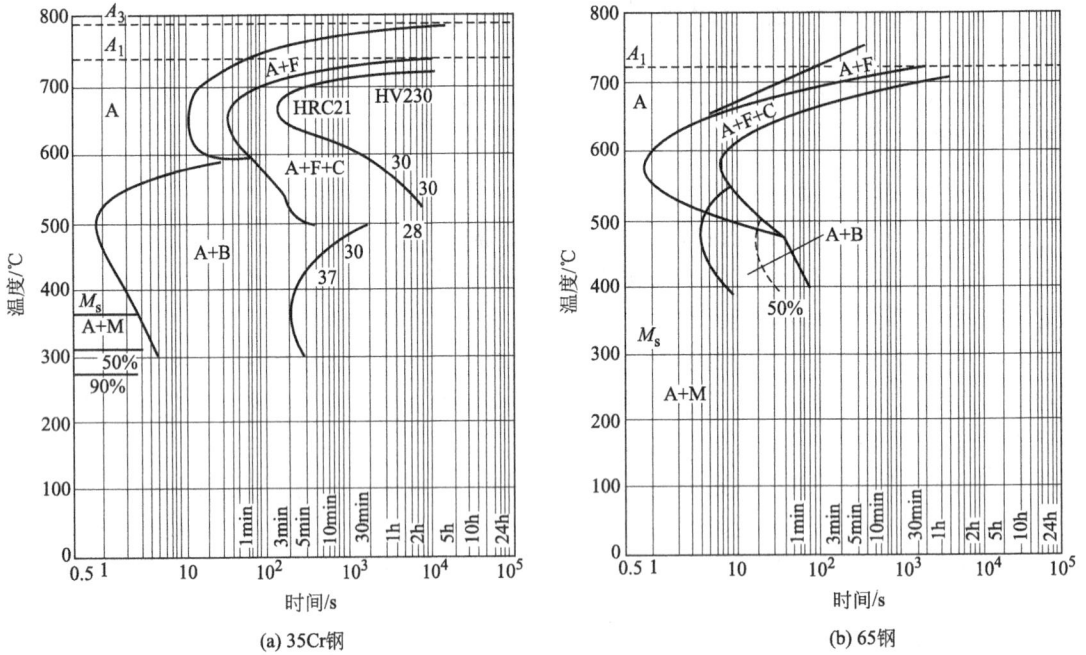

图 6.19　珠光体和贝氏体相变 C 曲线的重叠与交叉[3]

谓的 "M/A 岛"，则得到了粒状贝氏体。因此，上贝氏体转变已不属于共析分解的相变类型，与珠光体转变还是有本质上的区别。

在温度变化的情况下，相变的热力学和动力学也将发生变化。根据自然界最小能量原理或最小阻力原理，材料中原子的运动和结构的变化将进行自组织。钢中相变的自组织功能使过冷奥氏体在难以进行共析分解的温度下改变相变机制，在奥氏体中富集碳原子，并在适当的时候析出碳化物或不析出碳化物，因此得到了丰富多彩的上贝氏体组织形貌。

6.3.1.3　上贝氏体过渡到下贝氏体的转折温度

从上贝氏体过渡到下贝氏体的转折温度与钢中的含碳量有关。图 6.20 表示了钢中含碳量对由上贝氏体到下贝氏体的转折温度的影响[17]。在这里，上贝氏体与下贝氏体的划分是以贝氏体中碳化物的分布状况作为标准的。由图可知，上贝氏体与下贝氏体之间没有一个明显的分界温度，在曲线（实线）以上不存在下贝氏体，而在曲线以下，随着等温温度的降低，下贝氏体数量迅速增加，上贝氏体数量显著减少，直至消失；当钢的含碳量（质量）大于 0.6% 时，下贝氏体存在的最高温度都约为 350℃。含碳量在 0.5%～0.6% 范围内，下贝氏体存在的最高温度变化急剧。当含碳量小于 0.5% 时，随含碳量的减少，此温度线性下降。

从下贝氏体过渡到上贝氏体的温度是碳原子从铁素体脱溶后可以迁入铁素体-奥氏体相界面并以碳化物形式析出于铁素体板条之间的最低温度。钢中含碳量为 0.1% 时，该转变温度约为 450℃，当含碳量增加时，由于奥氏体中碳的浓度梯度变小（如图 6.21 中高碳钢曲线），扩散速率降低，这意味着此温度有所提高。当含碳量超过 0.5% 时，曲线已越过 A_{cm} 的延长线，先共析碳化物可以从奥氏体中直接析出，而先共析碳化物周围的贫碳奥氏体可转变为上贝氏体铁素体，接着再在铁素体板条之间析出碳化物，最后形成上贝氏体，这样在较低温度下形成了上贝氏体。

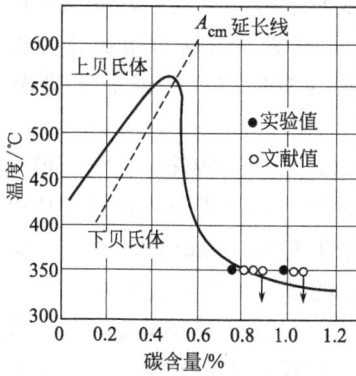

图 6.20 下贝氏体存在的最高温度与钢中含碳量的关系　图 6.21 碳含量对贝氏体形成时碳浓度的影响

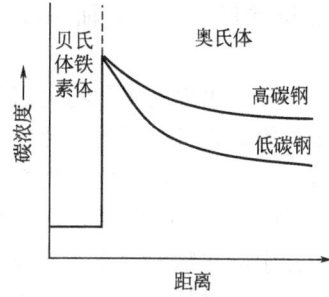

6.3.1.4 下贝氏体相变和马氏体相变的联系与区别

下贝氏体相变温度更低，碳原子的扩散也更困难，但并不等于在奥氏体中不能形成贫碳区和富碳区。在奥氏体的晶界等晶体缺陷处形成的贫碳区是低碳或超低碳的奥氏体，这些区域具有较高的马氏体相变临界温度，可能会按照晶格切变方式转变为下贝氏体。

由于驱动力比较小，完全按马氏体相变的以切变方式进行转变较困难。但可以形成铁素体小基元（亚单元或超细亚单元）方式逐个进行，逐渐积累长大成一个下贝氏体铁素体片条。有许多研究指出，贝氏体铁素体是由许多细小的亚片条、精细亚单元组成的。还有人认为，贝氏体铁素体片条是由 5~30nm 细小孪晶组成。研究认为，贝氏体铁素体亚片条就是细小的孪晶，亚片条之间存在孪晶关系。因此，亚单元或超细亚单元的产生过程，可能就是以滑移或孪生切变方式进行的，亚单元断断续续地形成，从而以较小的驱动力逐步地完成了切变转变的过程。

下贝氏体组织具有针状或片状特征，与马氏体相似。由于马氏体相变临界温度 M_s 点附近往往与下贝氏体相变区重叠，所以在同一种钢中，淬火后可同时得到下贝氏体和马氏体组织。过冷奥氏体在 M_s 点稍下温度，开始先形成一定量的马氏体，等温一定时间后，开始下贝氏体相变。可能的原因是，马氏体形成时在邻近的奥氏体中产生协调变形，产生的位错等缺陷为下贝氏体形核提供了能量，因此激发了下贝氏体亚单元的形核长大。由于此时，碳原子还有一定的扩散能力，所以在下贝氏体中有可能会析出 ε-碳化物，但仍然会可能残留较多的奥氏体。众所周知，马氏体相变往往也会存在较多的残留奥氏体。由此可见，下贝氏体转变也具有了马氏体相变的一些特征。

6.3.2 贝氏体相变的主要特征[3,18]

（1）贝氏体相变临界温度　贝氏体相变是在一个温度范围内发生的，因此也有一个开始温度 B_s 点和终了温度 B_f 点。过冷奥氏体必须冷至 B_s 点以下才能发生贝氏体相变。合金钢的 B_s 点比较容易测定，碳钢的 B_s 点由于有珠光体转变的干扰，很难测定。与马氏体相变类似，B_s 点主要取决于奥氏体的成分。碳和合金元素都降低 B_s 温度，并降低贝氏体相变速率。

在等温冷却条件下，存在 B_f 点。B_f 点基本上与奥氏体中碳及合金元素的含量无关，B_f 点一般都在 315~370℃ 范围内。

（2）贝氏体相变产物　与珠光体一样，贝氏体相变产物也是由铁素体 α 相和碳化物所组成的两相混合物，但其分布状态与珠光体不同。贝氏体不是层片状组织，且组织形态与转变温度密切相关，包括 α 相的形态、大小以及碳化物的类型、分布等均随转变温度而变化。就 α 相而言，更多地类似于马氏体而不同于珠光体。所以，Hehemann 称贝氏体为铁素体与碳化物的非层状混合组织，而 Aaronson 则称为非层状共析反应产物或非层状珠光体变态组织。

珠光体转变出现的碳化物可以是渗碳体型，也可以是复杂的特殊碳化物。贝氏体相变也可形成碳化物，也可不析出碳化物，如无碳化物贝氏体等。具有碳化物的贝氏体中，碳化物类型与珠光体有所不同。当温度高于 350℃ 时，贝氏体相变形成的碳化物均为渗碳体型；温度低于 350℃ 时，往往形成下贝氏体，下贝氏体组织中的碳化物为 ε-碳化物。

贝氏体中碳化物的形态，多以细小平行的片状存在。贝氏体相变温度越低，碳化物尺寸越小，并与贝氏体铁素体片的主轴成一定的角度，如下贝氏体中，约呈 55°～60° 夹角。而相变温度提高时，形成的碳化物尺寸增大，排列方向逐渐与贝氏体铁素体片的主轴平行。

(3) 贝氏体铁素体基元　Hehemann 通过电子显微镜发现[18]，上贝氏体和下贝氏体具有特殊的细微组织特征，如图 6.22 所示。每条（片）贝氏体铁素体是由许多亚单元组成，这种亚单元称为亚基元（subunit）。单个亚基元一般呈块状，外形规则，显示平行四边形截面，亚基元尺寸随等温温度的下降而减小[41]。对于上贝氏体铁素体，每个亚基元的尺寸大致是：厚度小于 $1\mu m$，宽度在 $5～10\mu m$，长约 $10～50\mu m$。下贝氏体铁素体片或条也是由亚基元组成，通常这些亚基元都是沿着一个平直的边形核，并以约 60° 的倾斜角向另一边发展，最后终止于一定的位置，形成一个锯齿状边缘。图 6.23 为 Fe-0.65C-2.05Si-0.82Mn 钢在 900℃ 加热后 330℃ 等温 2min 所得到的贝氏体铁素体中相变亚基元及相变亚基元幼体 TEM 图像。

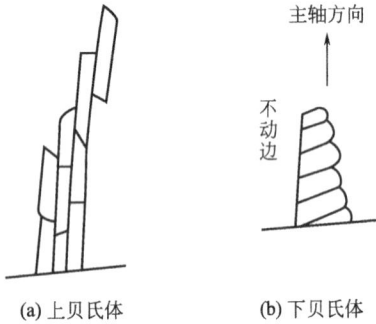

图 6.22　贝氏体铁素体的亚基元

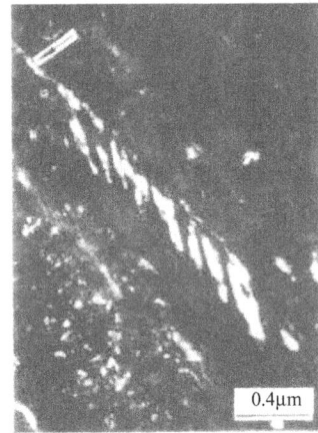

(a) 上贝氏体　　(b) 下贝氏体

图 6.23　Fe-0.65C-2.05Si-0.82Mn 钢贝氏体铁素体中亚基元及亚基元幼体（箭头所示）[41]

研究认为，无论是贝氏体铁素体的纵向（长度方向）长大，还是横向（厚度方向）生长，都是由基元的形核和长大来完成的，这是属于不连续长大方式。Oblak 用透射电镜观察了高碳钢（1.4%C-6.1%Mn-0.97%Mo）下贝氏体铁素体束中一个亚基元的长大过程[18]，结果表明，贝氏体铁素体的长大是不连续的、跳跃式的，贝氏体铁素体条片依靠不断形成亚基元而长大。切变学派认为，每个基元都是以切变方式形成的，形成速度较快。但一个亚基元的尺寸是有限的，由于碳在界面处富集到一定程度时，亚基元就不再长大，必须停顿一段时间，通过在旁边诱发新核，形成新的亚基元，才能使贝氏体铁素体条片的长大继续进行。

另外，长大停止还可能与切变产生的弹性应变能有关，在弹性应变能得到松弛后，新的亚基元才能形成。因此，在整体上贝氏体束长大速率是较低的，比马氏体的切变转变要慢得多。下贝氏体一般是在奥氏体的位错等缺陷处形核，可能以滑移或孪生切变方式形成亚基元，亚基元的重复产生逐级地形成下贝氏体片。在亚基元的边界上，类似于相间析出的方式沉淀 ε-碳化物。因为亚基元的边与下贝氏体铁素体主轴相交成大约 $55°\sim60°$ 角，所以 ε-碳化物排列方向与下贝氏体主轴也成 $55°\sim60°$ 角。

（4）贝氏体相变的动力学与转变不完全性　贝氏体相变也是通过形核和长大进行的，也可以等温形成。贝氏体等温转变动力学也呈 C 曲线形状。但精确测得的贝氏体相变 C 曲线明显是由两条 C 曲线合并而成的，这说明很可能贝氏体相变包含了两种不同机制的转变。

由 6.2.3 节可知，碳原子的扩散是贝氏体相变的一个基本过程。在贝氏体相变过程中，奥氏体中的碳含量确实发生了变化。但在贝氏体相变过程中，合金元素的分布没有发生改变。这表明贝氏体相变过程中只有碳原子的扩散而无合金元素的扩散，其中也包括铁原子，至少是合金元素原子没有发生较长距离的迁移。

贝氏体相变与珠光体转变的明显区别是具有不完全性，存在一定量的残留奥氏体，这一点与马氏体相变相似。转变温度越靠近 B_s 温度，能形成的贝氏体量越少。在低碳马氏体相变时，残留氏体量一般很少，随着碳含量的增加，残留奥氏体逐渐增加。在亚共析钢、过共析钢中，贝氏体相变后，组织中往往存在大量未转变的奥氏体。

与马氏体相变的残留奥氏体不同，贝氏体相变的残留奥氏体具有碳原子的富集现象。板条状马氏体中残留奥氏体薄膜有可能富碳，这些碳是马氏体形成后，碳原子扩散进入残留奥氏体中的。贝氏体相变的残留奥氏体一般分布在贝氏体铁素体片条之间或亚单元之间，呈块状、薄膜状或以岛状形式存在。

（5）贝氏体相变的表面浮凸效应与晶体学　表面浮凸效应与相界面的共格属性有关，随相变温度的提高，原子的移动方式和移动距离不同，因此表面浮凸的形貌会发生变化。贝氏体铁素体在形成时，与马氏体相变相似，具有一定的共格性，也有表面浮凸效应。但与马氏体相变不同，马氏体相变的表面浮凸呈 N 形，而贝氏体铁素体的表面浮凸呈 V 形或 Λ 形。

过冷奥氏体转变为珠光体、马氏体时，新相与母相之间都存在一定的晶体学位向关系，贝氏体相变也如此。贝氏体铁素体与奥氏体之间存在 K-S 关系和西山关系。而马氏体相变的位向关系更为复杂，有 K-S 关系、G-T 关系和西山关系。从高温到低温的各类相变，其位向关系是越来越复杂。

表 6.2 列出了钢中珠光体转变、贝氏体转变和马氏体转变主要特征的比较。

表 6.2　钢中珠光体转变、贝氏体转变和马氏体转变主要特征比较[17,18]

对 比 内 容	珠光体转变	贝氏体转变	马氏体转变
形成温度范围	高温区域（A_1 以下）	中温区域（B_s 以下）	低温区域（M_s 以下）
转变过程与领先相	形核与长大，Fe_3C 为领先相	形核与长大，α 为领先相	形核与长大
转变时的共格性	无共格性	有切变共格性，产生表面浮凸	有切变共格性，产生表面浮凸
转变时的点阵切变	无	有	有
转变时的扩散性	碳原子扩散，铁及合金元素原子均可扩散	碳原子扩散，铁和合金元素不扩散	碳和铁及合金元素原子均不扩散
转变时碳原子扩散距离	＞10nm	0～10nm	0

对 比 内 容	珠光体转变	贝氏体转变	马氏体转变
合金元素的分布	经扩散重新分布	合金元素不重新分布	合金元素不重新分布
等温转变的完全性	可以完全转变	有的可以完全转变,有的不可能完全转变	不可能完全转变
转变产物的组织	$\gamma \rightarrow \alpha + Fe_3C$(层片状)	上贝氏体:$\gamma \rightarrow \alpha + $渗碳体(非层片状); 下贝氏体:$\gamma \rightarrow \alpha + \varepsilon$-渗碳体(非层片状)	最典型的板条状和片状两种类型

注:贝氏体转变以上贝氏体及下贝氏体为例。

6.4 贝氏体相变机制

自从 1930 年公布了在碳钢中发现贝氏体以来,对贝氏体组织的相变等各方面进行了大量的研究。尽管已经历了 70 多年,但由于贝氏体相变等问题的复杂性,到目前为止,还有许多问题未能清楚,还存在着许多不同的学术观点。贝氏体相变理论的研究涉及了贝氏体及贝氏体相变的全部内容,包括:Fe-C 系统中贝氏体铁素体的 FCC→BCC 点阵结构演变方式、碳原子在 α_B/γ 间的分配、渗碳体或其他碳化物的形成、相变应变场、相变组织形态学、相变热力学、动力学和晶体学等。从 20 世纪 70 年代以来,在贝氏体相变研究领域形成了对立的两个学派,即经典切变学说和台阶扩散长大学说,1987 年由国内俞德刚等提出了贝氏体类平衡切变长大模型或位移-扩散耦合相变机制。下面简单介绍目前这三个学说的主要理论和观点。

6.4.1 贝氏体相变的切变机制[18,21,41]

经典切变学说(Classical Shear Mechanism)强调贝氏体相变本质上与马氏体相变相似,认为贝氏体铁素体首先是成分过饱和固溶体经切变形成,然后发生碳的脱溶,提高相变热力学驱动力。切变学说以柯俊、Hehemann、Christian、Bhedeshia 等为代表,并得到了 Cohen、Wayman、Энтин 等的支持。在国内,俞德刚、康沫狂等开展了研究,倾向于切变观点。

6.4.1.1 切变机制的主要理论

柯俊最先根据在形成贝氏体铁素体时也产生了表面浮凸现象,认为贝氏体铁素体与马氏体一样,也是通过切变机制形成的。由于贝氏体相变时碳原子还具有扩散能力,这就导致了贝氏体相变和马氏体相变的不同以及贝氏体组织的多样性。主张切变学说的主要依据如下所述。

① 在贝氏体预相变期间,存在着奥氏体成分的不稳定。在奥氏体内发生碳原子沿晶界和位错塞积群的偏聚,形成了贫碳区,使奥氏体发生 $\gamma \rightarrow \alpha'$ 相变的化学驱动力大于贝氏体切变相变阻力成为可能,因此在贫碳区可发生贝氏体的切变形核长大。

② 一般情况下,贝氏体组织具有片条状组织特征。上贝氏体铁素体呈条状,具有羽毛状分布特征,下贝氏体铁素体呈片状。在 Fe-C 合金中,还出现了类马氏体形貌的贝氏体,在交叉型贝氏体中,两贝氏体铁素体片条显示了猛烈冲击的现象,该现象只有贝氏体铁素体为切变形成才可得到解释。另外,在某些合金中还观察到了贝氏体中脊,它类似于透镜状马氏体和某些 $\{225\}_f$ 片状马氏体。

③ 初期形成的贝氏体铁素体为过饱和固溶着碳,贝氏体铁素体中具有 Spinodal 分解现

象。上贝氏体碳化物从奥氏体中析出，下贝氏体碳化物来源于下贝氏体铁素体过饱和固溶碳的脱溶，碳化物沉淀速率与分布方式受到点阵不变切变所产生的亚结构的影响。

④ 贝氏体铁素体的形成具有表面浮凸效应。切变长大和扩散长大都可产生不变平面应变的表面倾动效应，但它们的形成机制有着本质的差异。

⑤ 贝氏体相变晶体学关系符合马氏体晶体学表象理论。贝氏体相变具有一定的晶体学位向关系，以 K-S 关系为主，并具有一定的相变惯习面。近期研究认为贝氏体相变取向关系更接近于 G-T 关系。

⑥ 贝氏体铁素体存在切变相变基元，相变基元为切变相变基元。上贝氏体铁素体相变基元的惯习面接近于 $(111)_f$；下贝氏体铁素体片亚单元的相变惯习面接近于 $(122)_\gamma$，束的惯习面接近于 $(254)_\gamma$。贝氏体铁素体和奥氏体之间的相界面位错为混合型的，与马氏体相界面位错相似。

⑦ 贝氏体相变具有组织遗传性。贝氏体铁素体形成时遗传了奥氏体的位错结构，而珠光体铁素体则几乎没有观察到位错。贝氏体相变继承了母相的孪晶结构，遗传到贝氏体铁素体的孪晶又母相的孪晶之间相对位移量等于贝氏体相变形状应变量，与马氏体相变的形状变形相符合。

⑧ 外加应力可加速贝氏体相变速率，并造成组织结构的各向异性，这是扩散重构机制所无法解释的。

6.4.1.2 不同贝氏体形成过程机制

由于温度的不同以及奥氏体含碳量的不同，将使不同情况下的贝氏体相变过程按照不同的转变方式进行，从而得到不同形态的贝氏体组织。

（1）高温范围的转变　因为温度高，初始形成的贝氏体铁素体中碳的过饱和度很小，并且碳在铁素体和奥氏体中的扩散能力较强。在贝氏体铁素体形成后，铁素体中过饱和的碳可通过相界面很快扩散进入奥氏体而使铁素体中含碳量降低到平衡浓度，扩散进入奥氏体中的碳也能很快地向纵深扩散。如奥氏体中的含碳量并不高，不会因贝氏体铁素体形成而使奥氏体中的含碳量超过 ES 线及其延长线，则不可能从奥氏体中析出碳化物，因此得到的是贝氏体铁素体及富碳的奥氏体，即无碳化物贝氏体，也包括魏氏铁素体。图 6.24（a）示意了这一转变过程。富碳的奥氏体有可能在继续等温、保温及冷却过程中转变为珠光体、其他类型贝氏体以及马氏体，也有可能成为残留奥氏体。

（2）中温范围的转变　在 350～550℃温度范围内转变时，转变初期与上述的高温转变基本相同。相对高温来说，由于温度较低，碳在奥氏体中的扩散变得较为困难，通过界面由贝氏体铁素体扩散进入奥氏体中的碳原子已难以进一步向纵深扩散，所以界面附近的奥氏体，尤其是两铁素体条之间的奥氏体中的含碳量将随贝氏体铁素体的长大而显著升高，当超过 ES 线及其延长线时，将从奥氏体中析出碳化物而形成了羽毛状上贝氏体组织，如图 6.24（b）所示。上述转变机制可以很好地解释上贝氏体组织形貌，并且也与下面两个事实相符，即上贝氏体中的碳化物与奥氏体保持了 Pitsch 关系以及上贝氏体转变速度受碳在奥氏体中的扩散所控制。

（3）低温范围的转变　在 350℃以下，由于温度低，刚形成的贝氏体铁素体中的含碳量高，所以贝氏体铁素体的形态已由片条状转变为透镜片状。低温时，不仅碳原子已难以在奥氏体中扩散，就是在铁素体中也难以作长距离的扩散，而且贝氏体铁素体中的碳过饱和度又很大。在这样的情况下，过饱和的碳只能以碳化物形式在贝氏体铁素体内部原位析出，这一过程基本上与马氏体的自回火相似。随着贝氏体铁素体中碳化物的析出，系统自由能进一步降低，铁素体比容减小，弹性应变能下降，将使已形成的贝氏体铁素体片进一步长大，得到下贝氏体组织，图 6.24(c) 示意了这一过程。该转变机制解释了下贝氏体的组织形貌特征，也与两个事实相符：碳化物与铁素体保持了 Богарядкий 位向关系以及下贝氏体转变速度受碳在铁素体中的扩散所控制。

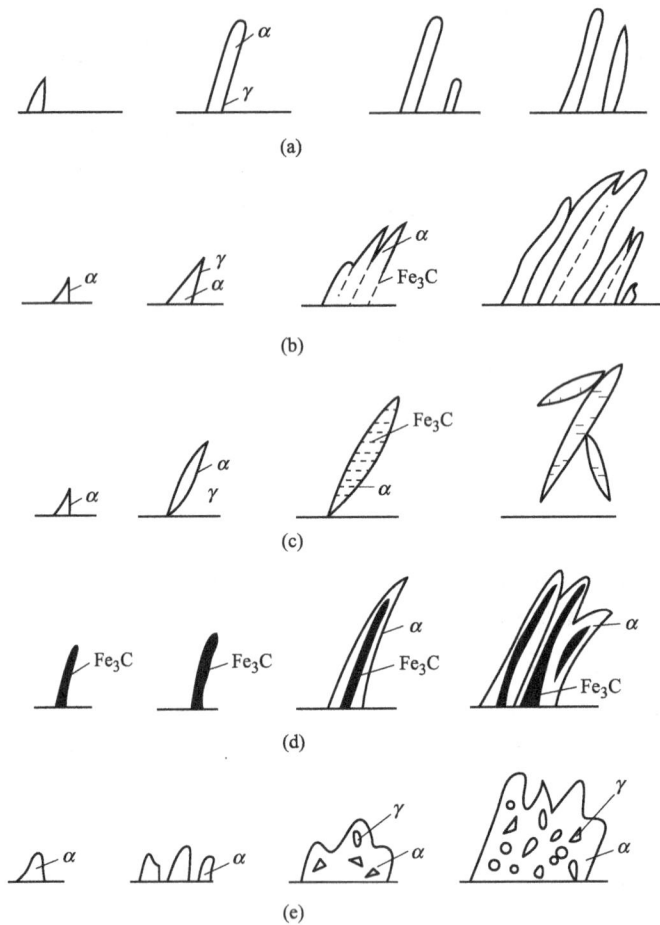

图 6.24　各类贝氏体形成示意

(a) 无碳化物贝氏体；(b) 上贝氏体；(c) 下贝氏体；(d) 反常贝氏体；(e) 粒状贝氏体[21]

反常贝氏体是过共析钢在转变温度较低时形成的，在反常贝氏体中，首先从奥氏体中析出针状渗碳体，随后在其周围形成了铁素体，如图 6.24(d) 所示。

粒状贝氏体是低中碳贝氏体钢经热轧空冷或正火冷至形成区较高温度范围内形成的。可以认为粒状贝氏体是由无碳化物贝氏体演变而来的。当无碳化物贝氏体针长大到彼此汇合时，剩余的小岛状奥氏体就被铁素体所包围，沿铁素体条间呈条状断续分布，如图 6.24(e)。因为钢中含碳量较低，小岛状奥氏体中的含碳量不会超过 ES 线及其延长线，因此不会析出碳化物，这就形成了所谓的粒状贝氏体。

按照切变学说，不同形态的贝氏体铁素体都是通过切变形成的，只是因为转变温度不同，使铁素体中碳的脱溶以及碳化物析出方式不同而导致了组织形态的不同。

康沫狂等[43~46]也开展了有关研究工作。例如在 8Mn8SiMo 钢中采用 TEM 原位观察贝氏体核长大，研究表明贝氏体铁素体与奥氏体相界面上存在台阶结构。相界面上存在台阶结构并不等于台阶机制，在贝氏体铁素体增厚过程中这种台阶很难实现台阶机制所要求的沿宽面侧向迁移，台阶阶面对应孪晶面或层错面，因此具有较高程度的共格关系，贝氏体铁素体相变基元扩展具有切变性质。

6.4.1.3　切变机制存在的问题

虽然以上的切变机制已经取得了很大的成功，但还有一些问题未能很好地解释。

① 不同形式表面浮凸的形成机制。为什么贝氏体转变所产生的浮凸不同于马氏体转变所引起的浮凸。

② 为什么贝氏体铁素体与奥氏体之间的晶体学位向关系不同于马氏体与奥氏体之间的晶体学位向关系。下贝氏体铁素体相变惯习面不同于马氏体相变。

③ 为什么在透镜状下贝氏体铁素体中没有孪晶。

④ 下贝氏体碳化物的单向分布方式。为什么下贝氏体中的碳化物分布与回火马氏体中碳化物的分布明显不同，前者沿着与贝氏体铁素体长轴呈 $55°\sim60°$ 倾斜的直线形规律排列，与相间析出很相似，而后者则在 α 相中均匀分布。

⑤ 按照切变机制，贝氏体铁素体应是片状，但为什么上贝氏体铁素体接近针状。

⑥ 贝氏体相变热力学以及缓慢相变动力学的理解。

6.4.2　贝氏体相变的台阶扩散机制[18,41]

Aaronson 等认为，贝氏体相变与珠光体转变或马氏体相变不同，是通过台阶扩散长大机制（Mechanism of Ledgewise Diffusional Growth）形成的。这是台阶扩散机制与切变机制的根本区别。台阶扩散机制于 1962 年由 Aaronson 等提出，到 1970 年形成了贝氏体相变台阶扩散长大理论。台阶扩散机制得到了 Honeycombe、徐祖耀等的支持。

台阶扩散机制是从液相凝固的单原子层台阶或螺旋型位错形成的台阶推移生长观点移植过来的。该机制认为在魏氏铁素体侧片的面上包含着生长的台阶、结构台阶和错配位错，以及其间的共格相界面。结构台阶和错配位错都是不可滑移的，当生长台阶沿着侧面纵轴方向在宽面上推移时，于台阶推移过后，可使魏氏体片增厚一个台阶的高度，后续的台阶重复地产生和推移，使片继续增厚；生长台阶的推移，即无序的台阶阶面沿片纵向的生长是通过铁原子的随机跃过阶面而进入片内，片状形貌得以维持归功于半共格相界面的不可迁动性；生长台阶由侧面楔形根部尺寸变化来提供；当生长台阶在宽面上扫过后，半共格宽面提升一个台阶的高度，它等价于相界错配位错列攀移一个台阶高度，导致魏氏铁素体半共格长大的形状变形，所以用该半共格相界面产生表面浮凸的理论可以解释魏氏铁素体的有规则的表面倾动效应。

图 6.25 示意了台阶扩散机制。台阶的水平面为 α/γ 的共格或半共格界面（如 DE、FG），α 与 γ 有一定的位向关系，在半共格界面上存在着柏氏矢量与界面平行的刃型位错，原子不易在共格或半共格界面上停留，界面活动性低，而在台阶的端面处（如 CD、EF），为非共格界面，缺陷比较多，原子比较容易扩散吸附。因此，α 相的生长是界面间接移动。随着台阶的端面以 u 的速率向右移动，一层又一层，在客观上也使 α 相的界面以 v 速率向上方推移，从而使 α 相生长。这就是台阶生长机制。图 6.26 是魏氏铁素体与奥氏体界面的台阶模型。界面由刃型位错及台阶组成。这样的界面必须通过位错的攀移才能向前推移。在温度不很高的情况下，位错的攀移难以实现，所以这样的半共格界面就很难移动。如果界面上存在台阶，则台阶的端面为非共格界面，活动能力较强，容易向侧面移动，从而使水平面向上推移。台阶的移动速率受碳原子的扩散所控制。在原有的台阶消失后，必须有新的台阶形

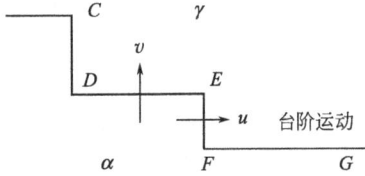

图 6.25 台阶生长机制

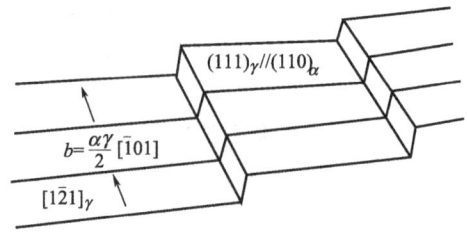

图 6.26 魏氏铁素体与奥氏体界面的台阶模型

成，长大才能继续进行。关于台阶的来源，还未能清楚。

Kinsman 等以热离子发射电镜观察，发现 0.22%C 钢的奥氏体在 720℃等温 60min 后先共析铁素体侧片呈现了生长台阶。Aaronson 等测出了含 0.66%C-3.32%Cr 合金钢在 400℃等温时上贝氏体铁素体条的生长动力学，得到单片铁素体的平均长大速率为 1.4×10^{-3} cm/s，这与 Kaufman 根据 Hillert 关于 0.59%C 钢数据外推的生长速率 9×10^{-4} cm/s 很相近。说明长大过程确实是受碳的扩散所控制。徐祖耀等试验研究证实了贝氏体铁素体宽面上台阶的存在，将台阶扩散长大机制推广到中温及低温相变领域时，还是有不少的问题。

贝氏体台阶扩散长大学说首先是从批判切变机制热力学的不足找到契机的，因此 Aaronson 等在过冷奥氏体热力学方面做了很多工作。以定量热力学为基础，对先共析铁素体和贝氏体铁素体长大动力学进行了定量处理，但这方面的研究结果始终与试验结果吻合得不好。因此，台阶扩散长大机制虽有其独特的见解，但要把该理论推广到整个贝氏体相变温度范围，困难还是不少。1990 年 Aaronson 等宣称，切变长大与扩散长大主要是通过台阶机制来实现的。这说明承认了片状相变产物也可切变形成，不过要依靠台阶机制来完成，也就是说贝氏体相变可发生"台阶切变长大"和"台阶扩散长大"两种方式。

6.4.3 类平衡切变长大机制[41]

类平衡切变长大机制 (Paraequilibrium Shear Growth Model) 是 1987 年俞德刚等提出的理论，也可称为切变-扩散耦合机制。该模型的主要理论如下所述。

① 贝氏体相变过程是一个相界切变迁移和碳扩散耦合的转变过程，因此 B_s 是新过程的开始，而不是高温相变的某种继续。

② 在相应的条件下，具有足够高扩散能力的碳原子可在 α/γ 相界两侧建立起碳化学位的平衡，但由于点阵切变应变能的作用，碳化学位只能达到类平衡状态，由此限定了贝氏体的缓慢长大动力学。

③ 相界位错切变驱动力来源于铁及置换型原子化学位的不平衡，铁原子的位移式切变产生贝氏体相变表面浮凸和相关的晶体学特性，并显示了贝氏体长大过程中相界位移的非热学特性。

④ 相界动力学作用将使 α/γ 相间配分的碳原子部分成为相对快速运动的相界"拘陷"，造成了较低温度区域相变产物的部分过饱和。这样，就可理解上、下贝氏体形态的形成，随温度的下降接近 M_s 点温度，贝氏体铁素体碳过饱和而接近马氏体的全饱和，一旦达到全饱和，就不再是贝氏体，而是马氏体。

⑤ 在 550℃以下，FCC→BCC 的点阵类型改变具有热力学条件，可以实现切变机制操作，而相变的扩散长大可延续到 400℃；在 550～400℃范围内存在两种机制的动力学竞争和两种机制的重叠。

近年来大量的实验证实，在中温转变区过冷奥氏体中的能自发配分而建立起富碳区和贫碳区，在贫碳区以共格切变形核。这就消除了贝氏体相变以切变形式在热力学上的不足。在贝氏体相变过程中，铁的相界切变与碳的配分是贝氏体相变的两个平行过程，在热力学和动力学上相互结合在一起，互为依赖。在低碳马氏体形成过程中，已被实验和理论计算证明，碳原子的扩散速率大于 α 相的切变长大速率。因此，快速扩散原子的配分与相变的切变推移长大并非不相容。在贝氏体相变过程中，碳原子有充分的时间进行扩散，在 α、γ 相间进行配分；铁点阵结构的切变长大速率受控于碳在 γ 相内的缓慢扩散。所以，中温区贝氏体相变表现出切变、扩散双重的相变特征。

类平衡切变长大模型承认贝氏体相变的切变本质，同时认为 FCC→BCC 的点阵类型改变是与碳原子的配分扩散相耦合的。在中温区内，碳原子具有足够的扩散能力，可在 α/γ 相界两侧建立起碳浓度的平衡。但考虑到中温条件下，应力松弛缓慢，在相变应力场的作用下，在 α/γ 相界两侧只能建立类平衡状态。这个认识发展很重要，指明了 α/γ 相界两侧的铁化学位差受控于相界碳的偏平衡状态，因此就导致了贝氏体相变有一个临界温度 B_s 的存在。在 B_s 点以下，碳的偏平衡所产生的铁化学位差足以克服相变切变阻力，从而使贝氏体相变能共格切变形成；碳的类平衡为切变提供了热力学可能，而相界切变推移特性又为碳类平衡的建立提供了动力学可能。因此，相变切变位移和碳类平衡建立是互为条件，而又相互制约的。这就是贝氏体等温长大所以缓慢（相对于马氏体相变）的一个基本原因。

类平衡切变长大模型比较全面地解释了贝氏体相变的扩散与切变的双重机制特性。不仅为上、下贝氏体组织的形成、相变热力学，而且为相变动力学和晶体学的探索提供了依据，它继承了切变学说的贝氏体切变本质，又吸收了扩散学说有关碳原子配分扩散控制长大的动力学理解，比较妥善地处理了贝氏体共格切变形成和长大速率这两个基本问题。

另外，李承基等提出了一个界面位错攀移-滑移长大模型，即"扩散-切变复合形核模型"[47]。该机制的首要条件是界面位错必须是刃型位错或刃型分量占主导。刘宗昌等对贝氏体相变也进行了一些研究，认为贝氏体是过冷奥氏体的中温转变产物，珠光体分解、贝氏体转变和马氏体相变之间具有交叉性、重叠性，表现了过渡性[3,48,49]。贝氏体相变不可能是单一的切变机制或台阶扩散机制，贝氏体相变是从扩散机制向切变机制演化的过程，应当具有扩散-切变整合机制。应当把过冷奥氏体的各类转变作为一个整合系统来研究，从整合机制和自组织功能方面进行分析。

6.5　非铁合金中的贝氏体

除了钢铁材料中在一定条件下可得到贝氏体组织外，在非铁金属合金中也都有可能发生贝氏体相变。自从 1954 年 Garwood 首次在 Cu-Zn 合金中发现了贝氏体以来，人们进行了广泛的研究。已经发现，铜基、银基、铀基、钛基等合金在 M_s 点以上等温会出现应该非稳定相，和钢中的贝氏体类似，所以也称为贝氏体。但与钢中的贝氏体组织不同，非铁合金中的贝氏体为单相，其亚结构为层错。

如果将 40%Zn 的 Cu-Zn 合金在 820℃固溶处理后在不同温度下等温停留，可以获得等温转变动力学曲线（即 TTT 图），如图 6.27 所示。可将图大致分为 W、W+B 和 B 三部分。其中，W 类似于钢中的魏氏体组织的 α 相区；B 是贝氏体型的 α 相，组织形态为板条状，面心立方点阵，亚结构为堆垛层错；W+B 为魏氏体和贝氏体的混合组织。根据图 6.27 所示，当温度低于 B_s 时，过冷 β' 会发生贝氏体相变 $\beta' \rightarrow \alpha_1$。转变时会产生羽毛状浮凸，惯习面为 $(2, 11, 12)_{\beta'}$。通常认为这是按马氏体转变机制进行的。

贝氏体相变过程中的成分变化往往是研究的重点。早期的大部分实验结果表明，贝氏体形成初期，成分没有变化，在后续的生长过程中成分会发生变化。康沫狂等在 CuZn27Al4 合金中研究发现，由于母相中溶质原子扩散而偏聚于缺陷处，形成了贫/富溶质微区，如图 6.28 所示[46]。当溶质微区的切变相变临界温度高于等温淬火或时效温度时，贝氏体将发生切变形核，所以贝氏体是在溶质原子扩散控制下的切变形核。

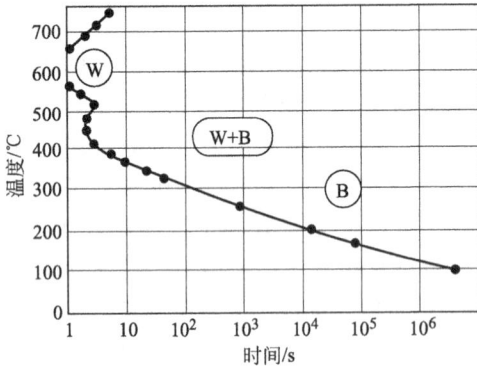

图 6.27　59.5Cu-40.5Zn 铜合金的等温转变[17]

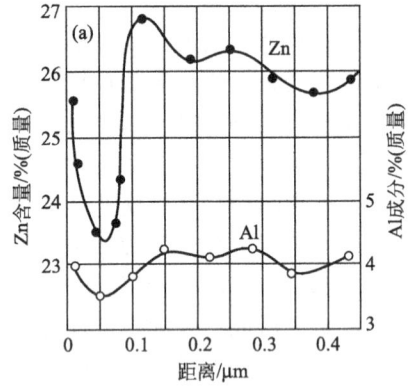

图 6.28　CuZn27Al4 合金 1063K×3min 固溶化后经 493K×60min 时效的溶质分布（在预期内）

对 Cu-40.5%（质量）Zn 合金经固溶处理后在 355℃ 等温，应用分析电子显微镜测得了 80～100nm 直径范围内的成分发生了变化。经保温 30s 至 5min，贝氏体的平均成分为 65.52%Cu，比大块试样的含铜量高出 6%，比平衡 α_1 贝氏体含铜量高出 3%（图 6.29）。后期精确的试验研究表明，贝氏体形成的全过程都存在着溶质成分的变化。在 β'-α_1 相界面推进时，在 α_1 相的堆垛层错处偏聚了 Zn 原子，结果使该处的含锌量大为超过了 α 相中的平衡含量。随着 $\beta' \rightarrow \alpha_1$ 相变过程的进行，Zn 原子不断从 α_1 相的层错处向 β' 相迁移。当 α_1 相中的含锌量接近于 α 相的平衡含锌量时，转变过程就基本结束。

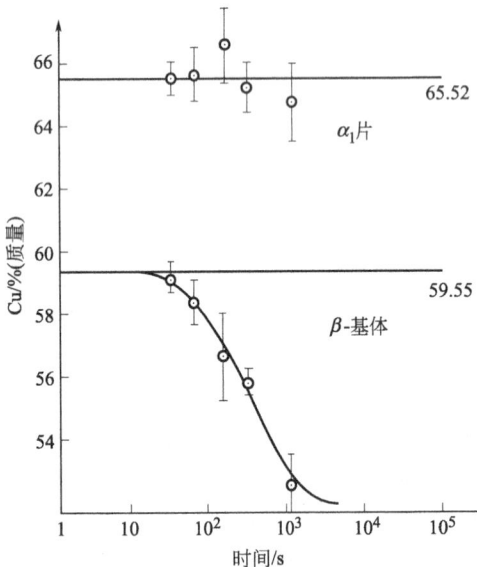

图 6.29　Cu-40.5%Zn 合金在 355℃ 等温时 α_1 及基体 β 的成分变化[21]

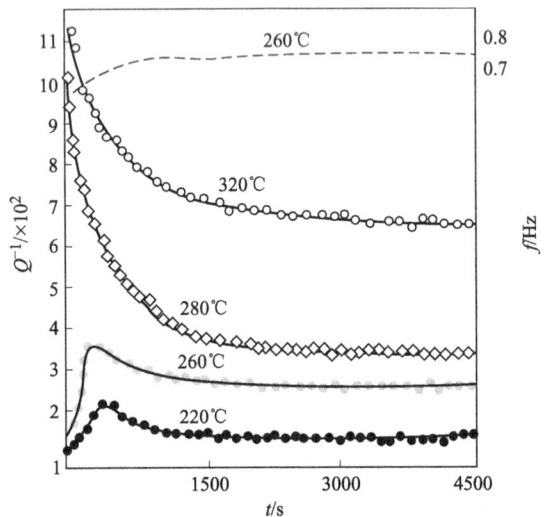

图 6.30　Cu-Zn-Al 合金在不同温度等温时内耗的变化及在 260℃ 等温时频率的变化[21]

在 Cu-Zn-Al 形状记忆合金中也发现了 α_1 贝氏体,并在相变早期也发现有成分的变化。关于贝氏体相变孕育期是否为形核过程的问题在 Cu-Zn-Al 合金中也进行了实验研究,内耗变化情况如图 6.30 所示。由图可见,Cu-Zn-Al 合金在 200～300℃ 贝氏体等温相变的孕育期内出现了内耗峰,内耗峰的最大值因孕育期的缩短而增大。内耗峰对应于形核率,因此可设想,贝氏体等温相变孕育期内的结构变化为贝氏体形核过程。

Cu-Al 和 Cu-Sn 合金贝氏体相变有一个共同的特点是在贝氏体相变前先发生沉淀的预相变。例如在 Cu-Sn 合金中,高温 γ 相缓慢冷却时发生珠光体相变,在较快速度冷却时先析出 δ 相,称为贝氏体预相变。此时 γ 基体的含锡量约为 12%(原子),然后进行贝氏体相变:$\gamma \rightarrow \alpha' + \delta$。图 6.31 为 Cu-16.5%(原子)Sn 合金连续冷却转变的示意,其中虚线 1、2、3 和 4 表示不同冷却速率,A 表示珠光体相变开始,B 表示 δ 相沉淀开始(贝氏体预相变),C 表示贝氏体转变开始。

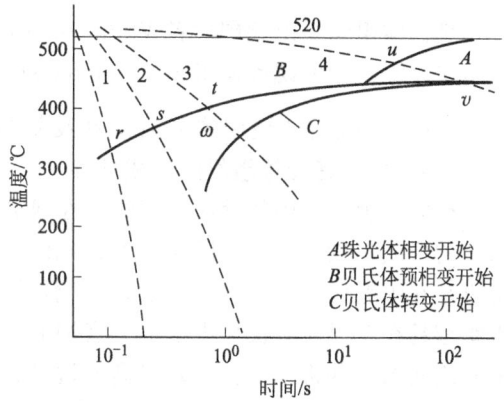

图 6.31　Cu-16.5%(原子)Sn 合金
连续冷却转变图[50]

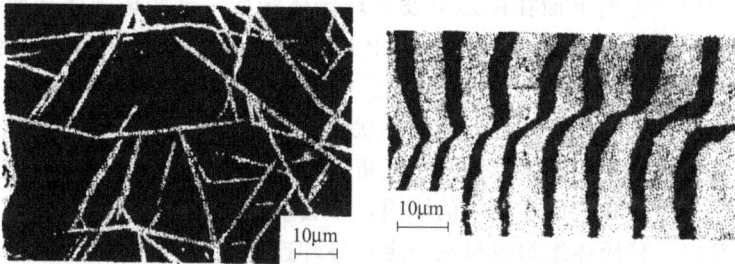

(a) 40.1Zn-9.3Au合金贝氏体形态　　(b) (a)中贝氏体形成时产生表面浮凸的干涉图像

图 6.32　Cu-Zn-Au 合金的贝氏体[21]

Cu-Zn 合金中的贝氏体相变与钢中贝氏体相变的不同点在于:①Cu 与 Zn 组成的是置换型固溶体。在钢中 C 在 Fe 中形成了间隙固溶体;②Cu-Zn 合金发生贝氏体相变时,只有 α_1 相从 β' 母相中析出。而钢在贝氏体相变时,从母相中析出了铁素体和碳化物两相。

大多数有色合金中的贝氏体晶体学基本上与马氏体一致,也有明显的表面浮凸现象,其干涉图像多呈不变平面的痕迹。图 6.32 为 Cu-Zn-Au 合金的贝氏体形态和表面浮凸干涉图像。Ag-Cd 合金的贝氏体形态与 Cu-Zn 合金类似。在 Ag-Cd 合金中发现母相淬火时形成了片状 α 相,两片 α 相成钝角相交,形成时也产生了 V 形浮凸。因此有认为有色合金贝氏体相变属于切变型相变。图 6.33 是在 Ag-45%(原

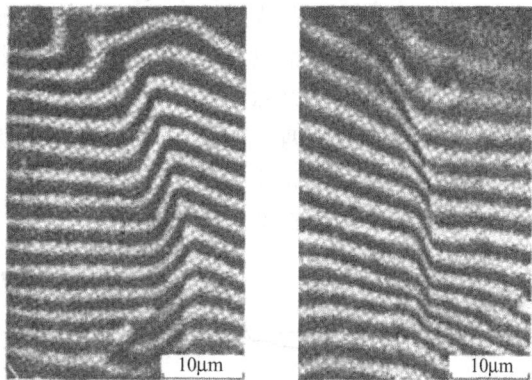

图 6.33　Ag-45%(原子)Cd 合金形成贝氏体时
出现的表面浮凸[22]

子）Cd 合金中发现形成贝氏体时出现的表面浮凸现象。

6.6　钢中的魏氏体组织

魏氏体组织是由德国学者 Widmanstätten 在陨铁中发现的，所以被命名为魏氏体组织。这里仅介绍钢中的魏氏体组织（Widmanstätten structure）。

6.6.1　魏氏体组织的形成条件及基本特征
6.6.1.1　魏氏体组织的形成条件

研究发现，钢中的魏氏体组织是在成分、冷速、温度等一些特定条件下形成的。魏氏体组织的形成温度有一个上限温度 W_s，在 W_s 以上温度不会形成。魏氏体组织形成的温度范围也是在中温区域，当然 W_s 和 B_s 是不同的。奥氏体晶粒愈细小，W_s 温度就愈低。魏氏体组织容易在粗晶粒奥氏体中形成。当钢的含碳量在 0.15%～0.5%（特别是 0.3%～0.5% 范围）之间的亚共析钢以及含碳量高的过共析钢，都可能形成魏氏体组织[27]。当钢的含碳量超过 0.6%（质量）时，魏氏体组织铁素体就难于形成。在钢中加入锰元素会促进魏氏体组织铁素体的形成，而硅、铬、钼等元素则会抑制其形成，当钼等元素含量较高时就难于出现魏氏体组织[17]。

对于碳钢来说，如图 3.21 所示，图中的 W 就表示了魏氏体组织铁素体或魏氏体组织渗碳体。魏氏体组织形成范围下面往往还会发生珠光体转变，这些珠光体转变是在网状铁素体-奥氏体（或网状渗碳体-奥氏体）相界面上迅速发生的，以至于魏氏组织不能继续形成[17]。对于亚共析钢来说，在较小的过冷度下，常会优先形成网状铁素体。当含碳量较低的亚共析钢在过冷度较大时，往往会形成等轴铁素体。只有在过冷度和含碳量均在适当的范围内，才会形成魏氏体组织铁素体。在过共析钢中，也会形成网状渗碳体或魏氏体组织渗碳体，但由于渗碳体组成和扩散动力学的原因，不会形成块状渗碳体。

钢在连续冷却时，魏氏体组织也只在一定的冷却速率下才会形成，过快或过慢的冷却速率都会抑制其产生。实际生产中，在铸造、热轧、锻造后砂冷或空冷，焊缝或焊缝热影响区空冷，或当工件加热温度过高且以一定冷却速率冷却后，都有可能形成魏氏体组织。

6.6.1.2　魏氏体组织的特征

在亚共析钢中，有三种先共析铁素体：①网状铁素体。它是沿着原奥氏体晶界分布呈网状，这种网状铁素体在含碳量接近共析成分的亚共析钢中经常可见；②一次魏氏体组织铁素体。这是分布特殊而呈片状（其截面为针状）的铁素体；③二次魏氏体组织铁素体。它也是魏氏体组织所特有的，它不是由原奥氏体晶界直接析出的，而是从网状铁素体扩展而成的，所以称为二次魏氏体组织。事实上，网状铁素体和二次魏氏体组织铁素体是连在一起的，两者组成一个整体。之所以人为地区分，是因为这两种形态铁素体的形成机理是完全不同的。图 6.34 示意了这三种形态的先共析铁素体，第 3 种情况，即二次魏氏体组织较为常见。

(a) 网状铁素体　　(b) 一次魏氏体组织铁素体　　(c) 二次魏氏体组织铁素体

图 6.34　三种形态的先共析铁素体示意[17]

在亚共析钢中，魏氏体组织铁素体的单个形态呈片（针）状，但其分布状态有羽毛状或三角形，或可能是几种形态的混合。应强调的是，上贝氏体铁素体和魏氏体组织铁素体在形态上两者相似，但分布明显不同。上贝氏体铁素体板条是成束分布的，每束中的铁素体板条大致平行，而魏氏体组织铁素体的分布是由彼此分离且常常有较大交角的片状铁素体组成。

同样，在过共析钢的魏氏体组织中也可能有三种先共析碳化物，分别称为网状碳化物、一次魏氏体组织碳化物和二次魏氏体组织碳化物。

魏氏体组织铁素体的尺寸是随等温时间的增长而增大的，这说明魏氏体组织铁素体也是按形核和长大机理而形成的。像贝氏体转变一样，魏氏体组织铁素体形成时也会产生表面浮凸现象。魏氏体组织铁素体形成时也有惯习面，惯习面为 $\{111\}_\gamma$，并与母相奥氏体之间存在一定的晶体学关系[17]，即 K-S 关系：

$$(111)_\gamma//(110)_\alpha,[110]_\gamma//[111]_\alpha$$

在碳钢中，魏氏体组织渗碳体多为针状。魏氏体组织渗碳体的惯习面为 $\{227\}_\gamma$，与母相奥氏体之间的晶体学关系[63]为：

$$\{001\}_\theta//\{311\}_\gamma,\langle100\rangle_\theta//\langle112\rangle_\gamma$$

6.6.2 魏氏体组织的转变机理

中温阶段的过冷奥氏体转变具有过渡性，转变过程比较复杂。正如前面所介绍的贝氏体转变一样，魏氏体组织的转变机理也有几种不同的学术观点。这里主要介绍点阵切变理论。

柯俊通过试验证明，在 0.27%C（质量，下同）钢和 0.4%C 钢中，当在 $A_3 \sim A_1$ 温度范围内形成魏氏体组织时，产生了表面浮凸现象[17]。这说明魏氏体组织和奥氏体之间也保持了共格关系，魏氏体组织铁素体在形成时也发生点阵切变。因此，认为魏氏体组织铁素体是按贝氏体转变机制形成的。这样，魏氏体组织铁素体形成机理就明显不同于网状铁素体，在魏氏体组织铁素体形成时，$\gamma \rightarrow \alpha$ 相变按共格方式切变进行，碳原子则发生扩散；而网状铁素体形成时，铁和碳原子都发生了扩散。根据这种理论，可解释奥氏体晶粒度、钢的含碳量和冷却速率对魏氏体组织形成的影响。

奥氏体晶粒度愈细，网状铁素体愈容易形成。因此有可能在魏氏体组织铁素体形成前，就产生了足够数量的网状铁素体，使奥氏体中含碳量提高，W_s 温度低于处理温度。这样，魏氏体组织铁素体就没有机会形成了。

前面已经指出，当钢的含碳量大于 0.6% 时，魏氏体组织铁素体就难于产生。这是因为当奥氏体中含碳量较高时，铁素体一形成，随即就会从富碳的奥氏体中析出碳化物。因此，就容易形成上贝氏体，上贝氏体铁素体条间析出了碳化物。

魏氏体组织铁素体只在一定冷却速率下形成。因为过慢的冷却将有利于铁原子的扩散而形成网状铁素体，而过快的冷却速率使碳原子来不及扩散足够的距离，这样将抑制魏氏体组织铁素体的形成。在实际生产中，通过降低终锻、终轧温度，控制冷却速率，即可防止魏氏体组织的产生。例如，35CrMo 钢连杆，如锻后分散空冷，则容易产生魏氏体组织，改为锻后堆放或埋在石灰中缓慢冷却，则可避免魏氏体组织的产生[63]。

6.6.3 魏氏体组织的力学性能

魏氏体组织经常是在粗大晶粒的情况下形成，魏氏体组织的存在使钢的力学性能，特别是塑性和冲击韧度显著降低。表 6.3 列出了魏氏体组织对 45 钢力学性能的影响。

粗晶组织及其伴生的魏氏体组织还会使钢的韧-脆转变温度上升。例如，0.2%C-0.6%Mn 的低碳船用钢板，当终轧温度为 950℃时，韧-脆转变温度为 -50℃；而当终轧温度为

1050℃时，由于形成了粗晶组织和魏氏体组织，使韧-脆转变温度提高到−35℃。

需要指出的是，当钢中存在少量的魏氏体组织时，在某些情况下还是可以使用的。事实上，只有当晶粒粗大，出现了比较粗大的魏氏体组织时才会使钢的强度，特别是塑韧性显著降低。在这种情况下，必须消除魏氏体组织，常用的方法是细化晶粒的正火、退火以及锻造等。

表 6.3　魏氏体组织对 45 钢力学性能的影响[17]

状态	σ_b/MPa	σ_s/MPa	δ_5/%	ψ/%	α_K/(J/cm^2)
有严重魏氏体组织	524	337	9.5	17.5	12.74
经细化晶粒处理	669	442	26.1	51.5	51.94

本 章 小 结

矛盾存在于一切事物发展的过程中，矛盾贯穿于每一事物发展过程的始终，这是矛盾的普遍性和绝对性。任何运动形式，其内部都包含着本身特殊的矛盾。这种特殊的矛盾，就构成一事物区别于他事物的特殊的本质。这就是世界上诸种事物所以有千差万别的内在原因。每一物质的运动形式所具有的特殊的本质，为它自己的特殊的矛盾所规定。所有这些物质的运动形式，都是互相依存的，又是本质上互相区别的[51]。贝氏体相变与珠光体共析分解及马氏体相变有着本质上的区别，但又有着密切的联系。应该说，贝氏体相变是扩散型相变到无扩散型相变的过渡阶段的特殊相变过程，而且上贝氏体相变与下贝氏体相变之间也存在着过渡性质。渐变和突变是自然界物质系统演化的两种基本形式。自然界运动形式的转化，是一个由量变引起质变的过程，这个过程是通过渐变和突变实现的，是连续与间断的统一。渐变往往是突变的前提，在一定条件下，两者可以转化[5]。

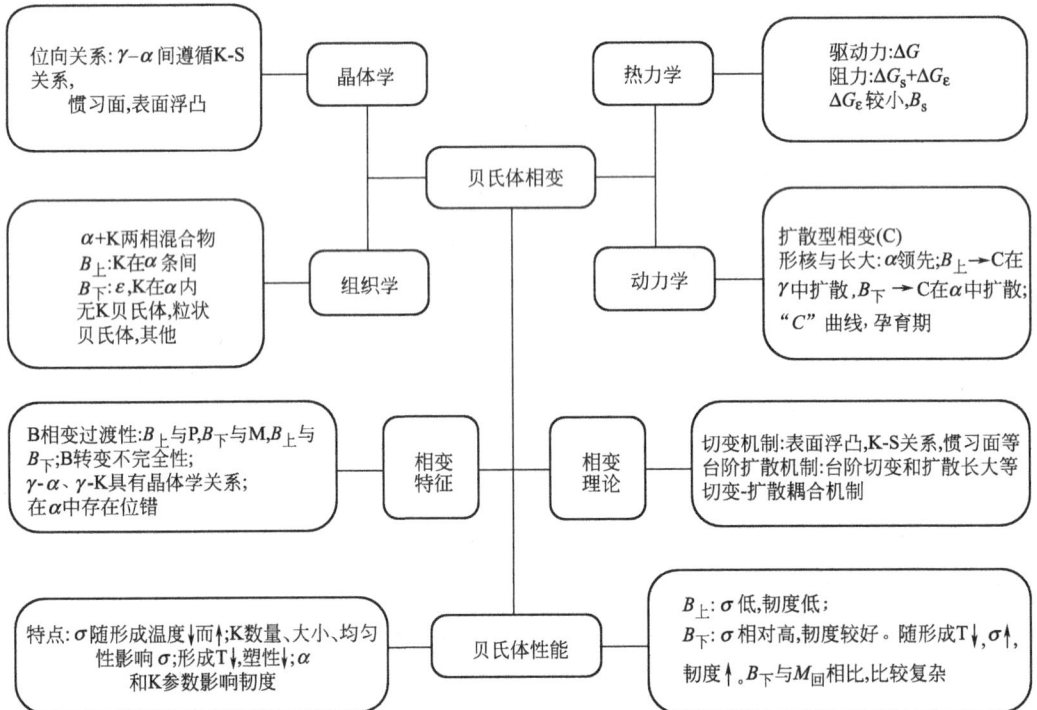

图 6.35　贝氏体相变与贝氏体基本内容的知识要点及其关系

160

一般来说，温度是主宰材料相变过程的主导因素。随着温度的降低，材料相变过程逐渐从量变突变到质变，从而使演化过程变得既丰富多彩又异常复杂。自然界事物的演变过程严格遵循着物质守恒、能量守恒、最小自由能原理、自组织、自协调等自然界客观规律。

系统的自组织功能使贝氏体相变在孕育期内，通过系统的随机涨落形成贫碳区和富碳区。涨落是预相变，也应该说是孕育期内的相变形核的准备。自组织功能使上贝氏体相变和下贝氏体相变分别形成各种各样的贝氏体组织形貌，其组织形貌也具有明显的过渡性。贝氏体相变具有珠光体转变和马氏体相变的双重特征，具有交叉性和过渡性，因此在相变机制上也应表现出过渡性特性[3]。因此，单一的切变机制或扩散机制都可能是片面的，而贝氏体相变的切变-扩散耦合相变机制可能是比较合适的。

图 6.35 简要地总结归纳了贝氏体相变与贝氏体基本内容的知识要点及其关系。

思考题与习题

6-1 试述上贝氏体、下贝氏体的形成条件。

6-2 试比较和说明上贝氏体、下贝氏体的组织形态及亚结构特征。

6-3 贝氏体相变的基本特征是什么？

6-4 为什么下贝氏体的韧度要比上贝氏体好？

6-5 影响贝氏体强度、硬度的因素有哪些？

6-6 试比较贝氏体转变与珠光体转变的异同点。

6-7 试比较贝氏体转变与马氏体转变的异同点。

6-8 目前，贝氏体相变理论主要有切变学派、扩散学派和类平衡切变长大机制，试述它们的主要观点或分歧，你有什么看法。

6-9 简述贝氏体钢的性能特点与应用。

6-10 贝氏体相变的过渡性表现在哪些方面？

6-11 试分析决定贝氏体组织强韧性的因素。

6-12 试分析含碳量相同的下贝氏体和片状马氏体在力学性能上的差异。

7　钢的回火转变

(Tempering Transformation of Quenching Steel)

一般情况下，钢件在淬火后得到的是亚稳的高硬度、高强度的马氏体及一定量的残留奥氏体。机械零件及工具，按其工作性质的不同，对所用钢铁材料提出了各种不同的要求。为了满足不同零件对材料性能的不同要求，通常都需将钢件加热淬火后，再重新加热到低于 A_1 临界点以下的某一温度，保温一定时间，使淬火态组织发生一定的变化，以调整钢件的性能。这种处理在生产上称为回火（tempering）。

在回火过程中所发生的转变即为回火转变。回火就是采用加热手段，使亚稳的淬火组织向相对稳定的回火组织转变的工艺过程。为了保证钢件回火后获得所需要的性能，必须掌握回火温度、回火时间等回火工艺参数对淬火钢组织形态和性能的影响。因为回火常常是控制组织和性能的最后一道热处理工艺，所以极为重要。

7.1　淬火钢的回火组织

钢件经淬火后，主要可获得马氏体和残留奥氏体（residual austenite）两种亚稳定相。在回火过程中，这两个亚稳定相（metastable phase）都将发生变化。

最简单的是碳素钢，图 7.1 和图 7.2 是淬火碳素钢在不同回火温度下的体积变化和放热情况[17]。由图可知，淬火碳素钢在回火过程中，膨胀率和热效应等物理性质上有三或四个突然变化。这些变化表明了在相应的温度下，比较集中地发生了某种组织转变。其组织转变的类型，可以从存在的相组织状态来分析。

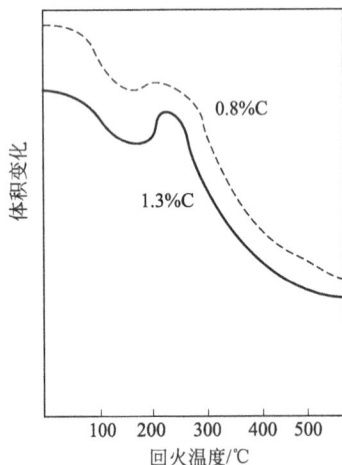

图 7.1　碳钢回火时的膨胀曲线　　　　　图 7.2　碳钢回火时的热分析曲线

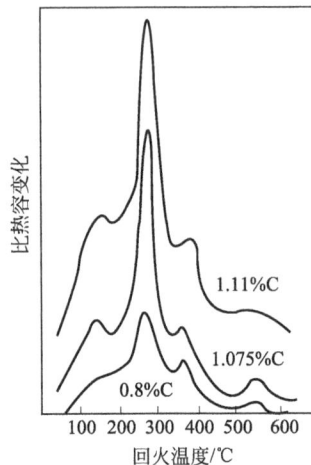

钢的各种相和组织中，从比容来看，完全处于过饱和状态的马氏体为最大，残留奥氏体最小；从储存的相变潜热来看，残留奥氏体全部保存了钢在加热相变时所吸收的潜热，淬火

马氏体则在冷却时发生马氏体转变过程中释放出了部分潜热。在回火时，淬火马氏体发生的转变，将使体积缩小和放出热能；残留奥氏体发生转变，将使体积胀大和放出大量热能。根据试验结果，表7.1列出了淬火高碳钢在连续加热回火过程中所发生转变的性质。

表 7.1 碳素钢回火时的组织转变与物理性能的变化[17]

温度范围/℃	长度变化	放热情况	回火转变类型	相变性质
80~170	减小	放热	I	$\alpha' \rightarrow M'$
250~300	增大	大量放热	II	$A_R \rightarrow M'(B)$
300~400	减小	放热	III	$M' \rightarrow T'$
450~600	减小	放热	IV	$T' \rightarrow S'$

淬火钢在回火过程中发生的转变，大致可分为四个不同的阶段，每个阶段主要代表了一种相变类型，见表7.1所列。

第一类回火转变（I）是马氏体分解。由图7.1、图7.2可知，马氏体分解开始于100℃左右，在150~170℃左右转变速率最大，马氏体分解既是缩小体积转变，又是少量放热反应。马氏体分解又称为回火马氏体转变。回火马氏体（tempered martensite）是一种α相与微细碳化物的两相组织。

第二类回火转变（II）是残留奥氏体分解。残留奥氏体分解既是增大体积转变，又是大量放热反应。由图7.1、图7.2可知，这一过程在190~200℃开始，在240~270℃转变速率达最快，在300℃左右结束。在这温度范围内，除残留奥氏体分解外，马氏体还在继续分解，两个热效应叠加，使热效应非常明显。残留奥氏体分解的转变，其转变产物一般是回火马氏体或贝氏体。

第三类和第四类回火转变（III和IV）分别是碳化物析出与转变和α相回复、再结晶。这两类转变都是缩小体积和放热反应，但热效应不是很大（图7.2）。这两类转变在组织上表现的特征是：由具有一定过饱和度（degree of supersaturation）的α相继续析出碳化物，亚稳定的碳化物转变为较稳定的渗碳体，α相发生回复、再结晶，碳化物聚集长大及球化。其转变产物被分别称为"回火屈氏体"（T）和"回火索氏体"（S）。

回火屈氏体（tempered troostite）是钢中温回火的产物。回火屈氏体又称为回火托氏体，它是由已发生回复的铁素体基体和极为细小的碳化物所组成的混合物，铁素体还未完成再结晶。由于碳化物非常细小以至于在一般光学显微镜下难以分辨其内部形态，看到的往往是一片黑色的组织形貌。图7.3为45钢860℃水淬400℃回火所得到的回火屈氏体组织。

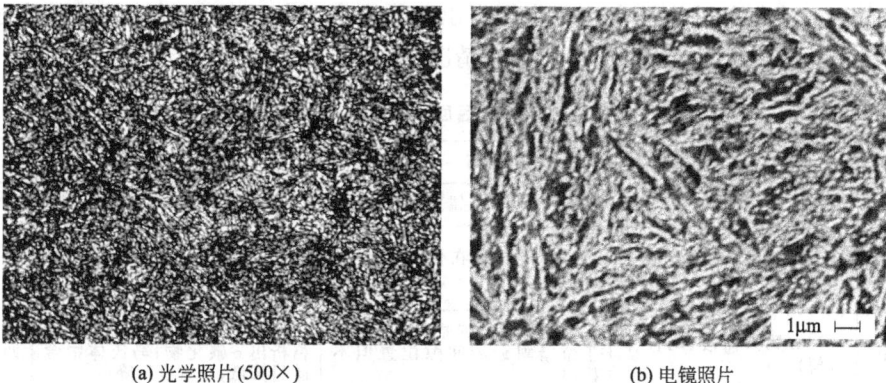

(a) 光学照片(500×)　　　　　　(b) 电镜照片

图 7.3　45 钢回火屈氏体（860℃水淬 400℃回火）

回火索氏体（tempered sorbite）是钢高温回火的产物。它是由铁素体基体和弥散分布的较大颗粒碳化物所组成的混合物，铁素体已发生再结晶，变为等轴状晶粒。一般情况下，碳钢容易获得回火索氏体组织，而合金钢往往难以获得铁素体非常充分再结晶的回火索氏体，许多情况下还可见到马氏体或贝氏体铁素体的条片状特征。也就是说，铁素体的再结晶过程非常缓慢或很难充分进行，碳化物也难以聚集长大。图 7.4 为 45 钢 860℃ 水淬 600℃ 回火时的回火索氏体组织。

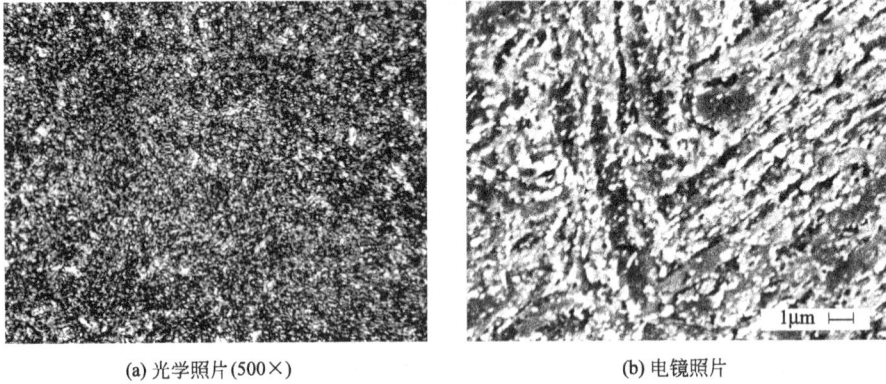

(a) 光学照片(500×)　　　　　　　　　　　　　(b) 电镜照片

图 7.4　45 钢回火索氏体（860℃ 水淬 600℃ 回火）

淬火低碳钢，因残留奥氏体量非常少，转变极不明显，其他回火过程与高碳钢基本相似。随着回火温度的不同，也可获得回火马氏体、回火屈氏体和回火索氏体。

虽然根据转变性质，人为地将回火转变分为四个阶段或四种类型。但必须指出，钢的回火转变复杂性还在于以下两点。

① 四个转变不是完全分隔的，而是相互重叠的。往往是一个转变未结束，下一个转变已开始，即在同一条件下有可能几种回火状态都能存在。

② 虽然大部分钢在回火时都具有上述四种转变，但各种钢的回火转变还与成分及淬火工艺密切相关。随钢的成分和淬火工艺的不同，这四种转变出现的温度范围也将有所变化。例如，合金钢由于残留奥氏体中含有一定量的合金元素，比较稳定，所以残留奥氏体的转变温度范围将升高。不同钢种淬火马氏体的各阶段回火温度范围是不同的，抗回火稳定性高的钢应采用较高的回火温度。

由上分析可知，钢的回火转变过程是比较复杂的，但任何淬火钢的回火转变都主要包含了马氏体分解、残留奥氏体转变、碳化物析出与转变和 α 相回复与再结晶等基本过程。表 7.2 简要归纳了铁基合金在回火时组织转变情况。

表 7.2　铁基合金淬火后回火过程的组织变化[17,19]

温度范围/℃	组织转变类型	回火时组织结构变化		回火产物
		板条状(位错)马氏体	片状(孪晶)马氏体	
25~100	回火准备阶段(碳原子偏聚)	C(N)原子在位错线附近偏聚	C(N)原子集群化形成预脱溶原子团,进而形成长程有序化或调幅结构	
100~250	回火第一阶段(马氏体分解)	马氏体中的碳原子继续偏聚于位错附近的间隙位置但不析出	在 100℃ 左右从马氏体中共格析出 ε-碳化物;马氏体中含碳量降低,正方度下降	回火马氏体
200~300	回火第二阶段(残留奥氏体转变)	含碳量小于 0.4% 的淬火钢中不出现残留奥氏体	残留奥氏体转变为马氏体或下贝氏体	回火马氏体

温度范围/℃	组织转变类型	回火时组织结构变化		回火产物
		板条状（位错）马氏体	片状（孪晶）马氏体	
250～400	回火第三阶段（碳化物类型转变）	马氏体中碳原子全部析出，形成渗碳体；α 相保持板条状形态	ε-碳化物溶解，在晶界或一定晶面上析出 θ-渗碳体；400℃左右渗碳体聚集长大，但回火后铁素体仍保留马氏体晶体外形，α 相中孪晶亚结构消失	回火屈氏体
400～500	回火第四阶段（α 相的回复、再结晶，渗碳体长大和球化）	片状渗碳体球化；α 相回复，位错密度降低；内应力消除，但仍然保留马氏体外形		回火索氏体
500～600		形成合金碳化物，仅在含一定量 Ti、Nb、V、W、Mo 等元素的钢中产生二次硬化现象，渗碳体溶解		
600～700		球状渗碳体快速聚集长大，α 相再结晶成为等轴状晶粒和晶粒长大。在中碳和高碳钢中再结晶可能被抑制，形成等轴状铁素体		

7.2 马氏体的分解

7.2.1 马氏体中碳的偏聚

在碳钢中，马氏体是碳在 α-Fe 中的过饱和间隙固溶体。对于合金钢，马氏体是碳及其他合金元素在 α-Fe 中的过饱和固溶体。碳原子分布在体心立方的扁八面体间隙位置，使晶体产生了较大的弹性变形，使马氏体的能量增高，而且晶体点阵中的微观缺陷比较多，因此淬火态的马氏体能量较高，处于不稳定状态。

在室温附近，铁和置换型合金元素比较难以扩散迁移，但 C、N 等间隙型原子还能作短距离的扩散。如果 C、N 等间隙型原子扩散到这些晶体缺陷处后，将使马氏体的能量降低。从碳、氮原子在 α 相中的扩散计算可知，在 0℃附近，碳、氮原子迁移 0.2nm 的距离，大约仅需要 1min 左右的时间。所以淬火态马氏体在室温附近，甚至在更低的温度下停留，C、N 等间隙型原子可以作一定距离的迁移，从而产生马氏体中间隙型原子在缺陷处的偏聚（seg-regation）现象。

对于板条状马氏体，由于晶体内部存在大量的位错，所以碳、氮原子倾向于偏聚在位错线附近，组成偏聚区。这样，使间隙位置的弹性变形减小，系统的能量降低。显然，位错密度越高，间隙原子发生偏聚的驱动力越大；而间隙原子的扩散能力增大，促进了偏聚区的形成。因此，回火时间隙原子的偏聚现象，主要发生在亚结构为位错型的板条状马氏体钢中。当然，如间隙原子的扩散能力过大，就会使处于偏聚区的原子"蒸发"，偏聚区消失。

钢中马氏体的碳原子偏聚现象可以用电阻、内耗等方法来证实。由于马氏体中的碳原子分布在正常间隙位置比分布在位错附近的电阻率高，因此从淬火钢的电阻率变化来间接地确定碳原子是否发生偏聚现象。图 7.5 示出了淬火碳素钢在 −196℃ 的电阻率与含碳量的关系[17]。从图中可知，马氏体的含碳量低于 0.2%（质量）时，碳对电阻率的贡献为 $10\mu\Omega \cdot cm/\%C$，含碳量高于 0.2% 时，碳对电阻率的贡献为 $30\mu\Omega \cdot cm/\%C$，后者比前者高三倍。这说明了马氏体的含碳量低于 0.2% 时，其饱和碳原子接近完全偏聚状态，而含碳量高于 0.2% 时，则接近无偏聚状态。这是因为马氏体含碳量较高，一方面由于位错附近的缺陷位置已被碳原子所占据，其余的碳原子只能处于正常的间隙位置；另一方面，由于随着含碳量的提高，位错型马氏体数量减少，孪晶马氏体增多，致使许多碳原子都处在正常的间隙位置。

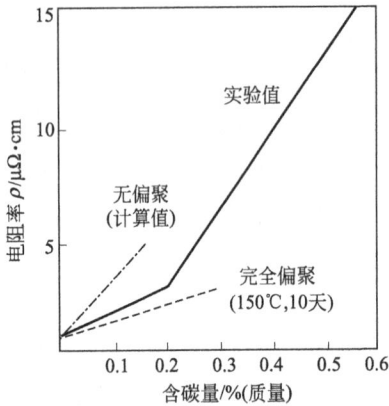

图 7.5 淬火碳素钢在 −196℃ 的电阻率
与含碳量的关系

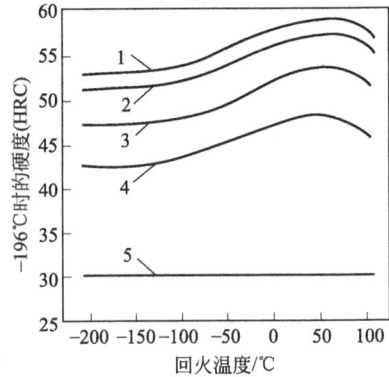

图 7.6 孪晶马氏体在不同温度下回火 3h 的硬度
1—0.82C，16.2Ni；2—0.59C，19.2Ni；
3—0.40C，23.3Ni；4—0.23C，26.8Ni；
5—0.02C，30.8Ni

对于片状马氏体，由于亚结构是孪晶，没有足够的位错储存间隙原子，所以一般不形成这种间隙原子偏聚区。但试验表明，在室温下孪晶马氏体中的碳原子，可能在某晶面上富集。这种晶面富集区的稳定性要比位错偏聚区的稳定性小。如在含碳量为 1.17% 的钢中，经电子衍射分析发现马氏体内部有 1nm 左右的碳原子富集区存在。由于这种碳原子富集区尚未成为一定类型的碳化物，只是碳原子富集在马氏体的一定晶面上，因此它的存在造成了点阵的更大畸变，从而使钢的硬度、强度有所提高，如图 7.6 所示[17]。

低温回火时，当碳原子富集区形成亚稳定的碳化物时，已经进入马氏体分解的阶段。

7.2.2 马氏体分解

通常当回火温度超过 80℃ 时，钢的马氏体将发生比较明显的分解。马氏体分解的主要特征：马氏体中的碳浓度降低，点阵常数 c 减小，a 增大，正方度 c/a 减小，并析出碳化物。

用 X 射线结构分析方法测定了高碳马氏体经不同回火温度后的正方度，结果见表 7.3 所列。由表中数据可知，当回火温度低于 125℃ 时出现了两个不同的正方度。这表明，由于碳化物的析出，同时存在两种不同含碳量的 α 相。而当回火温度高于 125℃ 时，只有一个正方度，且随回火温度的升高，正方度不断减小。因此可说明，在 125℃ 以上，随着碳化物的析出，只存在一种 α 相基体，且随回火温度的升高，其含碳量不断下降。所以，由于温度的不同，碳化物的析出可以有两种不同的方式，一般称为双相分解和单相分解。

表 7.3 含 1.4%C 马氏体回火后点阵常数、正方度和含碳量的变化[18]

回火温度/℃	回火时间	a/nm	c/nm	c/a	含碳量/%
室温	10y	0.2846	0.2880/0.302	1.012/1.062	0.27/1.4
100	1h	0.2846	0.2882/0.302	1.013/1.054	0.29/1.2
125	1h	0.2846	0.2886	1.013	0.29
150	1h	0.2852	0.2886	1.012	0.27
175	1h	0.2857	0.2884	1.009	0.21
200	1h	0.2859	0.2878	1.006	0.14
225	1h	0.2861	0.2872	1.004	0.08
250	1h	0.2863	0.2870	1.003	0.06

在 125~150℃ 以下，马氏体以双相分解方式分解。此时，随碳化物的析出，出现了两个不同正方度的 α 相，即具有高正方度的保持原始含碳量的未分解的马氏体以及具有低正方

度的碳已部分析出的 α 相。而且在回火过程中，两种 α 相的碳含量均未发生改变，只是高碳区愈来愈少，低碳区愈来愈多。出现这种双相分解现象的原因是：由于回火温度较低，马氏体分解时，是在马氏体中的某些碳原子富集区（具备了浓度起伏、结构起伏和能量起伏的形核条件）产生了碳化物晶核，长大是通过周围碳原子的扩散来完成的，但由于碳原子扩散的距离比较短，所以长大到一定尺寸后就停止。

图 7.7 示意了这种双相分解的过程。在碳原子富集区，经过有序化后形成碳化物核心，依靠附近 α 相提供的碳原子长大成碳化物颗粒。由于碳化物析出，在碳化物周围将出现低碳 C_1 的 α 相，而远离碳化物的 α 相仍然保持了原来的碳浓度 C_0，如图 7.8 所示。由于回火温度较低，碳原子不能作长距离扩散，这种高碳区和低碳区之间的浓度梯度难以消失。马氏体的进一步分解只能依靠高碳区形成新的碳化物核心，继而析出碳化物。所以，随着过程的进行，高碳区越来越少，低碳区越来越多。当高碳区完全消失时，双相分解即结束。

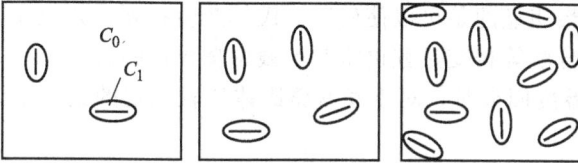

图 7.7 马氏体双相分解过程示意

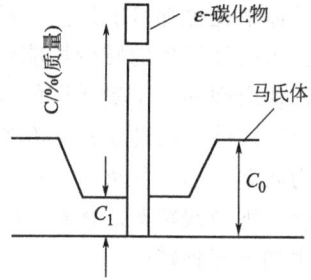

图 7.8 马氏体双相分解时碳的分布

高于 150℃ 时，马氏体将以单相分解的方式进行。此时，碳原子已具有较大的活动能力，能够作较长距离的扩散迁移。因此已析出的碳化物有可能从较远的地方获得碳原子而长大。α 相内部碳浓度梯度也可通过碳原子的扩散而消除，所以在分解过程中，不再存在两种不同含碳量的 α 相。其含碳量和正方度随分解过程的进行不断下降。当温度达到 300℃ 时，正方度接近 1，此时 α 相中的含碳量已接近平衡状态，Fe-C 马氏体的分解过程基本结束。

合金元素对双相分解没有什么影响，对单相分解过程有明显的影响。这是因为单相分解过程中，碳原子要作较长距离的扩散，而合金元素的存在将会改变碳原子的扩散能力及碳化物的稳定性。

低碳钢的 M_s 点比较高，所以在淬火过程中除了可能发生碳原子向位错处偏聚外，在先形成的马氏体中还可能发生部分马氏体分解的自回火现象，甚至析出碳化物。显然，钢的 M_s 愈高，淬火时的冷却速度愈慢，自回火过程愈充分，析出的碳化物愈多。钢件淬火后在 150℃ 以下回火时，碳化物一般不会析出。当回火温度高于 200℃ 时，才可能通过单相分解析出碳化物，从而使 α 基体的含碳量下降。

中碳钢在正常淬火时得到的是板条状位错型马氏体和片状孪晶型马氏体的混合组织，所以回火时也兼具低碳马氏体和高碳马氏体的分解特征。

综上所述，固溶于马氏体中的碳随回火温度的升高，将不断地以碳化物形式从马氏体中析出，马氏体中的含碳量随之也不断下降。并且原始含碳量不同的马氏体，随碳的不断析出，马氏体中的含碳量将趋于一致，如图 7.9 所示。

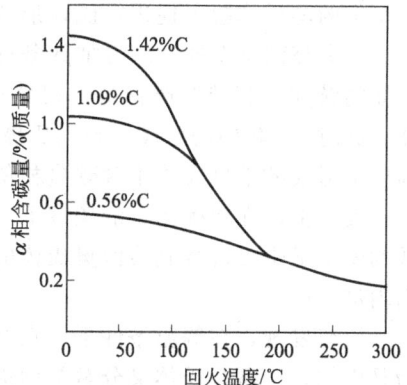

图 7.9 不同含碳量马氏体回火时 α 基体中碳浓度的变化[18]

7.3 残留奥氏体的转变

钢淬火到室温或多或少地会保留一部分未转变的奥氏体，称为残留奥氏体。残留奥氏体量的多少主要取决于奥氏体成分，某些高合金钢的残留奥氏体量可达到30%～40%以上。残留奥氏体的存在对钢的性能有一定的影响，可以使性能变坏，如弹性极限下降、零件的尺寸稳定性变差等；但有时也是一个有利的因素，如较稳定的残留奥氏体可以提高钢的韧度及显著改善接触疲劳性能。因此有必要了解残留奥氏体在回火过程中的变化，以便能主动地控制残留奥氏体量。

7.3.1 残留奥氏体回火转变的特点

残留奥氏体在本质上与原过冷奥氏体并无不同。原过冷奥氏体可能发生的转变，对于残留奥氏体来说也都可能发生。但残留奥氏体与过冷奥氏体之间也还是有不同之处，主要差别在于：①已经发生的转变可能给未转变的残留奥氏体带来化学成分变化，如板条状马氏体形成时，使周围的残留奥氏体的碳含量比平均含碳量高得多；②由于马氏体转变的体积效应，使残留奥氏体在物理状态上有所变化，最明显的是可以使残留奥氏体产生相硬化并处在三向压应力状态；③在回火过程中，马氏体分解等相变过程也将影响残留奥氏体的转变。

合金钢中残留奥氏体在 M_s 点以上温度回火时，对于残留奥氏体比较稳定的钢，主要可以发生如下三种转变：

① 残留奥氏体在贝氏体形成区域内等温转变为贝氏体；

② 残留奥氏体在珠光体形成区域内等温转变为珠光体；

③ 残留奥氏体在回火加热、保温过程中不发生分解，而在随后的冷却过程中转变为马氏体。

当然，残留奥氏体在回火加热、保温过程中部分在中温转变为贝氏体，部分在高温转变为珠光体，在冷却过程中部分转变为贝氏体、部分转变为马氏体的情况也是存在的。残留奥氏体转变的具体情况，应将回火工艺和该钢的过冷奥氏体转变动力学图结合起来分析，因为残留奥氏体在 M_s 点以上的转变与过冷奥氏体转变动力学是相似的。图7.10是两种合金钢的残留奥氏体和过冷奥氏体转变动力学曲线，图中 γ_R 表示残留奥氏体，cem表示碳化物，P为珠光体，B为贝氏体。由图可知，在珠光体和贝氏体转变区，经过一定的孕育期后长发生转变。但是，转变为贝氏体的孕育期，残留奥氏体往往比过冷奥氏体的为短，这可能是淬火钢中的马氏体起了促进贝氏体形核的作用。

淬火高碳钢在连续缓慢加热条件下，当温度升高到200℃时，可以明显地观察到残留奥氏体的转变。其转变产物是 α 相与 $\varepsilon\text{-}Fe_xC$ 的机械混合物，一般认为是回火马氏体或下贝氏体。此时，α 相中的含碳量与马氏体在该温度下分解后的含碳量相近，也与过冷奥氏体在该温度下形成的下贝氏体中含碳量相似。

实际上，在精确测定的条件下，发现残留奥氏体在100℃时就已经开始分解，甚至在更低的温度下也可观察到残留奥氏体的转变。因此，残留奥氏体的转变是在一个较宽的温度范围内进行的。

研究发现，在等温条件下，在 $20℃～M_s$ 点之间的温度范围内，残留奥氏体也可以转变为马氏体，而后马氏体又分解为回火马氏体。当淬火钢的 M_s 点较高时，在 M_s 点上下的温度回火，残留奥氏体一般都是在贝氏体形成区域内转变成贝氏体，而在继续加热过程中，贝氏体再进行分解。

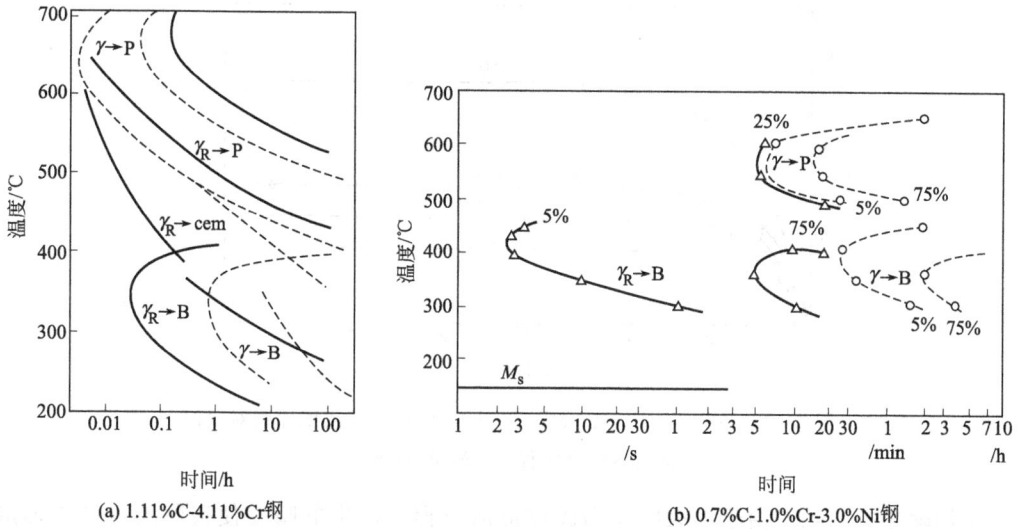

图 7.10 钢中残留奥氏体等温转变曲线[17]

7.3.2 回火时的二次淬火和稳定化、催化现象

当残留奥氏体在贝氏体区和珠光体区之间的奥氏体比较稳定的区域保持时,残留奥氏体可以不发生转变,而在随后冷却时转变为马氏体。在这种情况下,残留奥氏体转变为马氏体可产生"二次淬火"的现象。这种现象,对于工具零件,可以提高硬度、耐磨性和尺寸稳定性。二次淬火产生的马氏体量与回火工艺有一定的关系。如果回火时二次淬火的 M'_s 点比原来钢的 M_s 点高,产生的二次马氏体量就比较多,这种现象称为"催化"。反之,二次淬火的 M'_s 点比原来钢的 M_s 点低,则产生的二次马氏体量就比较少,这种现象称为"稳定化"。

在第5章中已介绍了奥氏体热陈化稳定的概念。奥氏体热陈化稳定现象可以通过回火来消除以催化,使残留奥氏体恢复转变马氏体的能力。以高速钢为例[17],对淬火高速钢采用如下三种回火工艺时,回火时出现的催化和稳定化结果如下所述。

① 在560℃回火时,二次淬火的马氏体转变临界点 M'_s 比原来淬火的 M_s 点高,说明回火加热过程起了催化的作用。

② 在250℃回火时,M'_s 比原来淬火的 M_s 点低,即250℃加热保温工艺使残留奥氏体产生了稳定化的作用。

③ 如果先加热到560℃保温后,冷却到250℃再保温,而后冷至室温,结果是因为 M'_s 点比 M_s 点低,与直接在250℃回火的情况相同,即产生了稳定化的作用。这种现象也说明了高速钢在回火时的催化与稳定化具有可逆性。如经560℃保温后(M'_s 点约189℃)再在较低温度停留,残留奥氏体稳定化程度(M'_s 点降低程度 $\Delta M'_s$)因温度降低和时间延长而增大,如图7.11所示。

应该说明,在出现二次淬火现象时,并不是所有钢的残留奥氏体都具有催化与稳定化的可逆性质的。如果经高温回火加热后冷至低温停留,并没有改变 M'_s 点,也就不会发生稳定化现象。

对于残留奥氏体产生催化与稳定化现象的机理,主要有以下几种学术观点[17]。

① 碳化物的析出。该理论认为高温回火时从残留奥氏体中析出了碳化物,使残留奥氏体中的合金度降低,所以提高了残留奥氏体的 M'_s 点,促进了残留奥氏体在回火冷却过程中转变为马氏体。

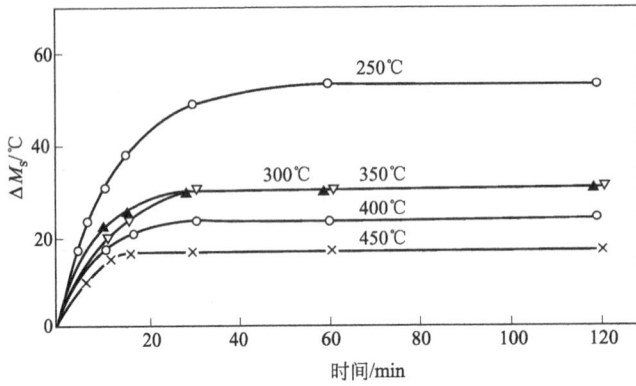

图 7.11　W18Cr4V 钢经 560℃保温 1h 后在较低温度停留对残留
奥氏体稳定化程度 $\Delta M_s'$ 的影响[17]

② 相硬化的消除。由于淬火时在马氏体形成过程中产生的畸变使残留奥氏体中形成压应力，产生了加工硬化，这种相硬化提高了残留奥氏体的稳定性，从而使马氏体转变产生困难。为了使残留奥氏体进行转变，可以采用高温回火消除已产生的相硬化现象，提高 M_s' 点，恢复残留奥氏体向马氏体转变的能力。

③ 位错气团的蒸发。高温回火时，碳原子从残留奥氏体中形成的柯氏气团中蒸发，减小了冷却时马氏体转变的阻力，起了催化的作用。在较低温度回火加热时，碳原子易在位错区偏聚形成柯氏气团，增大了相变阻力，起了稳定化的作用。如果将具有稳定化现象的钢加热到较高温度，使碳原子从柯氏气团中蒸发出去，就使残留奥氏体恢复了原有的转变能力，又具有了催化的作用。这种观点可解释高速钢回火时的催化和稳定化的可逆现象。

7.4　碳化物的析出与转变

7.4.1　碳素钢马氏体中碳化物的析出

当回火温度升高到 250～400℃时，碳素钢马氏体中过饱和的碳几乎全部析出，形成比 $\varepsilon\text{-}Fe_xC$ 更为稳定的碳化物 Fe_3C，也就是渗碳体 θ 相，具有正交点阵结构，用 $\theta\text{-}Fe_3C$ 表示。在 250℃以下析出的均为亚稳过渡碳化物。回火温度高于 250℃时，亚稳过渡碳化物将逐步转变为较稳定的具有复杂斜方点阵结构的 X-碳化物，其组成接近 Fe_5C_2，用 $X\text{-}Fe_5C_2$ 表示。回火温度进一步提高，$\varepsilon\text{-}Fe_xC$ 和 $X\text{-}Fe_5C_2$ 又将转变为 $\theta\text{-}Fe_3C$。

当马氏体中含碳量在 0.2%～0.6%（质量）范围时，由低温到高温回火，碳化物转变过程为：

$$\alpha' \to \alpha\text{ 相} + \varepsilon\text{-}Fe_xC \to \alpha + \varepsilon\text{-}Fe_xC + \theta\text{-}Fe_3C \to \alpha + \theta\text{-}Fe_3C$$

当马氏体中含碳量高于 0.4%～0.6%时，由低温到高温回火，碳化物转变过程为：

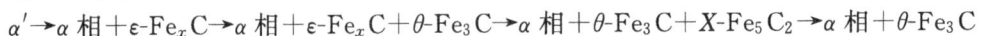

$$\alpha' \to \alpha\text{ 相} + \varepsilon\text{-}Fe_xC \to \alpha\text{ 相} + \varepsilon\text{-}Fe_xC + \theta\text{-}Fe_3C \to \alpha\text{ 相} + \theta\text{-}Fe_3C + X\text{-}Fe_5C_2 \to \alpha\text{ 相} + \theta\text{-}Fe_3C$$

在高碳钢中，当片状马氏体在低温回火分解为 α 相和 $\varepsilon\text{-}Fe_xC$ 时，两相之间保持共格关系。当 $\varepsilon\text{-}Fe_xC$ 长大时，共格畸变增大，长大到一定程度后，共格关系将难以维持。但是它们之间共格关系的破坏，常常是由于 $\varepsilon\text{-}Fe_xC$ 转变为其他碳化物所引起的。

碳化物转变可通过两种方式进行。一种是在原碳化物的基础上通过成分的改变及点阵的改组逐渐转变为新碳化物，称为原位转变（insitu），或原位析出。原位转变时，新旧碳化物具有相同的析出位置和惯习面。第二种方式是新的碳化物通过形核、长大独立形成的，称为独立（separate）形核长大，或异位析出。异位析出使基体 α 相的含碳量下降，所以细小的旧碳化物将重新溶入 α 相直至消失。

低于 0.2%C 的低碳马氏体在 200℃ 以下回火时，碳原子仅偏聚于位错处而不析出碳化物，这是因为碳原子偏聚于位错较之析出碳化物更为稳定。当回火温度高于 200℃ 时，将在碳原子偏聚区从 α 相中直接析出 θ-Fe$_3$C。

7.4.2 合金元素对碳化物析出的影响

7.4.2.1 合金元素对 $\varepsilon \rightarrow \theta$ 碳化物转变的影响

在碳钢中加入少量的合金元素对回火时碳化物的析出及其类型转变的性质没有多大影响，但是可改变碳化物类型转变的温度范围。

碳钢中马氏体在低温回火时分解析出的 ε-Fe$_x$C，一般在 260℃ 以上开始溶解，并析出 Fe$_3$C。Si 较强烈地推迟这一转变，Cr 也有较弱的延缓作用。渗碳体 M$_3$C 型聚集长大温度为 350～400℃；其他类型碳化物的长大温度一般为 450～600℃。Si 和强碳化物形成元素有很好的阻碍作用。

Si 元素的作用比较特殊，在回火温度低于 300℃ 时能强烈延缓马氏体分解。因为 Si 与 Fe 的结合力大于 Fe 与 C 的结合力，提高了碳的活度 a_C。所以，阻碍了 ε-Fe$_x$C 的形核、长大；另一方面，Si 能溶于 ε-Fe$_x$C，但不溶于 θ-Fe$_3$C。要完成 ε-Fe$_x$C 到 θ-Fe$_3$C 的转变，Si 需要从 ε-Fe$_x$C 中扩散出去。所以，Si 有效地推迟了 ε-Fe$_x$C $\rightarrow \theta$-Fe$_3$C 的转变，起了延缓马氏体分解的作用，即提高了钢的低温回火稳定性。如含 2%Si 就能使马氏体分解温度从 260℃ 提高到 350℃ 以上。

碳化物形成元素 Cr、Mo、W 等溶入 α 相后，由于提高了碳在 α 相中的扩散激活能，所以能将 θ-Fe$_3$C 的粗化温度提高到 400～700℃。

7.4.2.2 合金碳化物的形成

在回火过程中，碳化物成分将发生变化，在一定条件下其类型也会转变。强碳化物形成元素不断取代铁原子，当达到一定量时碳化物类型发生转变，生成更稳定的碳化物。碳化物类型转变顺序如图 7.12 所示。当然，并不是所有的合金钢都有这些碳化物类型转变的。

图 7.12　碳化物类型转变顺序与温度的关系

钢中能否形成特殊碳化物，首先取决于合金元素的性质、N_M/N_C 比值（N_M、N_C 分别为合金元素与碳原子的数量），其次是回火温度和时间。如：Cr 原子的量超过渗碳体 M$_3$C 型中最大固溶度 20% 时，M$_3$C 型会转变为复合特殊碳化物（Cr，Fe）$_7$C$_3$。合金钢中常见的特殊碳化物及其主要参数列于表 7.4 中。某些合金钢的化学成分、回火时形成特殊碳化物的温度、形成特殊碳化物的类型和初期的形态见表 7.5 所列。

在含强碳化物形成元素比较多的钢中，特别是这些元素与碳的比例（N_M/N_C）比较高时，在回火过程中将析出特殊碳化物。析出特殊碳化物主要有两种途径，即所谓的原位析出和异位析出。

表7.4 合金钢中特殊碳化物的类型和主要参数[17]

特殊碳化物	晶格类型	点阵常数/nm	每个晶胞的原子数
$Cr_{23}C_6$	面心立方	$a=1.06$	116(92M+24C)
Cr_7C_3	三角	$a=1.39, c=0.445$	80(56M+24C)
Fe_3C	复杂斜方	$a=0.451, b=0.508, c=0.671$	16(12M+4C)
Fe_4W_2C	面心立方	$a=1.11$	112(96M+16C)
Mo_2C	六角密排	$a=0.300, c=0.472$	3(2M+1C)
TiC	面心立方	$a=0.431$	8(4M+4C)
WC	简单六方	$a=0.290, c=0.283$	2(1M+1C)

表7.5 不同合金钢回火时形成的特殊碳化物[17]

碳化物类型	析出物形态	合金钢成分(大于)/%	碳化物形成温度/℃
NbC	片状	2Nb-0.2C	550
MoC			700
WC			700
$VC(V_4C_3)$	片状	2V-0.2C	550
Mo_2C	片状	4Mo-0.2C	550
W_2C	针状	6W-0.2C	600
Cr_7C_3	球状	4Cr-0.2C	550
$Cr_{23}C_6$	片状	10Cr-0.2C	700
Fe_3Mo_3C	片状	4Mo-0.2C	700
Fe_3W_3C	球状	6W-0.2C	700

原位析出是指在回火过程中合金渗碳体原位转变成特殊碳化物。碳化物形成元素向渗碳体富集，当其浓度超过在合金渗碳体中的溶解度时，合金渗碳体就在原位转变成特殊碳化物。铬钢的碳化物转变就属于这种类型，如图 7.13 所示为 0.4%C-3.6%Cr 钢的淬火马氏体在 550℃ 回火过程中，碳化物成分和结构的变化情况。中铬钢淬火和回火出现 (Cr，Fe)$_7$C$_3$ 型特殊碳化物，它是由合金渗碳体 (Fe，Cr)$_3$C 因铬的富集而在原位转变而成。高铬钢中回火时可出现 (Cr，Fe)$_{23}$C$_6$ 型特殊碳化物，它也可由 (Cr，Fe)$_7$C$_3$ 原位转变而来。碳化铬的形成次序为：

$$\alpha' \rightarrow \alpha + Fe_3C \rightarrow \alpha + (Fe,Cr)_3C \rightarrow \alpha + (Cr,Fe)_7C_3 \rightarrow \alpha + Cr_7C_3 \rightarrow \alpha + (Cr,Fe)_{23}C_6 \rightarrow \alpha + Cr_{23}C_6$$

异位析出是指直接由 α 相中析出特殊碳化物。在含强碳化物形成元素的钢中，回火时碳化物转变的另一种机制是直接从过饱和 α 相中析出特殊碳化物，同时也往往伴有渗碳体的溶解。属于这一类的元素有钒、铌、钛等。如图 7.14 所示，含质量分数分别为 0.3%C-2.1%V 的钢在淬火和回火时，低于 500℃ 时，钒仍固溶于马氏体，强烈阻碍了马氏体的分解，只有 40% 的碳以渗碳体析出，大部分碳仍保留在马氏体基体中；当高于 500℃ 时，能直接从马氏体基体 α 相中析出 VC。VC 形核的有利位置是位错。VC 的形状呈细片状，约 1nm 厚，与基体保持共格。VC 不断析出，同时渗碳体逐渐溶解，直到 700℃，VC 全部析出，渗碳体全部溶解。

含钨和钼的钢中，转变过程为：既有特殊碳化物从 α 相中直接析出，又有合金元素向渗碳体 M$_3$C 中富集，并在原位转变成特殊碳化物。回火温度高于 500℃ 时，钨和钼向 M$_3$C 中富集，在原位转变成 MC 型碳化物，并且也直接从 α 相基体中析出 M$_2$C 型碳化物。在含钨量、含钼量不高（0.5%～2%）时，将发生下列转变：

$$Fe_3C \rightarrow M_2C \rightarrow M_{23}C_6 \rightarrow M_aC_b \rightarrow M_6C$$

在含 4%～6% 钨和钼的钢中，将由 M$_2$C 直接转变为 M$_6$C，其特殊碳化物析出顺序为：

$$M_3C \rightarrow M_2C \rightarrow M_6C$$

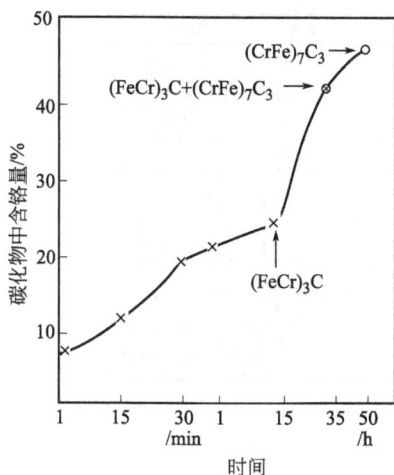

图 7.13 0.4%C-3.6%Cr 钢 550℃回火过程中
的碳化物成分和结构的变化[17]

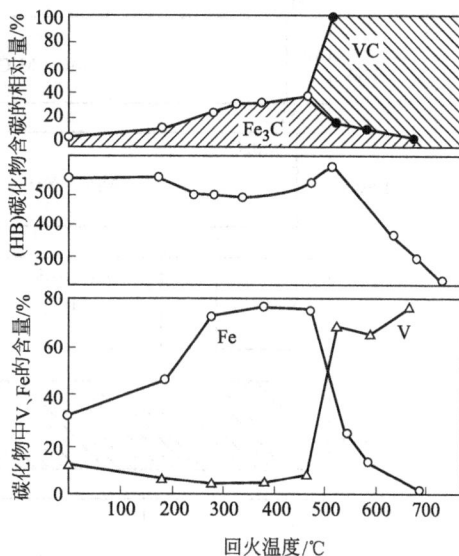

图 7.14 0.3%C-2.1%V 钢回火温度对碳化物
成分和结构的影响[17]

在低钨和钼的钢中，渗碳体和特殊碳化物往往是共存的。M_2C 型碳化物优先析出于位错处并和基体保持共格。图 7.15 示出了不同合金元素平衡态碳化物类型与含量（质量）的关系，图 7.16 表示了含碳量（质量）对不同合金元素平衡态碳化物类型的影响。

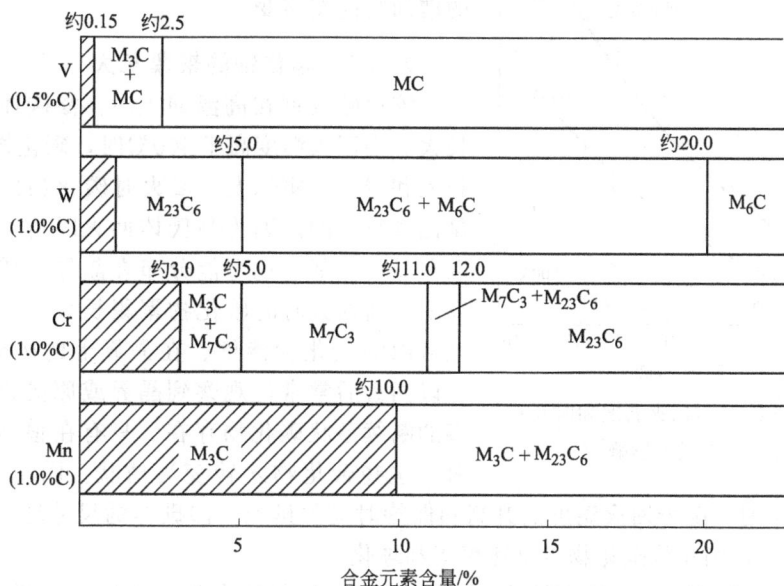

图 7.15 不同合金元素平衡态碳化物类型与含量（质量）的关系[3]

直接从 α 相中析出的特殊碳化物如 VC、MoC、W_2C 等与基体形成共格，不易聚集长大，有强的二次硬化效应。不同碳化物所引起的二次硬化效果有所不同。

图 7.15 和图 7.16 表明，随着合金元素量的增加，平衡态碳化物将逐渐向该元素可以形成的碳化物中稳定性更大的类型转变。相反，随着含碳量的增加，平衡态碳化物向该系统稳定性更低的类型过渡。具有代表性的三类成分贯序如下所述。

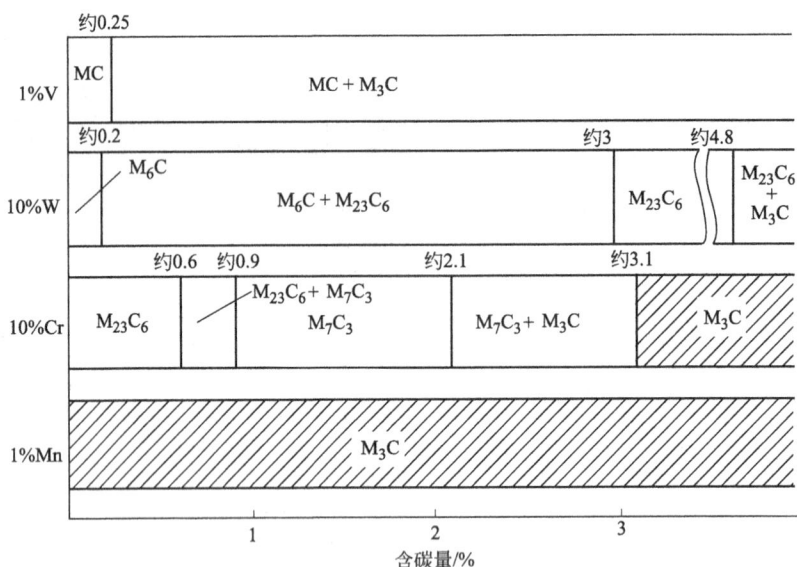

图 7.16 含碳量（质量）对不同合金元素平衡态碳化物类型的影响[3]

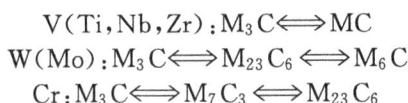

$$V(Ti,Nb,Zr): M_3C \Longleftrightarrow MC$$
$$W(Mo): M_3C \Longleftrightarrow M_{23}C_6 \Longleftrightarrow M_6C$$
$$Cr: M_3C \Longleftrightarrow M_7C_3 \Longleftrightarrow M_{23}C_6$$

上述贯序中的箭头表示双向演化。随着合金元素含量的增加，平衡态碳化物将逐渐向右转变，形成更为稳定的碳化物类型；而随着含碳量的增加则向左演变。

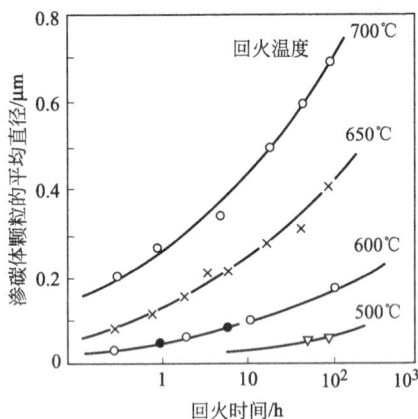

7.4.3 碳化物的聚集长大

淬火碳素钢在高温回火时，渗碳体会发生聚集长大。当回火温度高于 400℃ 时，碳化物即开始聚集长大和球化。实际上，回火时碳化物的聚集长大也是比较复杂的。因为马氏体回火时析出的碳化物可以在晶粒内部，也可能分布在晶界上或原奥氏体晶界上。而回火时的碳化物聚集长大，往往是优先对晶粒内的碳化物溶解、在晶界上的碳化物易长大。所以回火后常常可观察到晶界或原奥氏体晶界有较多的断续条状碳化物存在。只有在很高温度下回火时，这些碳化物才转变为球状。图 7.17 所示，在 500℃ 以上回火时，随着回火温度的升高和保持时间的延长，渗碳体的尺寸增大。当回火温度高于 600℃ 时，细粒状碳化物将迅速聚集和球化。

图 7.17　0.34%C 钢回火温度和时间对渗碳体颗粒直径的影响[17]

碳化物的球化过程一般是遵循小颗粒溶解、大颗粒长大的奥斯特瓦德熟化（Ostwald ripening process）规律进行的。

7.5　α 相的回复、再结晶及内应力的消除

7.5.1　α 相的回复与再结晶

中低碳碳素钢淬火所得板条马氏体中存在大量位错，位错密度可达（0.3～0.9）×

$10^{12}\,\mathrm{cm^{-2}}$，所以在回火过程中将发生回复（recovery）与再结晶（recrystallization）。在400～450℃以上回火时，回复已很明显。回复初期，部分位错将通过滑移和攀移而消失，使位错密度下降，部分板条界消失，相邻板条可合并成较宽的板条。剩下的位错将重新排列形成二维位错网络，逐渐转变为胞块。经过回复，板条特征仍然存在，只是板条宽度显著增大。

回火温度高于600℃以上将发生再结晶。一些位错密度低的胞块将长大成等轴状晶粒。颗粒状碳化物基本上分布在α晶粒内。显然，经过再结晶后，板条特征完全消失。

高碳钢淬火得到的是孪晶型马氏体。当回火温度高于250℃时，孪晶亚结构开始消失。但沿孪晶界面析出的碳化物仍显示出孪晶特征。回火温度高于400℃，孪晶全部消失，出现胞块。但片状马氏体的特征依然存在。回火温度超过600～700℃时也将发生再结晶而使片状马氏体的特征消失，得到回火索氏体组织。由于碳化物能钉扎界面，阻止再结晶过程的进行，所以高碳钢回火过程的α相再结晶温度要高于中低碳钢。综合各方面的影响，α相的第二类畸变与回火温度之间的关系，如图7.18所示。

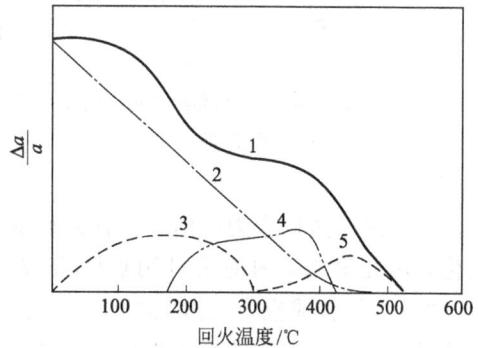

图7.18 高碳钢回火时α相的第二类内应力的变化情况[17]

1—综合影响；2—淬火畸变；3—ε-碳化物析出的畸变；4,5—ε与θ碳化物的弥散畸变

在合金钢中，当含有 Mo、W、V、Cr、Si 等元素时，有阻止回火时各类畸变消失的作用，因此一般都推迟了回火过程的各阶段，如α相的回复与再结晶、碳化物的聚集长大过程，从而抑制了钢强度、硬度的降低，也就是说增强了钢的回火稳定性。

合金钢在高温回火时，如果能形成特殊碳化物，由于特殊碳化物细小弥散分布，又与α相基体保持一定的共格关系，而使α相保持较高的碳过饱和度，显著地延迟了α相的回复与再结晶过程，因而使α相处于较大的畸变状态。在这种状态下，在宏观上，钢的强度、硬度仍然可以保持较高的数值，即具有很高的回火稳定性。

7.5.2 内应力的消除

淬火时，工件截面各处的冷却速度不尽相同，各处的胀、缩和相变先后也不同，并且淬火马氏体转变处于过饱和固溶状态和点阵畸变状态，马氏体转变时又产生了位错与孪晶等晶内缺陷。因此，在淬火冷却过程中在工件中产生了较大的内应力。因为工件的材料种类、工件的结构形状、尺寸大小以及热处理工艺条件等因素，使各种工件的内应力大小、状态和分布发生很大的变化，并对工件的质量产生不同的效果。一般来说，淬火后存在于工件内部的应力可按其平衡范围的大小分为三类，即在工件整体范围内处于平衡的第一类内应力；在晶粒或亚晶粒范围内处于平衡的第二类内应力；在一个原子集团或晶胞范围内处于平衡的第三类内应力。

回火工艺是淬火内应力消除（stress relieving）的主要方法之一。在回火过程中，随着回火温度的升高，原子扩散活动能力不断增加，通过回复与再结晶等过程，使晶内缺陷不断减少，各种内应力不断下降。

（1）第一类内应力的消除　回火温度一定时，随回火时间的延长，第一类内应力不断下降。开始时下降很快，超过2h后下降变慢。回火温度越高，第一类内应力的消除越快，如图7.19所示。经过550℃回火后，第一类内应力可基本消除。

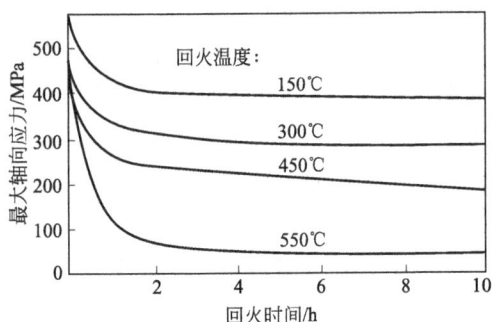

图 7.19　碳含量 0.3% 的碳钢回火时第一类
内应力的变化[18]

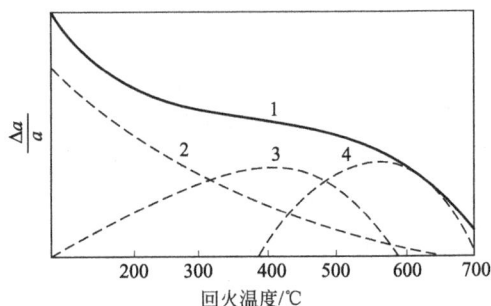

图 7.20　高合金工具钢回火时 $\Delta a/a$ 的变化[17]
1—综合影响；2—淬火畸变的变化；3—过渡型碳化
物析出畸变的变化；4—特殊碳化物析出时的畸变

（2）第二类内应力的消除　在晶粒或亚晶粒范围内处于平衡的内应力能引起点阵常数的变化，因此第二类内应力可用点阵常数的变化 $\Delta a/a$ 来表示。在高碳马氏体中 $\Delta a/a$ 可达 8×10^{-2}，折合成应力约为 150MPa，相当于马氏体的屈服极限。随回火温度的升高及时间的延长，淬火所造成的第二类内应力将不断下降，如图 7.18、图 7.20 所示。图 7.20 中的曲线 2 是淬火产生的点阵畸变。在回火过程中由于碳化物的析出与转变，又产生了新的畸变，如曲线 3、4 所示。曲线 1 是 2、3、4 的综合结果。由图可知，当回火温度高于 550℃ 时，第二类内应力将基本消除。

（3）第三类内应力的消除　第三类内应力是存在于一个晶胞范围内的处于平衡的内应力，它主要是由于碳原子间隙固溶于马氏体晶格而引起的畸变应力。因此，随着马氏体的分解，碳原子不断从 α 相基体中析出，第三类内应力不断下降。

7.6　淬火钢回火时力学性能的变化

7.6.1　淬火钢回火时的力学性能

材料的性能决定于组织与结构。钢在回火时力学性能的变化规律，与其回火过程中组织演化规律有着密切的关系。对于一般钢来说，淬火所获得的组织主要是马氏体以及少量残留奥氏体，所以淬火回火后的性能也主要决定于马氏体及其分解产物的性能。当然，在有些情况下，残留奥氏体的影响也可能是主要的。不同成分的钢在淬火后得到的组织状态是不同的，因此，回火过程中组织演化规律和力学性能的变化也是有差异的。

不同碳含量的淬火钢在不同温度下回火时各种力学性能的变化规律如图 7.21 所示。回火时，随回火温度的升高，α 相基体的分解、回复与再结晶过程的进行，淬火马氏体的强化效应（特别是间隙固溶强化）逐渐减弱甚至消失。因此，由图可知，总的变化趋势是随着回火温度的升高，钢的强度和硬度是连续下降的。

对于低碳钢来说，随着温度的升高，组织变化从 $\varepsilon\text{-}Fe_3C$ 形成→片状 Fe_3C 析出→α 相的回复再结晶和 Fe_3C 球化→晶粒长大和球状 Fe_3C 粗化，而随着组织的变化，钢的硬度、强度等性能也在不断地降低，而相应的塑性和韧度在不断提高，如图 7.21(a)。当回火温度很高时，组织变化经过了再结晶过程后，低、中碳钢的硬度基本上都比较接近，比较图 7.21(a) 和图 7.21(b)。由于含碳量小于 0.2%（质量）的低碳钢，马氏体相变临界点比较高，所以在淬火时已发生了碳原子的偏聚和少量碳化物的析出，即发生了一定程度上的自回火。

176

因此，在 200℃ 以下回火时低碳钢的组织变化较小，硬度基本上没有什么变化。但在 200℃ 以下温度范围，随着回火温度的升高，碳原子的偏聚倾向增大，所以屈服强度、特别是弹性极限有所增大。

当回火温度低于 150～200℃ 时，在高碳马氏体中虽然析出了亚稳过渡型碳化物，但 α 相基体中的含碳量仍然在 0.25%～0.3% 之间。故经低温回火后，碳原子的间隙固溶强化仍是强度的主要因素。碳在位错处的偏聚和亚稳过渡相的形成，都将对位错运动起钉扎作用，因此钢的硬度和强度极限基本保持不变，而弹性极限与屈服强度则有明显的提高，如图 7.21(c)。合金元素的存在对低温回火后的性能基本上没有什么影响。

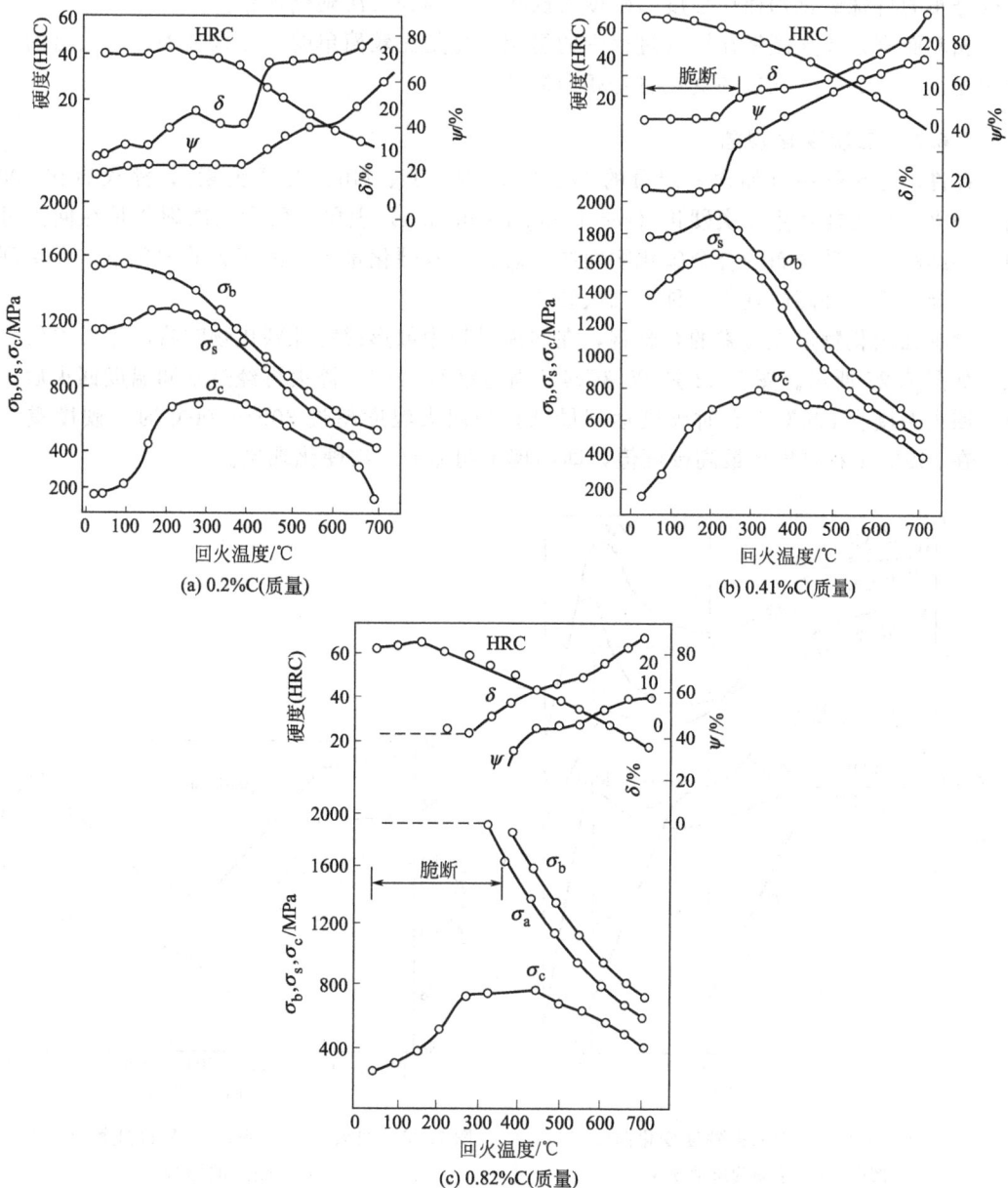

(a) 0.2%C(质量)

(b) 0.41%C(质量)

(c) 0.82%C(质量)

图 7.21 淬火钢的拉伸性能与回火温度的关系

回火温度超过 200℃ 后，随回火温度的升高，θ-碳化物的析出，α 相基体中的含碳量不断下降。对于碳钢，当回火温度达到 300～350℃ 时，碳原子已基本从 α 相基体中析出，所以碳原子的间隙固溶强化效应也就基本消失。这时，θ-碳化物的析出而产生的第二相弥散强化将成为钢的主要强化因素，但其强化效果不如间隙固溶强化。因此，在宏观上，钢的强度将有所下降。如有少量合金元素存在，将推迟碳化物的析出，使强度下降的速度变慢。

随回火温度的进一步提高，已析出的碳化物将发生聚集长大而使弥散强化效果减弱；与此同时，回复再结晶过程也越来越彻底。所以钢的强度和硬度将快速下降，而塑性则不断提高。冲击韧度的变化比较复杂，在两个温度范围内有可能出现异常下降，称为回火脆性。

如钢中含有 Mo、W、V、Ti、Cr 等碳化物形成元素时，则在 500℃ 以上回火时将形成弥散分布的特殊碳化物而使强度与硬度再次提高，称为二次硬化现象。

相对而言，淬火碳钢在回火过程中的组织变化是比较简单的，而合金钢在回火时的组织变化是很复杂的，其性能的变化也是相当复杂的。

7.6.2 二次硬化现象

在许多合金钢中（如含一定量的 W、Mo、V、Ti、Nb、Zr 等元素），淬火后在 500℃ 以上回火时都可能发生二次硬化（secondary hardening）现象。所谓二次硬化是在回火过程中析出细小、弥散分布的合金碳化物而产生硬化，其硬化量大于因回火的软化量，在宏观上表现为硬度重新升高的现象，称为二次硬化。

含有强碳化物形成元素的合金钢，在回火过程中如形成特殊碳化物时将产生二次硬化现象，如图 7.22 所示。图 7.23 是 W18Cr4V 高速钢经 1280℃ 淬火再经过不同温度回火后的硬度。回火温度在 300℃ 左右时硬度达到最低；当回火温度超过 300～400℃ 时，硬度重新回升，在 550℃ 左右时出现最高硬度值，即出现了明显的二次硬化现象。

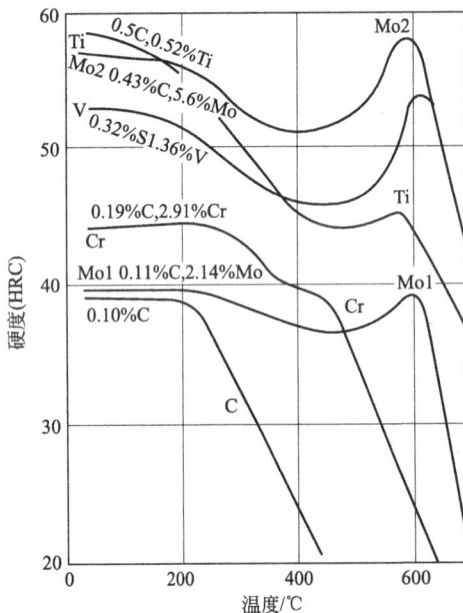

图 7.22　几种合金钢回火硬度变化曲线[19]
（图中各元素含量为质量分数）

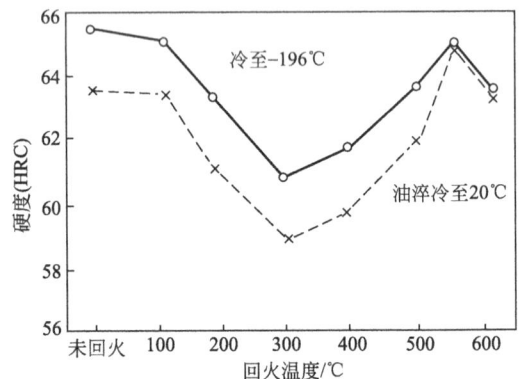

图 7.23　回火温度对 W18Cr4V 高速钢（1280℃ 淬火）硬度的影响[17]

二次硬化现象的产生及其效应的大小取决于引起二次硬化的合金特殊碳化物的种类、数量、大小、形态和分布。能产生明显二次硬化效应的合金碳化物是 M_2C 及 MC 型特殊碳化物，如 Mo_2C、W_2C、VC、TiC、NbC 等。铬不能形成 M_2C 及 MC 型特殊碳化物，因此弥散析出时虽然也能产生硬化效应，但较弱，只有当铬量足够大时，才能有较明显的二次硬化效应。凡能促进 M_2C 及 MC 型特殊碳化物弥散析出的因素都能促进二次硬化效应。

这些特殊碳化物是与渗碳体溶解的同时，在位错区等缺陷处沉淀析出产生的，常常呈丝状或极细针状，尺寸很小，而且与基体 α 相保持共格关系。例如在 W6Mo5Cr4V2 高速钢中，引起二次硬化的 VC 细丝直径仅 2nm，长 10～20nm，碳化物间距仅 1～2nm。如果回火温度继续升高，回火时间过长，那么这些引起二次硬化的特殊碳化物会不断长大，弥散度减小，而且共格畸变逐步消失，位错密度降低，则硬度将下降。

能引起二次硬化的特殊碳化物的量决定于马氏体的成分。图 7.24 是马氏体中含钼量对二次硬化效应的影响。由图可见，含碳量不变时，随含钼量的增加，二次硬化效应不断提高。这是因为含钼量的增加使回火时析出 Mo_2C 特殊碳化物量增多。同样，等温淬火得到的贝氏体在回火时也有二次硬化现象，也有基本相似的规律（图 7.25）。

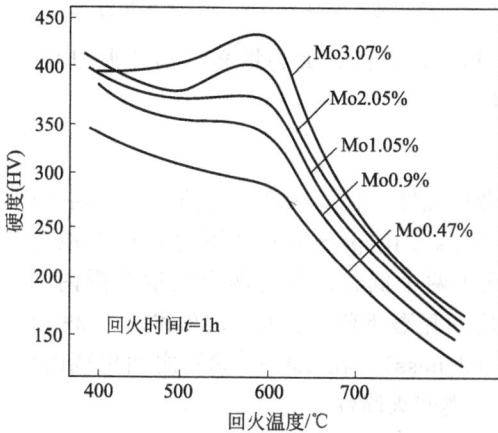

图 7.24　回火温度及含钼量对低碳钼钢（约 0.1%C）马氏体回火后硬度的影响[18]

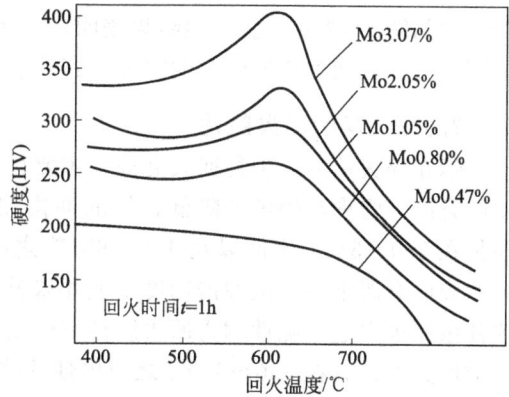

图 7.25　回火温度及含钼量对低碳钼钢（约 0.1%C）贝氏体回火后硬度的影响[18]

如高温回火后由于催化而引起的残留奥氏体在回火冷却过程中转变为马氏体（即二次淬火）也能对硬度作出一定贡献。图 7.23 中经 −196℃ 冷处理的硬度是比油冷至室温的要高，但从曲线变化规律仍然表明了具有明显的二次硬化现象。因此，二次硬化现象的主要原因是特殊碳化物的弥散沉淀析出。

从产生二次硬化现象的机理可知，二次硬化必须在一定温度范围和时间的条件下才能发生。回火温度过低，特殊碳化物不能沉淀析出；回火温度过高，析出的特殊碳化物快速聚集长大。在一定温度下，回火保持时间过短，特殊碳化物析出数量不足，与基体共格畸变不大，硬化效应不大；如果回火保持时间过长，特殊碳化物又长得过大，硬化效果有所衰退，会产生所谓"过时效"现象。通常，对于具有二次硬化现象的钢，为了获得最高的硬度值，有一个最佳的回火温度范围和保持时间，而回火时间应随回火温度的升高而相应缩短。如图 7.26 所示。

根据回火时产生二次硬化的特点，为提高二次硬化效果，可考虑采用在奥氏体再结晶温度以下进行适当的塑性变形或形变热处理，以提高钢中的位错密度，增加特殊碳化物的成核部位。也可以在钢中加入某些合金元素（如 Co、Al、Si 等），以减慢特殊碳化物中合金元素的扩散、抑制细小碳化物的长大。3Cr2W8V 钢经不同温度变形热处理后，回火温度对硬度

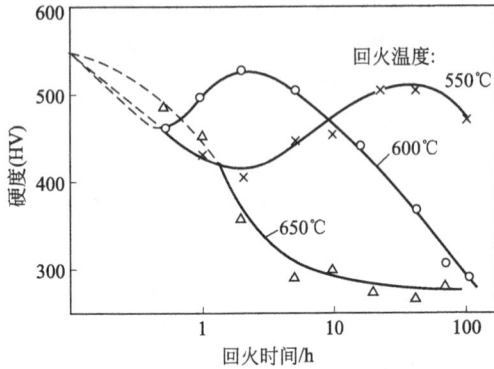

图 7.26　0.2%C-4%Mo 钢马氏体在不同温度
等温回火的硬度变化[17]

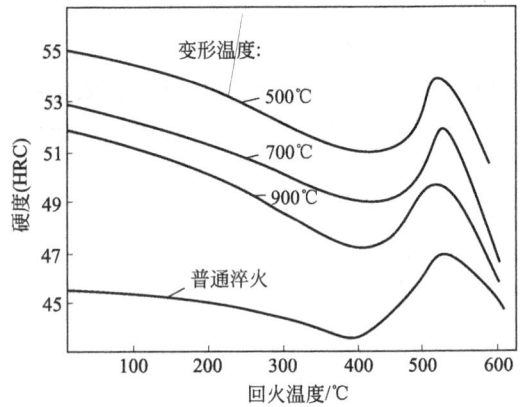

图 7.27　3Cr2W8V 钢经不同温度变形热处理后，
回火温度对硬度的影响[17]

（变形度为 45%～50%，回火时间均为 1h）

的影响如图 7.27 所示。试验结果表明，采用形变热处理方法，大为提高了钢淬火和回火后的硬度，而且随着变形温度的降低，其硬度值增加。

7.6.3　钢的回火脆性

钢在淬火后需要进行回火处理，主要目的的降低脆性，提高韧度。但遗憾的是随回火温度的升高、强度与硬度的降低，钢的冲击韧度（impact toughness）并不总是单调地上升，而是在 200～350℃ 之间以及 450～650℃ 之间出现了两个低谷。在这两个温度范围内回火，虽然硬度有所下降，但冲击韧度不但并未升高，反而显著下降，如图 7.28 和图 7.29 所示。这种由回火引起的脆性称为回火脆性（temper brittleness）。在 200～350℃ 之间出现的为第一类回火脆性；在 450～650℃ 之间出现的称为第二类回火脆性。

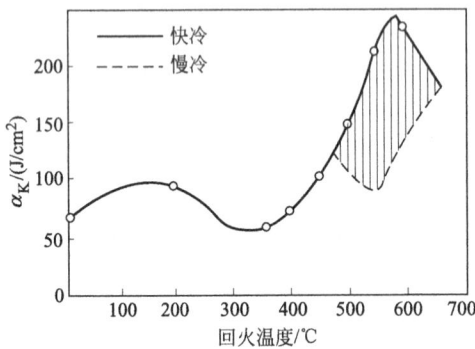

图 7.28　中碳铬镍钢的回火脆性

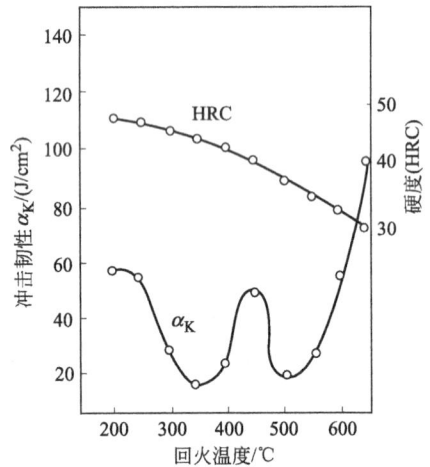

图 7.29　37CrNi3 钢回火时硬度与冲击韧度的变化[18]

7.6.3.1　第一类回火脆性

在 200～350℃ 之间出现的第一类回火脆性，因其回火温度较低，也称为低温回火脆性。

（1）第一类回火脆性的特征及影响因素　如果将已经产生了这种脆性的工件，在更高的温度回火后，其脆性将消失，即使再将这种工件在产生这种回火脆性的温度回火，也不会重新产生这种回火脆性，具有不可逆性（non-reversibility）。因此，这种回火脆性也叫做不可逆回火脆性。

这种回火脆性与回火后的冷却速度无关，即在产生回火脆性的温度保温后，不管是快冷还是慢冷，都具有低的冲击韧度（impact toughness）。

经在第一类回火脆性温度回火的钢件，其脆性断口的特征基本上呈晶界断裂，而不在脆化温度范围回火的钢件，断口特征为穿晶断裂。

几乎所有的钢都存在第一类回火脆性。第一类回火脆性现象的出现不仅降低室温冲击韧度，而且还使冷脆转变温度升高，断裂韧度 K_{Ic} 下降。例如[18]，Fe-0.28C-0.64Mn-4.82Mo 钢经 225℃ 回火后 K_{Ic} 为 117.4MN/m$^{3/2}$，而经过 300℃ 回火后由于出现了第一类回火脆性，使 K_{Ic} 降至 73.5MN/m$^{3/2}$。

化学成分是影响第一类回火脆性的主要因素。可以将钢中元素按其作用分为三类。

① 有害元素 有害元素一般都为杂质元素，包括 S、P、As、Sn、Sb、Cu、N、H、O 等。钢中存在这类元素时将导致产生第一类回火脆性。

② 促进第一类回火脆性的元素 这类元素有 Mn、Si、Cr、Ni 等。钢中含有这类元素将会促进第一类回火脆性的发展。它们的影响也较复杂，如有的元素单独存在时影响不大，如 Ni。但当 Ni 和 Si 同时存在时影响就较大。部分元素还能将第一类回火脆性推向更高的温度，如 Cr、Si。

③ 减弱第一类回火脆性的元素 属于这一类的合金元素有 Mo、W、Ti、Al 等，其中以 Mo 的效果为最显著（图 7.30）。

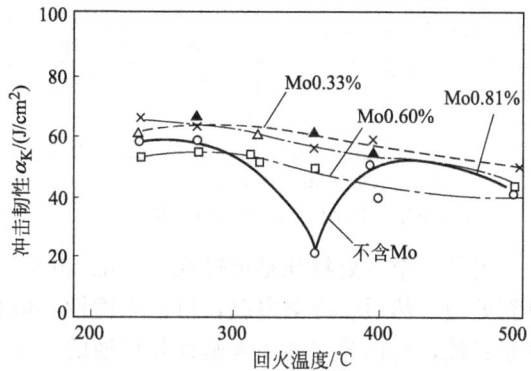

图 7.30 Mo 对 Si-Mn 钢（0.36％C，1.7％Si，1.8％Mn）回火后冲击韧度的影响[18]

（2）第一类回火脆性形成机理 关于第一类回火脆性的原因，说法较多，尚无定论。很可能是多种因素的综合结果，对于不同的钢件来说，也很有可能是不同的原因引起的。

因为第一类回火脆性出现的温度正好在残留奥氏体转变的温度范围，因此认为是由残留奥氏体转变所引起的。这一观点能解释 Cr、Si 等元素将第一类回火脆性推向更高的温度以及残留奥氏体量增多能强化第一类回火脆性等现象。但是对于有些钢来说，两者之间并没有对应关系。

经显微分析证明，在出现第一类回火脆性时，沿着晶界有碳化物薄壳形成。据此认为第一类回火脆性是由晶界析出碳化物薄壳引起的，碳化物脆性相的存在导致了沿晶脆断。但问题是所观察到的碳化物薄壳是怎么形成的。对于在板条间有较多高碳残留奥氏体的材料来说，残留奥氏体转变理论与碳化物薄壳说是一致的。

第三种是晶界偏聚理论。在钢件奥氏体化时，痕量的杂质元素 S、P、As、Sn 等将偏聚于晶界，杂质元素的偏聚使晶界弱化而导致沿晶脆断。有些元素能促进杂质元素在晶界的偏聚，所以能促进第一类回火脆性的发展。而有些元素能阻止杂质元素在晶界的偏聚，所以能减弱或抑制第一类回火脆性的发展。

（3）防止第一类回火脆性的方法 到目前为止，还不能完全消除第一类回火脆性，但根据第一类回火脆性出现的规律，可以采取一些措施来减轻第一类回火脆性。

① 降低钢中杂质元素的含量，提高钢的纯净度。

② 用 Al 脱氧或加入 Ti、Nb、V 等元素以细化奥氏体晶粒。

③ 加入 Cr、Si 等元素以调整第一类回火脆性的温度范围，回火工艺避开回火脆性的温度范围。

④ 采用等温淬火代替一般的淬火回火工艺。

7.6.3.2 第二类回火脆性

在 450～650℃ 之间出现的第二类回火脆性，因其回火温度较高，又称为高温回火脆性。

(1) 第二类回火脆性的特征 第二类回火脆性的一个重要特征是从产生回火脆性的温度缓慢冷却时产生脆性。除了在 450～650℃ 之间回火时会引起脆性外，在较高温度回火后缓慢通过 450～650℃ 脆性区也会产生脆化现象。但是从产生回火脆性的温度快速冷却则不产生脆性或大大减轻脆性倾向。如表 7.6 所示，75Mn2 钢经淬火后，再在 600℃ 回火 1h，而后采取不同方式冷却到室温，其冲击韧度有很大差异，其中炉冷的冲击韧度最低，是水冷的约 1/4。

表 7.6　钢的回火冷却方式对冲击韧度的影响[17]

回火后的冷却方式	冲击韧度 α_K/(J/cm²)		回火后的冷却方式	冲击韧度 α_K/(J/cm²)	
	75Mn2①	40Cr2Ni3②		75Mn2①	40Cr2Ni3②
水冷	139.2	141.1	炉冷(冷速为 50～60℃/h)	34.3	98.0
油冷	125.5	133.1	在 300℃ 热浴中冷却	132.3	133.1
空冷	93.2	129.3			

① 0.74%C，1.97%Mn (质量)。

② 0.39%C，1.38%Cr，3.1%Ni (质量)。

另外一个重要特征是可逆性 (reversibility)。钢发生脆性后，可以在合适的工艺条件下重新处理，然后快冷至室温，可消除脆性。但如果在回火后采用缓冷的方法，仍然可以再次发生脆性，所以第二类回火脆性是可逆的，又称为可逆回火脆性。脆性是在回火后慢冷产生的，回火后快冷可抑制脆性的产生。图 7.31 为铬镍钢不同温度回火后冲击韧度的变化情况，很明显该钢在 450～600℃ 回火时冲击韧度下降，同样也表明了回火保温时间对回火脆性程度有较大的影响。图 7.32 示出了回火后冷速对 30CrMnSi 钢冲击韧度的影响。由图可知，缓慢冷却使钢的脆性增大，快冷可抑制回火脆性的产生。

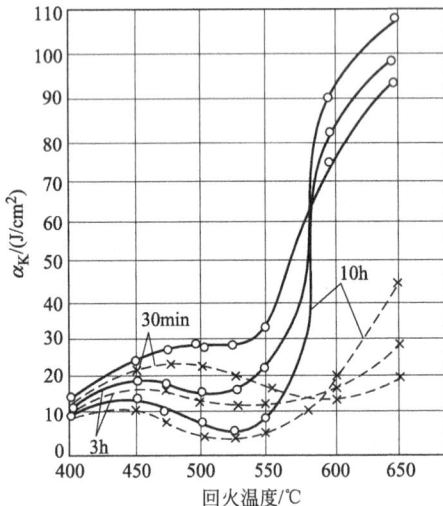

图 7.31　铬镍钢回火后的冲击韧度[19]
(0.35%C-3.44%Ni-1.05%Cr；实线为回火后水冷，虚线为回火后炉冷)

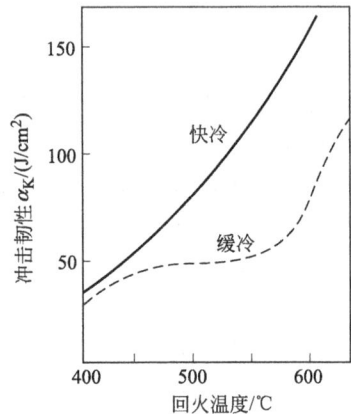

图 7.32　回火温度及回火后冷速对 30CrMnSi 钢冲击韧度的影响[18]

第二类回火脆性可以使室温冲击韧度（可用冲击韧度 a_K 或冲击断裂功 A_K 表示）显著下降，冷脆转化温度 T_K 显著提高。对钢的回火脆敏感性有两种表示方法。

① 回火脆性敏感系数 a　$a = \alpha_{K快}/\alpha_{K慢}$，$\alpha_{K快}$ 是回火后快冷时钢的冲击韧度值，$\alpha_{K慢}$ 是回火后慢冷时钢的冲击韧度值。a 值越接近 1，钢对第二类回火脆性越不敏感，a 值越大，表明钢对第二类回火脆性越敏感。

② 脆性转变温度的提高程度 ΔT_K　各种钢在低温都有一个明显的韧性突然降低的现象，产生这种脆化的温度称为脆性转变温度。有回火脆性的钢会使脆性转变温度升高，甚至在常温下表现出脆性。所以钢的回火脆敏感性也可用脆性转变温度的提高程度 ΔT_K 来表示，即：$\Delta T_K = T_{K慢} - T_{K快}$。式中，$T_{K慢}$ 是钢回火后慢冷时钢的脆性转变温度；$T_{K快}$ 为钢回火后快冷时钢的脆性转变温度。ΔT_K 值越大，钢对第二类回火脆性越敏感。某些钢出现脆性的温度范围和回火脆敏感性见表 7.7 所列。

表 7.7　合金调质钢的回火脆性敏感性[52]

钢　号	回火脆性试验方法	T_{50}/℃	ΔT_K/℃
18CrMnTi	500℃×2.5h 油冷+600℃×16h 炉冷	45	60
18Cr2Ni4WA	650℃×2.5h 油冷+510℃×16h 炉冷	50	150
30CrMoA	560℃×3h 油冷+510℃×16h 炉冷	−30	10
40Cr	650℃×2.5h 油冷+525℃×16h 炉冷	−20	65
40CrNi		−55	45
30CrMnSiA	650℃×3h 油冷+525℃×16h 炉冷	50	100
40CrNiMoA		−70	10

脆性的断口特征也是晶界脆断。

（2）第二类回火脆性形成机理　对于第二类回火脆性产生原因，一般认为：钢在 450～650℃回火时，杂质元素 Sb、S、As 等偏聚于晶界；或 N、P、O 等杂质元素偏聚于晶界，形成网状或片状化合物，降低晶界强度。

钢中的化学成分对第二类回火脆性有很大的影响，也可以按其作用分为三类。

① 杂质元素　一般认为，P、Sn、B、S、As、Bi 等杂质元素是引起回火脆性的根源，称为脆化剂。

② 促进第二类回火脆性的元素　属于这一类的元素有 Mn、Ni、Cr、Si 等。这些元素单独存在时也不会引起第二类回火脆性，这些元素与杂质元素共同存在时才会产生回火脆性现象。它们促进了杂质元素的偏聚，所以是偏聚的促进剂。当杂质元素一定时，这类元素愈多，脆化愈严重。当钢仅含有一种这类元素时，脆化能力以 Mn 为最高，Cr 次之，Ni 再次之。当钢中存在两种以上元素时，脆化作用更大。

③ 抑制第二类回火脆性的元素　Mo、W、Ti 等元素有效地抑制了其他元素偏聚，是清除剂。当钢中加入这类元素就可抑制和减轻第二类回火脆性。这些元素的加入量有一个最佳值，如 Mo 的最佳加入量为 0.5%～0.75%。稀土元素也能抑制回火脆性。

杂质元素的偏聚是一个扩散过程，因此第二类回火脆性的脆化程度与热处理工艺参数有密切关系，如回火保持的时间、回火后冷却速度等。高于回火脆性温度，杂质元素扩散离开了晶界，或化合物分解了；快冷是抑制了杂质元素的扩散。表 7.8 是用不同含磷量的 Ni-Cr 钢试验得到的结果。由表中数据可知，650℃回火后的冷速愈低，室温冲击韧度也愈低；含磷量愈高，钢的脆化程度也愈大。

表 7.8　含磷量对 0.3%C-3.6%Ni-0.7%Cr（质量）Ni-Cr 钢回火脆性的影响[18]

| P/% | 650℃回火 2h 后的艾氏冲击功/J | | | | | | | | |
| | 900℃油淬 | | | | | | 1000℃油淬 | | |
	水冷	空冷	2.5℃/min	1℃/min	0.3℃/min	α	水冷	0.3℃/min	α
0.026	97.6	93.6	93.6	90.9	88.1	1.1	93.6	85.4	1.1
0.090	89.5	67.8	23.1	16.3	14.9	6.0	88.1	13.6	6.6
0.136	78.6	31.2	9.5	8.1	4.1	19.3	67.8	2.7	25.0

注：α 为回火脆性敏感系数。

与第一类回火脆性不同，不论具有何种原始组织都有第二类回火脆性，但以马氏体的回火脆性最严重，贝氏体次之，珠光体最轻。由于是杂质元素的偏聚引起了回火脆性，因此脆化程度还与奥氏体晶粒度有关。显然，奥氏体晶粒愈细，回火脆性愈轻。

（3）防止第二类回火脆性的方法

① 降低钢中杂质元素。

② 加入能细化奥氏体晶粒的元素，如 Ti、Nb、V 等。

③ 加入适量 Mo、W 元素。

④ 避免在第二类回火脆性温度范围回火。对于有回火脆性倾向的钢件，回火后应采取快速冷却。

本 章 小 结

最小作用原理的普适性，表明自然界的变化总是力求消耗最少、遵循效益最大原则。这是自然选择的结果，任何事物的发展过程都含有选择的机制，而竞争是选择实现的保证[10]。自然过程是物竞天择，选择阻力最小的途径，过程的结果是适者生存。淬火钢在回火过程中发生的转变，大致可分为马氏体分解、残留奥氏体转变、碳化物析出与转变和 α 相回复再结晶等几个阶段。但这些转变不是完全分隔的，而是相互重叠的。

物质系统的稳定性完全是一种相对的稳定性，一种暂时的平衡状态。在新、旧物质演化过程中，系统之间往往存在过渡状态或中介类型。其特点首先反映了新旧系统的相互包含，即原有系统结构已经破坏，但未完全改变，新的系统结构还处在萌芽状态，又尚未产生。这样，它既包含旧系统的内容，又包含新系统的内容[5]。钢在回火时的组织演化过程中有些沉淀相往往是亚稳状态的过渡相，亚稳相的数目及中间反应阶段数目随着材料过饱和度的增加而增加，所以根据合金成分就可以初步确定可能的析出相。这些可能的析出相在回火过程中有所竞争，为宏观或微观的自然条件所选择。

在一定的成分等条件下，过程的竞择性主要与宏微观环境条件下的自由能差、界面能及应变能等因素有关。如钢的回火过程中各种碳化物的析出与存在及转变就表现了典型的竞择性。不同析出相究竟以什么界面性质和形状存在，还取决于界面能和应变能的综合因素，遵循最小自由能原理。图 7.33 示出了钢回火过程中组织演化的要点和分析思路，包括组织演化的原理、影响因素、过程、现象、规律等关键问题。

钢中能否形成特殊碳化物，首先取决于内因，即合金元素的性质及含量、N_M/N_C 比值，其次是外因，主要是回火温度和时间等工艺参数。析出特殊碳化物主要有两种途径，即所谓的原位析出和异位析出。原位析出就是在回火过程中合金渗碳体原位转变成特殊碳化物，从这个意义上说，在许多情况下合金渗碳体形式也是一个过渡状态。异位析出是产生二次硬化现象的主要因素。

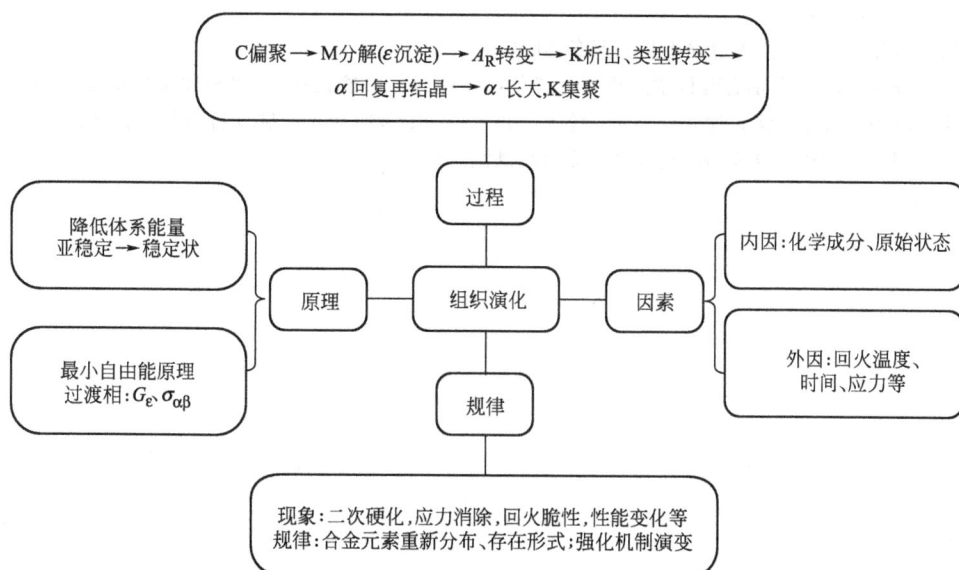

C偏聚 ⟶ M分解(ε沉淀) ⟶ A_R转变 ⟶ K析出、类型转变 ⟶ α回复再结晶 ⟶ α长大，K集聚

过程

降低体系能量 亚稳定→稳定状

原理

组织演化

因素

内因：化学成分、原始状态

最小自由能原理 过渡相：G_ε、$\sigma_{\alpha\beta}$

外因：回火温度、 时间、应力等

规律

现象：二次硬化，应力消除，回火脆性，性能变化等
规律：合金元素重新分布、存在形式；强化机制演变

图 7.33 钢回火过程组织演化的原理、影响因素、过程、现象及规律

正火和淬火、高温回火得到的同样是珠光体组织，但为什么一般钢要进行淬火、回火？在回火过程中，各种组织演化过程是很复杂的。随着回火温度和时间的变化，合金元素存在的形式与位置、碳化物的沉淀析出及类型转变以及基体的组织结构是在不断地演化的；与组织变化相应的是钢的各种强化机制在相互转化和相互长消，特别是基体的固溶强化和第二相的弥散强化。淬火钢在回火时的组织变化是很复杂的，其性能的变化也是比较复杂的。

钢的回火脆性和二次硬化现象是很重要的概念。

思考题与习题

7-1 什么叫钢的回火？回火目的是什么？

7-2 对于相同成分的钢，试分析回火索氏体与索氏体组织在力学性能上的差别？

7-3 什么叫碳化物的原位析出和异位析出？

7-4 钢件淬火后，主要存在哪些内应力？在回火时，内应力消除的本质是什么？

7-5 解释下列名词：回火马氏体、回火屈氏体、回火索氏体、回火稳定性、二次淬火、二次硬化。

7-6 有些合金钢在淬火回火时产生二次硬化现象，其原因主要有哪些？

7-7 第一类回火脆性有哪些特征？形成原因是什么？

7-8 第二类回火脆性有哪些特征？形成原因是什么？

7-9 在生产上减轻或消除第二类回火脆性的措施主要有哪些？

7-10 影响钢不同温度回火后力学性能的主要结构因素是什么？

7-11 对于低碳钢和中碳钢经淬火获得马氏体后，为什么用腐蚀法能显示其原奥氏体晶粒大小？

7-12 在回火时，马氏体中的碳为什么会偏聚？向什么地方偏聚？碳原子偏聚给钢的性能带来什么影响？

7-13 简述淬火钢回火时，强度、塑性和韧度的变化规律。

7-14 讨论合金元素对马氏体分解过程的影响。

7-15 试分析马氏体分解过程中点阵常数和微观组织方面的变化。

7-16 试述回火时残留奥氏体发生转变的特性。

7-17 试述合金钢中碳化物析出与转变的规律。

7-18 什么叫二次淬火?

7-19 淬火内应力在回火过程中是如何变化的?

7-20 Cr12MoV 模具钢有两种常用热处理工艺:一种为一次硬化法,980～1030℃淬火,150～170℃回火;另一种为二次硬化法,1050～1100℃淬火,490～520℃多次回火。试分析为什么较低温度的淬火只能采用低温回火,而较高温度的淬火才采用多次较高温度的回火。

8 非铁合金的固溶（淬火）与分解

(Solution Heat Treatment and Decomposition of Non-ferrous Alloy)

非铁金属材料的生产量虽然比钢铁少得多，但它们在国民经济中却占有重要的地位，在航空、航天、电力、电子、机械、仪表、医疗、化工等领域都有着广泛的应用。

非铁金属合金半成品或制品的生产与钢铁件生产过程大致相同。钢铁件生产过程中一般都需要进行热处理，各种热处理工艺对钢铁件的性能和加工过程有着重要的意义。和钢铁件的热处理相比，虽然非铁合金没有那么复杂，但在非铁合金加工工艺流程中，热处理是更为重要的组成部分。非铁金属合金加工工艺流程中的热处理主要作用的目的为：①改善工艺性能，保证后道工序顺利进行。如均匀化退火可以改善热加工性，中间退火可改善冷加工性。②提高使用性能，充分发挥材料潜力。如航空工业中应用广泛的 2A12 硬铝合金，经淬火和时效后，拉伸强度可从 196MPa 提高到 392～490MPa[27]。

在非铁合金中，常用的热处理有均匀化退火、回复再结晶退火、固溶处理（淬火）和时效或回火等工艺方式。对于高温加热而言，主要有均匀化退火和固溶处理（淬火）等过程。和钢铁材料的高温加热过程相比，许多非铁合金的高温加热过程一般没有重结晶过程，主要是第二相的溶解和晶粒长大等过程。

这里主要简单介绍均匀化退火和固溶处理（淬火）过程和调幅分解等内容，时效或回火等过程中的组织变化在第 9 章中介绍。

8.1 非铁合金的均匀化处理[27,53]

8.1.1 铸态合金的组织特征

均匀化退火（homogenizing annealing）的对象主要是铸件和铸锭。目的是在高温下通过原子扩散来消除或减小铸件中成分不均匀性和偏离平衡态的组织状态，以改善合金的工艺性或使用性能。

图 8.1 示意了一简单二元共晶系状态图及非平衡固相线。设有一成分为 x_1 的合金，如在非平衡条件下结晶，首先结晶的固相与随后析出的固相成分来不及扩散均匀，在整个结晶过程中 α 固溶体平均成分将沿着 bc 线变化，达到共晶温度的 c 点后，余下的液相则以 $(\alpha+\beta)$ 共晶的方式最后结晶。因此在非平衡结晶条件下，x_1 合金的组织由树枝状晶体（arborescent crystal）α 固溶体和非平衡共晶组成。合金元素 B 在枝晶状 α 和非平衡共晶组织中的分布是不均匀的。

图 8.2 示意地表示了铸件中枝晶偏析及枝晶网胞中溶质原子浓度分布的情况。固溶体枝晶网胞中的浓度可近似地看成正弦波形状分布。

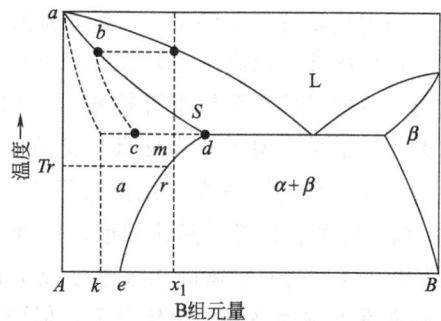

图 8.1 非铁金属合金共晶系统
状态图及非平衡固相线[27]

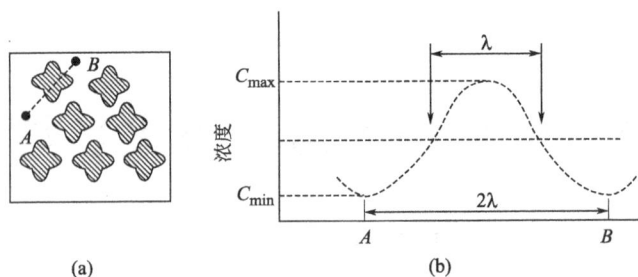

图 8.2　铸件中枝晶偏析（a）及枝晶网胞中溶质原子浓度分布（b）

在实际生产条件下，铸件组织出现非平衡过剩相是比较普遍的现象。例如广泛使用的锡青铜，当含锡量约小于 6% 的合金其平衡组织应为单相 α 固溶体，含锡量约大于 6% 的合金为 α 固溶体和（α+δ）共析体组成。但在实际结晶条件下，显微组织中除了有树枝状偏析的基体固溶体外，在枝晶网胞间可能存在少量（α+δ）共析体，甚至还可能出现极少量的（α+δ+Cu$_3$P）三相共晶组织。图 8.3 为含锡量大于 10%（质量）、含磷量大于 0.5% 的铸造锡青铜铸态组织，具有成分偏析的 α 固溶体+（α+δ）共析体，共析体中有 Cu$_3$P，但一般不易分别。Mg-Al-Zn 系镁合金较容易产生偏析现象，先结晶部分含铝量较多，后结晶部分含镁量较多，晶界含铝量高，晶内含铝量较低。图 8.4 为最常用的镁合金 AZ91D 压铸组织，由 α 相和在晶界析出的 β 相（Mg$_{17}$Al$_{12}$）组成，偏析是比较严重的。显然，这些非平衡结晶组织对材料的力学性能和工艺性有很大的影响。

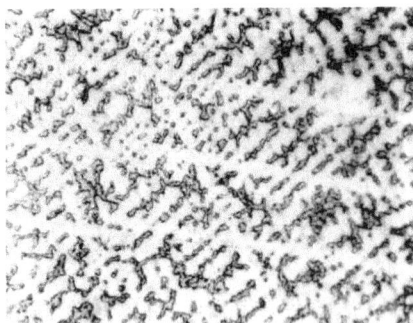

图 8.3　含磷锡青铜铸态组织（100×）

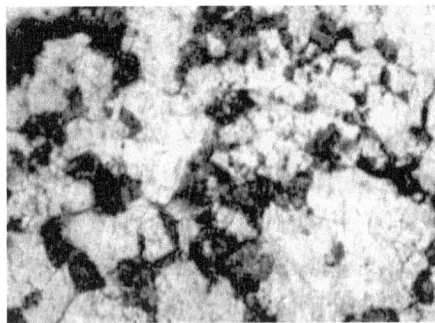

图 8.4　AZ91D 镁合金压铸组织（100×）

8.1.2　均匀化处理时合金组织的变化

8.1.2.1　均匀化处理规程

均匀化处理的主要工艺参数是加热温度和保温时间，其次是加热速度和冷却速度。

铸件的非平衡组织主要靠高温下原子扩散来实现成分的均匀化。原子扩散速率和扩散系数与扩散原子的浓度梯度直接相关。均匀化处理过程是热激活（heat activation）过程，所以原子扩散系数遵循阿累尼乌斯方程的规律：$D = D_0 \exp(-Q/RT)$。因此，为加速均匀化过程，应尽可能提高均匀化处理温度。通常采用的均匀化处理温度为 $0.90T_{熔} \sim 0.95T_{熔}$，$T_{熔}$ 为实际的铸件开始熔化温度，它低于状态图上的固相线，如图 8.5 中所示的 I 区域。图 8.5 中 II 区域为非平衡固相线温度以上进行均匀化处理的温度范围，称为高温均匀化处理。一些文献上称为高温均匀化退火，但应是高温均匀化处理较合适。

实践证明，铝合金铸件进行高温均匀化处理是可行的，特别是对大截面工件的作用尤其明显。铝合金铸件进行高温均匀化处理是与其表面具有致密的氧化膜有关。大多数合金不能采用高温均匀化处理。为使组织均匀化过程进行得迅速和彻底且避免过烧，可先在低于非平衡固相线温度加热，随后再升至较高温度，完成成分的均匀化。这种分级加热工艺在镁合金中得到了应用。合理的处理温度往往需要先根据实验确定，后在生产中使用。

均匀化处理的保温时间基本上取决于非平衡相溶解及晶内偏析消除所需的时间。对有非平衡过剩相的合金，以非平衡过剩相溶解所需时间为主；无非平衡过剩相时，则由固溶体内浓度均匀化所需时间来决定。

非平衡过剩相在固溶体中溶解的时间 t_s 与相的平均厚度 m 之间存在如下关系：

$$t_s = am^b \tag{8.1}$$

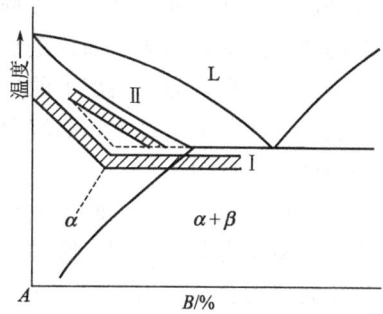

图 8.5　均匀化处理的温度范围（阴影区）

Ⅰ—普通均匀化；Ⅱ—高温均匀化

式中，a 和 b 为系数，由均匀化处理温度及合金成分而定。对于铝合金，b 在 $1.5 \sim 2.5$。而固溶体内成分均匀化所需时间可根据扩散定律计算。如图 8.2 所示，设 λ 为正弦波的半波长，即枝晶网胞线尺寸的一半，可由扩散理论导出使固溶体中成分偏析振幅降低到 1% 所需时间 t_p：

$$t_p = 0.467 \frac{\lambda^2}{D} \tag{8.2}$$

由式(8.2)可知，原始组织特征也有很大影响。枝晶网胞愈细（λ 小），非平衡相弥散（m 小），则均匀化过程愈迅速。

铝合金中，一般除纯铝和少数低合金化铝合金外，几乎所有合金铸锭都要进行均匀化处理。含铝及锌的镁合金铸锭往往有严重的晶内偏析，也经常采用均匀化处理。铜、镍、锌、钛等有色金属合金较少采用独立的均匀化处理，因为效果不大。

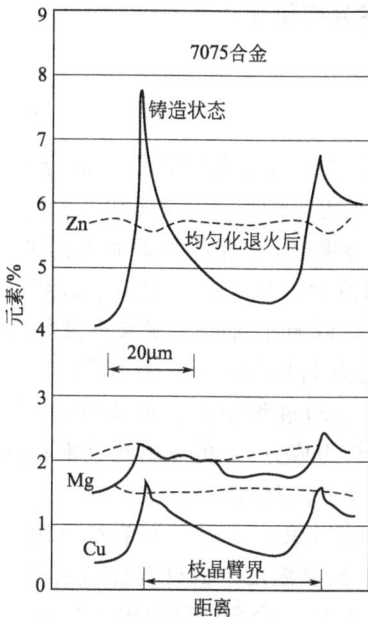

图 8.6　均匀化处理对铸锭显微偏析的影响[27]

（实线为铸造状态，虚线为均匀化处理后）

8.1.2.2　均匀化处理时的组织变化

均匀化处理时，主要的组织变化是枝晶状偏析消除和非平衡相溶解，溶质成分逐渐均匀化。图 8.6 为 7075 合金均匀化处理前后同一枝晶状网胞内显微偏析的变化。

对于非平衡状态下仍为单相的合金（如 Cu-Ni 合金），均匀化处理所发生的主要过程为固溶体晶粒内成分的均匀化。当合金中含有非平衡过剩相时，则两个主要过程都会发生。例如，经均匀化处理后，QSn6.5-0.1 锡青铜的组织转变为成分均匀的 α 单相固溶体；而 2A12 硬铝合金则有可能晶内偏析基本消除，但枝晶状网胞及晶界上网状化合物相为部分溶解。

枝晶偏析消除和非平衡相溶解是相互制约的两个过程。在均匀化过程开始时，枝晶网胞与非平衡相的界面处将建立相应于该均匀化温度下的浓度平衡关系。如图 8.1 所示，x_1 合金在 T_r 温度下均匀化时，首先 α 固溶体成分均匀化，使 α 枝晶与 β 相界面处的平衡浓度关系破坏，β 相将溶入 α 固溶体中，因此 α 固溶体枝晶界面处的浓度升高至平衡浓度。这样的过程不断进行，α/β 界面将逐渐向 β 相方向移动，而 α 固溶体内部的成分逐渐均匀化。如合金在均匀化温度下的平衡状态为单相 α 固溶体，则 β 相将完全溶解；如合金在均匀化温度下的平衡状态不为单相，则仍将保留一部分过剩相或共晶相。

通常，在非平衡过剩相溶解后，固溶体内成分仍为不均匀的，还需保温一定时间后才能使固溶体成分均匀。

均匀化处理过程中，除了上述主要的组织变化外，还可能发生一些其他的组织变化。如合金在平衡状态下为两相，则过剩相在均匀化过程中有可能发生聚集和球化。如基体为无同素异构转变的合金在均匀化过程中，一般不会发生晶粒长大现象，但有同素异构转变的合金，晶粒有可能会粗化。

8.2　非铁合金的固溶（淬火）处理[19,27,53]

非铁合金的固溶（淬火）处理是将高温组织以过冷、过饱和状态固定至室温，或使基体转变成晶体结构与高温状态不同的亚稳定状态的热处理形式。合金能否淬火可由相图确定。一般情况下，如合金在相图上具有同素异构相变（allotropic transformation）或固溶度改变，则这些合金可以淬火。在高温加热固溶处理方面，与基于固态相变的高温加热过程相似。但淬火通常需要快速冷却，以抑制扩散型转变，这是淬火与基于固态相变固溶处理的根本区别。

根据淬火时合金组织和结构变化的特点，可将淬火分为无同素异构相变和有同素异构相变两大类，又称为无多型性转变和有多型性转变。一般将淬火过程中基体晶体点阵发生改变（即具有同素异构相变）的淬火过程称为淬火，而淬火过程中基体晶体点阵不发生改变的热处理，在习惯上称为固溶处理（solution heat treatment）。许多非铁合金没有同素异构相变，如铝合金、铜合金等；而钛合金等则在淬火过程中具有同素异构相变。

8.2.1　无同素异构转变的固溶处理

8.2.1.1　固溶处理的加热规程与组织变化

图 8.7 示意了在固溶处理过程中无同素异构转变合金系的典型二元状态图。成分为 C_0

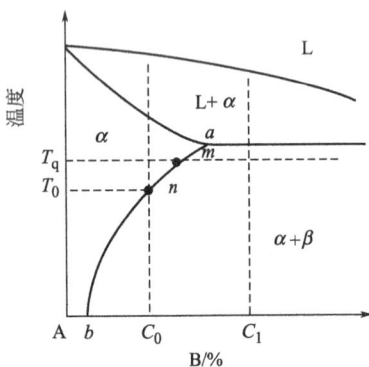

图 8.7　选择淬火温度的示意[27]

的合金，室温时平衡组织为 $\alpha+\beta$。α 为基体相，β 为第二相。C_0 合金加热到 T_q 温度时，β 相将溶解而得到单相 α 固溶体，该过程称为固溶化。如果合金自 T_q 温度以足够大的速度冷却到室温，以至于合金元素来不及扩散和重新分配，β 相就不可能从过饱和的 α 相中形核析出。而且由于基体 α 固溶体在冷却过程中没有同素异构相变，因此这时合金的室温组织为成分 C_0 的 α 单相过饱和固溶体。这样的淬火过程就是固溶处理。

当然，固溶处理后的组织也不一定为单相组织。如图中的 C_1 合金，在低于共晶温度下的任何温度都为 $\alpha+\beta$ 两相组织。加热至 T_q 温度，合金的高温组织为 m 点成分的饱和 α 固溶体加 β 相。如从 T_q 温度淬火，过饱和 α 固溶体中来不及析出 β 相，则合金的室温组织为过饱和 α 固溶体加上未溶的 β 第二相。

因此，除了成分与相图上固溶度线相交的合金能固溶处理外，凡在不同温度下平衡相成分不同的合金原则上都可采用固溶处理工艺。

固溶处理加热温度的选择原则上可根据图 8.7 来确定，其下限为固溶度曲线（ab），而上限为开始熔化温度。许多合金的合金元素含量较高，由图可知，固溶处理加热的温度范围较窄，因此对温度控制也就比较严格。例如 2A12 硬铝合金固溶处理加热温度严格控制，最理想的固溶处理温度为 500℃±3℃，但实际生产条件很难做到，所以常控制在 496～504℃。确定固溶处理加热温度的基本原则是必须防止过烧和使强化相最大限度地溶入固溶体。

在不发生过热或过烧的前提下，提高固溶处理温度可提高固溶度，从而有利于时效强化过程。其原因主要有：①提高固溶处理温度，高温组织中空位数量增加，快速冷却后就能保留更高的过饱和空位浓度，在后续的时效过程中，可加速原子的扩散速率，促进过饱和固溶体的分解；②固溶处理温度越高，第二相溶解越充分，固溶体的过饱和度就越大，能有效地增强时效强化效应；③提高固溶处理温度，可使固溶体的成分更为均匀，晶粒变大，有利于时效时的普遍沉淀析出，提高合金的综合性能。

有些合金（如 6A02 铝合金）在高温下晶粒长大倾向比较敏感，所以应限制最高的加热温度。在非铁合金的高温加热时，容易发生过烧现象，过烧组织是一种缺陷。轻微过烧时，表面特征不明显，微观组织可观察到晶界稍微变粗，有少量球状易熔组成物，晶粒也粗大。图 8.8 为 ZL104 铝镁硅合金的过烧组织特征，580℃固溶加热，在夹杂共晶相处发生了熔化，出现了多角化和典型的复熔球与多元复熔球组织。图 8.9 为 ZL301 铝镁合金的过烧组织，经 430℃固溶加热，但炉子跑温导致晶界熔化，形成严重过烧。过烧组织在性能上则表现为冲击韧度低，耐蚀性变差。严重过烧时，除了晶界上出现易熔物薄层、晶内出现球状易熔物外，粗大的晶粒晶界平直，严重氧化，三个晶粒的交界处往往呈黑三角，有时还会出现沿晶界的裂纹。在工件表面，颜色发暗，有时也出现气泡等凸出颗粒。

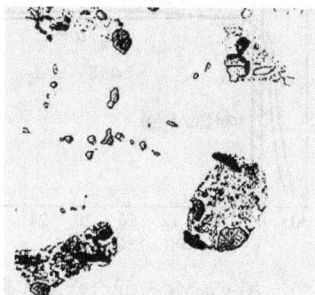

图 8.8　ZL104 铝镁硅合金的过烧组织[64]
（580℃固溶加热）

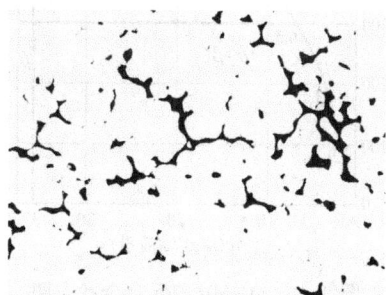

图 8.9　ZL301 铝镁合金的过烧组织[64]
（430℃固溶加热，跑温而过烧）

固溶处理加热保温时间确定的基本原则是能够使第二相充分溶解，以保证获得在该温度下固溶体的饱和固溶度。

固溶处理后的冷却速度取决于合金过饱和固溶体的稳定性。不同合金系的合金，溶质原子的扩散速率不同，脱溶相的形核速率不同，因此固溶体的稳定性有很大差异。同一合金系中，当合金元素浓度增加，基体固溶体中的过饱和度增大，固溶体的稳定性降低，在冷却时需要更大的冷却速度，才能保证中途不会析出第二相。和钢材料的淬火冷却相似，也可根据合金的 C 曲线位置来估计合适的冷却速度。

如果在固溶处理加热温度下，合金中存在弥散的金属间化合物和其他夹杂物，这些相可能会成为脱溶相优先形核的位置，诱发过饱和固溶体分解，降低过饱和固溶体的稳定性。对于这类合金，宜采用较大的冷却速度。

固溶处理后合金性能的变化与合金成分、合金原始组织和淬火条件等因素有关，不同合金性能的变化大不相同。在没有同素异构相变的合金中，经固溶处理后，基本上没有激烈强化及塑性明显降低的现象。一般情况下，与铸态相比，合金铸件固溶处理后强度和塑性均有所提高。

一般情况下，固溶处理的主要目的是获得高浓度的过饱和固溶体，为时效强化热处理作准备。有些合金（如铍青铜等）可采用固溶处理作为材料冷变形前的软化工艺。有些合金作为最终热处理，以使合金具有所需的综合性能。如 ZL301 合金经固溶处理后获得单相固溶体组织，其强度、塑性和耐蚀性都得到了显著的提高。

8.2.1.2 铝合金固溶处理

铝合金（aluminium alloy）中的合金元素都能溶于铝而形成铝基固溶体，且溶解度随温度的下降而减小。固溶处理与时效是变形铝合金（防锈铝合金除外）的主要热处理工艺。对于无同素异构转变的高温加热进行固溶处理，其加热温度的选择原则一般都是使第二相最大限度地溶解，且不能过热或过烧。图 8.10 是 Al-Mg 二元合金状态图，图 8.11 为 Al-Cu-Mg 三元合金垂直截面图。根据相图可知，可进行固溶处理的温度范围是比较窄的，表 8.1 示出了常用变形铝合金固溶处理加热温度及熔化开始温度。

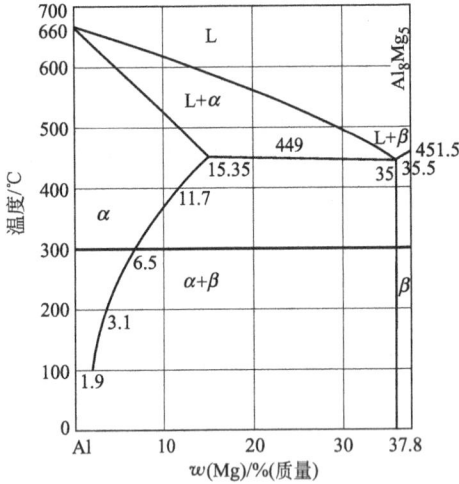

图 8.10 Al-Mg 二元合金状态图

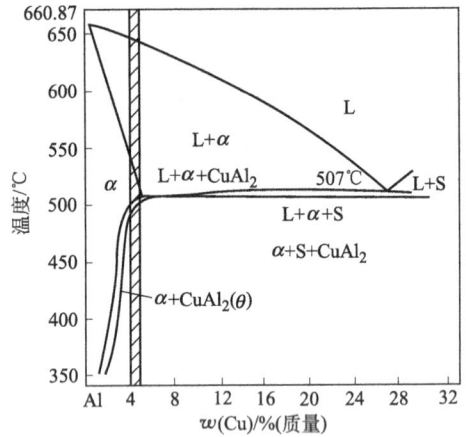

图 8.11 Al-Cu-Mg 三元合金垂直截面图

表 8.1 常用变形铝合金固溶处理加热温度及熔化开始温度[19]

铝合金牌号	强化相（括号中为少量的）	加热温度/℃	熔化开始温度/℃
2A01(LY1)	$CuAl_2$，Mg_2Si	495～505	535
2A02(LY2)	$Al_2CuMg(CuAl_2$，$Al_{12}Mn_2Cu)$	495～506	510～515
2A06(LY6)	$Al_2CuMg(CuAl_2$，$Al_{12}Mn_2Cu)$	503～507	518
2A10(LY10)	$CuAl_2$，(Mg_2Si)	515～520	540
2A11(LY11)	$CuAl_2$，$Mg_2Si(Al_{12}CuMg)$	500～510	514～517
2A12(LY12)	$CuAl_2$，$Al_{12}CuMg(Mg_2Si)$	495～503	506～507
2A16(LY16)	$CuAl_2$，$Al_{12}Mn_2Cu(TiAl_3)$	528～593	545
6A02(LD2)	Mg_2Si，Al_2CuMg	515～530	595
2A50(LD5)	Mg_2Si，Al_2CuMg，$Al_2CuMgSi$	503～525	＞525
2A70(LD7)	Al_2CuMg，Al_9FeNi	525～595	—

192

铝合金牌号	强化相(括号中为少量的)	加热温度/℃	熔化开始温度/℃
2A80(LD8)	Al_2CuMg, Mg_2Si, Al_9FeNi	525～540	—
2A90(LD9)	Al_2CuMg, Mg_2Si, Al_9FeNi, $AlCu_3Ni$	510～525	—
2A14(LD10)	$CuAl_2$, Mg_2Si, Al_2CuMg	495～506	509
7A03(LC3)	$MgZn_2$($Al_2Mg_2Zn_3$, Al_2CuMg)	460～470	＞500
7A04(LC4)	$MgZn_2$($Al_2Mg_2Zn_3$, Al_2CuMg, Mg_2Si)	465～485	＞500

8.2.1.3 铜合金固溶处理

铜合金（copper alloy）固溶处理的目的是获得成分均匀的过饱和固溶体，并通过随后的时效处理取得强化效果。有些合金（如铍青铜、硅青铜等）经固溶处理后可改善塑性，以利于冷变形加工。铜合金固溶处理温度也必须严格控制，一般应控制在±5℃。温度过高使晶粒粗大，或严重氧化或过烧。温度低了，第二相溶解不充分，又会影响时效强化的效果。一般的黄铜由于无热处理强化效果，所以常采用退火来改善其冷加工性。

常用固溶处理-时效强化的铜合金有复杂铝青铜、铍青铜和铬青铜等。其中铍青铜是最典型的沉淀硬化型合金，经固溶时效后，强度可达1250～1500MPa，硬度可达350～400（HBW），接近中强度钢的水平。

铍青铜固溶处理加热温度及保温时间的选择原则是使强化相充分固溶，且晶粒细小，保持在0.015～0.45mm范围之内。图8.12为Cu-Be合金状态图，固溶处理加热温度应根据相图来确定。一般情况下，固溶处理加热温度在780～820℃之

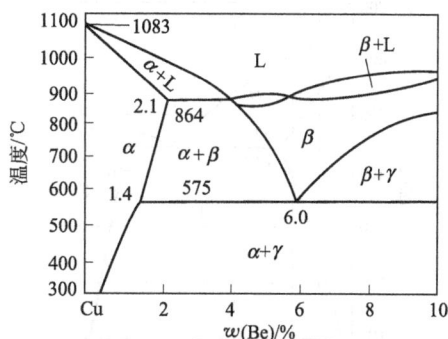

图8.12　Cu-Be合金状态图

间。对用于弹性元件的铍青铜，采用760～780℃的低温加热，以确保细小的晶粒度。固溶处理加热温度的控制精度为±5℃。表8.2示出了固溶处理加热温度对铍青铜时效后力学性能的影响。

表8.2　固溶处理加热温度对铍青铜时效后力学性能的影响[19]

材料	固溶处理			320℃(2h)时效后力学性能		
	温度/℃	时间/min	晶粒度/mm	σ_b/MPa	δ/%	硬度(HV)0.2
QBe2 (0.33mm 厚)	760	5	0.015～0.020	1165	10.8	360
	780	15	0.025～0.030	1220	9.5	380
	800	10	0.035～0.040	1250	7.5	400
	820	15	0.040～0.045	1260	6.0	405
	840	120	0.055～0.065	1210	4.0	380
QBe1.9 (0.85mm 厚)	740	25	0.008～0.012	1220	11.5	355
	760	25	0.012～0.018	1280	9.5	370
	780	25	0.016～0.025	1310	9.0	380
	800	25	0.025～0.035	1310	8.0	395
	820	25	0.035～0.045	1280	7.0	388
	840	25	0.045～0.055	1265	6.0	380

8.2.1.4 镁合金固溶处理

镁合金（magnesium alloy）的常规热处理工艺分为两大类：退火和固溶时效。因为合金元素的扩散和合金相的分解过程极其缓慢，所以镁合金热处理的主要特点是固溶和时效处理时间较长，并且镁合金淬火时不必快速冷却，通常在静止的空气或人工强制流动的气流中冷却即可。

有些镁合金如 ZM5、ZM6 等在成形铸造或压力加工后，只进行固溶处理而不进行人工时效处理，可使合金的强度和塑性同时提高。由于镁原子扩散较慢，故需要较长的加热保温时间以保证强化相的充分溶解。镁合金的砂型厚壁铸件固溶时间最长，其次是薄壁铸件或金属型铸件，变形镁合金的最短。图 8.13 为 Mg-Al 二元合金相图一角，图 8.14 为固溶和保温时间对 ZM5 合金力学性能的影响。

固溶处理后人工时效可以提高镁合金的屈服强度，但会降低部分塑性，主要应用于 Mg-Al-Zn 和 Mg-RE-Zr 合金。

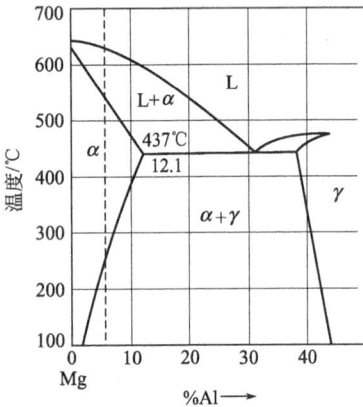

图 8.13 Mg-Al 二元合金相图一角

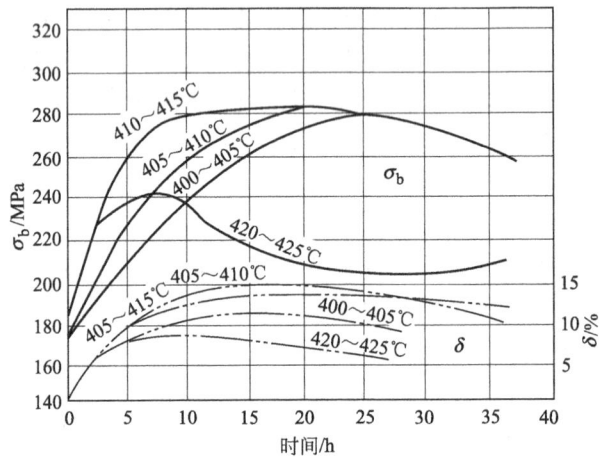

图 8.14 固溶温度和时间对 ZM5 合金性能的影响
（实线为 σ_b，虚线为 δ）[19]

8.2.2 有同素异构转变的固溶淬火及其组织

8.2.2.1 钛合金的固溶淬火

纯钛金属可发生 $\beta \rightarrow \alpha$ 转变，这是由体心立方晶体 β 向密排六方晶体 α 的转变。在工业用钛合金（titanium alooy）中，（$\alpha + \beta$）合金和 β 合金都可进行淬火-时效热处理使之强化。钛合金中的相变情况大致可由图 8.15 表示。合金自 β 相区较慢冷却，视成分不同，可分别得到 α、（$\alpha + \beta$）或 β 组织。如果快冷，则可发生马氏体转变、ω 相变，或 β 相很稳定固定至室温，当然这也都取决于合金成分。

当合金中 β 相稳定化元素较少时，β 相快冷淬火可发生 $\beta \rightarrow \alpha'$ 马氏体转变。α' 与 α 相一样具有 HCP 密排立方结构，但它是通过 β 相共格切变形成的过饱和 α 固溶体，α' 称为六方马氏体。当 β 相稳定化元素相对较少时，α' 组织形态为具有位错亚结构的板条状；β 相稳定化元素相对较多时，α' 组织形态为具有微细孪晶亚结构的针状。

当 β 相中含有较多 β 相稳定化元素时，β 相淬火可得到具有斜方点阵的 α'' 斜方马氏体。α'' 相呈针状，内有孪晶亚结构。

当 β 相中的 β 相稳定化元素较多时，在淬火过程中可能会有部分 β 相转变成六方点阵的 ω 相。ω 相细小、弥散分布，但性质硬脆，使合金塑性急剧下降。

194

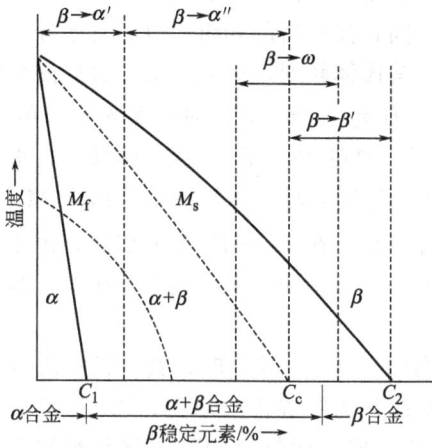

图 8.15　钛合金中的相变[27]

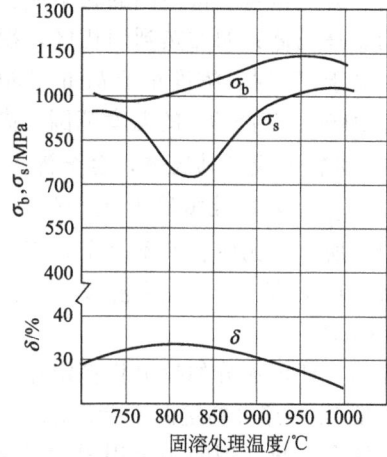

图 8.16　固溶处理温度对 Ti-6Al-4V 合金力
学性能的影响[19]

和钢铁材料一样，钛合金中马氏体转变也是在一定温度范围（$M_s \sim M_f$）进行的。当 β 相浓度增大至 C_c 时，马氏体转变开始温度 M_s 将降低至室温，这时 β 相淬火到室温也不会发生马氏体转变，称为 β' 相。这种淬火和铝合金、镁合金的淬火相似，属于无多型性转变的淬火，即固溶处理。

固溶处理加热温度应根据合金的成分和性能要求来确定。图 8.16 表示了固溶处理温度对 Ti-6Al-4V（TC4）合金力学性能的影响。对于亚稳 β 型钛合金，应在稍高于 β 相变点的温度加热，以避免晶粒过分长大。

8.2.2.2　钛合金固溶淬火亚稳相图

含 β 相稳定化元素的钛合金固溶淬火时，随合金成分和固溶处理加热温度的不同，淬火后的相组成也不相同，如图 8.17 所示，此图称为淬火钛合金的亚稳相图。

合金成分不同，自 β 相区淬火后的相组成也不同。由图可知：成分位于 I 区的合金，β 相淬火可全部获得 α' 马氏体组织；II 区的合金淬火后全部为 α'' 马氏体；III 区的合金，由于 M_f 点在室温以下，α'' 马氏体转变不完全，部分 β 相发生 ω 相变，但 ω 相总是与 β' 相共存，所以得到的组织为 $\alpha'' + \beta'(\omega)$；IV 区的合金除发生 ω 相变外，还有 β' 相，因此淬火后组织为 $\beta'(\omega)$。V 区只形成 β' 相。

同一成分的合金，采用不同温度固溶

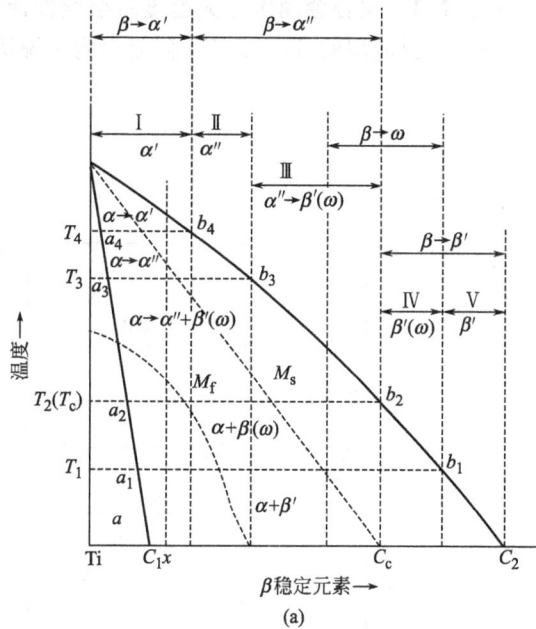

(a)

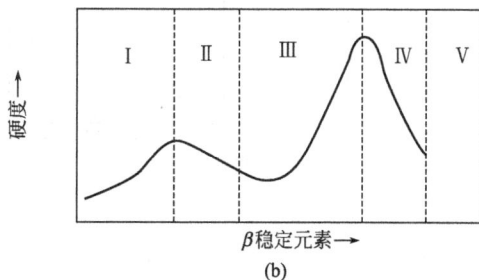

(b)

图 8.17　淬火钛-稳定化元素的亚稳相图及
合金自相区淬火后硬度与成分的关系[27]

处理后淬火，也可获得不同的相组成。例如成分为 x 的合金，加热至 β 相区淬火，所得组织全部为 α' 马氏体；如加热到两相区，视具体温度的不同，淬火后的相组成也是有差异的。加热温度高于 T_4 时，浓度小于 b_4 的 β 相淬火时发生 α' 马氏体转变，所以合金淬火后的组织为 $\alpha+\alpha'$。加热至 $T_3 \sim T_4$ 的温度范围，高温下的平衡相为 $\alpha_{a_3 \sim a_4}\beta_{b_3 \sim b_4}$，而浓度为 $b_3 \sim b_4$ 间的 β 相淬火时转变成 α'' 马氏体，合金淬火后组织为 $\alpha+\alpha''$。如在 $T_2 \sim T_3$ 温度范围加热，平衡相为 $\alpha_{a_2 \sim a_3}\beta_{b_2 \sim b_3}$，因此浓度为 $b_2 \sim b_3$ 间的 β 相淬火时可发生 α'' 马氏体转变，但由于 M_f 点低于室温，所以马氏体转变不完全，有部分 β 相转变为 ω 相。在 $T_1 \sim T_2$ 温度加热，由于 β 相浓度大于 C_c，且 M_s 点在室温以下，淬火时不会发生马氏体转变，但可能有 ω 相变，其组织为 $\alpha+\beta'(\omega)$。

显然，任何成分的钛-β 相稳定化元素的合金，当加热至 T_2 温度时，其 β 相的成分均为临界浓度 C_c，淬火到室温不会形成马氏体，这 T_2 温度称为临界淬火温度，用 T_c 表示。T_c 温度是钛合金热处理的一个很重要的参数，它表示任何成分的钛-β 相稳定化元素的合金在 T_c 温度以上淬火都能获得部分或全部马氏体。

图 8.17(b) 是合金自 β 相淬火后的硬度值随成分的变化曲线。曲线中第一个峰值与合金中出现 α' 马氏体相对应；随后硬度下降是由于形成了性质较软的 α'' 马氏体；第二个硬度峰值是因为形成了细小弥散的 ω 相；随后硬度的降低则是由于 ω 相减少，或没有 ω 相。

8.2.2.3　钛合金固溶淬火温度对组织性能的影响

以最广泛应用的 Ti-6Al-4V 合金为例来说明钛合金固溶淬火温度对组织性能的影响。当

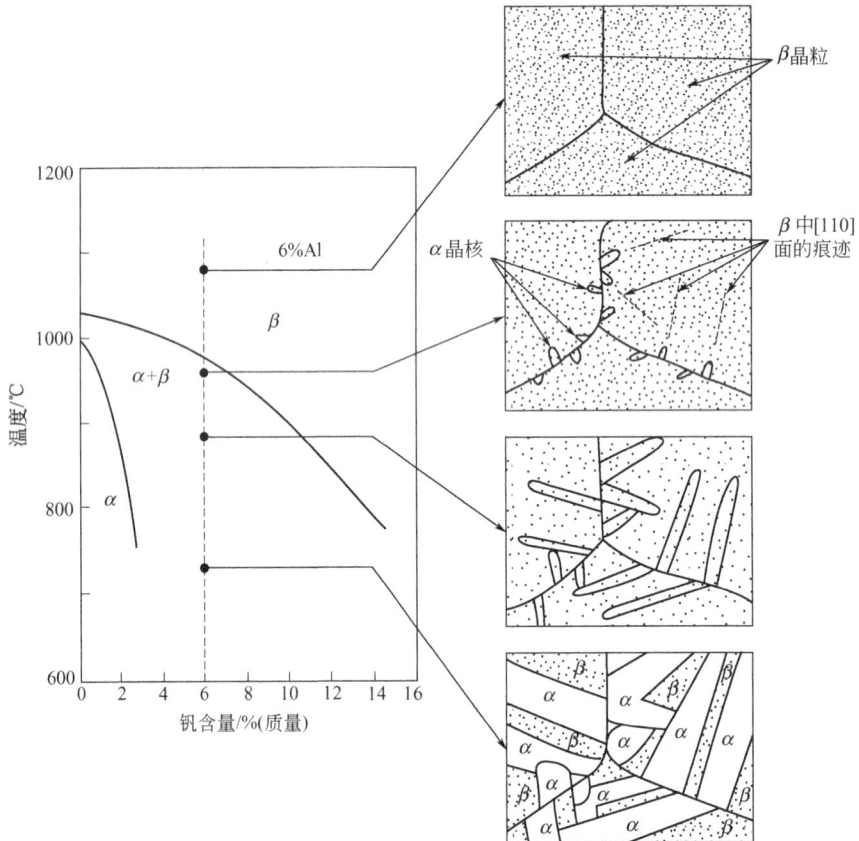

图 8.18　Ti-6Al-4V 合金从 β 转变点以上缓慢冷却时形成
魏氏体组织的示意（最终为 $\alpha+\beta$ 组织）[53]

196

该合金从 β 相区缓慢冷却时，α 相在 β 相变点（约980℃）之下开始形成。α 相成片状，它与 β 母相之间有一定的结晶学关系，形成的 α 相以其基面与 β 相的 {110} 面相平行。缓慢冷却时，α 相沿着 β 相的 {110} 面有接近的原子匹配度，所以在此晶面垂直方向上，α 相增厚较慢，但沿此晶面 α 相增长比较快，所以发展成为片状。因为在一个给定的 β 相晶粒中存在着六组非平行的 {110} 面，所以形成的 α 相组织也由六个非平行组构成，形成了所谓典型的魏氏体组织。该魏氏体组织的形成过程示意地在图 8.18 中表示。图中采用了 Ti-Al-V 三元合金相图的含 6％Al 的固定组成截面（等浓度线）来说明冷却时 α 相的形成过程。在图 8.18 中，较暗的区域为 β 相，它残留在片状 α 相之间。当平行于 β 相的一个特定 {110} 面所形成的 α 片与在另一个 {110} 面上形成的 α 片相碰时，在 α 相晶体之间存在一个大角度晶界。图 8.19 示出了 Ti-6Al-4V 合金自 β 相区缓慢冷却后得到的魏氏体组织。

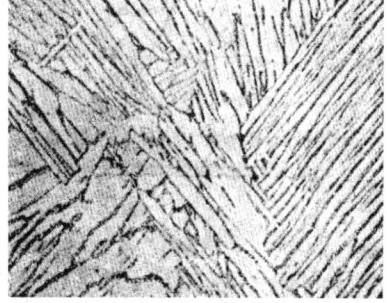

图 8.19 Ti-6Al-4V 合金从 β 相区缓冷后得到的魏氏体组织（500×）[7]

试验表明，从 β 相区淬火可获得最高的拉伸屈服强度，但是在淬火状态下，材料的断后伸长率和断面收缩率为最低。图 8.20 表示了固溶淬火加热温度对 Ti-6Al-4V 合金在 540℃时效时合金硬度的影响。由图可知，从 β 相变点以上淬火可得到最高的淬火状态硬度，但韧度是最低的。在 950℃固溶淬火处理，然后时效约 2h 得到的硬度最高。强化效应主要是由于在 α' 马氏体和（或）α'' 马氏体中沉淀析出了细小弥散分布的质点。

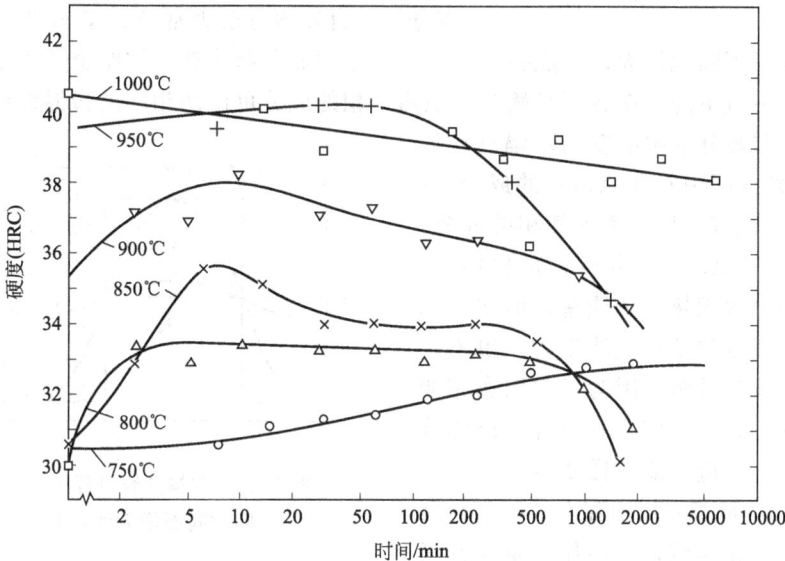

图 8.20 淬火温度对 Ti-6Al-4V 合金在 540℃时效时合金硬度的影响[53]

8.3　合金的调幅分解

固溶体分解（分离或相分离）为结构相同、成分不同（在一定范围内连续变化）的两个相，即一部分为溶质原子的富集区，另一部分为溶质原子的贫化区。这种两相分离的转变过程称为调幅分解（modulation decomposition），也称为 Spinodal decomposition。还有其他一些名称，如亚稳分解、失稳分解、增幅分解、拐点分解等。调幅分解属于连续型相变，是一种无热力学能垒、无形核的固态相变。

8.3.1　调幅分解热力学

设 A、B 两组元具有相同的点阵结构，在较高温度下能完全固溶，但在一定的低温时将分解成两个点阵结构相同而成分不同的固溶体。图 8.21 上部示意了这种 A-B 二元相图。由热力学知，在相变临界温度 T_c 以下任一温度（如 T_2）时，合金的自由能-成分曲线具有如图下部所示的曲线。该曲线由左右两段向上凹的曲线和中间向下凹的曲线组成。显然，具有极小值的上凹曲线的二阶导数大于零，即 $d^2G/dC^2 > 0$；而具有极大值的下凹曲线的二阶导数小于零，即 $d^2G/dC^2 < 0$；这两种曲线的连接处，$d^2G/dC^2 = 0$。习惯上将该连接点称为拐点。将各温度下的拐点连接起来就得到了图上部的虚线，称为拐点曲线，是发生化学自发分解的临界线。

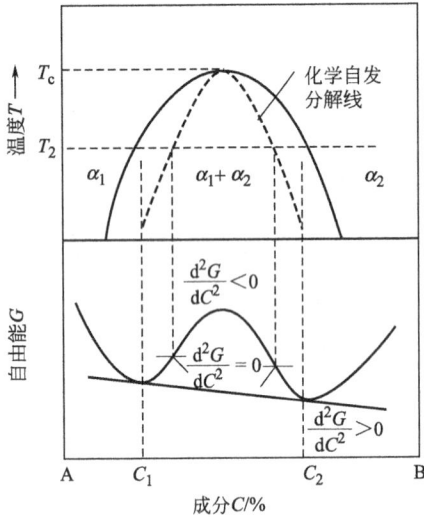

图 8.21　具有溶解度间隔的二元状态图及在 T_c 温度下的自由能-成分曲线示意

当成分在两个拐点之间，如图所示，$d^2G/dC^2 < 0$。这就是说，只要合金中有任何微小的成分起伏，都会导致系统自由能的降低，于是母相失稳，发生调幅分解，自发地分解为富 A、富 B 两相。成分的起伏会自发地连续不断地增大，形成一个呈正弦变化的成分起伏波，波幅也会不断增加，而系统的自由能也一直下降。在达到平衡时，该两个相的成分可由两相区的边界线给出，即图中的 C_1 和 C_2。调幅分解中浓度的增幅过程如图 8.22 所示意。图中 C 表示母相的成分，λ 为调幅波长，C_1、C_2 是两个平衡相的成分，τ 为增幅时间，$A(\lambda, \tau_2)$ 为 τ_2 时的振幅。

虽然调幅分解无热力学能垒，但在实际过程中，即使成分位于拐点线以内，也不一定就能够发生调幅分解。因为任何固态相变都是有阻力的，调幅分解也不例外。调幅分解的阻力主要来自应变能和梯度能。

梯度能 ΔG_r 是指系统中存在的浓度梯度影响了原子间的化学键，从而使化学位升高的能量。梯度能 ΔG_r 可表示为：

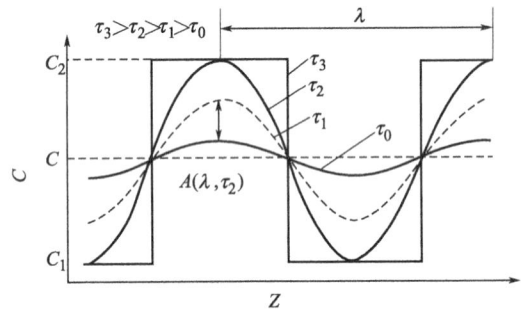

图 8.22　调幅分解过程中成分起伏随时间而增大的示意[21]

$$\Delta G_r = K\left(\frac{\Delta C}{\lambda}\right)^2 \qquad (8.3)$$

式中，ΔC 为最大成分差，即振幅；λ 是调幅波长；K 为比例常数。由式（8.3）可知，波长愈小，梯度能愈大。当 λ 在 $10 \sim 20$nm 时梯度能较大，而 λ 达微米数量级，则梯度能可忽略。

应变能 ΔG_ε 是指分解后产生的结构相同而成分不同、形成共格界面的两个相所引起的

198

能量变化。应变能 ΔG_ε 大小为：

$$\Delta G_\varepsilon = \eta^2 (\Delta C)^2 \frac{E}{1-\nu} \tag{8.4}$$

式中，$\eta = \frac{1}{a} \cdot \frac{\mathrm{d}a}{\mathrm{d}C}$，$a$ 为点阵常数；E 为弹性模量；ν 是泊松比。

由于应变能和梯度能的存在，因此系统的自由能变化为：

$$\Delta G = \left(\frac{\mathrm{d}^2 G}{\mathrm{d}C^2} + \frac{2K}{\lambda^2} + 2\eta^2 \frac{E}{1-\nu} \right) \frac{(\Delta C)^2}{2} \tag{8.5}$$

因为 $\dfrac{\mathrm{d}^2 G}{\mathrm{d}C^2} < 0$，所以发生调幅分解的条件为：

$$\left| \frac{\mathrm{d}^2 G}{\mathrm{d}C^2} \right| > \frac{2K}{\lambda^2} + 2\eta^2 \frac{E}{1-\nu} \tag{8.6}$$

在极限条件下，$\lambda \to \infty$（在微米数量级时即可忽略）时，调幅分解的修正边界条件是：

$$\frac{\mathrm{d}^2 G}{\mathrm{d}C^2} + 2\eta^2 \frac{E}{1-\nu} = 0 \tag{8.7}$$

其边界条件的轨迹为共格拐点界限（共格 Spinodal 线），如图 8.23 所示。该图可分为四个区域：①稳定的单相 α 区；②均匀亚稳定的 α 区，仅非共格相才能形核；③均匀亚稳定的 α 区，共格相可以形核；④均匀不稳定的 α 区，无形核能垒，发生调幅分解。

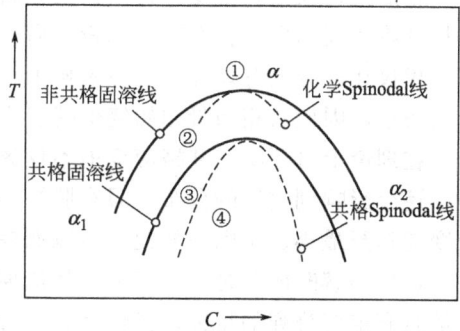

图 8.23　化学拐点和共格拐点示意[21]

8.3.2　调幅分解过程

由上分析可知，若成分位于自发分解线外，则任何少量的成分起伏都会使体系能量上升。因此，只有通过形核长大才能使体系自由能下降。显然，两者的扩散机理和产物都不同。自发分解的原子扩散是上坡扩散。调幅分解过程也是扩散控制的，主要取决于原子扩散系数和波长 λ。其结果形成了正弦形状的浓度分布，但它的规律是振幅随时间 t 增加的，如图 8.24 是调幅分解的第二相长大与常规形核长大浓度分布的比较。

经典的相变机制表明，新相晶核形成后，新相与母相之间有一个明显的相界面；界面两侧通过原子的交换在瞬间就可达到平衡状态，即界面的一侧增至 C_2，而另一侧则降为 C_1 [图 8.24(a)]。因为 $C_1 < C_0$，所以在母相内将产生浓度梯度，母相中的溶质 B 原子将向低浓度的边界扩散，破坏了原边界上的浓度平衡。为恢复平衡，新相将不断地长大，直至母相成分全部下降到 C_1 为止。因此，经典形核长大的相变机制中，原子发生的是下坡扩散。

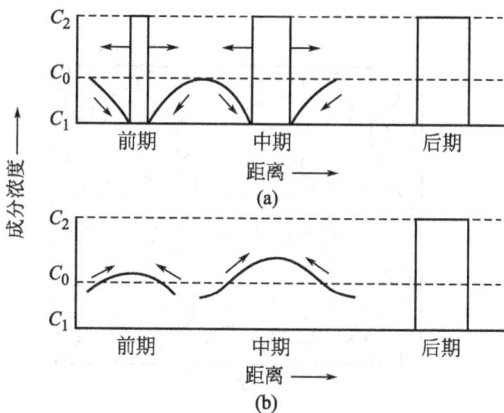

图 8.24　调幅分解新相长大（b）与常规形核长大（a）浓度分布的比较

调幅分解过程则与经典形核长大机制不同。在调幅分解过程中，富 B 组元区中的 B 原子逐渐进一步富化，贫 B 组元区中的 B 原子则不断贫化。在两个区域之间没有明显的分界线，成分是连续过渡的，如图 8.24(b) 所示。在分解过程中原子不是由高浓度区向低浓度区扩散，而是由低浓度区向高浓度区扩散，发生的是上坡扩散。这是调幅分解过程的一大特点。正如图所示，调幅分解时成分是按正弦曲线规律变化的，振幅随分解过程的进行逐渐增大。若正弦曲线的波长为 λ，显然富化区和贫化区之间的浓度梯度将随 λ 的减小而增加。浓度梯度的增大将使上坡扩散变得困难，所以 λ 有一极值 λ_c。小于 λ_c 分解将不可能发生；大于 λ_c 的任何波长的偏聚在理论上都是可能的。但一般观察到的 λ 都大于 λ_c。在 Al-Zn 合金中观察到的 λ 大约为 5nm，在 Al-Ag 合金中约为 10nm[18]。根据合金成分等条件的不同，波长 λ 在 5～100nm 的范围内变动[17]。

调幅分解与形核长大型脱溶分解的主要区别在于：调幅分解开始阶段两相界面不明显，而脱溶分解两相之间始终具有明显的界面；调幅分解时浓度连续改变，而脱溶分解时新相保持平衡浓度；调幅分解后两相大小及分布较规则，具有高度连续性，而形核长大型脱溶分解的产物往往呈球形。

8.3.3 调幅分解组织与性能

在形核、长大型转变的析出初期，新相与母相之间往往呈共格关系，随着过程的进行，共格性将逐渐消失，直至平衡相析出后，共格关系完全破坏。但在调幅分解过程中，新相与母相仅仅在成分上有差异，而在结构上是完全相同的，所以分解反应时所产生的应力、应变相对较小，因此新相与母相始终保持着完全的共格关系。

在理论上可证明，共格应变能不仅影响共格脱溶相的形状，而且在脱溶相体积分数较大时，还会影响到它们的分布。只有脱溶相彼此之间按一定间隔呈周期性分布时，才能使共格应变能降至最小。正因为如此，所以调幅分解的组织特征是周期性分布的。

调幅分解时成分是按正弦曲线呈周期性变化的，大多数的调幅组织具有明显的规律性，一般具有定向排列的特征。虽然新相与母相始终保持着完全的共格关系，但由于溶质与溶剂原子半径的差异，为维持共格关系，必然会产生一定的弹性应变。为降低系统中的弹性能，新相总结是沿着弹性应变抗力下的晶向生长，如立方晶系中的 〈100〉 或 〈111〉 方向，这将导致形成格子布一样的组织[18]。例如在 Cu-Ni-Fe 和 Cu-Ni-Cr 合金就形成了这样的组织特征。图 8.25 示意地表示了 Al-Zn 系合金调幅分解的组织形貌，图 8.26 为各向同性固体中调幅分解结构的计算机模拟截面形貌[21]，图中相 1 和相 2 的体积分数相同且呈现各相互相连通的特征。应说明的是，实际上调幅分解过程是在三维空间上发生的，但金相显微组织只能是反映某一方向上的截面形态。

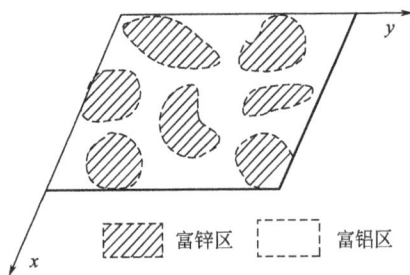

图 8.25 Al-Zn 系合金调幅
分解的组织形貌

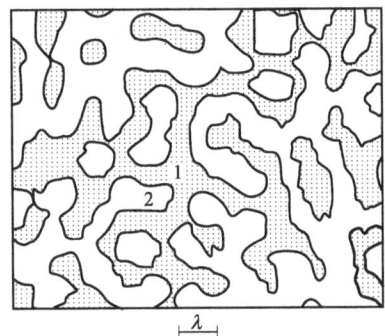

图 8.26 各向同性固体调幅分解
结构的计算机模拟形貌

需要指出，调幅组织不仅在调幅分解中产生，而且在有序-无序转变中也可以形成。

一般情况下，调幅分解后所得到的组织非常均匀而弥散，特别是在形成的初期，因此，调幅组织具有较高的屈服强度。例如，含 9%Ni-6%Zn 的铜合金经合适的处理后得到的调幅组织，其屈服强度可达 500MPa[17]。Cu-30%Ni-2.8%Cr 合金在 900～1000℃加热保温，然后在 760～450℃温度区间慢冷，可以得到调幅组织，获得最高的力学性能[27]。

调幅分解受到了工业界和科学界的重视，在许多领域都获得了应用。几乎所有的永磁合金都通过调幅分解而具有优良的硬磁性。例如 Al-Ni-Co 合金（Alnico alloy）是一种应用广泛的硬磁合金。这种合金经淬火后通过调幅分解后可形成富 Fe、Co 和富 Ni、Al 的区域，具有单磁畴效应，因此可以提高硬磁性能[17]。这种合金在磁场中进行调幅分解处理，可获得具有方向性的调幅组织，从而进一步提高合金的硬磁性能。

8.4 合金的有序化转变

合金的有序化（ordering）转变在结构上往往涉及多组元固溶体中两种或多种原子在晶格点阵上排列的有序化，包括原子或离子排列位置的有序，这是一般意义上的有序-无序转变（order-disorder transition）。另外还有电子自旋有序化（铁磁相变）、偶极矩的有序化（铁电相变）和热激活电子的有序化（超导相变）。

8.4.1 有序化概念

（1）无序-有序转变　有些置换式固溶体或中间相在高温时，溶质、溶剂原子在点阵中是无规的，当冷至一定温度以下，其组元原子在晶体中会由无序排列转变为有序排列，这种转变称为有序化转变，发生转变的温度称为有序化临界温度 T_c，产生有序转变的合金相见表 8.3 所列。例如，组分为 AB 的合金在有序化时，一种原子优先占据某一亚点阵，而另一种原子则趋向于占据另一亚点阵，从而形成部分有序的结构。此时的溶质、溶剂原子各自占据特定的点阵位置，即一种原子的最近邻为异类原子的结构。这种固溶体称为有序固溶体。例如：β 相黄铜是体心立方结构，在 500℃以上是无序的，而在 500℃以下，它成为 CsCl 结构。随着温度的进行降低，这种有序结构的有序化程度可能会进一步增大，直至形成完全有序的固溶体。这类转变属于结构性相变，它们发生在某一温度范围，有序化过程的进行涉及原子或离子的长程扩散。

表 8.3　产生有序转变的合金相[54]

类　型	合　金　相
AuCuI 型	AgTi，AlTi，AuCuI，CrPd，FePd，Cu_3Pd，FePt，HgPd，HgPt，HgTi，HgZr，InMg，MgTi，MnNi，Mn_2Pd_3，MnPt，NiPt，PbZn，PtZn
AuCu₃I 型	$AgPt_3$，Ag_3Pt，$AlCo_3$，$AlNi_3$，$AlZr_3$，$AuCu_3$I，$AuPt_3$，$CaPb_3$，$CaGn_3$，$CdPt_3$，$CePb_3$，$CeSn_3$，$CoPt_3$，Cr_3Pt，Cu_3Pd，Cu_3Pt，$FePt_3$，$FeNi_3$，Fe_3Pt，$GeNi_3$，$LaPb_3$，$LaSn_3$，$MnNi_3$，$MnPt_3$，Mn_3Pt，$NaPb_3$，Ni_3Pt，$PbPd_3$，$PbPt_3$，Pt_3Sn，Pt_3Ti，Pt_3Zn，$TiZn_3$
CsCl 型	AgCd，AgCe，AgLa，AgLi，AgMg，AlCo，$AlCu_2$Zn，AlFe，AlNi，AuCd，AuMg，AuMn，AuZn，BeCo，BeCu，BeNi，CdCe，CoFe，CoTi，CuPd，CuZn，$CuZn_3$，FeTi，$HgLi_2$Ti，MgTi，MnPt，NiTi，RuTa，TiZn
BiF₃ 型	$AlFe_3$，$BiLi_3$，$CeMg_3$，Cu_3Sb，Fe_3Si，Mg_3Pr
Ni₃Sn 型	$CdMg_3$，Co_3Mo，Co_3W，Fe_3Sn，$Mn_{11}Sn_3$，Ni_3Sn，$PbTi_4$，$SnTi_3$
Cu₂AlMn 型	$AlCu_2$Mn，$AlNi_2$Ti，Co_2MnSn，Cu_2FeSn，Cu_2InMn，Cu_2NiSn，$MnNi_2$Sb，$MnNi_2$Sn

（2）驱动力　有序化驱动力（driving force）是混合能参量 $\varepsilon^m < 0$，即异类原子的键结

合能大于同类原子的键结合能。有序化后可使系统的能量降低。

（3）长程有序与短程有序　有序化有长程有序（long range order）与短程有序（short range order）两种。短程有序是以一个原子的近邻对出发，设某一 A 原子周围出现 B 原子的概率为 q，则在无序情况下，$q=0.5$；若 $q>0.5$，则表明出现短程有序。显然，$q<0.5$，说明发生了偏聚。

长程有序着眼于 A、B 原子在整个点阵中的分布。长程有序也称为超结构，这是因为在结构中出现富 A（或完全被 A 占据）的晶面与富 B（或完全被 B 占据）的晶面交替排列的情况，从而使布拉格衍射图上出现超结构衍射线。图 8.27 示意了 Cu-Au 合金中形成的超结构，Cu-Au 合金在高温时为无序的面心立方结构，在 385℃ 以下退火则转变为有序的四方结构。沿着结构的 C 轴，出现交替排列的 Cu 原子层和 Au 原子层。

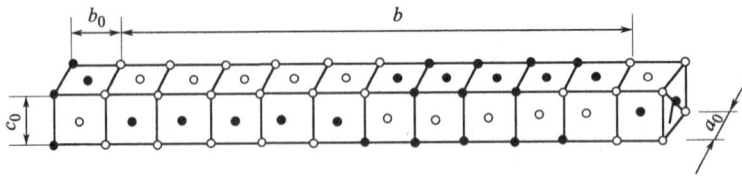

图 8.27　Cu-Au 合金中形成的超结构

●为 Cu 原子；○为 Au 原子

（4）有序度　定义短程有序度为 σ，长程有序度为 ω，则：

$$\sigma = \frac{q - q_r}{q_m - q_r} \tag{8.8}$$

式中，q_m、q_r、q 分别为完全有序、完全无序及实际存在的 A-B 键数占总键数的分数。若 $q=q_m$，$\sigma=1$，为完全有序；若 $q=q_r$，$\sigma=0$，为完全无序；若 $q_r \leqslant q \leqslant q_m$，则 $0 \leqslant \sigma \leqslant 1$。所以：

$$\omega = \frac{P_A^\alpha - x_A}{1 - x_A} = \frac{P_B^\beta - x_B}{1 - x_B} = \frac{P - x}{1 - x} \tag{8.9}$$

其中，P_A^α 表示 A 原子在 α 亚点阵中出现的概率。对于 A-B 二元合金，可简化为：

$$\omega = 2P_A^\alpha - 1 = 2P_B^\beta - 1 = 2P - 1 \tag{8.10}$$

有序固溶体在成分上类似于一种金属化合物，但它是一种固溶体。

（5）有序畴及反向畴界　在有序化时，在某一地方是 A 原子进入 α 亚点阵，而在另一地方却是 B 原子进入 α 亚点阵，这两个都是有序化核心，这种区域称为有序畴。当两个有序畴长大相遇时，因为它们是相反的，即 A、B 原子在这两个区域占据的亚阵点位置正相反，那么在这两个有序畴（ordered domain）之间形成了交界面，这交界面称为反向畴界（antiphase domain boundary）。这也是内界面的一种，也有畴界能。

有序化过程是先形成小的有序畴，也称为有序核心，然后靠畴界的移动长大到彼此相遇。也像晶粒长大一样，有序畴也可以聚集、粗化和合并。

8.4.2　有序畴长大动力学

如图 8.28 为 CuZn 型及 Cu_3Au 型的有序度 ω 及 σ 随温度而变化的关系。当温度升高时，CuZn 型的 ω 及 σ 在一定范围内逐渐下降，在临界温度 T_c，并没有一个突然的下降。从而有序化 $\beta' \rightarrow \beta$ 时，能量是逐渐变化的，这是属于二级相变。

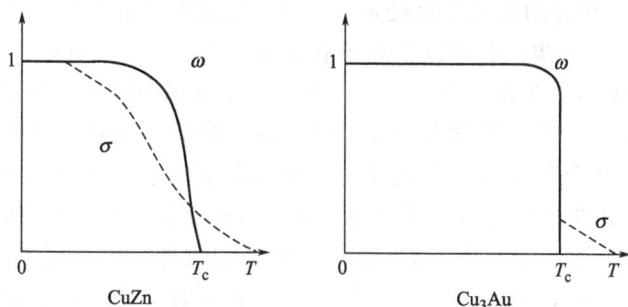

图 8.28 CuZn 型及 Cu$_3$Au 型的有序度 ω 及 σ 随温度而变化的关系

而 Cu$_3$Au 型的则不同，它的同类原子对比较多，因此无序化时，有不连续变化，属于一级相变。

形核时，原子迁移只涉及邻近原子的换位，而不必作长程扩散。由于 β'、β 相成分相同、结构也基本一样，因此导致相界面及应变能都很小，所以形核功 ΔG^* 相当小。如只考虑原子跳跃的扩散，对于 A、B 型合金，设原子占对了阵点的原子分数为：

$$P_A^\alpha = \frac{1}{2}(1+\omega) = P_B^\beta \qquad (8.11)$$

原子占错了阵点的原子分数为：

$$p_A^\beta = \frac{1}{2}(1-\omega) = P_B^\alpha \qquad (8.12)$$

则反应速率为：

$$\frac{\mathrm{d}p_A^\alpha}{\mathrm{d}t} = \overleftarrow{K} p_A^\beta p_B^\alpha - \overrightarrow{K}_A^\alpha p_A^\alpha p_B^\beta$$

即：

$$\frac{2\mathrm{d}\omega}{\mathrm{d}t} = \overleftarrow{K}(1-\omega)^2 - \overrightarrow{K}(1+\omega)^2 \qquad (8.13)$$

式中，速度常数 $\overleftarrow{K} = \nu \cdot \exp(-Q/RT)$，$\overrightarrow{K} = \nu \cdot \exp[-(Q+\Delta U)/RT]$；$\nu$ 为振动频率；Q 为扩散激活能；ΔU 是有序能。

$\omega(t)$ 曲线具有"S"形。有序畴长大的转变分数也符合 Avrami 表达式：

$$f = 1 - \exp\left(\frac{\pi \dot{N} G^3 t^4}{3}\right) \qquad (8.14)$$

而移动速率 G 等于迁移力乘以驱动力，即：

$$G = \frac{D}{RT} \cdot \frac{\Delta U' \omega}{a} \qquad (8.15)$$

式中，$\Delta U'$ 为原子体积的有序化能；a 为原子间距。

有序化过程完成后的有序畴粗化过程，其驱动力为降低反向畴界能。设 L 为畴的平均直径，a^3 为原子体积，则：

因为

$$\Delta U' = \frac{U_{AB} \cdot L^2}{L^3} \cdot a^3 \qquad (8.16)$$

所以

$$G = \frac{\mathrm{d}L}{\mathrm{d}t} = \frac{D}{KT} \cdot \frac{U_{AB} \cdot a^2}{L} = \frac{K}{L} \qquad (8.17)$$

$$L^2 - L_0^2 = 2Kt \qquad (8.18)$$

8.4.3 无序-有序转变机制

合金系统一般情况下为无序固溶体，但是当合金原子比接近某些特定值时，例如 AB、

A_3B、A_2BC 等，并在相应的温度下热处理时，将转变为具有长程序的有序组织，即发生无序-有序转变。有序化的结果是使不同类原子有序地排列，形成了有序化的超点阵。

以 AB 型的 CuZn 合金为例，如图 8.29(a) 所示，无序时 Cu、Zn 原子不规则地占据了体心立方点阵的阵点。当无序-有序相变发生时，首先会形成许多有序核，如图 8.29(b) 所示，核长大最终全部会合而完成有序化转变。相邻有序核中不同类原子所占位置有两种情况：一种是同类原子占据无序相的同等位置，如 CuZn 合金中 Cu 占据原体心位置，第二种是占据不等同的位置，如一个核中 Cu 原子占据原体心位置，另一核中 Cu 原子占据顶点位置。当两个核长大会合时，如图 8.29(c) 所示，前者可合二为一，后者在整个界面上形成原子占位的位相差。于是晶内分成了许多区域，区域内保持了完整的有序结构，称为有序畴；相邻区域内有一非点阵平移，但仍然保持了共格关系，只是在界面处由正常的配对状态转变为非正常配对状态。这种界面称为反向畴界，在反向畴界上，同类原子相连，致使能量升高，这部分升高的能量称为反向畴界能。但相对说，反向畴界还是一种低能量的界面。

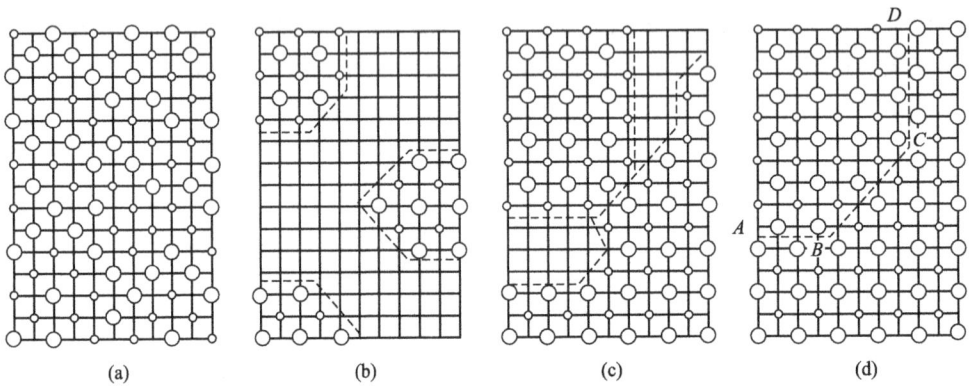

图 8.29　无序有序相变时有序畴的形成过程示意[55]

(a) 无序态；(b) 局部有序核的形成，空白区仍为无序区；(c) 有序核长大后，局部区域接触，
反位相部分（中部）形成反向畴界，同位相部分合并；(d) 全部有序化

图 8.30 为 Al_3Li 合金中的有序核，核内超点阵清晰可见，左右两部分有序核之间存在一定的位相差，其中右边的两个核具有相同位相。图 8.31 是 Ni_4Mo 合金中反向畴界的电子显微像，界面处为明显的点阵错位。由于反向畴界的存在，合金仍然处于不稳定的状态。为了降低体系能量，也会发生有序畴的粗化，就像晶粒长大一样，一些有序畴吞并相邻的有序畴而发生长大，从而导致反向畴界的减少，使体系能量降低。

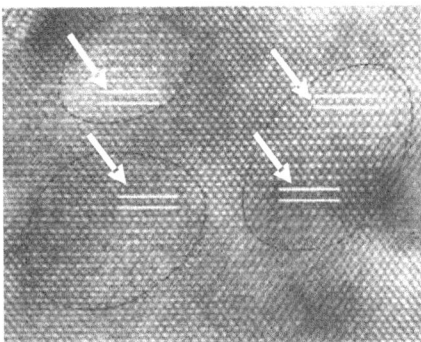

图 8.30　Al_3Li 合金中有序核 TEM 像[55]

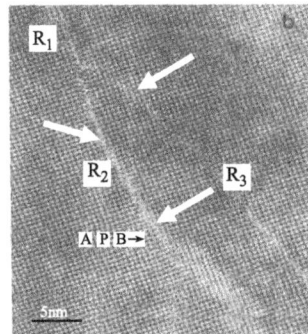

图 8.31　Ni_4Mo 合金中反向畴界的 TEM 像[55]

关于合金的有序化强化本质，目前认为有两方面原因。

（1）位错运动在有序畴内造成反向畴界　强化的主要原因是反向畴界对位错运动的阻碍作用。当位错的柏氏矢量等于异类原子的间距时，且为不全位错，位错扫过滑移面时，也会产生反向畴界。当位错在一个完全有序的超点阵中运动时，常以位错对的形式运动。图 8.32(a) 表示了在有序合金中引入一个常规刃型位错时原子的排列情况[27]。由图可见，这样一个位错产生了一反向畴界。当此位错通过点阵滑移时，将使有序结构完全消除，因此这样的滑移过程需要非常大的应力。实际上，合金中的临界切应力比该理论值要小一个数量级，例如 β 黄铜。因此人们认为，这样的滑移过程有可能是一对位错的协调运动，如图 8.32(b) 所示意。当第一个位错通过滑移面运动时，有序消除，而第二个位错通过时又完全恢复有序，两个位错之间保持一定的平衡距离，中间夹着一个反向畴界；第三个位错消除有序，第四个又使其恢复……，因此滑移过程得以顺利地进行，而滑移临界切应力大为减小。这样的一对位错称为超点阵位错 (superlattice dislocation)。在完全有序区域内，超点阵位错的运动不引起能量的增加。但是位错对在有序程度并不理想的固溶体中运动遇到反向畴界时，会造成反向畴界界面的增加。随着变形量的增加，反向畴界越来越多，有序畴的尺寸越来越小。由于反向畴界的界面能较高，因此反向畴界的增加使合金得到强化。

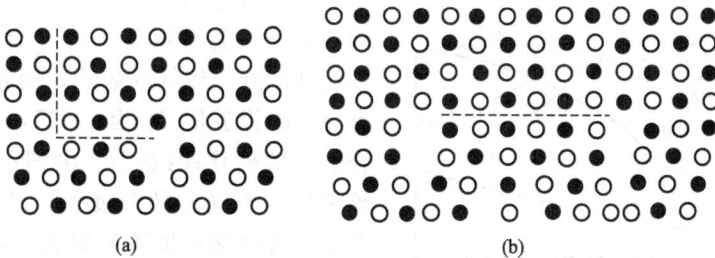

图 8.32　有序结构中的位错（虚线表示反向畴界）

（2）应变强化　由于溶质和溶剂原子的大小有差异，有序化使近邻原子种类发生变化外，还使原子间距也发生变化。这样，就有可能在点阵中产生一定的弹性畸变场，这些弹性畸变场和位错有一定的交互作用，对位错运动有一定的阻碍作用，从而使合金产生了强化效应。

8.4.4　无序-有序转变对性能的影响

8.4.4.1　物理性能

当固溶体有序化后，合金中异类原子间的结合力增强。其中，电子的结合也比无序状态要强，所以使合金的导电自由电子数减少，在宏观上表现为电阻率增大。因此，电阻对结构的有序化非常敏感。有序化程度愈大，合金的电阻降低得愈多。因此，利用电阻值变化这特性可以来衡量有秩化程度和有序化速度。由于有序化程度与合金成分理想配比的偏离大小有关，所以电阻与成分之间的关系有图 8.33 的形式[27]。由图可知，在成分接近 Cu_3Au 及 $CuAu$ 时，有序化最完整，电阻值最小，偏离此配比时，合金的电阻增大。

有序化对合金的磁性也有影响。许多合金在无序状态时并不具有铁磁性，而在有序状态时具有铁磁性。例如，Ni_3Mn 合金在无序状态为顺磁性，在有序态时则呈铁磁性，其磁饱和比纯镍还大。图 8.34 表示了有序的 Ni_3Mn 合金铁磁性受形变影响的情况[27]。形变破坏了结构的长程有序，铁磁性（磁饱和）降低。另外也可知，高温淬火保留无序状态的合金具有低的磁饱和值。

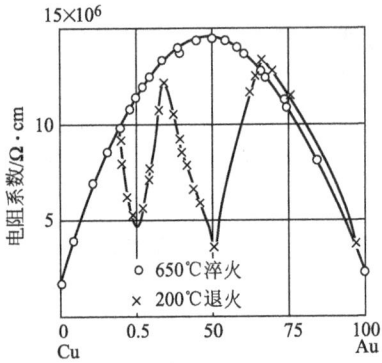

图 8.33　成分对 Cu-Au 合金电阻的影响

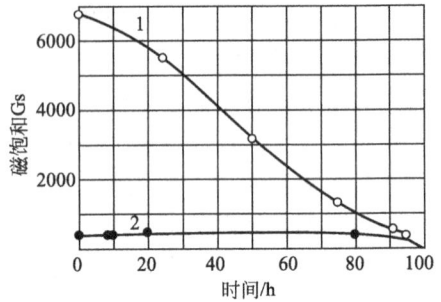

图 8.34　Ni$_3$Mn 合金的磁饱和值
1—420℃回火；2—高温淬火

8.4.4.2　力学性能

合金的有序化状态对合金的力学性能有较大的影响。一般情况，合金由无序状态转变为有序状态时，合金的屈服强度、硬度等强度性能得到提高，在达到一定的有序化程度时，硬

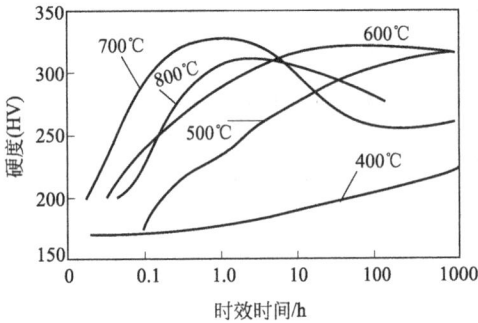

图 8.35　CoPt 合金时效硬化曲线

度等性能可达到最大值。此后，有序化程度增加，强度性能又重新下降，当完全有序化时，强度性能处于较低的数值。例如，CoPt 合金的有序化临界温度 T_c 为 834℃，图 8.35 为 CoPt 合金时效硬化曲线[27]。由图可知，CoPt 合金淬火后在不同时效温度下，随着时间的延长，合金的有序化程度不断增大，硬度发生不同的变化。基本上在 600℃ 以下，随时效时间的延长，合金的硬度不断提高；但在 700℃ 和 800℃ 的时效温度下，随时间的延长，硬度先升高，到一定程度后，随时间的延长又开始下降。

有序化对合金的弹性有影响。在 Cu$_3$Au 合金中的实验结果表明，合金有序化后提高了合金的杨氏模量。

本 章 小 结

和钢铁材料的高温加热奥氏体化过程相比，许多非铁合金的高温加热过程没有同素异构转变，因此也就没有重结晶过程，不能靠重结晶过程来细化晶粒。没有同素异构转变的非铁合金，其高温加热固溶处理主要是第二相的溶解和晶粒长大等演化过程，如铝合金、铜合金等。固溶处理的基本原则是既要防止过烧和又能使强化相最大限度地溶入固溶体中。

大部分钛合金在高温加热淬火时具有同素异构转变。在工业用钛合金中，($\alpha+\beta$) 合金和 β 合金都可进行淬火-时效热处理使之强化。含 β 相稳定化元素的钛合金淬火时，随合金成分和加热温度的不同，淬火后的相组成也不相同。当合金中 β 相稳定化元素较少时，β 相快冷淬火可发生体心立方 β 向密排六方晶体（$\beta \rightarrow \alpha'$）的马氏体转变，$\alpha'$ 马氏体有位错型板条状和孪晶型针状两种组织形态。和钢铁材料一样，钛合金中马氏体转变也是在一定温度范围进行的。

图 8.36 归纳了非铁合金固溶处理、调幅分解和有序化转变的要点。

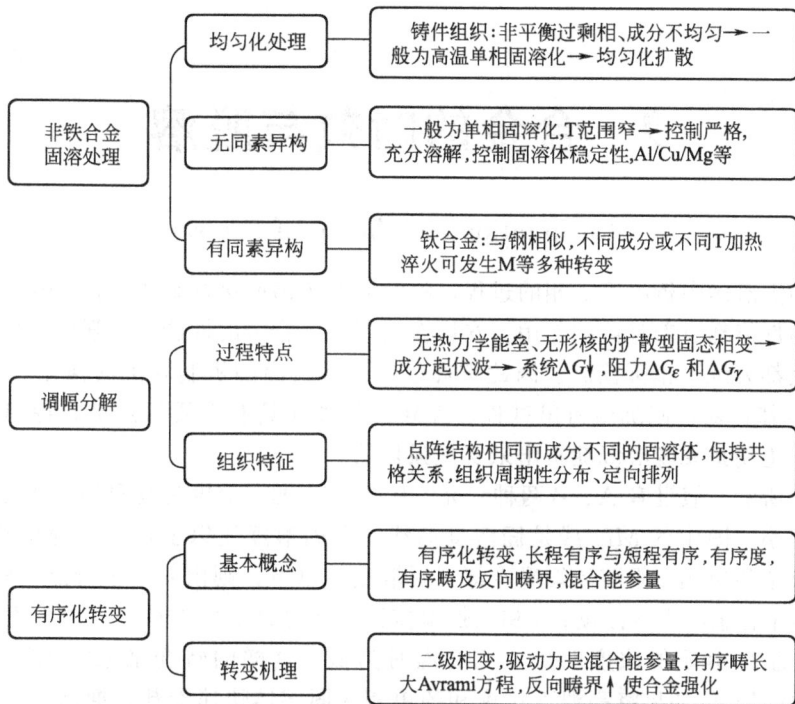

图 8.36 非铁合金固溶处理、调幅分解和有序化转变的要点

调幅分解是指高温固溶体在一定低温时将分解成两个点阵结构相同而成分不同的固溶体的相变现象。调幅分解属于连续型相变，是一种无热力学能垒、无形核的固态相变。调幅分解过程是由原子的上坡扩散所控制的，主要取决于原子扩散系数和波长 λ。调幅分解的组织特征是均匀而弥散，呈周期性分布，可提高合金的屈服强度。

固溶体中当异类原子的键结合能大于同类原子的键结合能时，在有序化临界温度下有可能会发生有序化转变。有序化有长程有序与短程有序两种。有序化过程也像晶粒长大一样，先形成有序核心，然后靠畴界的移动长大到彼此相遇。有序畴也可以聚集、粗化和合并。合金由无序状态转变为有序状态时，合金的屈服强度、硬度等强度性能得到提高，电阻、磁性等物理性能也会发生变化。

思考题与习题

8-1　非铁合金均匀化退火的目的是什么？

8-2　什么叫固溶处理？

8-3　非铁合金固溶处理加热温度和保温时间的确定原则是什么？

8-4　如何确定或选择非铁合金固溶处理后的冷却速度？

8-5　什么叫调幅分解？它与脱溶分解有什么异同点？

8-6　调幅分解在热力学上无能垒，但实际转变过程中有阻力，试分析。

8-7　什么样的合金才能发生调幅分解？调幅分解有什么应用？

8-8　试分析调幅分解过程中发生上坡扩散的原因。

8-9　什么叫有序-无序转变？简述有序化的机理。

8-10　试分析发生有序-无序转变的条件，并说明有序-无序转变的驱动力和阻力。

8-11　有序化对合金性能有什么影响？

8-12　试分析合金有序化强化的本质。

9 合金的时效与脱溶

(Precipitation and Aging of Alooy)

从过饱和固溶体中析出第二相的过程，称为脱溶析出或沉淀析出（precipitation）。沉淀析出对合金的性能都有着直接的作用。在许多情况下，合金的性能，如强度、韧度、耐磨性等，在本质上都为沉淀相所控制。因此掌握合金脱溶析出的机制和沉淀强化（precipitation hardening）规律，对控制沉淀析出过程、提高材料性能具有重要的意义。特别是对许多非铁合金来说，主要是靠脱溶沉淀析出来实现强化的。

如图9.1所示，假设有A、B两种组元，B在A中的固溶度是有限的，并且固溶度随温度的降低而变小。图中的 MN 线是固溶度曲线。在固溶度线以上，合金为单相 α 固溶体。如果将这种合金的单相 α 固溶体缓慢冷却到固溶度线以下，则由 α 相中析出 β 相。β 相中的B溶质浓度高于合金的平均浓度；α 相仍然保持原来的晶体点阵结构，即没有发生同素异构转变；α 相中含B溶质的浓度明显要比高温时为低。这样的转变结果得到了平衡状态的"$\alpha+\beta$"两相组织。但如果将高温下过饱和的单相 α 固溶体快速冷却，抑制了溶质原子的析出，以至于在室温下获得了过饱和的固溶体，这就是前面介绍的固溶（淬火）处理。

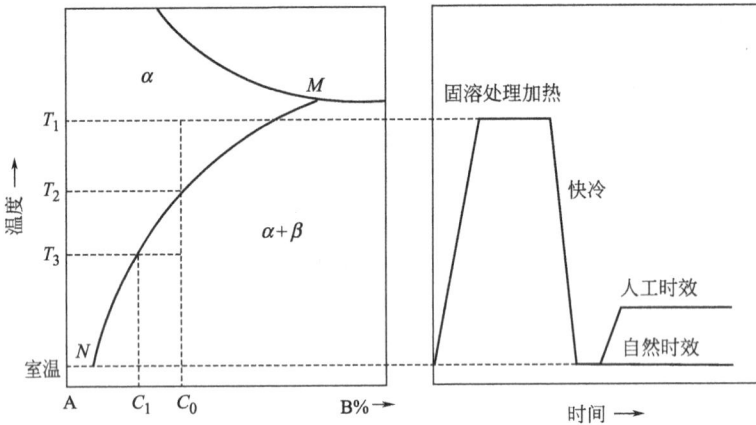

图9.1　固溶处理与时效处理的工艺过程

非铁合金在高温固溶处理后，得到了过饱和固溶体（super-saturated solid solution）。这种过饱和固溶体在低于固溶处理温度的条件下在热力学上是不稳定的，具有自发析出溶质原子的趋势。一旦具备了析出条件，都会从固溶体中脱溶出结构与成分均不同的第二相。一般意义上的沉淀析出是指某些合金的过饱和固溶体在室温下放置或加热到一定温度，溶质原子在固溶体中的一定区域内聚集或形成第二相的现象，产生这种沉淀析出现象的工艺一般称为时效。在时效析出过程中，合金的力学性能、物理性能等会发生变化。通常，在析出过程中，合金的硬度、强度会得到提高，因此这种时效现象常称为时效硬化或时效强化，又称为沉淀强化或沉淀硬化。

时效处理如采用在室温下放置一段时间进行的，称为自然时效（natural aging）或室温时效；如采用再加热到一定温度保持一定时间的方式，则称为人工时效（artificial aging）（如图 9.1）。

当然，在工程技术领域，时效这术语用得非常广泛。它泛指在经过一定的时间后，材料（工件）的性能、外形、尺寸等发生变化的一切现象。

9.1 脱溶过程析出物组织特征

9.1.1 各种脱溶相结构特征

9.1.1.1 原子偏聚区（GP区）

1938 年由盖尼尔和普莱斯顿（A. Guinier 和 G. D. Preston）各自独立地研究发现，Al-Cu 合金单晶经自然时效后在 X 射线衍射劳厄照片上出现了异常的衍射条纹。他们认为，这是在基体固溶体的 [100] 晶面上偏聚了一些铜原子，构成了富铜的薄圆盘状。为了纪念这两位发现者，称这种原子偏聚区为 GP 区。现在，GP 区是指所有合金中预脱溶的原子偏聚区。

GP 区晶体结构与基体相同，由于富集了溶质原子，所以点阵常数有所改变。GP 区与基体完全共格，界面能很小。但由于溶剂和溶质原子大小的不同，可能会产生较大的共格应变，形成弹性畸变场。从结构角度来说，一般认为 GP 区不是一种真正的脱溶相，是预脱溶期产物。但是从热力学角度来说，有自己在固溶体中的溶解度曲线，能长期稳定存在，也可发生聚集长大，因此也有人认为它也是一种特殊的亚稳定脱溶相。GP 区尺寸大小与时效温度有关，在一定温度范围内，GP 区尺寸随温度升高而增大。GP 区的形状主要取决于共格应变能。组元原子半径差不同的系统，所产生的应变能不同，因此 GP 区形状也不同。图 9.2 是格罗尔德（V Gerold）在

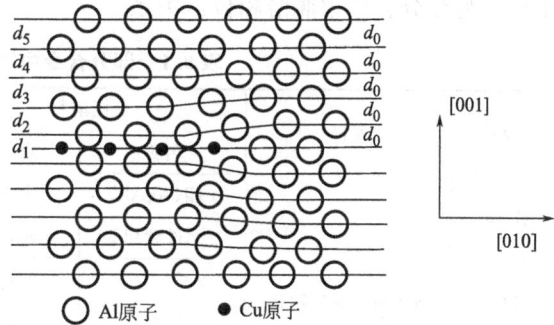

图 9.2　Al-Cu 合金 GP 区模型示意

1954 年提出的 GP 区结构右半边横截面的模型。当一层铜原子偏聚在（001）面上时，由于铜原子半径小于铝原子半径，所以附近的铝原子晶格点阵必然要发生畸变，两边近邻的铝原子层间距沿着 [001] 方向收缩，次近邻各原子层间距也将有不同程度的收缩。

不同的合金系，GP 区形状也可能会不同，GP 区的结构也是复杂多样的。对于上述的 Al-Cu 合金系，GP 区形状呈薄圆盘状。在 Al-Ag 合金系中，在小于 100℃ 的短时时效后，在劳厄照片上出现的是正常斑点周围漫散的衍射，说明 GP 区为球形，而且在时效过程中逐渐长大。经分析，Al-Ag 合金系 GP 区中的成分分布是不均匀的，GP 区球的中间是含银量比平均值高很多的富银区。

GP 区的形核、长大需要原子的扩散，另外 GP 区的形成速率还与固溶体中的空位浓度有关。空位浓度直接影响了原子的扩散，因此可以由溶质原子的扩散速率来估计 GP 区的形成速率。

9.1.1.2 过渡相

不同合金系在时效过程中所产生的过渡相（transitional phase）是不同的。过渡相与基体固溶体可能具有相同的点阵结构，也可能不同。过渡相一般都和基体保持有完全共格或部

分共格的晶体学关系。与 GP 区相比，显然在结构上与基体的差别更大，所以过渡相的形核功比 GP 区大得多。如果是独立形核，则过渡相往往在晶界、位错、层错和空位团等处不均匀形核，以降低应变能和界面能。此外，过渡相也可以在 GP 区中形成。

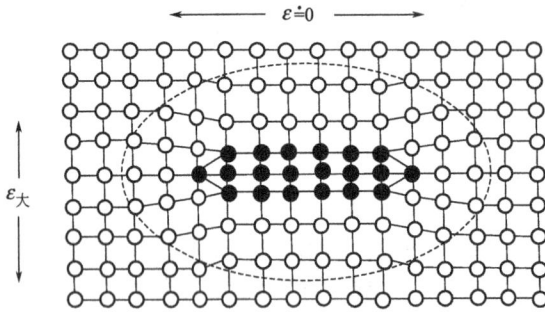

图 9.3　一个共格的圆片状新相 θ'' 所产生的畸变场[29]

过渡相形状主要受合金系中界面能和应变能综合作用的影响。另外，扩散过程的方向性和晶核长大的各向异性也可使某些过渡相具有复杂的形状。在 Al-Cu 合金中，除了 GP 区还有 θ''、θ' 两种过渡相。θ'' 均匀地分布于基体中，且与基体完全共格，在 θ'' 相周围的基体中产生较大的共格应变，如图 9.3 所示。图 9.3 示意地表示了一个共格的圆片状新相的畸变场，很明显，对于与基体完全共格的薄圆盘状过渡相，在平行于片面方向的错配度较小，在垂直于片面方向的错配度最大。

9.1.1.3　稳定相

在更高温度或更长的保温时间下，过饱和固溶体会析出平衡相。平衡相成分与结构基本上是处于平衡状态，一般与基体无共格界面的结合，但也可能存在一定的晶体学关系。表 9.1 所列为部分合金中脱溶相位向关系。

表 9.1　部分合金中脱溶相位向关系

合金系	基体	脱溶相		位向关系
		名称	点阵结构	
Al-Ag		γ 相($AgAl_2$)	密排六方	$(111)_\alpha /\!/ (0001)_\gamma$；$[110]_\alpha /\!/ [11\bar{2}0]_\gamma$
		γ' 过渡相	密排六方	$(111)_\alpha /\!/ (0001)_\gamma$；$[110]_\alpha /\!/ [11\bar{2}0]_\gamma$
Al-Cu	面心立方 α 固溶体	θ($CuAl_2$)	正方	$(100)_\alpha /\!/ (001)_\theta$；$[120]_\alpha /\!/ [010]_\theta$
		θ' 过渡相	正方	$(100)_\alpha /\!/ (001)_{\theta'}$；$[120]_\alpha /\!/ [010]_{\theta'}$
Cu-Be		γ 相(CsCl 型)	立方	GP 区在(100)　γ 相位向：$(100)_\alpha /\!/ (100)_\gamma$；$[100]_\alpha /\!/ [010]_\gamma$

平衡相形核往往是不均匀的，因为界面能比较高，所以优先在晶界或其他晶体缺陷处形核，以减小形核功。

9.1.2　各种脱溶相的形状

合金时效时从固溶体中析出的沉淀相主要有薄片状（一般为圆盘状）、等轴状（一般为球形或立方体）及针状等形状。

沉淀相的形状主要取决于界面能和应变能两个因素。以球形为代表的等轴状沉淀相具有最小的界面能，而薄片状沉淀相具有最小的应变能。

为了说明界面上的点阵匹配程度，可引入错配度 δ。如第 1 章所叙述，见式（1.19）所列。

一般情况下，完全及部分共格脱溶相在相界面上连续过渡，所以弹性应变由界面附近的基体可能会扩展到脱溶相内部，两相晶格错配度 δ 愈大，则应变能也愈大。随着应变能的增大，界面上共格关系的程度将不断降低。这就需要在界面上产生一些位错，以便调节界面关

210

系，降低界面的应变能。δ 很大时，只能形成非共格界面。

假定将各种不同形状的新相看作旋转椭球体，如图 9.4 所示，a 表示旋转椭球体的赤道直径，c 为旋转轴两极间的距离，则其比值 c/a 可反映旋转椭球体的具体形状。当 $c \ll a$ 时为圆盘（片）状；$c \gg a$ 时为圆棒（针）状；$c=a$ 时为球（等轴）状。图 9.4 示意地给出了新相粒子的几何形状（c/a）对因比体积差而产生的应变能（相对值）的影响。显然，新相为球状时应变能最大，新相为圆盘状时应变能最小。表 9.2 列出了部分合金系中 GP 区形状与原子半径差之间的关系。

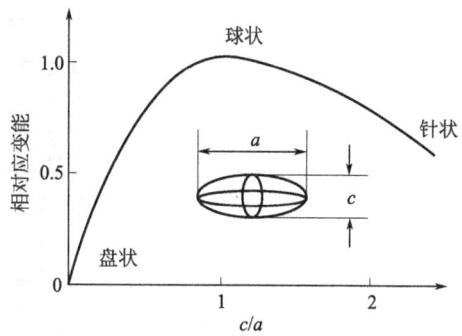

图 9.4　新相粒子形状（c/a）
与相对应变能的关系

表 9.2　部分合金系中 GP 区形状与原子半径差

合金系	原子半径差 $\Delta r/\%$	GP 区形状
Al-Ag	+0.7	
Al-Zn	−1.9	球形
Al-Zn-Mg	+2.6	
Cu-Co	−2.8	
Al-Cu	−11.8	圆盘状
Cu-Be	−8.8	
Al-Mg-Si	2.5	针状
Al-Cu-Mg	−6.5	

两相间因比体积差及弹性畸变而引起的应变能对形核、长大以及新相的形状都是有影响的。不同析出相究竟以什么界面性质和形状存在，遵循自然界基本的最小自由能原理。脱溶相形状主要取决于单位体积应变能 G_ε 和单位面积界面能 $\sigma_{\alpha\beta}$，当然还有各向异性等因素的影响。脱溶相形状应符合最小自由能原理，见式（1.23）所列。

9.1.3　Al-Cu 合金的脱溶相

图 9.5 给出了 Al-Cu 合金各种脱溶相的晶体结构。作为对比，还给出了 FCC 基体的晶体结构。由图可知，含 4.5%Cu 的铝合金，母相 α 固溶体为 FCC 结构，点阵常数 $a=b=c=0.404$nm。Al-Cu 合金在时效过程中形成的各种脱溶相基本上有：铜原子富集的 GP 区、铜原子富集区有序化 θ'' 相、过渡相 θ' 和稳定 θ 相。

由电子显微镜已经测得，Al-Cu 合金的 GP 区是铜原子沿基体 {100} 晶面偏聚而形成的，偏聚区平均成分为 90%Cu。GP 区形状呈圆盘状，直径约 8nm，厚度约 0.4nm。GP 区均匀分布在 α 固溶体基体上，与母相晶体结构相同，且与母相保持完全共格关系。由于铜原子尺寸小而使 GP 区点阵产生弹性收缩，与周围基体形成共格应变区，产生了一定的点阵畸变。GP 区大小主要与温度有关，随温度的提高而增大。由室温到 150℃，GP 区直径由 5nm 左右增大到 50nm 左右，但厚度变化不大。Al-Cu 合金在 190℃ 以下时效所形成的 GP 区，在 200℃ 以上将瓦解，温度的分界点在 190～200℃。但当 Al-Cu 合金中含铜量减少时，形成 GP 区的温度上限将下降，见表 9.3 所列。

随着时效时间的延长，铜原子继续偏聚，GP 区进一步扩大并有序化，形成 θ''。θ'' 相也呈圆盘状，直径约 100nm，厚度约 2nm，点阵为正方结构，$a=b=0.404$nm，$c=0.768$nm。

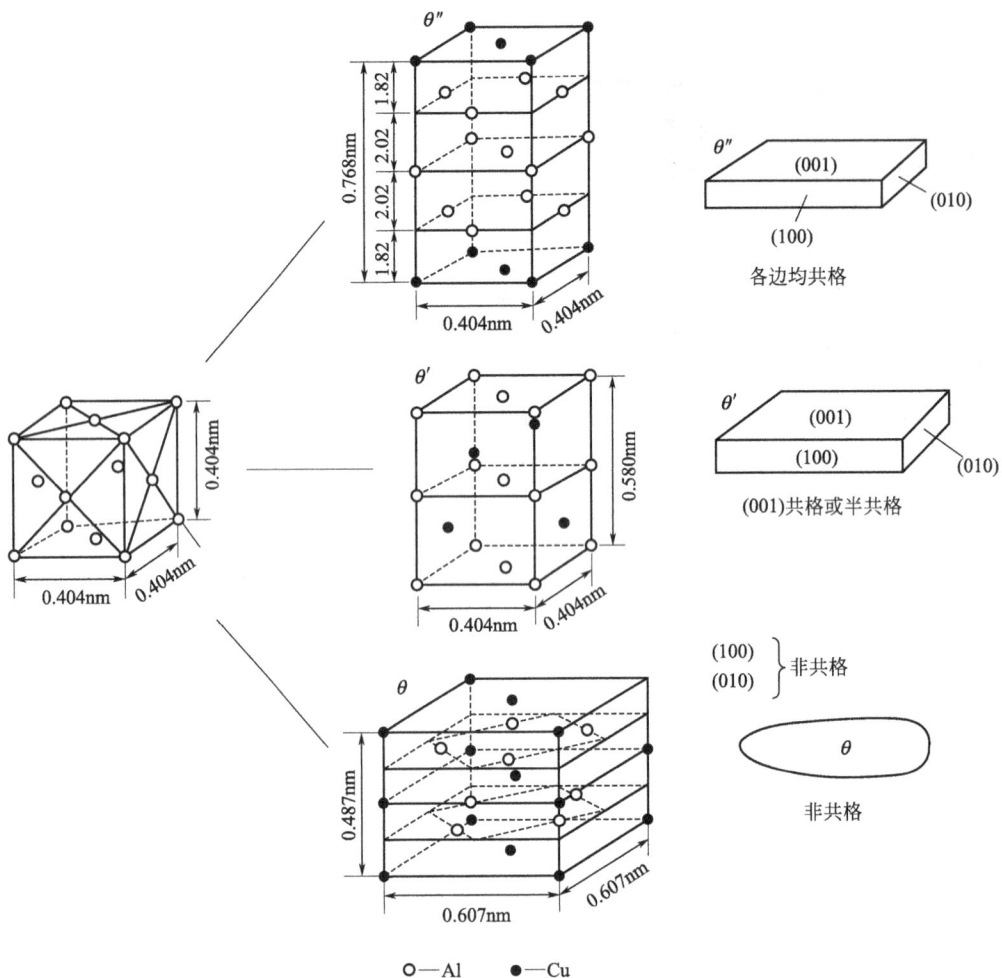

图 9.5　Al-Cu 合金各种脱溶相的晶体结构[21]

表 9.3　Al-Cu 合金系时效时首先析出的脱溶相[27]

时效温度/℃	2%Cu	3%Cu	4%Cu	4.5%Cu
110	GP 区	GP 区	GP 区	GP 区
130	θ'' 或 θ' 与 GP 区同时出现	GP 区	GP 区	GP 区
165		θ' 和少量 θ''	GP 区及 θ''	
190	θ'	θ 和很少量 θ''	θ'' 和少量 θ'	θ'' 和 GP 区
220	θ'		θ'	θ'
240			θ'	

θ'' 相的成分已接近 $CuAl_2$，并且仍然保持与母相的完全共格，但使周围的基体发生了更大的弹性畸变，从而对位错的阻止作用也进一步增大，因此时效强化效果也更大。

时效时间继续增加，θ'' 相将转变为 θ' 相。θ' 相呈圆片状，直径为 $100\sim500$nm。θ' 相也是正方点阵结构，$a=b=0.571$nm，$c=0.580$nm，成分近似 $CuAl_2$ 相。由于 θ' 相的点阵常数

发生了较大的变化，所以它与基体的共格关系开始破坏，逐步转变为半共格关系。因此，形成 θ' 相时，基体中的弹性畸变减小。这时合金的强度、硬度开始降低，处于过时效阶段。

最后，θ' 相从基体中完全脱溶而形成稳定的 θ 相 CuAl₂。θ 相仍为正方点阵结构，点阵常数为 $a=b=0.607\text{nm}$，$c=0.487\text{nm}$。θ 相能迅速长大成块状，尺寸可达到微米级。θ 相与母相为非共格关系，基体的弹性畸变基本消失，这时合金的强度、硬度进一步下降。

GP 区、θ''、θ' 和 θ 四个相在 α 固溶体中的溶解度曲线如图 9.6 所示。对 Al-Cu 合金脱溶相结构的详细研究证实了上述规律，见表 9.3 所列。铝-铜二元合金的时效原理及一般规律，对于其他工业合金也是适用的。但

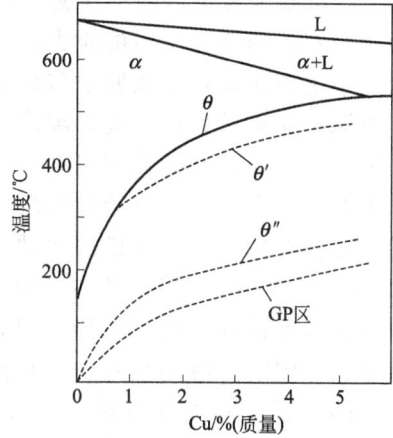

图 9.6　Al-Cu 合金系中四种沉淀相在 α 固溶体中的溶解度曲线[21]

是合金的种类不同，形成的 GP 区、过渡相以及最后析出的稳定相各不相同，时效强化效果也不一样。

9.2　脱溶过程中材料性能的变化

9.2.1　各类沉淀相的强化机理

根据合金强化理论，其本质是由于位错的运动受到不同程度的阻止后所产生的结果。对时效强化来说，强化的主要原因为：①沉淀析出物周围的基体相中存在弹性畸变场，和位错有交互作用，阻止了位错的运动；②较软的析出物是位错运动的障碍物，位错切过析出物，既消耗能量，又形成新界面，有效地抑制了位错的运动；③较硬的析出物使位错运动受阻，位错需绕过析出物才能向前继续运动，即发生所谓的 Orowan 机制而产生强化。

各类沉淀析出物的强化机制，所以不同合金系时效强化的原因也可能是不同的，其强化的程度也可能是有差别的。但对某一合金来说，往往是以某种强化因素为主。

9.2.1.1　弹性畸变强化

根据脱溶相与基体界面结构的性质，可将脱溶相分为完全共格、部分共格和非共格三种类型（图 9.7）。完全共格的两相，由于晶格常数的不同，所以在脱溶相周围的基体会发生弹性畸变，产生较大的弹性应变能。部分共格的脱溶相，所产生的应变能可能比完全共格的脱溶相要小，但是界面能却比较大。显然，非共格界面的应变能最小，而界面能为最大。

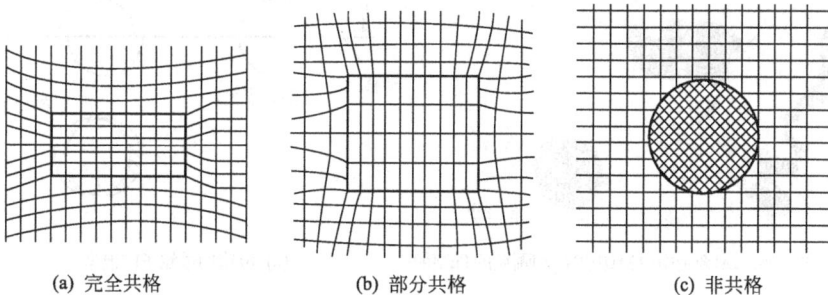

(a) 完全共格　　　　　　　(b) 部分共格　　　　　　　(c) 非共格

图 9.7　脱溶相与基体界面的关系（示意）[27]

溶质原子与位错间存在交互作用，主要原因是溶质原子在其周围基体产生了一定的弹性畸变，畸变与位错的应力场发生交互作用，从而升高或降低晶体中的弹性应变能，这一能量变化就是溶质原子与位错间的交互作用能[56]。当位错在这些晶体中运动或当溶质原子能扩散到这些应力场位置时，都会使溶质原子占据这种位置以降低体系能量。如果它们之间的相对位置发生变化，相应的交互作用能也将发生变化，即位错对溶质原子有作用力。如把位错和溶质原子分离则将要做功。如果能产生较大的弹性应变能，就可比较有效地阻止位错的运动，起强化的效应。例如 Al-Cu 合金中，时效过程中形成的 GP 区、θ'' 相，与基体保持了共格关系，所以其强化的原因主要归之于在基体周围产生的较强弹性畸变场对位错运动的阻碍作用。因为还没有从基体中脱溶出来，所以溶质原子还固溶在溶剂点阵中，但形成了溶质原子的偏聚区。由于溶质与溶剂的原子尺寸不同，溶质原子固溶在溶剂点阵中会产生点阵畸变应力场（如图 9.2 和图 9.3 所示），这些点阵畸变应力场与位错有交互作用，从而产生固溶强化效应。固溶强化效应可以由式（9.1）来描述：

$$\Delta\sigma \approx K_i C_i^n \tag{9.1}$$

式中，$\Delta\sigma$ 为强化增量；K_i 为固溶强化作用系数；C_i^n 为 i 溶质原子的浓度。对于置换式原子，$n=0.5 \sim 1.0$。

显然，偏聚区中溶质原子浓度愈高，固溶强化作用愈大。所以，这些高浓度溶质原子的偏聚区，就像单个原子固溶强化效应的叠加，就会在基体中产生了较大的弹性应变场。因此，GP 区或 θ'' 相产生的弹性畸变场实际上也可以说是固溶强化效应，只是相对于基体来说，GP 区或 θ'' 相不是连续的，在功能上类似于析出质点。

9.2.1.2 位错切过颗粒机制

沉淀析出相较软，位错运动经过沉淀析出相时，可能会以切过析出物的方式通过，如图 9.8 所示。位错切过粒子的过程中，要克服粒子周围基体中存在的应力场；由于将粒子切成两部分而作功，消耗了较大的能量；位错切过粒子后，粒子会沿滑移面上下错开，产生了新的界面，也需要消耗能量。因此有效地阻止了位错运动，产生了强化。位错切过机制对强化的贡献可简化表示为：

$$\Delta\sigma \approx \beta \cdot \sqrt{fr} \tag{9.2}$$

式中，f 为粒子体积分数；r 为粒子半径；β 为切过机制中位错与粒子的交互作用参数。由此可知，当粒子体积分数一定时，粒子愈细小，强化效果愈大；当粒子大小一定时，体积分数愈大，强化效果也愈大。

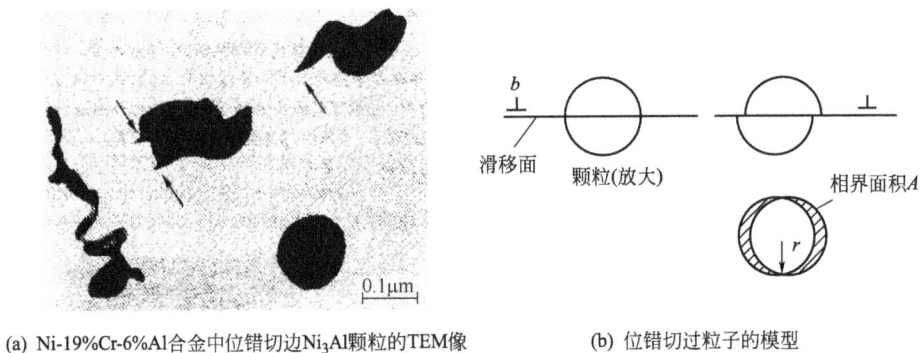

(a) Ni-19%Cr-6%Al合金中位错切切边Ni$_3$Al颗粒的TEM像　　　　(b) 位错切过粒子的模型

图 9.8　位错切过第二相颗粒机制[21]

9.2.1.3　位错绕过颗粒机制

当第二相粒子尺寸较大、强度较高，并与基体共格时，位错线难以切过粒子。位错线运动至粒子处受阻而发生弯曲，最后绕过粒子并在粒子周围留下了一个位错环，图9.9(a)示意地描述了位错绕过颗粒机制，图9.9(b)为位错绕过黄铜中Al_2O_3粒子后在粒子周围形成了位错环的透射电镜照片。

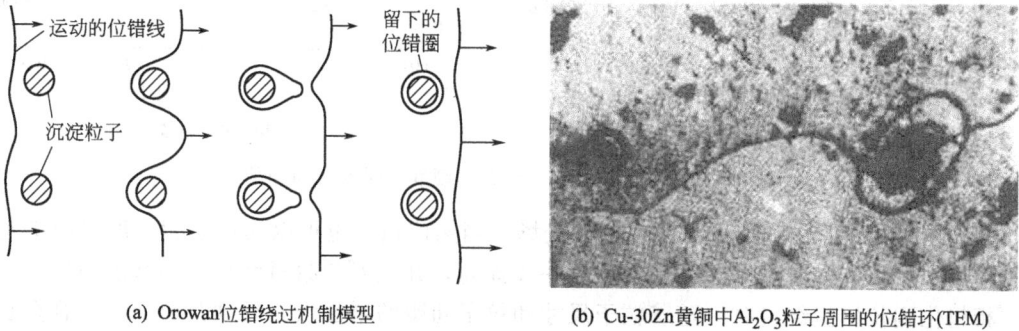

(a) Orowan位错绕过机制模型　　　　(b) Cu-30Zn黄铜中Al_2O_3粒子周围的位错环(TEM)

图9.9　位错绕过第二相颗粒机制[55]

由于位错线具有一定的线张力，如将其弯曲，必须克服线张力而做功，从而导致外应力的增加。这就是Orowan位错绕过机制。它所引起的强化增量可表示为：

$$\Delta\sigma \approx \alpha f^{1/2} r^{-1} \tag{9.3}$$

式中，α为绕过颗粒机制中位错与粒子的交互作用参数。

显然，粒子半径r愈小，强化效果愈大；当粒子半径一定时，体积分数f愈大，强化效果也愈大。如位错不断地增殖，不断地绕过粒子，位错圈会不断增多，使粒子间的有效间距变小，会导致强化效应增加。另外，粒子形状对强化效果也有影响。当粒子体积分数相同时，棒状和板状粒子大约是球形粒子强化作用的2倍。

9.2.2　硬度的变化规律

图9.10是不同含铜量的Al-Cu合金在130℃和190℃温度下时效后硬度与时间的关系曲线。从图中可以总结出如下的规律。

① 在130℃时效过程中，GP区形成后硬度上升，然后达到稳定。长时间时效后GP区溶解，θ''相形成使硬度又重新上升。当θ''相溶解而形成θ'相时，硬度开始下降。

② θ'相后期已过时效，开始软化。故在一定时效温度下，为获得最大时效强化效果，对应有一最佳时效时间。时间过长，硬度快速下降的现象称为过时效。

③ 硬度随铜含量的增加而上升，说明沉淀相数量对时效强化效果有明显的作用。各条曲线（除了含铜量2%的合金）的硬度峰值与合金含铜量基本上成正比。

④ 含铜量2%的合金时效时未测出GP区，至少说明GP区的量很少。

⑤ 与130℃时效过程相比，在190℃时效过程中，GP区消失，硬度明显下降，过时效的时间也明显缩短。因此，时效沉淀强化效果与合金的成分、时效的温度和时间有密切的关系。

根据上述沉淀粒子强化机制，可以解释图9.10所示的Al-Cu合金时效硬化的变化规律。时效初期形成的GP区与母相保持共格关系，产生了一定的弹性畸变场，再加上位错的切过机制，使硬度显著升。GP区数量愈多，硬度上升愈大，当达到一定程度时，硬度不再增加，出现了一个平台。继而形成的θ''相也与基体保持共格关系，也还没有从基体中脱溶出

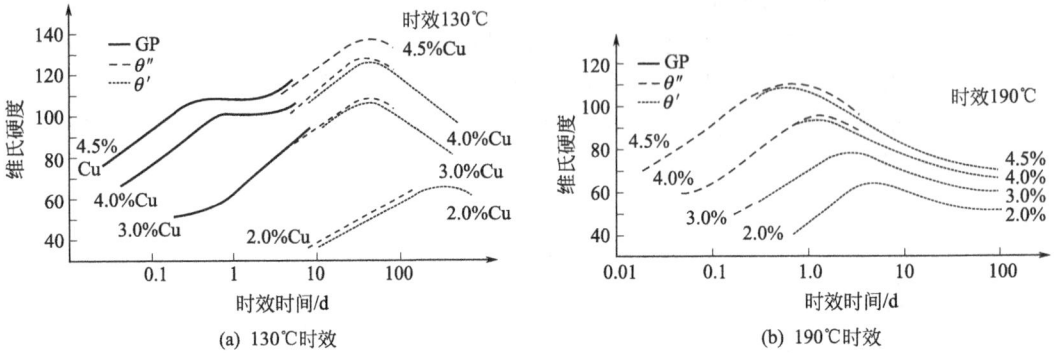

图 9.10 不同含铜量的 Al-Cu 合金的硬度与时效时间的关系[21]

来，其周围形成了比 GP 区更强的弹性畸变场，当然位错线也可以切过 θ'' 相。所以时效过程中沉淀出 θ'' 相后，使合金的硬度和强度进一步提高，并随 θ'' 相数量和尺寸的增加而增大。但当 θ'' 相粗化到位错能绕过时，随着粒子尺寸和粒子间距的增加大，硬度开始下降。合金在时效时析出的 θ' 相，强化的主要因素是 Orowan 机制。由于 θ' 相与基体是半共格关系，弹性畸变场相对于 θ'' 相较弱；且 θ' 相形成后粗化较快，尺寸较大，互相之间的距离较大，位错较易绕过。所以，θ' 相析出不久，硬度即开始下降，出现了过时效现象。当位错绕过后会在 θ' 相周围不断形成位错环，使后续的位错运动变得越来越困难，所以加工硬化率就变得较高。当稳定的平衡 θ 相析出后，只能使硬度不断降低。

在 Al-Cu 合金中，含铜量高（一般接近固溶体的溶解度极限）、时效温度低、时间适中，可取得高的强化效果。在含铜量大于 3% 的 Al-Cu 合金中，在硬度-时间关系曲线上会出现两个硬度峰值，即所谓的双硬度峰值。在其他一些时效型合金中，甚至会出现多硬度峰值。对于多元合金，例如 Co-Fe-V 系合金，产生多硬度峰值的原因，可能是由于不同时间里析出几种不同的 GP 区、过渡相以至平衡相的缘故。对于二元合金，原因可能是：①由于某一析出过程可以分为明显的不同阶段，每个阶段的结构变化都可引起一个硬度峰值；②由于发生局部析出和连续析出的时间先后不同，由这两种析出所产生的硬化也出现得有先后。

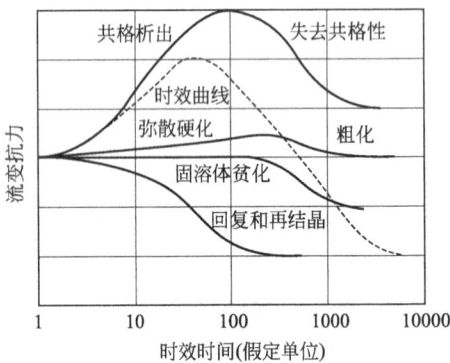

图 9.11 影响析出过程硬度变化的因素[17]

人工时效或温时效是在较高温度下进行的，其温度-时间关系曲线可分为孕育期、硬化期和软化期三个阶段。曲线上一般都有一个极大值，表示该合金成分在这一温度下时效硬化的最佳时间。软化期也称为过时效，一般工业生产中是应避免的。温度愈高，出现极大值或开始出现过时效的时间愈短。时效的效果是多方面因素综合影响的结果。主要因素为：①固溶体的贫化；②基体相的回复与再结晶；③弥散沉淀强化；④由于共格析出物产生的畸变硬化。前两个因素使合金的硬度降低，后两个因素起了硬化的作用。在一般情况下，第四个方面的因素是产生时效硬化的主要原因。图 9.11 示意地说明了四个方面因素影响析出过程硬度变化的情况和综合作用下的时效曲线。

9.2.3 电阻的变化

处于固溶态的金属，其全部或大部分的原子将它们的电子贡献出来为所有的金属离子所

216

共有，共有化的电子可以在金属离子之间相当自由地运动。金属电阻值的大小与共有电子运动的难易程度有关。凡是阻止共有电子运动的因素都会使金属的电阻值增大。

析出过程中的电阻值变化与下列因素有关。

（1）固溶体的贫化 溶质原子向析出物偏聚时，基体中的溶质浓度就会降低，这就使共有电子运动的阻力减小，从而使电阻值也减小。

（2）内应力的存在 系统中存在内应力，可使点阵发生畸变，从而使共有电子运动变得较困难，结果使电阻增大。在析出过程中，一般以完全共格和部分共格的析出物所产生的内应力（即弹性畸变场）比较大。

（3）回复和再结晶 合金系经过回复和再结晶过程后，合金的电阻减小。因为合金系经回复和再结晶后，内应力和晶体缺陷明显减少，从而使电阻值减小。

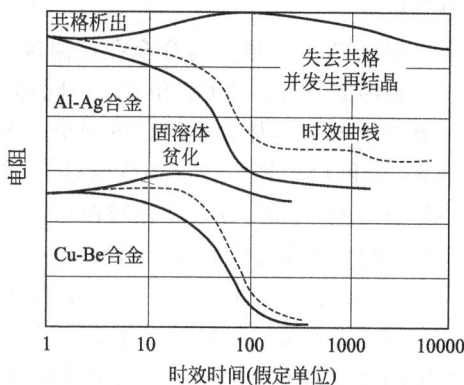

图 9.12 三个方面因素影响析出过程电阻变化[17]

图 9.12 表示了固溶体的贫化、共格应力和回复和再结晶三个方面因素影响析出过程电阻变化的情况和综合作用的时效曲线。

9.3 脱溶过程热力学和动力学

9.3.1 脱溶过程热力学

合金过饱和固溶体的脱溶析出符合固态相变的一般规律，也是通过形核、长大进行的。脱溶析出的驱动力也是新相与母相之间的化学自由能差，脱溶析出的阻力是形成脱溶相的界面能和应变能。在转变驱动力和阻力的综合作用下，脱溶过程中析出相有一定的规律，也就是脱溶贯序（precipitation sequence）。

因为 Al-Cu 合金的脱溶析出过程研究最早、也最系统，所以以 Al-Cu 合金系为典型例子介绍合金过饱和固溶体的脱溶析出过程。图 9.13 示意地给出了 Al-Cu 合金在某一温度下脱溶时各阶段的化学自由能与成分的关系。由前面的分析可知，Al-Cu 合金可能的脱溶产物

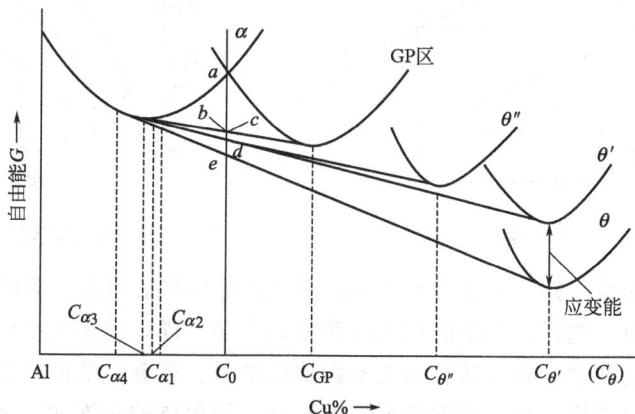

图 9.13 Al-Cu 系合金沉淀过程各阶段在某一等温温度下自由能-成分关系示意[15]

和顺序为：GP 区→θ'' 相→θ' 相→θ 相。在这四种不同的析出相中，稳定 θ 相的自由能为最低。从热力学角度，系统中析出 θ 相是最有利的，但事实上析出过程并非如此。下面我们作简要分析。

由图可知，C_0 成分的合金在该温度下形成 GP 区时，可用公切线法确定基体 α 固溶体和脱溶相的成分分别为 $C_{\alpha 1}$ 和 C_{GP}；同理，形成 θ'' 相时，基体和脱溶相的成分分别为 $C_{\alpha 2}$ 和 $C_{\theta''}$；形成 θ' 相时基体和脱溶相的成分分别为 $C_{\alpha 3}$ 和 $C_{\theta'}$；最后形成稳定相 θ 时，它们的成分分别为 $C_{\alpha 4}$ 和 C_θ。图中各公切线与过 C_0 的垂线的交点 b、c、d 和 e 分别代表 C_0 成分 α 固溶体中形成 GP 区、θ''、θ' 和 θ 相时两相的系统自由能。采用图解法可得到形成 GP 区、θ''、θ' 和 θ 相时的相变驱动力，分别为 $\Delta G_1 = a - b$，$\Delta G_2 = a - c$，$\Delta G_3 = a - d$，$\Delta G_4 = a - e$。由图可见，$\Delta G_1 < \Delta G_2 < \Delta G_3 < \Delta G_4$，这说明了形成 GP 区时的相变驱动力最小，而析出平衡相 θ 的相变驱动力最大。虽然析出平衡相 θ 的相变驱动力最大，但形成新相还需要克服界面能和应变能的相变阻力。由于 θ 相与基体呈非共格关系，形核和长大时的界面能较大，在一定时效温度范围的条件下，其相变驱动力还不足以克服各种相变阻力，所以不易直接从 α 固溶体中析出。而 GP 区和 θ'' 相与基体完全共格，形核和长大时的界面能较小，GP 区和 θ'' 相与基体间的成分差别也较小，所以比较容易通过扩散形核长大。因此，一般情况下过饱和固溶体脱溶时首先形成 GP 区和 θ'' 相。

9.3.2　脱溶析出过程动力学

9.3.2.1　等温析出动力学

合金过饱和固溶体的脱溶过程驱动力是新相和母相间的化学自由能差。脱溶过程是通过原子的扩散来进行的。因此，非铁合金的固溶体脱溶与铁合金中珠光体等转变一样，其动力学曲线也呈 "C" 曲线特征，如图 9.14 所示。图中，GP、β' 和 β 分别代表 GP 区、过渡相和平衡相；T_{GP}、$T_{\beta'}$、T_β 分别表示 GP 区、过渡相 β' 和平衡相 β 完全固溶的最低温度（图 9.15）；t_{GP}、$t_{\beta'}$、t_β 分别表示在 T_1 温度下开始形成 GP 区、过渡相 β' 和平衡相 β 所需的时间。

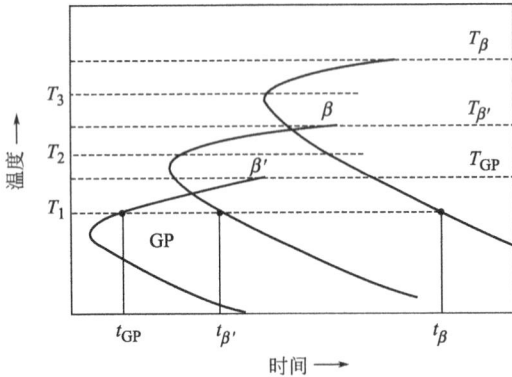

图 9.14　等温脱溶过程 C 曲线示意图[15]　　　　图 9.15　脱溶相固溶度曲线示意图

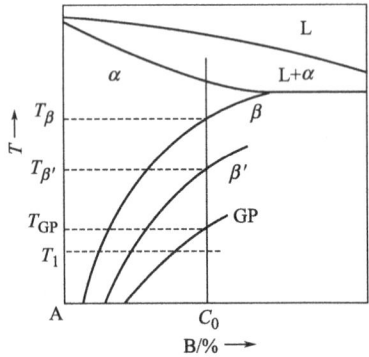

从等温析出的曲线可知，无论是 GP 区，还是过渡相和平衡相，都是先要经过一定的孕育期后才能开始形成。同样，和钢的珠光体转变动力学一样，曲线上所谓的 "鼻子" 区。这是因为析出速度是受两个互相矛盾着的因素影响的结果。随着时效温度的升高，由于原子扩散速率增大，使析出速度加快；但随着温度的升高，固溶体的过饱和度不断减小，临界晶核尺寸增大，使析出速度减慢。

在较低温度时效时，例如 T_1 （图 9.14）温度，在开始形成 GP 区后，再经一段时间后才析出 β' 相，然后再析出 β 相。当时效温度高于 GP 区完全固溶的最低温度 T_{GP} 时，如 T_2 温度，仅形成 β' 过渡相和 β 平衡相。当时效温度高于 β' 完全固溶的最低温度 $T_{\beta'}$ 时，如 T_3，则仅析出 β 平衡相。因此，固溶体过饱和度愈小，析出过程的阶段或过渡相就愈少。由图 9.15 可知，在 T_1 温度时，在 GP 区固溶度线左侧的合金，固溶体过饱和度小，只形成 β' 过渡相和 β 平衡相；而溶质原子浓度更低（在过渡相 β' 固溶度线左侧）的合金，在 T_1 温度下仅析出 β 平衡相。

一般来说，合金固溶体沉淀析出相的临界晶核尺寸和临界形核功均随体积自由能差的增加而减小。因此，在等温时效时，随合金中溶质元素浓度的增加，或随着固溶体过饱和度的增加，析出相的临界晶核尺寸是减小的。而在相同的溶质

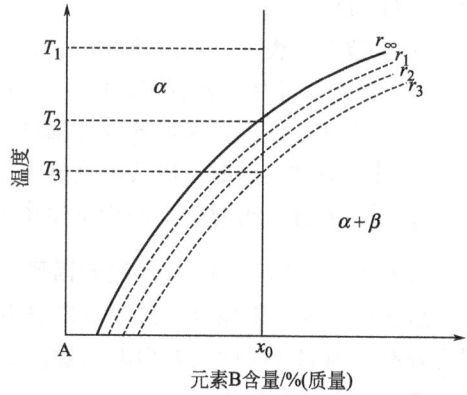

图 9.16 不同半径的 β 相在 α 相中的饱和度[3]

元素浓度时，随着等温温度的降低，由于固溶体过饱和度相对增加的原因，其临界晶核尺寸也是减小的。图 9.16 表示了不同半径（$r_\infty > r_1 > r_2 > r_3$）的 β 相粒子在固溶体中的过饱和度。在一定温度下，较大的粒子对基体具有较大的饱和度。如在 T_3 时，对半径 r_1 的粒子已具有一定的过饱和度，但对半径 r_3 的粒子却刚达到饱和度。

9.3.2.2 析出过程中的原子扩散

析出过程是一种扩散性相变，因此合金脱溶析出过程的动力学与扩散密切相关。

早期的研究发现，在 Al-Cu 合金中 GP 区的形成速度比从一般扩散数据计算出来的形成速度高 10^7 倍之多。在 2%Cu-Al 合金中研究发现，合金从 520℃ 固溶淬火至室温 27℃，根据实际 GP 区形成速度用扩散定律计算出，Cu 原子的扩散系数为 $D_1 = 2.8 \times 10^{-18} \, cm^2/s$。但由原子正常的扩散系数表达式计算得到 $D_2 = 2.3 \times 10^{-25} \, cm^2/s$，$D_1/D_2 = 1.2 \times 10^7$。在其他合金中，也有类似的结果。经研究提出了过剩空位学说，很好地解释了这一现象。

非铁合金中的溶质原子一般都为置换型原子，即一般合金经固溶处理后都形成了置换型的过饱和固溶体。而在高温下，过饱和固溶体中还存在着大量的空位缺陷。固溶淬火处理后，由于急冷至室温，保存了高温时的空位平衡浓度。这些过饱和空位在时效时加快了原子的扩散，因此在 GP 区形成时，Cu 原子是按空位机制进行扩散的，与正常固溶体中的扩散速率有很大的差异。空位扩散机制的原子扩散系数与空位扩散激活能及空位浓度有关。当固溶处理后的冷却速度足够快，在冷却过程中高温时的空位浓度未发生衰减时，原子的空位机制扩散系数可表示为：

$$D = D_0 \cdot \exp\left(-\frac{Q}{RT_A}\right) \cdot \exp\left(-\frac{E}{RT_H}\right) \tag{9.4}$$

式中，D_0 为扩散常数；R 是玻耳兹曼常数；Q 为空位扩散激活能；E 为空位形成能；T_A 是时效温度；T_H 是固溶处理温度。按照上式计算的结果与实测值基本符合。

支持过剩空位学说这一理论的论据是：

① Al 合金是置换型的，其体扩散主要是空位扩散机制；

② 固溶处理能保存高温时的过饱和空位，小试样可百分之百地保留，在低温及更低温度，空位仍然有迁移性；

③ 空位迁移的激活能与 GP 区形成的过程激活能相近，实验测得：Al-Cu 合金的 GP 区形成过程激活能为 46kJ/mol，而 Al 中的空位扩散激活能是 50kJ/mol；

④ 过剩空位增加的扩散速率与实际扩散系数相吻合，即 $N_V (520℃)/N_V (25℃) = 10^{8.1}$，$D_1/D_2 = 10^7$；

⑤ 空位在消失前，可跳跃 85 个原子间距。因为测得 GP 区间距为 8nm 左右，所以空位消失前能跳跃足够的距离使 GP 区形成；

⑥ 淬火速率越快，保留的空位浓度就越大，时效也越快；

⑦ 其他条件相同时，固溶温度越高，则空位浓度越大，GP 区形成速率也越快；

⑧ 回归处理后再时效，则析出速率变慢，因为经回归后空位浓度下降了。

9.3.3　影响沉淀析出过程的因素

应该说，凡是影响合金沉淀析出热力学和动力学的因素都影响了沉淀析出过程。影响因素主要有内因和外因两大方面的因素。如合金的成分、固溶处理工艺参数、淬火冷却速度、时效类型及工艺参数等。

9.3.3.1　合金成分的影响

在相同的时效温度下，合金的熔点越低，脱溶的速度越大。这是因为熔点越低的合金，原子之间的结合力就越弱，因此原子的活动性就越强。所以熔点低的合金，其时效温度应较低，如铝合金一般都在 200℃ 以下。而高熔点合金的时效温度应较高，如马氏体时效钢的时效温度一般都选在 500℃ 左右。

一般情况下，在不超过最大固溶度的条件下，随着固溶体过饱和度的增大，将加速时效析出过程，而且时效过程中的性能变化越来越显著。当溶质浓度超过最大固溶度时，时效后硬度增值可减小。

在实际应用的时效合金中，除了主要的合金元素外，往往还为了一定目的而加入一些其他的合金元素或冶炼时残留下来的杂质元素。这些元素虽然较少，但对合金的时效过程有时会产生较大的影响。它们的作用大致可分为三类[17]。

（1）降低溶质原子的扩散速率　例如在 Al-Cu 合金中，当加入 Cd、Sn、In 后就降低了 Cu 原子的扩散。因为 Cd、Sn、In 原子与空位的结合能大于 Cu 原子与空位的结合能，所以在固溶体淬火后，大部分的空位都与这些元素结合，这样 Cu 原子的扩散就变得较困难。

（2）提高过渡相的析出速率　在 Al-Cu 合金中，当加入 Cd、Sn、In 后，使 θ' 相的析出速率加快。有研究认为，这些元素被吸附在 θ' 相-基体的界面上，改变了界面结构，减小了界面能，从而使 θ' 相的临界晶核尺寸减小，在宏观上提高了 θ' 相的析出速率。

（3）增加析出物的弥散度　在 Al-Zn-Mg 合金中加入 Ag 元素后可使析出物的弥散度显著增加，并使无析出区消失，这对合金性能的提高是有利的。Al-Cu 合金中的 Cd 元素也有类似的效果。

9.3.3.2　固溶处理工艺的影响

一般来说，固溶处理加热温度愈高，保温时间愈长，合金中被溶解的相愈多，固溶体中的成分愈均匀，晶粒也愈粗大，在随后的时效处理时所表现出来的性能变化也愈显著。固溶处理加热温度高，在淬火快冷时能"冻结"保留下来的空位数量增加，从而在时效时增大了原子扩散速率，加快了沉淀相的析出过程。

固溶处理淬火的冷却速度影响也较大。许多合金，高温时的过饱和固溶体容易在冷却过程中发生部分析出，所以随后的时效处理效果将受到一定程度的影响。当然，在选择冷却速度时还要兼顾到其他方面的影响,如固溶处理后快冷淬火产生的热应力可能会导致工件的变形,甚至开裂。

9.3.3.3 时效参数及时效类型的影响

由前面的介绍,我们已经知道,时效处理的温度是一个很重要的因素。时效温度对析出过程动力学和合金在时效后的组织、性能都有很大的影响。与时效温度相比,时效保持的时间相对来说是一个次要因素。当然在人工时效过程中,也要控制时效时间,不能太长,以避免发生过时效。

在实际生产中,有时会采用两段时效的工艺,也称为分级时效(step aging)。所谓两段时效是先在某一等温温度进行第一次时效,接着再在另一等温温度下进行第二次时效。第一次时效往往都选择较低的温度(包括室温的自然时效),第二次时效采用较高的温度。第一次时效为预时效,以形成大量的 GP 区,其目的是在后续的时效过程中获得弥散度较大的析出相;第二次时效温度较高,许多过渡相是以前期的 GP 区为基础逐渐演化而形成的。因此,在第二次时效过程中,可以得到分布密度特别高的过渡相,固溶体沉淀析出达到足够的程度,并使析出相长成一定的尺寸。与常规时效相比,二段时效的特点是可以获得弥散而均匀分布的强化相。例如,Al-Zn-Mg 合金,第一次时效温度为 100℃左右,时间为 10~20h,第二次时效温度为 175℃左右,时间视具体要求而定。在该合金中,时效后得到的过渡相(即强化相)为 η',见表 9.3 所列。

当需要工件恢复塑性以便于冷加工变形,或为了避免再次淬火加热所带来的变形和开裂而不宜重新加热固溶处理时,可以进行时效后回归处理。所谓时效后的回归(reversion),是指许多时效型合金在发生时效硬化后,通过在某一温度(在平衡相甚至过渡相的固溶度曲线线以下)下加热,硬度基本上恢复到原固溶处理状态的现象。这些合金在发生回归后,当再次进行时效时,会重新产生硬化效果。

1974 年西拉(B. M. Cina)首先提出,对人工时效状态的铝合金可进行回归处理,随后再重复原来的人工时效,这种工艺称回归再时效处理(retrogrssion and reaging treatment)。回归再时效处理适用于 Al-Cu-Mg、Al-Mg-Si 等铝合金。例如,7075 合金原始状态为 120℃人工时效 24h,240℃回归处理,随后按

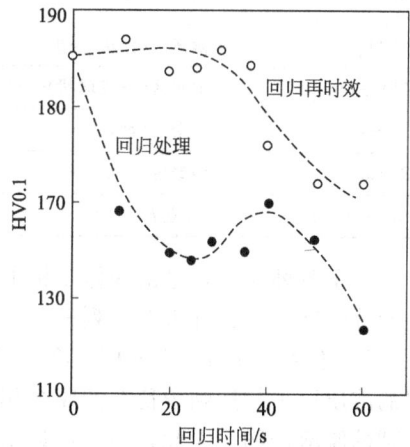

图 9.17 7075 铝合金的硬度与
回归处理时间的关系

原来的工艺再进行人工时效。回归处理的时间对回归状态及回归再时效状态的性能有直接影响,如图 9.17 所示[27]。由图可知,随回归时间的增加,回归状态的硬度迅速下降,大约在 25s 就达到最低点。经再时效处理,合金重新得到硬化,硬化效果随回归时间增加而逐渐下降,在回归时间 30s 内,硬度可回复到原来时效的状态。

9.4 脱溶沉淀析出过程

9.4.1 脱溶沉淀过程的一般序列

合金时效时第二相的脱溶符合固态相变的阶次规则,即在平衡相析出之前往往会出现一些亚稳定的过渡相。平衡相沉淀的化学驱动力虽然最大,但在固态相变过程中需要克服较大

的界面能，在相变初期界面能起了决定性的作用。平衡相从基体相中析出，形成新的非共格界面，界面能较大，而且它们间的晶体结构往往差异较大，既增大界面能，也产生了系统中一定的应变能。根据最小阻力原理，在时效过程中，往往会形成形核功最小的过渡相，再逐步演化成稳定相。合金时效时脱溶的一般顺序为偏聚区（GP区）→过渡相（亚稳相）→平衡相（稳定相）。

但是，合金的脱溶过程是很复杂的，并非所有的合金都按同一顺序进行。其复杂性主要表现为：①各个合金系脱溶序列不一定完全相同，有些合金不一定出现GP区或过渡相较少（见表9.4）；②同一合金系不同成分的合金，在同一温度下时效，可能有不同的脱溶序列。过饱和度大的合金更容易形成GP区或过渡相；③同成分的合金，时效温度不同，脱溶序列也不同。一般情况下，时效温度高，GP区或过渡相可能不出现或出现的过渡相少。而温度低时，有可能只存在偏聚区或部分过渡相阶段；④合金在一定温度下时效时，在同一时期有可能出现不同的脱溶相。

表9.4　某些合金的脱溶序列和平衡相

合 金 系	脱溶序列	平衡脱溶相
Al-Ag	偏聚区（球状）→γ'（片状）→	$\gamma(Ag_2Al)$
Al-Cu	偏聚区（盘状）→θ''（盘状）→θ'→	$\theta(CuAl_2)$
Al-Zn-Mg	偏聚区（球状）→η'（片状）→T'→	$\eta(MgZn_2)$ $T(Mg_3Zn_3Al_2)$
Al-Mg-Si	偏聚区（杆状）→β'→	$\beta(Mg_2Si)$
Al-Cu-Mg	偏聚区（杆或球状）→S'→	$S(Al_2CuMg)$
Cu-Be	偏聚区（盘状）→γ'→	$\beta(\gamma_2)(CuBe)$
Cu-Co	偏聚区（球状）→	B
Ni-Cr-Al-Ti	γ'（立方体）→	$\gamma(Ni_3TiAl)$

关于各种脱溶相是由基体 α 相中直接形核析出还是由前一个沉淀相转变而来，目前还不是十分清楚。综合分析有下列三种可能性[27]。

① 各种脱溶相独立形核。在较稳定脱溶相形核时，较不稳定的脱溶相逐渐溶解，所偏聚的溶质原子扩散到较稳定的脱溶相中。在不同时效的条件下，各种过渡相都可能是首先观察到的脱溶产物。因此，至少可证明它们是可以独立形核的。

② 稳定性比较小的脱溶相经过晶体点阵改组转变成更稳定的脱溶相。这种情况在它们之间的结构相差不大时可能性较大。例如 Al-Cu 系合金中 GP 区可直接改组为 θ''，θ 相也可由 θ' 演变而来。

③ 较稳定的相在较不稳定的相中形核，然后在基体中长大。实验表明，Al-Zn-Mg 系合金人工时效时，η' 相是在自然时效的 GP 区上形核的；铍青铜的 γ' 相也是在 GP 区中形核的。

9.4.2　脱溶沉淀析出类型与析出相特征

自然界的事物是多种多样的，而且是复杂多变的。对事物分类可有助于认识和理解。但是，对某类事物进行分类，往往也是各种各样的，根据不同的标准、内容或属性，都有不同的分类。在材料科学中也是如此，对于合金过饱和固溶体的脱溶沉淀析出，也有不同的分类方式。按照脱溶过程中母相成分变化的特点，脱溶可分为连续沉淀析出、非连续沉淀析出等；由脱溶相的分布情况，脱溶可分为普遍沉淀和局部沉淀；按照脱溶相的热力学状态，可有平衡沉淀和亚稳沉淀；根据沉淀产物与母相的晶体学关系，有共格沉淀和非共格沉淀之分；如果由沉淀相的浓度变化特点来分，又有正沉淀和负沉淀两种。

这里主要按连续沉淀析出、不连续沉淀析出和局部沉淀析出的内容作简单介绍。

9.4.2.1 连续沉淀析出

连续沉淀析出（Continuous precipitation）是析出相以孤立的小颗粒、片状及针状由母相中均匀或非均匀形成。所以又分为均匀析出和非均匀析出。

当过冷度较小时，一般将发生非均匀析出，即优先在晶界、位错、亚晶界、滑移面以及其他晶体缺陷处形核长大，这又称为局部沉淀析出。某些时效型合金（如铝基、钛基、镍基等合金）在晶界析出时，还往往在晶界附近形成无沉淀析出区。无沉淀析出区将在下面单独介绍。当过冷度较大时，将发生均匀析出。均匀析出时，析出相形核均匀分布在基体中而与晶界、位错等晶体缺陷无关，所以又被称为全面析出。实际合金几乎都属于非均匀析出，均匀析出是很少见的。

新相析出后，在其周围基体固溶体中溶质原子将贫化，而离析出相稍远处的基体成分仍然保持为原来的浓度。因此，在基体固溶体中将形成溶质原子的浓度梯度，溶质原子通过固溶体向析出相扩散，从而使析出相不断长大。随析出相数目的增多和析出相的长大，基体固溶体中的浓度不断降低，直至该体系的平衡浓度。

在连续沉淀析出过程的初期，析出相往往与基体保持共格关系，界面能较低，为了降低应变能使体系的能量状态最低，析出相的形态一般均自组织取片状或针状，沿着一定的惯习面析出。随着析出相的不断长大，共格畸变能越来越大，析出相与基体之间的共格关系有可能被破坏，但析出相与基体间还保持着原有的晶体学位向关系，结果就形成了魏氏体组织特征。这种魏氏组织与钢中的魏氏体组织形态相似。

9.4.2.2 非连续沉淀析出

非连续沉淀析出（discontinuous precipitation）是析出相在晶界处优先形核并逐步向晶内长大，而且与略呈过饱和的基体固溶体之间构成一定的领域（colony）或胞状物（cell）、瘤状物（nodule），类似于钢中的珠光体形态，所以又称为胞状沉淀（cellular precipitation）。非连续沉淀析出时，母相基体与胞状中的基体相在领域界面处的成分是呈不连续变化的，两相耦合生长。如 α_0 为原始 α 相，β 为平衡析出相，α_1 为胞状沉淀区的 α 相，则非连续沉淀析出可表示为：$\alpha_0 \rightarrow \alpha_1 + \beta$。

非连续沉淀析出的显微组织特征是在晶界上形成界限明显的领域，称为胞状物。胞状物一般由两相组成，一相为平衡析出相，大多呈片状；另一相为基体，是溶质原子贫化的固溶体，但有一定的饱和度。这种胞状物可在晶界一侧生长，也可在晶界两侧同时生长。

非连续沉淀析出的机制如图 9.18 所示。在合金过饱和固溶体 α 相中，溶质原子首先在晶界处偏聚形核，以质点形式脱溶析出 β 相；β 相形核后以片状形式长入与其无位向关系的母相 α 晶粒中，而在 β 相的两侧将出现溶质原子贫化的 α_1 相；同时，在 α_1 相外侧沿母相晶界又可形成新的 β 相。此时，在 β 相和 α_1 相以外的母相 α 仍然保持了原有的浓度 α_0；随着沉淀析出过程的进行，β 相不断向母相晶内长成薄片状，并与相邻的 α_1 相组成类似于钢中珠光体的、内部为层片状而外形呈胞状的组织。这种胞状组织与珠光体的区别在于：珠光体转变为共析转变，$\gamma \rightarrow \alpha + Fe_3C$，珠光体中的两相与母

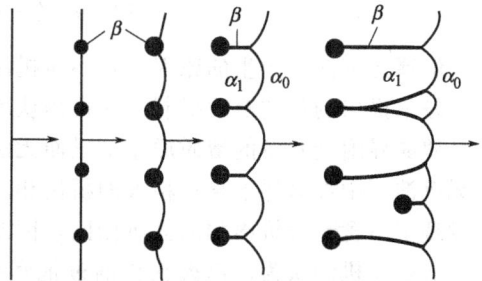

图 9.18 非连续脱溶析出机理示意

相在结构和成分上完全不同；而由非连续沉淀析出所形成的胞状组织，其中必有一相的结构与母相相同，只是溶质原子的浓度不同于母相。

非连续沉淀析出的另外一个重要特点是形成胞状组织时一直伴随着基体的再结晶。由于析出相与母相间有一定的共格关系，在系统中会产生一定的畸变应力。所以，随着析出过程的进行，当应力和应变达到一定程度时，基体就会发生回复以至再结晶，这种再结晶称为应力诱发再结晶。因为析出及其伴生的应力和应变以及应力诱发再结晶通常优先发生在晶界上，所以这种析出又称为晶界再结晶反应型析出，简称晶界反应型析出。这种再结晶从晶界开始后逐渐向周围扩展，直至整个基体。在发生再结晶的区域，应力、应变和应变能显著降低，胞状组织中的析出物为平衡相，它与基体之间的共格关系完全被破坏，也不再存在晶体学位向关系。基体中的溶质浓度降至平衡值。所以，整个过程为扩散型的形核长大过程。

过饱和固溶体的非连续沉淀析出与连续沉淀析出相比，除了界面浓度变化不同外，还有以下三点：①非连续沉淀伴生再结晶，而连续沉淀没有再结晶；②非连续沉淀析出相优先在晶界上形核长大，向晶内长大成胞状组织，而连续沉淀析出相则分散于晶粒内部，分布比较均匀；③非连续沉淀过程中的原子扩散属于短程扩散，而连续沉淀过程属于长程扩散。

9.4.2.3 局部脱溶析出（晶界无沉淀区）

在晶界、亚晶界、滑移带、位错线、夹杂物以及其他晶体缺陷处具有较高的能量，因此析出相优先在这些部位形核，这是固相变中的普遍规律之一。在脱溶析出过程中也往往在这些晶体缺陷处较早地出现脱溶析出相。比较常见的局部析出有滑移面析出和晶界析出两种。对于晶界处的局部脱溶，往往在紧靠晶界附近形成无沉淀区（precipitation free zone，简称PFZ），在显微组织上可观察到一条亮带（图9.19）。不同合金产生无沉淀区的宽度是不同的。铝合金无沉淀区的宽度一般仅几分之一微米，只能在电子显微镜高倍放大才能观察到。而 β 型钛合金出现的无沉淀区的宽度可达几微米，在光学显微镜下就可观察到。

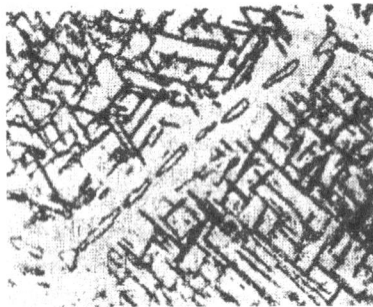

(a) Al-20%Ag合金的魏氏组织、晶界析出与 PFZ(390℃时效26h，1600×)[17]

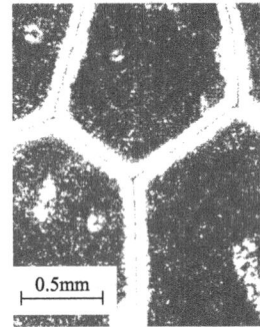

(b) β 型钛合金PFZ[27] (900℃淬火450℃时效15h)

图 9.19　合金中形成的晶界无沉淀带

解释无沉淀区产生的原因有贫溶质机制和贫空位机制。

较早提出的是贫溶质机制。该机制认为晶界处脱溶较快，所以吸收了晶界附近的溶质原子，使晶界附近基条的溶质原子贫乏而无法析出沉淀相，产生了无沉淀区。事实上经常观察到无沉淀区中部晶界上存在粗大的析出相，说明该机制是有一定事实依据的。但在许多合金中发现了不含粗大析出相的无沉淀区，因此仅根据贫溶质机制是难以解释的。

贫空位机制认为，淬火获得的过饱和空位是不稳定的，在冷却、停放及随后的再加热时，空位都会容易逸出至晶界及其他缺陷处，结果形成了从晶内到晶界的空位浓度梯度。

淬火过程中或在时效开始的极短时间里，由于空位快速扩散到晶界处消失，因此在晶界附近会产生一定的空位浓度分布，贫空位区的范围将随着冷却速率而明显变化。冷却速率下降，贫空位区范围增大。图 9.20 示意了不同冷却速率和不同固溶温度对晶界处无沉淀区的影响。在相同固溶温度时，快冷使晶界无沉淀区宽度变小；同样的冷却速率，固溶温度高（如图中的 $T_1 > T_2$）时，无沉淀区宽度增大。时效前的空位浓度分布是不均匀的，随后析出相的沉淀率及长大速率也会不同。过饱和的空位是加速了溶质原子的扩散，特别是置换型合金，其影响是相当大的。晶界处空位浓度比晶内要低，其结果会造成晶界处的无沉淀区，如图 9.21 所示意。空位的扩散消失是很快的，为什么在晶内的空位就不马上消失，而有助于 GP 区的快速形成呢？

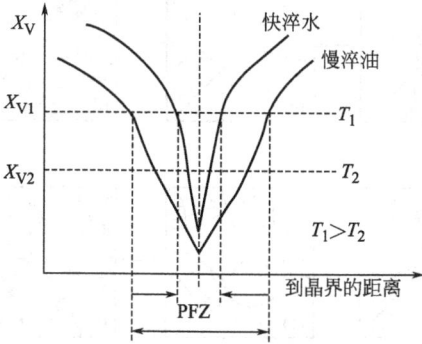

图 9.20　不同淬火速率对 PFZ 的影响

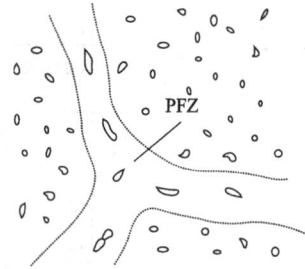

图 9.21　晶界无沉淀区示意

过饱和空位和溶质原子之间存在很强的相互作用。在晶内的大量空位存在，使得沉淀相以均匀析出为主，而借助于位错等处形核的程度有所下降。空位-溶质原子对的结合导致了溶质原子的快速扩散，形成 GP 区。因此，有相当部分的空位没有能扩散到晶界处消失，而是像吸附一样随溶质原子偏聚成 GP 区，界面处形成许多位错，有利于晶核的形成和扩散式生长。

无析出区形成的原因，不同合金是不同的。对 Al-Si、Al-Mg 等合金是空位引起的，而对奥氏体不锈钢是由晶界析出相引起基体溶质原子贫化造成的。一般认为，高温时效以贫溶质机制为主，低温时效主要是贫空位机制。

根据晶界无沉淀区产生的规律，为了减小无沉淀区宽度甚至消除无沉淀区现象，在工艺上应提高固溶处理淬火加热温度，加大淬火冷却速率，降低时效温度。这些方法都由试验结果所验证，图 9.22 给出了 Al-5.9％Zn-2.9％Mg 合金无沉淀带宽度与时效温度及淬火温度的关系。

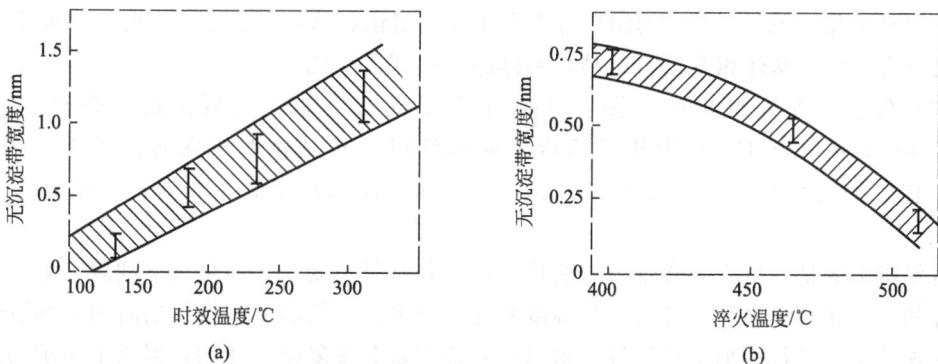

图 9.22　Al-5.9％Zn-2.9％Mg 合金无沉淀带宽度与时效温度（a）及淬火温度（b）的关系[27]

9.4.2.4 脱溶析出组织变化的序列

在过饱和固溶体中时效过程中，既可能发生局部沉淀析出，也可能发生连续或非连续沉淀析出，所以有可能形成各种各样的显微组织。可能的三种情况如图9.23所示。

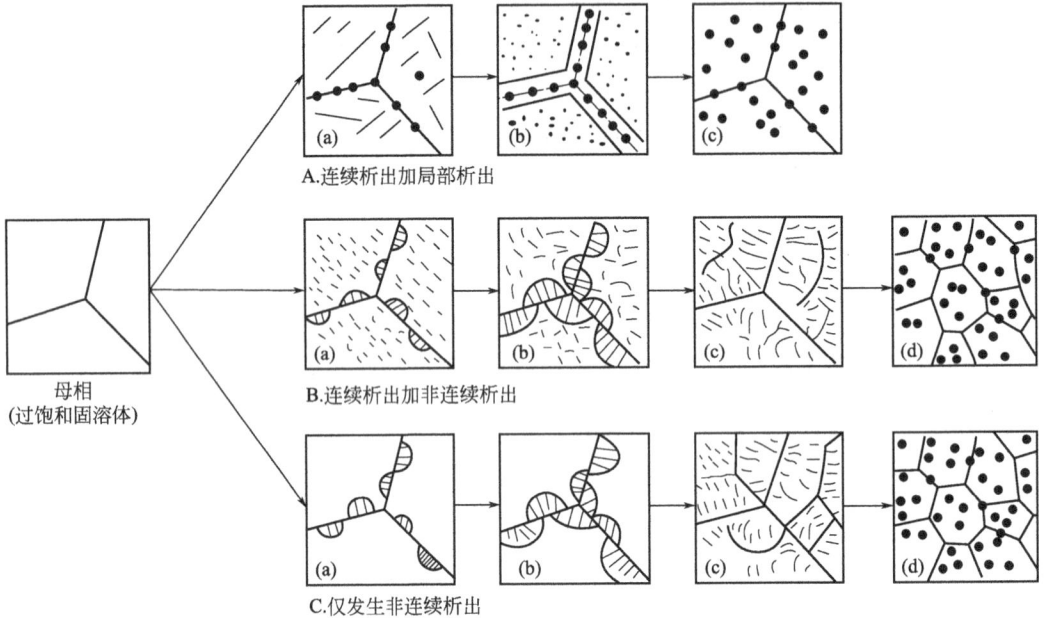

图9.23　过饱和固溶体脱溶沉淀产物显微组织的变化（示意）

（1）连续析出加局部析出　在图9.23A中，表示了时效过程中连续析出加局部析出的情况。图9.23A(a)表示在晶界、滑移面等晶体缺陷处首先发生局部析出，接着发生连续析出。在这一阶段中，连续析出的析出相非常细小，往往还不能在光学显微镜下观察到。图9.23A(b)时，连续析出的析出相已经长大，能为光学显微镜所分辨。所形成的可能是魏氏体组织。晶界处的析出相也已长大，有可能在晶界附近形成无沉淀析出区。图9.23A(c)时，随着时效过程的进一步发展，析出相已发生粗化和球化，连续析出和局部析出的析出相已难以区别，基体中的溶质浓度明显贫化，但基体相还未发生再结晶。

（2）连续析出加非连续析出　图9.23B(a)表示首先发生非连续析出，接着发生连续析出。从图9.23B(a)到图9.23B(c)表示非连续析出的胞状组织从晶界扩展至整个晶体，包括伴生的再结晶过程。图9.23B(d)为析出相发生粗化和球化的状态。这时，基体中的溶质原子已发生贫化，基体相发生再结晶，基体晶粒得到了细化。

（3）仅发生非连续析出　图9.23C示意了仅发生非连续析出的时效过程。从图9.23C(a)到图9.23C(c)为非连续析出的胞状组织从晶界形核到向晶内生长的过程，包括了伴生的再结晶过程。图9.23C(d)与图9.23B(d)相似，表示析出相发生了粗化和球化。

需要指出的是，析出相微观组织变化的顺序并不是不变的，而是与下列因素有关：合金的成分和加工状态；固溶处理的加热温度和冷却速率；时效温度和持续的时间；固溶处理后时效处理前是否进行冷加工变形等。虽然实际情况是非常复杂多变的，但以上所示的组织演化过程或顺序对于大多数情况还是符合的。

9.5 铁基合金的脱溶析出

9.5.1 马氏体时效钢的时效强化

马氏体时效钢是铁-镍超低碳高合金超高强度钢，实际上是 Fe-Ni 为基的合金。基本成分（质量）为：≤0.03%C，8%～18%Ni，8%～18%Co，还加入 Ti、Al、Mo 等元素，C、S、N 等元素是以杂质形式存在的，严格控制在很低的含量范围。

钢中的间隙原子含碳量增加，强度可大幅度地提高，但是塑性和韧度却大幅度地下降。这在一般钢中是一个强韧化基本矛盾。马氏体时效钢的开发是目前利用微观理论来解决强韧化矛盾，进行优化合金设计的成功例子。马氏体时效钢在时效过程中析出了金属间化合物的强化相，从而达到超高强韧度的效果。

18Ni 马氏体时效钢的常用热处理工艺为 820℃固溶处理，480℃时效 3～6h。当钢加热到 800℃以上形成全部奥氏体后，由于合金度高，过冷奥氏体非常稳定，即使冷却速度较慢也能在低温下转变为马氏体，一般采用空冷。发生马氏体转变的温度范围为 155～100℃，冷却到室温时，除板条马氏体外还含有少量残余奥氏体，此时硬度为 26～32（HRC）。在 480℃时效过程中析出金属间化合物，以达到强化的目的。图 9.24 是 18Ni 马氏体时效钢的热处理工艺，图 9.25 为钴和钼元素对硬度的影响。板条马氏体中具有高密度的位错，位错密度可达到 $10^{11}\sim10^{12}\mathrm{cm}^{-2}$，与冷变形金属的位错密度相近。高密度位错为沉淀析出提供了大量的非均匀形核位置，所以沉淀相极其细小（约 10nm 左右），弥散而均匀分布，从而保证了时效沉淀强化的效果。析出相主要为 Ni_3Al、Ni_3Ti 和 Ni_3Mo 等金属间化合物，在时效初期，金属间化合物与马氏体基体保持着共格关系。时效强度达到最大值时，析出相为部分共格的 Ni_2Mo、Ni_3Ti 或 Ni_2（Mo、Ti）。马氏体时效钢达到了弥散沉淀强化的高水平，18Ni 马氏体时效钢的力学性能见表 9.5 所列。

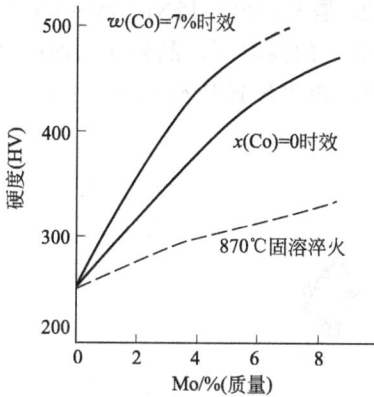

图 9.24 钴和钼元素对时效硬度的影响

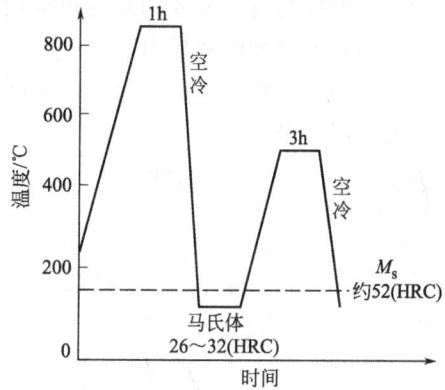

图 9.25 18Ni 马氏体时效钢的热处理工艺

当时效温度超过 500℃时，钢的组织会发生以下变化：马氏体开始逆转变形成奥氏体，原由马氏体基体中沉淀析出的金属间化合物将逐渐重新溶入奥氏体中；位错密度不断减少；析出相粗化，析出相间距变大；同时部分共格的过渡相逐步转变为非共格的平衡相，平衡相一般认为是 Fe_2Mo（Laves 相）。

根据多形性转变和无多形性转变的概念，马氏体时效钢的时效应该归属于回火，而不是时效，但习惯上都这样称谓，因此也就将马氏体时效钢的强化处理称为时效强化。

表 9.5　18Ni 马氏体时效钢的力学性能

钢种	热处理工艺	σ_b/MPa	σ_s/MPa	δ_5/%	Ψ/%	K_{Ic}/MPa·m$^{1/2}$
18Ni(200)		1480	1430	9.0	51.0	155~200
18Ni(250)	820℃固溶,480℃时效	1785	1725	12.0	50.0	120
18Ni(300)		2050	1970	12.0	35.0	80
18Ni(350)		2410	2355	12.0	25.0	35~50

　　马氏体时效钢的优异性能是其他类型超高强度结构钢所无法比拟的。对马氏体时效钢的沉淀强化机理虽然已进行了许多研究,但许多问题至今尚未完全清楚。

9.5.2　铁基合金的沉淀析出

　　含有 Mo、W、V、Cu、Be 等元素的铁基合金淬火后进行时效时会产生时效硬化现象。例如,含 5%V、0.02%C 的钢从 1200℃加热淬火后,在 600℃时效时硬度逐渐增加,约时效 1h 后硬度达到峰值。经组织分析发现,时效后薄板状 V_4C_3 碳化物在 $\{100\}_{\alpha\text{-Fe}}$ 晶面上平行析出,其析出位置往往为位错或亚晶界。

　　过饱和固溶体的脱溶析出第二相在金属合金中是个普遍的现象。在不锈钢中,经高温固溶处理后在冷却过程中也常常会脱溶析出第二相。例如,18-8 型奥氏体不锈钢,在 1000℃以上固溶处理后,在 400~900℃温度范围内保温或在这个温度范围缓慢冷却时,在晶界上沉淀析出 $Cr_{23}C_6$ 碳化物,导致容易产生晶界腐蚀现象。奥氏体钢中第二相的沉淀析出一般优先在晶界、层错、位错等地方形核。

　　在 Fe-Cr-Mn-N 系奥氏体不锈钢中研究了第二相沉淀析出的规律[57,58]。图 9.26 是在 750℃温度保温不同时间氮化物的析出情况。可以看出,氮化物是局部沉淀析出,优先沿着晶界和孪晶界呈间断析出的,呈长棒状或浑圆的点状,在有些地方还有明显的方向性。随着等温时间的延长,晶界上析出的氮化物量不断增多,并且逐步布满晶界。在温度低时,晶界析出为主,温度高时,晶界和晶内可同时析出。图 9.27 是 Fe-12Cr-12Ni-10Mn-5Mo-0.24N 奥氏体钢在不同温度时效析出 Cr_2N 的分布情况,在 900℃的高温下,晶界和晶内同时析出,即发生了均匀和非均匀析出。显然,不同温度下析出量和析出位置是不同的,不同的材料也有不同的析出效果。

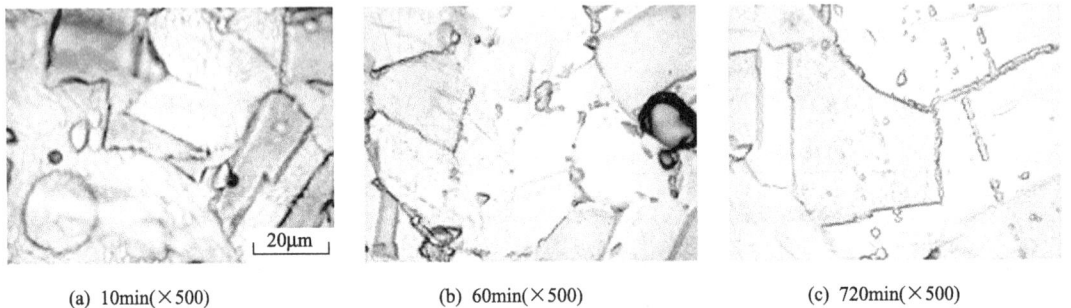

(a) 10min(×500)　　　　(b) 60min(×500)　　　　(c) 720min(×500)

图 9.26　24Mn-18Cr-3Ni-0.62N 钢 750℃温度保温不同时间析出氮化物的形貌[58]

　　从固溶体中脱溶析出第二相也是一个形核长大的过程。一般来说,其热力学驱动力来源于脱溶前后两种状态之间的体积自由焓之差。随着温度的变化,在热力学和动力学的综合作用下,形核速率也形成了所谓的“C”曲线形状。图 9.28 是 Fe-19Cr-5Mn-5Ni-3Mo-0.69N 钢和 Fe-18Cr-18Mn-0.5N 钢的 TTP 曲线。为了定量描述沉淀析出过程,文献 [57] 在 Fe-

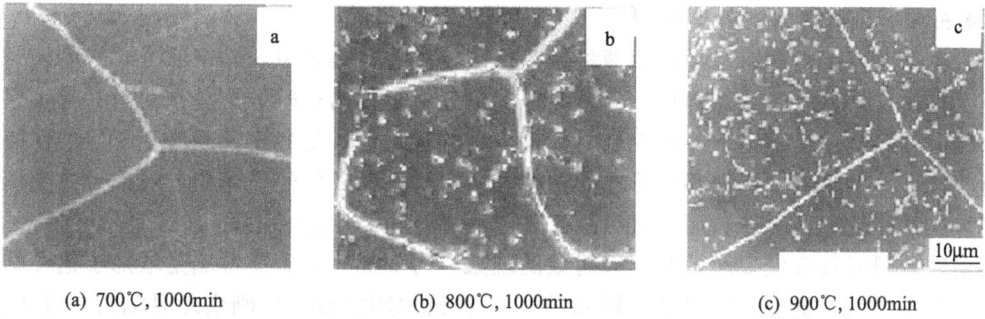

(a) 700℃, 1000min　　(b) 800℃, 1000min　　(c) 900℃, 1000min

图 9.27　Fe-12Cr-12Ni-10Mn-5Mo-0.24N 钢时效沉淀析出 Cr_2N 分布[59]

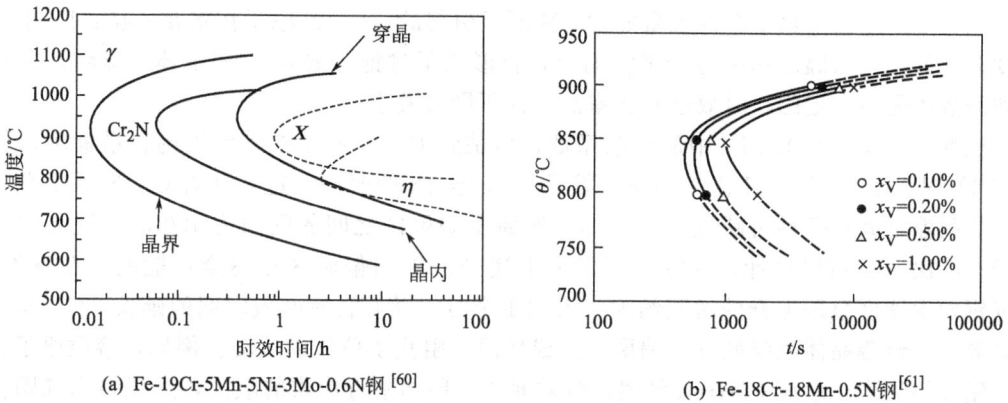

(a) Fe-19Cr-5Mn-5Ni-3Mo-0.6N钢 [60]　　(b) Fe-18Cr-18Mn-0.5N钢[61]

图 9.28　不锈钢中 Cr_2N 沉淀析出 TTP 曲线

Cr-Mn-N 系奥氏体钢中研究了 Cr_2N 时效析出动力学过程，根据理论分析和试验结果，建立了可定量预测的数学模型。图 9.29 为 18Cr-8Ni 不锈钢中 $M_{23}C_6$ 型碳化物沉淀析出动力学[35]，由图可知，沉淀析出动力学都是熟悉的 C 形曲线，碳化物优先在相界、晶界、孪晶界等界面处析出。图 9.30 为 18Cr-8Ni 不锈钢中晶界沉淀产物的形貌与时效温度的关系[35]，低温时，晶界沉淀物为连续薄板；温度升高，晶界沉淀物为羽毛状的枝晶；温度更高，则晶界沉淀聚集为不连续的颗粒，其形状与时效温度、晶界取向有关。

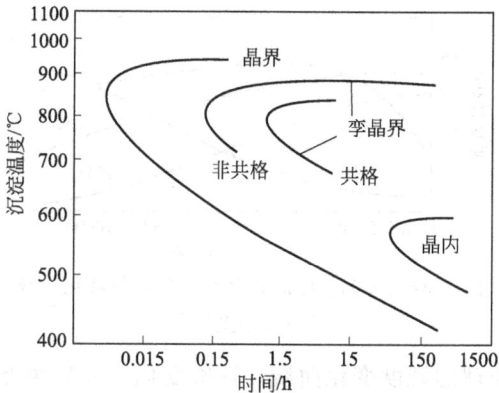

图 9.29　18Cr-8Ni 型不锈钢中 $M_{23}C_6$ 沉淀动力学
(0.05％C，1250℃淬火)[35]

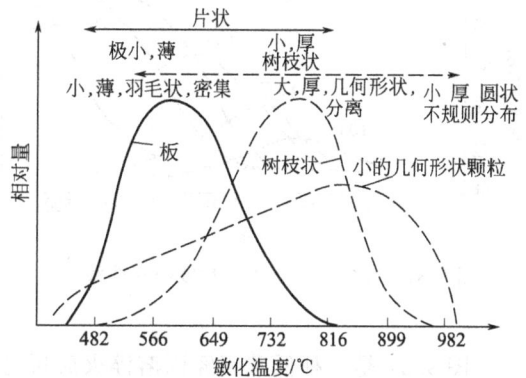

图 9.30　18Cr-8Ni 型不锈钢中晶界沉淀的形貌
与时效温度之间的关系[35]

9.5.3 低碳钢的时效现象

在各种工程用结构钢、冲压用薄板钢等低碳钢中有时效现象，即钢的力学性能随时间而发生变化。低碳钢的时效有两种：一种为淬火时效，也称为热时效，是指钢由高温快速冷却后性能随时间的变化；另一种叫应变时效，也称机械时效，是指钢件经冷变形后的性能随时间而变化。许多容器、锅炉等产品在制造过程中，低碳钢件常经历弯曲、卷边等冷变形加工工序，这将产生应变时效。而经过焊接工艺过程的工件，就会产生淬火时效。许多情况下，低碳钢件会同时具有应变时效和淬火时效的现象。时效的一个重要影响是增加了钢件的脆性倾向，提高了钢的脆性转变温度。例如[62]，一种锅炉用钢板，在刚变形时测得的冲击值 α_K 为 $120J/cm^2$，而放置了十天后降至 $35J/cm^2$；而用优质焊条焊接的钢板焊缝，在三个月后，其 α_K 值从 $91J/cm^2$ 降至 $33J/cm^2$。这些构件如果在低温下工作，则影响就更严重了。

淬火时效是由于钢中存在微量的 C、N 原子引起的。C、N 原子在室温下在 α-Fe 中的溶解度非常低，在高温加热快速冷至室温时，就形成了过饱和的 α-Fe 固溶体。显然，这种过饱和固溶体是不稳定的，时效过程在室温条件下即可发生。

根据 C、N 原子在 α-Fe 中的扩散系数，可估计 C、N 原子在室温下的扩散能力。低碳钢在 0℃ 时，C、N 原子迁移 0.2nm，需要 1min 至 1h 的时间，这意味着 C、N 原子在相邻八面体间隙之间每分钟可跃迁一次。如果氮原子偏聚区之间的间隙为 100nm，这需要单向跃迁 500 次[3]。可以估计，在零度下形成上述分散度的偏聚区是完全可能的。在室温下，低碳钢发生硬度显著上升的时间约为 1 天到 1 个月。随着自然时效时间的延长，C、N 原子在晶界、位错等晶体缺陷处发生偏聚，形成气团，阻止了位错的运动。例如，溶质原子在刃型位错处的吸附，形成 Cottrell 气团；溶质原子在层错附近形成的吸附，形成铃木气团；溶质原子在螺型位错处的吸附，形成 Snoek 气团。C、N 原子所形成的偏聚区使钢产生硬化而塑性和韧度大为下降，脆性转变温度上升。如果进行适当温度下的人工时效，C、N 原子将以亚稳定的 ε-碳化物和 α''-氮化物（$Fe_{16}N_2$）形式沉淀析出，并与母相保持着共格关系，因此也将使钢产生硬化效应。当然在时效温度较高情况下，则亚稳定的化合物将消失而形成稳定的碳化物和氮化物，因此钢的硬度就显著下降。贾克（K. H. Jack）在 1962 年经研究认为在 Fe-N 系中，首先是无序分布的氮原子迁移至 α-Fe 晶格的八面体间隙中，并在一个平面上富集，形成氮原子偏聚区。在 Fe-N 系中，时效过程中沉淀的贯序为[21]：

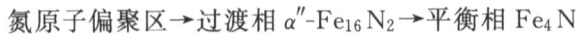

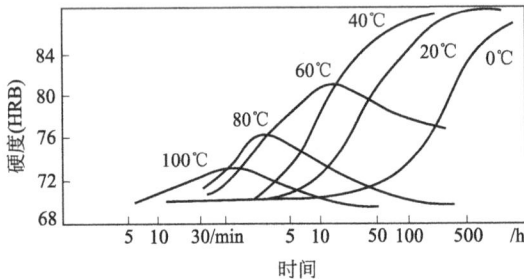

$$氮原子偏聚区 \rightarrow 过渡相\ \alpha''\text{-}Fe_{16}N_2 \rightarrow 平衡相\ Fe_4N$$

图 9.31　0.06％C 低碳钢时效硬化曲线[62]

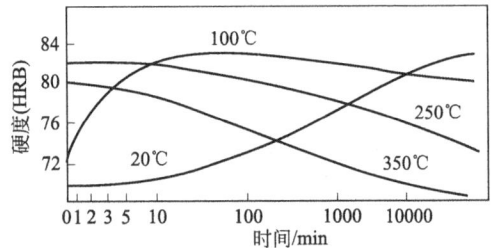

图 9.32　0.04％C 低碳钢经应变时效硬化曲线
(5％变形度)[62]

图 9.31 是一种低碳钢经固溶淬火后再时效处理的硬度变化曲线。这些变化可分为两类：第一类是在有限时间内硬化始终保持上升趋势，不产生过时效，这是由于氮原子偏聚区和 α 相的脱溶造成的。完全共格的偏聚区和 α 相的尺寸取决于脱溶温度，不发生软化。第二类是

具有硬化极大值的。极大值表明共格相产生的畸变已经达到极限，当共格受到破坏时，就开始软化，或者析出相颗粒长大而软化，如图中的 $60\sim100℃$ 的时效曲线。第二类曲线的时效称为温时效。图 9.32 表示低碳钢的应变时效时 C、N 原子引起硬化的情况。应变时效原因是由于冷加工变形降低了 C、N 原子在 α-Fe 中的溶解度，而且冷加工变形大大增加了钢中的位错密度，C、N 原子能经过较短距离的扩散就可偏聚在位错附近，形成各种气团，起钉扎位错的作用，从而使钢的屈服强度提高。N 原子的扩散速度比 C 要快，所以对时效的影响比 C 要大。

本 章 小 结

从过饱和固溶体中脱溶析出过程和钢回火转变的一些过程相似，也是一个由量变到质变的过程。金属合金中晶体结构都是由原子（离子）以化学键结合而形成的。原子的结合和分离是一个化学过程，正是由于原子间化学键的形成和断裂构成了一切化学运动过程的丰富内容。在结合和分离过程中，各种化学元素的多种多样性质最充分地暴露出来，同时产生出多种多样形态的化学物质[5]。

自然界物质系统的功能表现为系统与外界环境的相互作用。在复杂的事物发展过程中，有许多的矛盾存在，其中必有一种是主要的矛盾，起着领导的、决定的作用。在事物发展的不同过程中，主要矛盾也是可以改变的[51]。在材料科学发展的过程中，人们不断地在这些矛盾中进行研究，并不断地取得了突破性进展。

对合金时效过程来说，由于组织演化各过程的进行，强化机制也是在不断地转化。随着

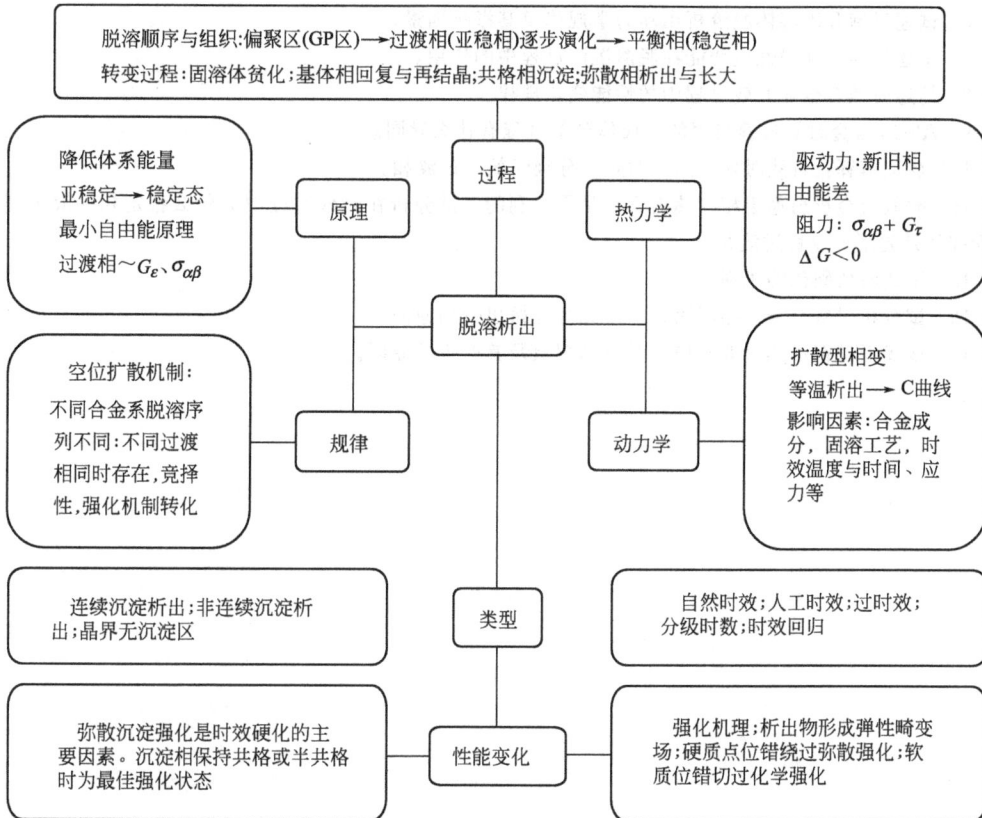

脱溶顺序与组织:偏聚区(GP区)→过渡相(亚稳相)逐步演化→平衡相(稳定相)
转变过程:固溶体贫化;基体相回复与再结晶;共格相沉淀;弥散相析出与长大

降低体系能量
亚稳定→稳定态
最小自由能原理
过渡相~G_{ε}、$\sigma_{\alpha\beta}$

原理

过程

热力学

驱动力:新旧相
自由能差
阻力:$\sigma_{\alpha\beta}+G_{\tau}$
$\Delta G<0$

脱溶析出

空位扩散机制:
不同合金系脱溶序
列不同:不同过渡
相同时存在,竞择
性,强化机制转化

规律

动力学

扩散型相变
等温析出→C曲线
影响因素:合金成
分,固溶工艺,时
效温度与时间、应
力等

连续沉淀析出;非连续沉淀析
出;晶界无沉淀区

类型

自然时效;人工时效;过时效;
分级时数;时效回归

弥散沉淀强化是时效硬化的主
要因素。沉淀相保持共格或半共格
时为最佳强化状态

性能变化

强化机理:析出物形成弹性畸变
场;硬质点位错绕过弥散强化;软
质位错切过化学强化

图 9.33　合金时效脱溶析出组织演化的过程、规律、影响因素等要素

231

固溶体的逐步贫化→溶质元素偏聚、沉淀→脱溶相弥散析出的过程进行，强化机制是在逐渐转化的，到一定程度主要矛盾发生了变化。强化的主要原因是系统中由于过渡相或沉淀相的存在，产生了弹性畸变场和弥散质点的阻碍作用，其本质是由于位错的运动受到不同程度的阻止后所产生的结果。

沉淀析出相的形状主要取决于界面能和应变能两个因素综合作用的结果。根据最小阻力原理，在时效过程中，往往会形成形核功最小的过渡相，再逐步演化成稳定相。对于一定成分的合金而言，时效演化过程及其相应的产物又主要受温度、时间等环境因素所控制。

对于没有同素异构转变的合金来说，弥散沉淀析出是提高材料性能的主要强化机制。因此，固溶处理和时效工艺是重要的途径。掌握合金脱溶析出的机制和沉淀强化规律，对控制沉淀过程、提高材料性能具有重要的意义。

图 9.33 简要总结了合金时效时脱溶析出过程、组织演化的动力学及影响因素、脱溶析出规律及其性能变化特点等要素。

思考题与习题

9-1 什么叫时效？能产生时效硬化的条件是什么？

9-2 什么叫过时效现象？

9-3 以 Al-Cu 合金为例，简述合金在时效时的脱溶沉淀过程，并说明各种脱溶相的结构特点和合金性能的变化。

9-4 试述连续脱溶和不连续脱溶的主要异同点。

9-5 不连续脱溶与钢中珠光体转变有什么异同点？

9-6 试述过饱和固溶体脱溶析出动力学规律及其影响因素。

9-7 试述界面能和弹性应变能在脱溶沉淀过程中的作用。

9-8 简述时效合金在时效过程中的性能变化规律。

9-9 Al-Cu 合金时效过程与钢的马氏体分解过程有什么异同点？

9-10 名词解释：自然时效、人工时效、分级时效、过渡相。

9-11 时效合金析出稳定相在热力学上是最有利的。试分析在时效过程中为什么稳定相一般不直接形成，而往往是先形成亚稳过渡相？

9-12 试述时效硬化的机理。

9-13 试分析时效合金在晶界附近形成无沉淀析出带的原因。

9-14 试述低碳钢中热时效和应变时效的现象及其产生的原因。

参 考 文 献

[1] 肖纪美著. 材料学的方法论 [M]. 北京：冶金工业出版社，1991.

[2] 肖纪美主编. 合金相与相变 [M]. 北京：冶金工业出版社，2004.

[3] 刘宗昌主编. 材料组织结构转变原理 [M]. 北京：冶金工业出版社，2006.

[4] 王小燕编著. 哲学与科学概论 [M]. 广州：华南理工大学出版社，2007.

[5] 中国科学技术大学等编. 自然辩证法原理 [M]. 长沙：湖南教育出版社，1983.

[6] 戴起勋. 钢的合金化与强韧化 [J]. 全国第5届金属材料学研究会论文集，1992.

[7] 戴起勋主编. 金属材料学 [M]. 北京：化学工业出版社，2005.

[8] 戴起勋，邵红红，程晓农. 以辩证法原理提炼课程内涵的创新教学探索 [J]. 大连理工大学学报（社会科学版），2007，28（2增刊）：123-125.

[9] 黄孟洲主编. 自然辩证法概论 [M]. 成都：四川大学出版社，2006.

[10] 林德宏著. 科技哲学十五讲 [M]. 北京：北京大学出版社，2004.

[11] 杨大智主编. 智能材料与智能系统 [M]. 天津：天津大学出版社，2000.

[12] 肖纪美，朱逢吾著. 材料能量学 [M]. 上海：上海科学技术出版社，1999.

[13] 谭斌昭主编. 当代自然辩证法导论 [M]. 广州：华南理工大学出版社，2006.

[14] 戴起勋，赵玉涛等编著. 材料科学研究方法（第2版）[M]. 北京：国防工业出版社，2008.

[15] 徐洲，赵连城主编. 金属固态相变原理 [M]. 北京：科学出版社，2004.

[16] 程晓农，戴起勋，邵红红编. 材料固态相变与扩散 [M]. 北京：化学工业出版社，2006.

[17] 刘云旭主编. 金属热处理原理 [M]. 北京：机械工业出版社，1981.

[18] 戚正风主编. 金属热处理原理 [M]. 北京：机械工业出版社，1988.

[19] 中国机械工程学会热处理学会《热处理手册》编委会编. 热处理手册——1 工艺基础（第4版）[M]. 北京：机械工业出版社，2008.

[20] 徐祖耀. 材料塑性成形与热处理一体化工程的理论基础 [J]. 中国工程科学，2004，6（1）：16-21.

[21] 宫秀敏编著. 相变理论基础及应用 [M]. 武汉：武汉理工大学出版社，2004.

[22] 孙振岩，刘春明编著. 合金中的扩散与相变 [M]. 沈阳：东北大学出版社，2002.

[23] 雍岐龙，马鸣图，吴宝榕编著. 微合金钢——物理和力学冶金 [M]. 北京：机械工业出版社，1989.

[24] 翁宇庆等著. 超细晶钢——钢的细化组织理论与控制技术 [M]. 北京：冶金工业出版社，2003.

[25] 毛新平等著. 薄板坯连铸连轧微合金化技术 [M]. 北京：冶金工业出版社，2008.

[26] 齐俊杰，黄运华，张跃编著. 微合金化钢 [M]. 北京：冶金工业出版社，2006.

[27] 李松瑞，周善初编. 金属热处理（再版）. 长沙：中南大学出版社，2003.

[28] 戴起勋，火树鹏，林慧国. 微合金非调钢的强韧化及优化设计 [J]. 钢铁研究学报，1993，5（2）：89-95.

[29] 余永宁. 金属学原理 [M]. 北京：冶金工业出版社，2000.

[30] 徐祖耀著. 马氏体相变与马氏体（第2版）[M]. 北京：科学出版社，1999.

[31] 马如璋，王世亮. 铁锰合金中 $\gamma \Leftrightarrow \varepsilon$ 马氏体相变 [J]. 金属热处理学报，1982，3（2）：27.

[32] 杨延清，马世良，秦熊浦等. 高锰无磁钢的组织形态 [J]. 金属学报，1989，25（6）：A394.

[33] 程晓农，戴起勋著. 奥氏体钢设计与控制 [M]. 北京：国防工业出版社，2005.

[34] Dai Q X（戴起勋），Cheng X N（程晓农），Luo X M（罗新民），et al. Structual Parameters of martensite Transformation for Austenitic Steels [J]. Mater. Charact.. 2003，49（4）：367-371.

[35] 肖纪美著. 不锈钢的金属学问题（第二版）[M]. 北京：冶金工业出版社，2006.

[36] Dai Qi-Xun（戴起勋），Wang An-Dong（王安东），Cheng Xiao-Nong（程晓农），et al. SFE of Cryogenic Austenitic Steels [J]. Chinese Physics，2002，11（6）：596-599.

[37] Yang J H，Wayman M. Self-accommodation and Shape Memory Mechanism of Fe-Mn Alloys [J] . Mater. Charact. 1992，28（1）：23-35.

[38] Yang J H，Wayman M. Self-accommodation and Shape Memory Mechanism of Fe-Mn Alloys [J] . Mater. Charact. 1992，28（1）：37-47.

[39] Dai Q X（戴起勋），Cheng X N（程晓农），Zhao Y T（赵玉涛），et al. Design of martensite transformation temperature by calculation for austenitic steels [J]. Mater. Charact. 2004，52（4/5）：349-354.

[40] 柯亨 M. 马氏体相变讲座——2 [J]. 材料科学与工程，1983，1：30-36.

[41] 俞德刚，王世道著. 贝氏体相变理论 [M]. 上海：上海交通大学出版社，1998.

[42] 赵振业编著. 合金钢设计 [M]. 北京：国防工业出版社，1999.

[43] 康沫狂，朱明. 再论钢和 β 铜基合金中贝氏体形核机制 [J]. 材料热处理学报，2007，28（1）：42-52.

[44] 沈嵘，程巨强，康沫狂. 贝氏体相变单元及长大机制的 TEM 研究 [J]. 中国科学（E），1998，28（6）：481-484.

[45] 康沫狂. 贝氏体相变理论研究工作的主要回顾 [J]. 金属热处理学报，2000，21（2）：2-8.

[46] 康沫狂，朱明. 关于贝氏体形核和台阶机制的讨论——与徐祖耀院士等商榷 [J]. 材料热处理学报，2005，26（2）：1-5.

[47] 李承基. 贝氏体相变理论 [M]. 北京：机械工业出版社，1995：37.

[48] 刘宗昌. 贝氏体相变机制的探讨 [J]. 包头钢铁学院学报，2005，24（3）：195-203. [2008-05-17]. http：//202.195.165.28/cnki.

[49] 刘宗昌，王海燕，任慧平等. 贝氏体相变特点的研究 [J]. 材料热处理学报，2007（增刊）：169-171.

[50] 徐祖耀，刘世楷著. 贝氏体相变与贝氏体 [M]. 北京：科学出版社，1991.

[51] 毛泽东. 毛泽东选集·第一卷·矛盾论 [M]. 北京：人民出版社，2003：299-337.

[52] 蔡兰主编. 机械零件工艺性手册（2版）[M]. 北京：机械工业出版社，2007.

[53] [美]CR 布鲁克斯著. 有色合金的热处理组织与性能 [M]. 丁夫译校. 北京：冶金工业出版社，1988.

[54] 机械工程手册、电机工程手册编辑委员会. 机械工程手册·工程材料卷（二版）[M]. 北京：机械工业出版社，1996.

[55] 冯端，师昌绪，刘治国主编. 材料科学导论——融贯的论述 [M]. 北京：化学工业出版社，2002.

[56] 余永宁，毛卫民编著. 材料的结构 [M]. 北京：冶金工业出版社，2001.

[57] Dai Q X（戴起勋），Yuan Z Z（袁志钟），Luo X M（罗新民），et al. Numerical simulation of Nitride Age-precipitation in High Nitrogen Stainless Steels [J]. Mater. Sci. Eng. A，2004，385：445-448.

[58] Yuan Z Z（袁志钟），Dai Q X（戴起勋），Cheng X N（程晓农），et al. Microstructure thermostability of high nitrogen austenitic stainless steel [J]. Mater. Charact. 2007，58：87-91.

[59] Maribel L S M，Yutaka W，Tetsuo S，et al. Effect of microstructure evolution on fracture toughness in isothermally aged austenitic stainless steels fir cryogenic applications [J]. Cryogenics，2000，40：693-700 [2008-04-12]. http：//www. sciencedirect. com/science/journal/00112275.

[60] Koutsky J，Novy Z. Structure analysis of austenitic CrMn steel alloyed by nitrogen [J]. Journal of Materials Technology，1998，78：112-116 [2008-05-06]. http：//www. sciencedirect. com/science/journal/09240136.

[61] 傅万堂，王正，刘文昌等. 18Mn-18Cr-0.5N 钢氮化物等温析出动力学研究 [J]. 钢铁，1998，33（9）：45-48.

[62] 崔崑主编. 钢铁材料及有色金属材料 [M]. 北京：机械工业出版社，1981.

[63] 康煜平主编. 金属固态相变及应用 [M]. 北京：化学工业出版社，2007.

[64] 李炯辉主编. 金属材料金相图谱 [M]. 北京：机械工业出版社，2006.